NUMERICAL METHODS
IN ENGINEERING WITH PYTHON 3

Python을 이용한

공학수치해석 수정판

Jaan Kiusalaas 지음

구본용 • 김상철 • 박찬우 • 이병옥 옮김

學山 도서출판 학산미디어

NUMERICAL METHODS IN ENGINEERING WITH PYTHON 3

표지이미지는 gettyimagesbank 이미지 사용.

역자 머리말

현대 사회에서 컴퓨터 시뮬레이션은 매우 중요한 도구이다. 특히 공학에서는 필수적이며, 전자공학에서 회로 해석, 제어기 해석 등에 사용하고 기계공학에서는 유체해석, 구조해석, 동역학해석 등에 사용하는 등 공학 전반에 걸쳐 사용된다.

수치해석은 공학 또는 자연과학 등에 사용되는 컴퓨터 시뮬레이션을 수행하기 위한 기초지식을 제공하며 현대 사회의 자연과학도라면 반드시 기본적으로 알아야 하는 학문 분야이다. 컴퓨터 시뮬레이션을 위해서는 시뮬레이션하고자 하는 대상을 모델링하고 모델이 동작하는 수식을 계산해야 한다. 이러한 수식을 컴퓨터가 계산할 수 있도록 적절한 프로그래밍 언어를 사용하여 프로그래밍해야 한다.

Python은 JAVA, R, C# 등의 현대의 프로그래밍 언어 중에서도 가장 주목받고 있는 언어이다. Python은 배우기 쉽고, 강력하며 무료로 사용할 수 있는 범용 프로그래밍 언어이다. 다른 프로그래밍 언어와 비교할 때 문법이 쉬워 빠르게 학습할 수 있고, Windows, Linux 및 Mac OS를 포함한 많은 플랫폼에서 사용할 수 있다. 또한, 기존에 개발된 다양한 라이브러리들을 이용해 여러 가지 기능을 손쉽게 구현할 수 있다.

이 책은 펜실베이니아 주립대학교 공학 및 기계학과 명예 교수인 Jaan Kiusalaas 교수가 저술한 『Numerical Methods in Engineering with Python 3』를 번역한 책이다. 이 교재의 가장 큰 장점은 무엇보다도 수치해석을 가독성과 사용 편의성 면에서 가장 우수한 고급 프로그래밍 언어인 Python 3으로 구현되었다는 점이다. 이 책에서 다루어진 모든 해석 방법에는 문제 해결에 컴퓨터 코드가 어떻게 사용되는지 보여주는 프로그램이 포함되어 있고, 플로팅 패키지인 Matplotlib을 도입하여 이해하기 용이하도록 그림을 그릴 수 있도록 하였다.

역자들은 공과대학에서 다년간 수치해석 과목을 강의한 경험을 바탕으로 학생들이 쉽게 이해시킬 수 있도록 원저의 내용을 정확하고 알맞게 번역하고자 노력하였다. 그러나 뜻하지 않은 오류도 있을 수 있고 미숙한 표현도 많으리라 생각한다. 잘못된 곳을 지적해주시면 기꺼이 수정 보완할 예정이다.

2020년 1월 역자대표

머리말

이 책은 엔지니어와 공대생(학부생 및 대학원생)을 대상으로 합니다. 컴퓨터 언어에 익숙함이 필요합니다. 공학 역학(정역학, 동역학 및 재료 역학)에 대한 지식은 유용하지만 필수는 아닙니다.

이 책의 주요 목적은 수치 해석 방법들을 가르치는 것입니다. 이 책에서는 수치 알고리즘을 구현하기에 충분한 Python을 사용하는 것을 소개합니다. 다른 프로그래밍 언어들은 다루지 않습니다.

대부분 엔지니어는 프로그래머가 아니라 문제 해결사입니다. 그들은 주어진 문제에 어떤 방법을 적용할 수 있는지, 그들의 장점과 단점이 무엇인지, 그리고 그것들을 구현하는 방법을 알고 싶어합니다. 엔지니어는 기본적 작업을 위한 컴퓨터 코드를 직접 작성하지 않으려 합니다. 이미 작성되고 검증된 함수와 서브 루틴을 사용하고자 합니다. 따라서 엔지니어의 프로그래밍은 기존의 코드 조각들을 일관된 패키지로 조립하여 문제를 해결하는데 국한됩니다.

코드의 조각들은 일반적으로 특정 작업을 구현하는 함수입니다. 사용자에게는 코드의 세부 사항이 중요하지 않습니다. 중요한 것은 인터페이스 (무엇이 들어오고 무엇이 나가는지)와 알고리즘의 기반이 되는 방법에 대한 이해입니다. 절대 오류가 없는 수치 알고리즘은 없기 때문에 기본 방법을 이해하는 것이 매우 중요합니다. 이것이 수치해석을 배우는 이유입니다.

이 책은 앞에서 설명한 견해를 따르려고 합니다. 각 수치 방법에 대해 자세히 설명하고 그 단점을 지적합니다. 개별 주제 다음에 나오는 예제는 두 가지 범주로 나뉩니다. 각 수치 방법의 내부 작업을 설명하는 수계산과 문제 해결에 컴퓨터 코드가 어떻게 사용되는지를 보여주는 작은 프로그램입니다. 프로그래밍이 필요한 문제는 ■로 표시되어 있습니다.

이 책은 방정식의 근, 보간 및 회귀, 수치 미분 및 적분, 상미분 방정식의 해 및 고유값 문제 등 공학 과정에서 다루는 일반적인 주제로 구성됩니다. 각 주제 내에서 어떤 수치 방법을 사용할지는 엔지니어링 문제에 따라 선택됩니다. 예를 들어, 연립방정식의 해에서 대칭적이고 드물게 채워진 계수 행렬을 다루는 방법에 대한 광범위한 논의가 있습니다. 같은 맥락에서 고유값 문제의 해결 방법은 밴드 행렬에서 특정 고유값을 효율적으로 추출하는 방법에 집중합니다.

방법 선택에 사용된 중요한 기준은 명확성입니다. 효율성과 견고성에 상관없이 지나치게 복잡한 부기를 요구하는 알고리즘은 거부되었습니다. 이 결정을 하기는 쉽지 않았지만, 이는 프로그래밍에 중점을 두지 않기 위한 것입니다.

알고리즘의 선택은 현재 관행에 의해서도 영향을 받았습니다. 잘 알려진 여러 역사적 방법을 대신하여 최근에 개발된 방법들을 선택하였습니다. 예를 들어, 방정식의 근을 찾는 secant 방법은 Ridder의 방법에 비해 이점이 없으므로 생략되었습니다. 같은 이유로 미분 방정식을 해결하는데 사용된 다단계 방법(예: Milne 및 Adams 방법)은 적응적 Runge-Kutta 및 Bulirsch-Stoer 방법으로 대체하였습니다.

이 책에는 편미분방정식에 대한 장이 없습니다. 이 주제는 유한요소 또는 경계요소법으로 처리하는 것이 가장 좋으며 이 책의 범위를 벗어나기 때문입니다. 수치해석 책에 일반적으로 도입되는 유한차분모델은 다차원 경계치 문제를 처리하는 데 너무 비실용적입니다.

다른 책과 마찬가지로 이 책에도 3학점 과정에서 다룰 수 있는 것보다 더 많은 자료가 들어 있습니다. 연속성을 잃지 않고 건너뛸 수 있는 항목에는 별표 (*)로 표시하였습니다.

이 버전의 새로운 내용

이 책은 Python 2를 기반으로 한 "Numerical Methods in Engineering with Python"을 계승합니다. 제목에서 알 수 있듯이 새 버전은 Python 3으로 변환되었습니다. 두 버전이 완전히 호환되지 않기 때문에 거의 모든 컴퓨터 루틴에 약간의 코드 변경이 필요했습니다.

우리는 또한 다루는 내용을 약간 변경하였습니다.

- Python 플로팅 패키지 matplotlib.pyplot에 대한 소개가 1 장에 추가되었습니다. 이 패키지는 많은 예제 문제에서 사용되어 책을 이전보다 그래픽 중심으로 만듭니다.
- 데이터 점과 해당 다항식 보간법을 그림으로 나타내는 plotPoly 함수가 3장에 추가되었습니다. 이 프로그램은 보간의 적합도를 평가하는 편리한 방법을 제공합니다.
- 검토자들의 제안에 따라, 7장의 초기치 문제를 해결하는 Taylor 시리즈 방법이 삭제되고 Euler 법으로 대체되었습니다.
- 9장의 고유값 문제를 해결하기 위한 Jacobi 법은 행렬 요소를 제거 대상으로 선택할 때 임계값 방법을 사용합니다. 이 변경으로 알고리즘 속도가 증가합니다.

- 7장의 적응적 Runge-Kutta 법의 프로그램이 다시 작성되었고 Cash-Karp 계수는 Dormand-Prince 계수로 대체되었습니다. 결과적으로 더 엄격한 오차 제어를 통해 보다 효율적인 알고리즘이 됩니다.
- 21개의 새로운 문제가 소개되었으며, 대부분 기존 문제들을 대체하였습니다.
- 4장과 7장의 일부 예제 문제는 재정렬되거나 새로운 문제로 대체되었습니다.

소스 코드는 www.cambridge.org/kiusalaaspython에서 제공됩니다.

차례

1
Python 소개

1.1 일반 정보

개요

Python은 지금도 개발되고 있는 새로운 언어로 엔지니어링 응용 프로그램 개발을 위한 훌륭한 언어이다. Python의 수치 계산 기능은 포트란이나 MATLAB만큼 우수하다. Python 프로그램은 기계어 코드로 컴파일되지 않고, 인터프리터에 의해 실행된다. 인터프리터 언어의 가장 큰 장점은 프로그램을 신속하게 테스트하고 디버깅할 수 있다. 따라서, 프로그래머는 프로그래밍 이면의 알고리즘 원칙에 더 집중할 수 있고 프로그래밍 자체에 들어가는 수고를 줄일 수 있다. Python 프로그램은 프로그램 수정 후 컴파일, 링크 및 실행의 단계를 수행할 필요가 없으므로[1] Fortran 또는 C 프로그램보다 훨씬 더 짧은 시간에 프로그램을 개발할 수 있다. Python 프로그램의 단점은 독립적(stand-alone)으로 실행되는 응용 프로그램을 생성하지 않는다는 것이다. 즉, Python 인터프리터가 설치된 컴퓨터에서만 Python 프로그램이 실행될 수 있다.

Python은 다른 중요한 언어에 비해 학습 환경 측면에서 아래와 같은 장점이 있다.

1. Python은 오픈 소스 소프트웨어이므로 무료이다. Python은 대부분의 Linux 배포판에 포함되어 있다.
2. Python은 모든 주요 운영 체제(Linux, Unix, Windows, Mac OS 등)에서 사용할 수 있

1 Python 인터프리터는 또한 바이트 코드를 컴파일하기 때문에 실행 속도가 어느 정도 향상된다.

다. 한 시스템에서 작성된 프로그램은 모든 시스템에서 수정 없이 실행된다.

3. Python은 배우기 쉽고 대부분의 언어보다 읽기 쉬운 코드를 생성한다.
4. Python은 확장 기능을 설치하기 쉽다.

Java와 C++의 프로그래밍 개발 기법들이 Python의 개발과정에 많은 영향을 주었으며 또 다른 해석 언어로서 과학 컴퓨팅에서 많이 사용되는 MATLAB의 사용방법과 많은 유사성을 가지고 있다. Python은 클래스(classes), 메소드(methods), 상속(inheritance) 등과 같은 객체지향 언어(object-oriented languages)의 일반적인 개념을 구현한다. 이 책에서는 객체 지향 프로그래밍을 사용하지 않는다. 이 책에서 우리가 필요로 하는 유일한 객체는 numpy 모듈에서 사용하는 N 차원 배열이다(이 모듈은 이 장의 뒷부분에서 설명한다).

연립 방정식 $\mathbf{Ax} = \mathbf{b}$의 해를 구하기 위한 Gauss 소거법(Gauss elimination) 알고리즘을 통하여 MATLAB과 Python 두 언어 코드 사이의 유사점과 차이점에 대해 알아보자. 알고리즘 자체에 대해서는 걱정하지 말고 (나중에 설명 하겠지만) 의미에 집중하자. 다음은 MATLAB로 작성된 함수이다.

```
function x = gaussElimin(a,b)
n = length(b);
for k = 1:n-1
    for i= k+1:n
        if a(i,k) ~= 0
            lam = a(i,k)/a(k,k);
            a(i,k+1:n) = a(i,k+1:n) - lam*a(k,k+1:n);
            b(i)= b(i) - lam*b(k);
         end
    end
end
for k = n:-1:1
    b(k) = (b(k) - a(k,k+1:n)*b(k+1:n))/a(k,k);
end
x = b;
```

Python으로 작성된 함수는 다음과 같다.

```
from numpy import dot
def gaussElimin(a,b):
    n = len(b)
    for k in range(0,n-1):
        for i in range(k+1,n):
           if a[i,k] != 0.0:
              lam = a [i,k]/a[k,k]
```

```
            a[i,k+1:n] = a[i,k+1:n] - lam*a[k,k+1:n]
            b[i] = b[i] - lam*b[k]
    for k in range(n-1,-1,-1):
        b[k] = (b[k] - dot(a[k,k+1:n],b[k+1:n]))/a[k,k]
    return b
```

from numpy import dot 명령문은 인터프리터에게 numpy 모듈에서 두 벡터의 내적을 계산하는 dot 메소드를 로드하도록 지시한다. Python에서 슬라이싱 연산자로 알려진 콜론 (:) 연산자는 MATLAB 및 Fortran90에서와 동일한 방식으로 작동한다. 즉, 배열 조각에 대한 연산을 수행한다. MATLAB에서 for k=1:n-1 명령문은 $k = 1, 2, ..., n-1$로 실행되는 루프를 생성한다. 같은 루프가 Python에서 k in range(0,n-1)와 같이 구현된다. 여기서 메소드 range(n-1)는 $[0, 1, 2, ..., n-2]$ 의 시퀀스(연속적인 정수 배열)를 생성한다. k는 시퀀스의 요소를 반복한다. k의 차이점은 배열에 사용된 네이티브 오프셋의 반영 여부이다. Python에서 모든 시퀀스는 제로 오프셋(zero offset)을 갖는다. 즉, 시퀀스의 첫 번째 요소의 인덱스는 항상 0이다. 반대로 MATLAB의 기본 오프셋은 1이다. 또한 Python에는 코드 블록(루프, 서브 루틴 등)을 종료하는 end 구문이 없다. 블록의 본문은 들여쓰기(indentation)로 정의된다. 따라서 들여쓰기는 Python 구문의 필수적인 부분이다. MATLAB과 마찬가지로 Python은 대소 문자를 구분한다. 따라서 이름 n과 N은 다른 객체를 나타낸다.

Python 구하기

Python 인터프리터는 아래 링크에서 내려받을 수 있다.

```
http://www.python.org/getit
```

일반적으로 *Idle*이라는 멋진 코드 편집기가 있어 사용자는 편집기에서 직접 프로그램을 실행할 수 있다. 리눅스를 사용한다면, Python이 이미 컴퓨터에 설치되었을 가능성이 크다. 다운로드에는 이 책의 프로그램에서 사용하는 두 개의 확장 모듈이 포함되어 있다. 배열 연산을 위한 다양한 도구를 포함하는 numpy 모듈 및 플로팅에 사용되는 matplotlib 그래픽 모듈이 있다. Python 언어는 많은 출판물에서 잘 설명되어 있다. Chris Fehly의 『Python(Peachpit Press, CA, 2판)』은 훌륭한 Python 교수 지침이 될 수 있다. 참고 자료로 David M. Beazley(Addison-Wesley, 4판)의 『Python Essential Reference』가 강력히 추천된다. 확장 모듈에 대한 인쇄된 문서는 부족하다. 그러나 자습서와 예제는 다양한 웹 사이트에서 찾을 수 있다. numpy 모듈에 대해 우리가 가장 좋아하는 참고 자료는 다음과 같다.

```
http://www.scipy.org/Numpy_Example_List
```

matplotlib 모듈에 대해서는 아래 참고 자료를 사용한다.

```
http://matplotlib.sourceforge.net/contents.html
```

Python 프로그래머가 되려고 한다면, Hans P. Langtangen의 『Python을 이용한 과학 프로그래밍 입문서(A Primer on Scientific Programming with Python)(SpringerVerlag, 2009)』를 얻길 원할 수 있다.

1.2 코어 Python

변수

대부분의 컴퓨터 언어에서 변수 이름은 고정된 메모리 위치에 저장된 주어진 유형의 값을 나타낸다. 변수 값은 변경될 수 있지만, 변수 유형은 변경되지 않는다. 그러나 변수가 동적으로 입력되는 Python에서는 그렇지 않다. 다음 Python 인터프리터와의 대화식 세션은 이 기능을 보여준다(>>>는 Python 프롬프트이다).

```
>>> b = 2      # b is integer type
>>> print(b)
2
>>> b = b*2.0 # Now b is float type
>>> print(b)
4.0
```

b = 2 할당은 이름 b와 정수 값 2 사이의 연관을 만든다. 다음 명령문은 b * 2.0 표현식을 평가하고 그 결과를 b와 연관시킨다. 정수 2와 원래의 관계는 파괴되고, 이제 b는 부동소수점 값 4.0을 참조한다.

파운드 기호 (#)는 주석의 시작을 나타낸다. #과 행 끝 사이의 모든 문자는 인터프리터에서 무시된다.

문자열

문자열(Strings)은 작은 따옴표나 큰 따옴표로 묶인 일련의 문자이다. 문자열은 더하기 (+) 연산자로 서로 연결된다. 자르기 (:) 연산자는 문자열의 일부를 추출하는 데 사용된다. 여기에 관련된 예제가 있다.

```
>>> string1 = 'Press return to exit'
>>> string2 = 'the program'
>>> print(string1 + ' ' + string2)  # Concatenation
Press return to exit the program
>>> print(string1[0:12])            # Slicing
Press return
```

분할(split()) 명령을 사용하여 문자열을 해당 구성 요소 파트로 분할 할 수 있다. 구성 요소는 목록의 각 요소를 나타낸다. 예를 들어

```
>>> s = '3 9 81'
>>> print(s.split())  # Delimiter is white space
['3', '9', '81']
```

문자열은 불변 개체이다. 문자열의 개별 문자를 할당문을 사용하여 수정할 수 없으며 길이가 고정되어 있다. 불변성을 위반하면 다음과 같이 TypeError가 발생한다.

```
>>> s = 'Press return to exit'
>>> s[0] = 'p'
Traceback (most recent call last):
  File "<stdin>", line 1, in <module>
    s[0] = 'p'
TypeError: 'str' object does not support item assignment
```

튜플

튜플(Tuples)은 쉼표로 구분되고 괄호로 묶인 임의의 객체의 시퀀스이다. 튜플에 단일 객체가 들어 있으면 최종 쉼표가 필요하다. 예를 들면 x = (2,)와 같다. 튜플은 문자열과 동일한 연산을 지원한다. 그들 또한 변경되지 않는다. 다음은 튜플 rec에 또 다른 튜플 (6,23,68)이 들어있는 예제이다. 언팩킹(Unpacking)은 튜플 안의 값들을 단일 변수로 추출하는 것을 의미한다.

```
>>> rec = ('Smith','John',(6,23,68))     # This is a tuple
>>> lastName,firstName,birthdate = rec  # Unpacking the tuple
>>> print(firstName)
John
```

```
>>> birthYear = birthdate[2]
>>> print(birthYear)
68
>>> name = rec[1] + ' ' + rec[0]
>>> print(name)
John Smith
>>> print(rec[0:2])
('Smith', 'John')
```

리스트

리스트(Lists)는 튜플과 비슷하지만 변경할 수 있으므로 리스트의 요소(element)와 길이(length)를 변경할 수 있다. 리스트는 대괄호([ ])에 의해 생성된다. 다음은 리스트에서 수행할 수 있는 예제이다.

```
>>> a = [1.0, 2.0, 3.0]       # Create a list
>>> a.append(4.0)             # Append 4.0 to list
>>> print(a)
[1.0, 2.0, 3.0, 4.0]
>>> a.insert(0, 0.0)          # Insert 0.0 in position 0
>>> print(a)
[0.0, 1.0, 2.0, 3.0, 4.0]
>>> print(len(a))             # Determine length of list
5
>>> a[2:4] = [1.0, 1.0, 1.0] # Modify selected elements
>>> print(a)
[0.0, 1.0, 1.0, 1.0, 1.0, 4.0]
```

*a*가 리스트와 같이 변경 가능한 객체일 때, 할당문 `b = a`에 의해 b는 새로운 객체로 만들어지는 것이 아니라, 단순히 *a*의 새로운 참조(reference)가 된다. 따라서 *b*에 대한 모든 변경 사항은 *a*에 반영된다. 리스트 *a*에 대해 독립 복사본을 만들려면 다음 예제와 같이 `c = a [:]` 문을 사용한다.

```
>>> a = [1.0, 2.0, 3.0]
>>> b = a                  # 'b' is an alias of 'a'
>>> b[0] = 5.0             # Change 'b'
>>> print(a)
[5.0, 2.0, 3.0]            # The change is reflected in 'a'
>>> c = a[:]               # 'c' is an independent copy of 'a'
>>> c[0] = 1.0             # Change 'c'
```

```
>>> print(a)
[5.0, 2.0, 3.0]           # 'a' is not affected by the change
```

행렬은 중첩된 리스트로 표시될 수 있으며 리스트가 각 행의 요소가 된다. 다음은 리스트형식의 3 × 3 행렬이다.

```
>>> a = [[1, 2, 3], \
         [4, 5, 6], \
         [7, 8, 9]]
>>> print(a[1])            # Print second row (element 1)
[4, 5, 6]
>>> print(a[1][2])         # Print third element of second row
6
```

백슬래시 (\)는 Python의 연속 문자이다. Python 시퀀스에는 오프셋이 없으므로 a[0]은 첫 번째 행, a[1]은 두 번째 행 등을 나타낸다. 소수의 예외를 제외하고 숫자용 배열을 위해 Python 리스트를 사용하지 않는다. numpy 모듈에서 제공하는 배열(array) 객체를 사용하는 것이 Python 리스트를 사용하는 것보다 훨씬 편리하다. 배열 객체는 나중에 논의된다.

산술 연산자

Python은 일반적인 산술 연산자를 지원한다.

+	덧셈
−	뺄셈
*	곱셈
/	나눗셈
**	지수
%	모듈러 나눗셈

이러한 연산자 중 일부는 문자열 및 시퀀스에 대해 다음과 같이 정의된다.

```
>>> s = 'Hello '
>>> t = 'to you'
>>> a = [1, 2, 3]
>>> print(3*s)              # Repetition
Hello Hello Hello
>>> print(3*a)               # Repetition
[1, 2, 3, 1, 2, 3, 1, 2, 3]
>>> print(a + [4, 5])        # Append elements
```

```
[1, 2, 3, 4, 5]
>>> print(s + t)              # Concatenation
Hello to you
>>> print(3 + s)              # This addition makes no sense
Traceback (most recent call last):
  File "<pyshell#13>", line 1, in <module>
    print(3 + s)
TypeError: unsupported operand type(s) for +: 'int' and 'str'
```

Python은 또한 C 언어 사용자에게 친숙한 a+ = b와 같은 대입 연산자를 가지고 있다. 대입 연산자와 이에 해당하는 산술식은 다음 표와 같다.

a += b	a = a + b
a += b	a = a - b
a *= b	a = a*b
a /= b	a = a/b
a **= b	a = a**b
a %= b	a = a%b

비교 연산자

비교 (관계형) 연산자는 True 또는 False를 반환한다. 이 연산자는

<	~보다 작다
>	~보다 크다
<=	~보다 작거나 같다
>=	~보다 크거나 같다
==	~와 같다
!=	~와 같지 않다

다른 유형 (정수, 부동 소수점 등)의 숫자는 비교하기 전에 공통 유형으로 변환된다. 그렇지 않으면 다른 유형의 객체가 같지 않은 것으로 간주합니다. 몇 가지 예가 있다.

```
>>> a = 2          # Integer
>>> b = 1.99       # Floating point
>>> c = '2'        # String
>>> print(a > b)
True
>>> print(a == c)
False
>>> print((a > b) and (a != c))
```

```
True
>>> print((a > b) or (a == b))
True
```

조건

if 구조체는 조건문이 True를 반환하면 명령문 블록 (들여쓰기 되어야 함)을 실행한다. 조건이 거짓을 반환하면 블록을 실행하지 않고 건너뛴다.

```
if condition:
    block
```

if 조건문 뒤에는 여러 개의 elif("else if" 구문의 줄임말) 구문을 사용할 수 있다. if 조건문과 같은 방식으로 작동한다.

```
elif condition:
    block
```

else 절은 if-elif 절이 모두 true가 아닌 경우 실행될 명령문 블록을 정의하는 데 사용할 수 있다.

```
else:
    block
```

아래 sign_of_a 함수는 조건문의 사용법을 보여준다.

```
def sign_of_a(a):
    if a < 0.0:
        sign = 'negative'
    elif a > 0.0:
        sign = 'positive'
    else:
        sign = 'zero'
    return sign

a = 1.5
print('a is ' + sign_of_a(a))
```

프로그램을 실행하면 아래 결과가 출력된다.

```
a is positive
```

반복문

while 구문은 조건이 참이면 (들여쓰기 된) 블록을 실행한다. 블록 실행 후 조건이 다시 평가된다. 조건이 여전히 참이면 블록이 다시 실행된다. 이 과정은 조건이 거짓이 될 때까지 계속된다.

```
while condition:
    block
```

else 절은 조건이 거짓일 때 실행될 명령문 블록을 정의하는 데 사용할 수 있다.

```
else:
    block
```

다음은 [1, 1/2, 1/3, ...] 리스트를 만드는 예제이다.

```
nMax = 5
n=1
a = []              # Create empty list
while n < nMax:
    a.append(1.0/n)  # Append element to list
    n=n+1
print(a)
```

프로그램의 출력은 다음과 같다.

```
[1.0, 0.5, 0.3333333333333333, 0.25]
```

1.1 절에서 for 문을 만났다. 이 명령은 목표 루프와 목표 시퀀스를 필요로 한다. 구성의 형태는 다음과 같다.

```
for target in sequence:
    block
```

for 루프가 완료된 후에 실행되는 else 절을 추가할 수 있다. 이전 프로그램은 for 구문으로 다음과 같이 작성할 수 있다.

```
nMax = 5
a = []
for n in range(1,nMax):
    a.append(1.0/n)
```

```
print(a)
```

여기서 n은 목표이고 범위 객체 [1, 2, ..., $nMax - 1$] (범위 함수를 호출하여 생성됨)가 시퀀스이다.

모든 루프는 break 구문에 의해 종료된다.

```
break
```

루프와 관련된 else 구문이 있으면 실행되지 않는다. 리스트에서 이름을 검색하는 다음 프로그램은 for 루프와 함께 break 및 else를 사용하는 방법을 보여준다.

```
list = ['Jack', 'Jill', 'Tim', 'Dave']
name = eval(input('Type a name: ')) # Python input prompt
for i in range(len(list)):
    if list[i] == name:
        print(name,' is number',i + 1, ' on the list')
        break
else:
    print(name,' is not on the list')
```

다음은 두 가지 검색 결과이다.

```
Type a name: 'Tim'
Tim is number 3 on the list

Type a name: 'June'
June is not on the list
```

continue 구문을 사용하면 반복적인 루프 문의 일부를 건너뛸 수 있다.

```
continue
```

인터프리터가 continue 문을 발견하면 continue 아래에 계속되는 명령문을 실행하지 않고 즉시 루프의 시작 부분으로 돌아간다. 다음 예제는 7로 나눌 수 있는 1에서 99 사이의 모든 숫자 목록을 수집한다.

```
x = []                    # Create an empty list
for i in range(1,100):
  if i%7 != 0: continue   # If not divisible by 7, skip rest of loop
  x.append(i)             # Append i to the list
```

```
print(x)
```

프로그램의 출력물은 다음과 같다.

```
[7, 14, 21, 28, 35, 42, 49, 56, 63, 70, 77, 84, 91, 98]
```

데이터 유형 변환

산술 연산에 여러 데이터 유형의 혼합 유형이 포함된 경우 연산을 수행하기 전에 숫자가 자동으로 일반 유형으로 변환된다. 다음과 같은 함수를 사용하여 유형 변환을 수행할 수 있다.

int(a)	a를 정수로 변환
float(a)	a를 실수로 변환
complex(a)	복소수 $a+0^*j$로 변환
complex(a,b)	복소수 $\alpha+b^*j$로 변환

이러한 함수들은 또한 문자열의 문자가 유효한 숫자를 나타내는 한, 문자열을 숫자로 변환하는 데에도 사용된다. 실수에서 정수로의 변환은 반올림하지 않고 잘림으로 수행된다. 다음은 몇 가지 예제이다.

```
>>> a = 5
>>> b = -3.6
>>> d = '4.0'
>>> print(a + b)
1.4
>>> print(int(b))
-3
>>> print(complex(a,b))
(5-3.6j)
>>> print(float(d))
4.0
>>> print(int(d)) # This fails: d is a string
Traceback (most recent call last):
  File "<pyshell#30>", line 1, in <module>
    print(int(d))
ValueError: invalid literal for int() with base 10: '4.0'
```

수학 함수

Core Python은 다음과 같은 수학 함수만 지원한다.

abs(a)	a의 절대치 값
max(sequence)	시퀀스에서 가장 큰 값
min(sequence)	시퀀스에서 가장 작은 값
round(a,n)	a에서 소수점 이하 n 자리로 반올림
cmp(a,b)	$\begin{cases} -1 \text{ if } a < b \\ 0 \text{ if } a = b \\ 1 \text{ if } a > b \end{cases}$

대부분의 수학 함수는 math 모듈에서 사용할 수 있다.

입력 읽기

사용자 입력을 받아들이는 고유 함수는 다음과 같다.

input(*prompt*)

입력 명령어는 프롬프트를 표시한 다음, 사용자가 입력한 행을 문자열로 변환하여 읽는다. 문자열을 숫자 값으로 변환하려면 evil() 함수를 사용한다.

eval(*string*)

다음 프로그램은 이러한 기능의 사용법을 보여준다.

```
a = input('Input a: ')
print(a, type(a))        # Print a and its type
b = eval(a)
print(b,type(b))         # Print b and its type
```

type(a) 함수는 객체 a의 데이터 유형을 반환한다. 디버깅에 매우 유용한 도구이다. 프로그램을 두 번 실행하여 다음 결과를 얻었다.

```
Input a: 10.0
10.0 <class 'str'>
10.0 <class 'float'>

Input a: 11**2
11**2 <class 'str'>
121 <class 'int'>
```

숫자를 입력하고 변수 *a*에 할당하는 편리한 방법은 다음과 같다.

`a = eval(input((`*prompt*`))`

출력 인쇄

print() 함수로 출력을 표시할 수 있다.

print(*object1, object2, . . .*)

print() 함수는 *object1*, *object2* 등을 문자열로 변환하고 공백으로 구분하여 같은 줄에 출력한다. print() 함수에서 줄 바꿈 문자 'backslash n'은 새로운 줄에 내용을 출력하도록 강제로 사용할 수 있다. 예를 들면,

```
>>> a = 1234.56789
>>> b = [2, 4, 6, 8]
>>> print(a,b)
1234.56789 [2, 4, 6, 8]
>>> print('a =',a, 'backslash nb =',b)
a = 1234.56789
b = [2, 4, 6, 8]
```

print 함수는 줄 바꿈 문자를 항상 줄 끝에 추가한다. 키워드 인수 end를 사용하여 줄 바꿈 문자를 다른 것으로 바꿀 수 있다. 예를 들어

print(*object1, object2, . . .* ,end=' ')

줄 바꿈 문자를 스페이스로 바꿀 수 있다.

출력 형식은 format 메서드로 지정할 수 있다. 가장 간단한 변환문은 다음과 같다.

'{:*fmt1*}{:*fmt2*}. . .'.format(*arg1*,*arg2*, . . .)

여기서 *fmt1*, *fmt2*, ...는 각각 *arg1*, *arg2*, ...에 대한 출력 형식 사양이다. 일반적으로 사용되는 형식 사양은 다음과 같다.

*w*d	정수
w.*d*f	부동 소수점 표기법
w.*d*e	지수 표기법

여기서 *w*는 필드의 너비이고 *d*는 소수점 이하 자릿수이다. 출력은 지정된 필드에서 오른쪽으로 정렬되고 남은 자리는 공백으로 채워진다(양쪽 맞춤 및 남은 자리 채우기(패딩) 변경을 위한 조항이 있음). 여기에 몇 가지 예제가 있다.

```
>>> a = 1234.56789
>>> n = 9876
>>> print(':7.2f'.format(a))
1234.57
>>> print('n = {:6d}'.format(n))    # Pad with spaces
n =   9876
>>> print('n = {:06d}'.format(n))  # Pad with zeros
n = 009876
>>> print('{:12.4e} {:6d}'.format(a,n))
  1.2346e+03   9876
```

파일 열기 및 닫기

저장 장치(예 : 디스크)의 데이터 파일에 액세스하려면 먼저 파일 명령을 사용하여 파일 객체 (file object)를 만들어야 한다.

file object = open(*filename*, *action*)

여기서 *filename*은 열 파일을 지정하는 문자열 (필요한 경우 경로 포함)이고 *action*은 다음 문자열 중 하나이다

'r'	기존 파일에서 읽기
'w'	파일에 쓰기. *filename*이 존재하지 않으면 생성된다.
'a'	파일 끝에 추가
'r+'	기존 파일에서 읽고 쓰기
'w+'	'r+'와 동일하지만 파일 이름이 없는 경우 파일 이름이 만들어진다.
'a+'	'w+'와 동일하지만 데이터가 파일의 끝에 추가됩니다.

파일에 대한 액세스가 더 이상 필요하지 않을 때 파일을 닫는 것이 좋은 프로그래밍 습관이다. 다음 방법으로 수행할 수 있다.

file object.close()

파일에서 데이터 읽기(Reading Data from a File)

파일에서 데이터를 읽는 세 가지 방법이 있다.

```
file object.read(n)
```

위 방법은 *n* 문자를 읽고 문자열로 반환한다. n을 생략하면 파일의 모든 문자를 읽는다.

현재 행만 읽을 때는 다음 방법을 사용한다.

```
file object.readline(n)
```

위 방법은 현재 행에서 *n* 문자를 읽는다. 문자는 개행 문자 n로 끝나는 문자열로 반환된다. n을 생략하면 전체 행을 읽을 수 있습니다.

파일의 모든 행은 다음을 사용하여 읽을 수 있다.

```
file object.readlines()
```

위 방법은 문자열 리스트를 반환한다. 각 문자열은 줄 바꿈 문자로 끝나는 파일의 행을 의미한다.

한 줄씩 모든 줄을 추출하는 편리한 방법은 루프를 사용하는 것이다.

```
for line in file object:
    do something with line
```

예를 들어, 작업 디렉토리에 `sunspots.txt`라는 파일이 있다고 가정하자. 이 파일은 태양 흑점 강도의 일일 데이터를 포함하며, 각 라인은 다음과 같이 (년/월/날짜/강도) 형식을 가지고 있다.

```
1896 05 26 40.94
1896 05 27 40.58
1896 05 28 40.20
etc.
```

우리의 임무는 파일을 읽고 중요한 데이터만을 포함하는 리스트 `x`를 생성하는 것이다. 파일의 각 줄은 문자열이므로 `split` 명령을 사용하여 먼저 줄을 분할한다. 그러면 `['1896', '05', '26', '40.94']`와 같은 문자열 리스트가 생성된다. 그런 다음 중요한 데이터 (리스트의 요소 `[3]`)를 추출하고 평가한 다음 결과를 `x`에 추가한다. 다음은 알고리즘을 구현한 코드이다.

```
x = []
data = open('sunspots.txt','r')
for line in data:
   x.append(eval(line.split()[3]))
data.close()
```

파일에 데이터 쓰기

아래 메소드는 문자열을 파일에 쓴다.

file object.write(*string*)

반면, 아래 메소드는 문자열 리스트를 쓰는 데 사용된다.

file object.writelines(*list of strings*)

어느 쪽의 메소드도, 행의 마지막에 개행 캐릭터를 추가한다. k의 값이 101에서 110까지 변화할 때 k 및 k^2 값을 정형화된 테이블에 작성하는 코드를 testfile 파일에 작성해 보자.

```
f = open('testfile','w')
for k in range(101,111):
    f.write('{:4d} {:6d}'.format(k,k**2))
    f.write('')
f.close()
```

testfile의 내용은 다음과 같다.

```
101  10201
102  10404
103  10609
104  10816
105  11025
106  11236
107  11449
108  11664
109  11881
110  12100
```

print 함수는 출력을 파일 객체로 리디렉션하여 파일에 쓸 때 사용할 수 있다.

print(*object1*, *object2*, . . . ,file = *file object*)

리디렉션과 별개로 이 작업은 일반 인쇄 기능과 같게 작동한다.

오류 제어

프로그램 실행 중에 오류가 발생하면 예외가 발생하고 프로그램이 중지된다. `try` 및 `except` 구문을 통해 예외 처리를 할 수 있다.

```
try:
    do something
except error:
    do something else
```

*error*는 Python에 내장(built-in)된 예외(exception) 오류의 이름이다. 예외 오류가 발생하지 않으면 `try` 블록이 실행된다. *error*에 해당하는 예외 오류가 발생하면 프로그램 실행은 `except` 블록으로 넘어간다. `except` 블록의 *error* 구문을 생략하면, 모든 예외(exceptions)를 처리할 수 있다. 다음 문은 `ZeroDivisionError` 예외를 발생시킨다.

```
>>> c = 12.0/0.0
Traceback (most recent call last):
  File "<pyshell#0>", line 1, in <module>
    c=12.0/0.0
ZeroDivisionError: float division by zero
```

이 오류는 다음 구문으로 고쳐질 수 있다.

```
try:
    c = 12.0/0.0
except ZeroDivisionError:
    print('Division by zero')
```

1.3 함수(메소드) 및 모듈

함수

Python 함수의 구조는 다음과 같다.

```
def func name(param1, param2,. . .):
    statements
    return return_values
```

여기서 *param1*, *param2*, ...는 매개 변수를 나타낸이다. 모든 Python 객체가 매개 변수가 될 수 있으며, 함수 자체도 매개 변수가 될 수 있다. 매개 변수에 기본값(default values)이 주어지면, 함수 호출 시 매개 변수 기재는 선택 사항이 된다. `return` 문 또는 반환 값이 생략되면 함수는 `null` 객체를 반환한다. 다음은 유한 차분(finite differences) 방법으로 $f(x)$의 일차와 이차 도함수(derivatives)를 계산하는 함수이다.

```
def derivatives(f,x,h=0.0001):   # h has a default value
    df =(f(x+h) - f(x-h))/(2.0*h)
    ddf =(f(x+h) - 2.0*f(x) + f(x-h))/h**2
    return df,ddf
```

$x = 0.5$에서 arctan(x)의 두 미분을 결정하기 위해 이 함수를 사용한다.

```
from math import atan
df,ddf = derivatives(atan,0.5)  # Uses default value of h
print('First derivative =', df)
print('Second derivative =', ddf)
```

`atan` 함수는 `derivatives` 함수에 매개 변수 형태로 전달된다. 프로그램의 출력은 다음과 같다.

```
First derivative = 0.799999999573
Second derivative = -0.639999991892
```

함수를 정의할 때, 입력 매개 변수의 길이는 임의의 가변적인 수가 될 수 있다. 다음 함수 정의에서 x1과 x2는 위치 매개 변수(positional parameters)로, 일반적인 매개 변수이다. 그러나 튜플 형태를 가지는 x3는 변수의 수가 고정되지 않는다. 즉, x3는 임의 길이(arbitrary length)의 매개 변수를 가지며 초과 매개 변수(excess parameters)라고 불리운다.

```
def func(x1,x2,*x3)
```

func (a, b, c, d, e)를 사용하여 이 함수를 호출하면 매개 변수 사이에 다음과 같은 대응이 일어난다.

a ⟷ x1, b ⟷ x2, (c,d,e) ⟷ x3

위치 매개 변수는 초과 매개 변수 앞에 나열되어야 한다. 리스트와 같이 변경 가능한 객체가 함수의 매개 변수로 전달되고, 함수 내부에서 수정되면, 수정된 리스트 내용은 호출 프로그램에서도 그대로 반영됨을 주의하여야 한다. 다음은 이러한 내용을 구현하는 예제이다.

```
def squares(a):
   for i in range(len(a)):
       a[i] = a[i]**2

a = [1, 2, 3, 4]
squares(a)
print(a)    # 'a' now contains 'a**2'
```

출력은 다음과 같다.

```
[1, 4, 9, 16]
```

람다 선언문

lambda 키워드는 한 개의 명령문을 함수로 표현할 때 사용된다.

func name = lambda *param1, param2,...: expression*

다중 명령문은 허용되지 않는다. 다음은 그 예제이다.

```
>>> c = lambda x,y : x**2 + y**2
>>> print(c(3,4))
25
```

모듈

유용한 함수를 모듈로 저장하는 것은 좋은 습관이다. 모듈은 함수가 저장된 파일이다. 파일의 이름이 모듈의 이름이 된다. 아래 명령문을 사용하여 모듈을 프로그램에 로드한다.

from *module name* import *

Python에는 다양한 작업을 수행하기 위한 함수와 메소드를 포함하는 다양한 모듈들이 있다. 그중 일부 모듈을 다음 두 절에서 설명하고자 한다. 그래픽 패키지를 포함한 모듈은 웹에서 내려받을 수 있다.

1.4 수학 모듈

math 모듈

핵심(core) Python은 수학 관련된 함수를 포함하고 있지 않다. 그러나 math 모듈을 로드하여 수학 관련된 함수를 사용할 수 있다.

모듈을 로드하여 함수를 사용하는 세 가지 방법을 소개한다.

```
from math import *
```

이 구문은 math 모듈의 모든 함수를 현재 함수 또는 모듈로 로드한다. 그러나, 이러한 방법은 자원의 낭비를 가져올 뿐만 아니라 다른 모듈에서 로드된 함수와 충돌 할 수도 있으므로 사용하지 않는 것이 좋다. 예를 들면, 다음 세 가지 Python 모듈, math, cmath 및 numpy 모듈에 sine 함수가 정의되어 있다. 이러한 모듈을 두 개 이상 로드 할 경우, 어떤 sin(x) 함수가 사용되는지 파악하는 것은 명확하지 않다. 원칙은, 마지막에 로드된 모듈의 sine 함수가 사용된다.

아래 구문은 더 안전하고 확실한 방법으로 선택된 함수를 로드하는 방법이다.

```
from math import func1, func2, . . .
```

이 방법은 다음 예제에서와 같이 설명될 수 있다.

```
>>> from math import log,sin
>>> print(log(sin(0.5)))
-0.735166686385
```

충돌을 피하는 또 다른 방법은 모듈을 아래 명령문으로 접근하고, 모듈 이름을 접두사(prefix)로 사용하여 모듈에서 제공하는 함수를 사용하는 것이다.

```
import math
```

여기에 관련된 예제가 있다.

```
>>> import math
>>> print(math.log(math.sin(0.5)))
-0.735166686385
```

또한, 모듈을 별칭(alias)으로 액세스할 수도 있다. 예를 들어 math 모듈은 로드 명령을 이용하여 별칭인 m으로 사용될 수 있다.

```
import math as m
```

따라서, 접두사는 math대신 m으로 사용된다.

```
>>> import math as m
>>> print(m.log(m.sin(0.5)))
-0.735166686385
```

모듈의 내용은 dir(*module*) 형태로 출력할 수 있다. math 모듈에서 함수 목록을 얻는 방법은 다음과 같다.

```
>>> import math
>>> dir(math)
['__doc__', '__name__', 'acos', 'asin', 'atan',
 'atan2', 'ceil', 'cos', 'cosh', 'e', 'exp', 'fabs',
 'floor', 'fmod', 'frexp', 'hypot', 'ldexp', 'log',
 'log10', 'modf', 'pi', 'pow', sign', sin', 'sinh',
 'sqrt', 'tan', 'tanh']
```

프로그래머와 친숙한 함수들이 math 모듈의 대부분을 차지하고 있으며, 두 개의 상수 π와 e가 포함되어 있다.

cmath 모듈

cmath 모듈은 math 모듈에 있는 함수 리스트와 동일한 함수 리스트를 제공하며, 복소수를 허용한다. cmath 모듈의 함수는 다음과 같다.

```
['__doc__', '__name__', 'acos', 'acosh', 'asin', 'asinh',
 'atan', 'atanh', 'cos', 'cosh', 'e', 'exp', 'log',
 'log10', 'pi', 'sin', 'sinh', 'sqrt', 'tan', 'tanh']
```

다음은 cmath 모듈을 이용하여 복소수를 연산하는 예제이다.

```
>>> from cmath import sin
>>> x = 3.0 -4.5j
>>> y = 1.2 + 0.8j
>>> z = 0.8
>>> print(x/y)
(-2.56205313375e-016-3.75j)
>>> print(sin(x))
(6.35239299817+44.5526433649j)
>>> print(sin(z))
(0.7173560909+0j)
```

1.5 numpy 모듈

일반 정보

numpy 모듈[2]은 Python 표준 배포판에 포함되어 있지 않다. 이전에 언급했듯이, numpy 모듈은 별도로 설치해야 한다(설치는 매우 쉽다). numpy 모듈은 리스트와 유사한 배열 객체를 생성할 수 있는 함수를 가지고 있으며, numpy 모듈에 포함된 많은 함수를 통해 생성된 배열을 조작할 수 있다. 생성된 배열의 크기는 변경할 수 없으며 배열 요소(element)가 비어 있는 것을 허용하지 않는다. numpy의 전체 함수는 출력할 수 없을 정도로 많은 함수 리스트로 구성되어 있으며, 다음은 가장 일반적으로 사용되는 함수 리스트이다.

```
['complex', 'float', 'abs', 'append', arccos',
'arccosh', 'arcsin', 'arcsinh', 'arctan', 'arctan2',
'arctanh', 'argmax', 'argmin', 'cos', 'cosh', 'diag',
'diagonal', 'dot', 'e', 'exp', 'floor', 'identity',
'inner', 'inv', 'log', 'log10', 'max', 'min',
'ones', 'outer', 'pi', 'prod' 'sin', 'sinh', 'size',
'solve', 'sqrt', 'sum', 'tan', 'tanh', 'trace',
'transpose', 'vectorize','zeros']
```

배열 만들기

배열은 여러 가지 방법으로 만들 수 있다. 그중 하나는 array() 배열 함수를 사용하여 리스트를 배열로 변환하는 것이다.

2 NumPy는 Numeric 및 NumArray라는 구형 Python 모듈의 후속 제품이다. 그들의 인터페이스와 기능은 매우 유사하다. Numeric 및 NumArray는 계속 사용할 수 있지만 더 이상 지원되지 않는다.

array(*list, type*)

다음 예제는 배열 요소(element)에 부동 소수점을 가지고 있는 2×2 리스트를 배열로 변환하는 두 가지 방법을 보여준다.

```
>>> from numpy import array
>>> a = array([[2.0, -1.0],[-1.0, 3.0]])
>>> print(a)
[[ 2. -1.]
 [-1.  3.]]
>>> b = array([[2, -1],[-1, 3]],float)
>>> print(b)
[[ 2. -1.]
 [-1.  3.]]
```

numpy에서 제공하는 유용한 함수는 다음과 같다.

zeros((*dim1, dim2*), *type*)

zeros() 함수는 *dim1* × *dim2* 크기의 배열을 만들고 각 배열의 원소를 0으로 채운다.

ones((*dim1, dim2*), *type*)

ones() 함수는 각 배열의 원소를 1로 채운다. 두 함수의 기본 유형은 실수(float)이다.

마지막으로 다음과 같은 arange() 함수가 있다. range() 함수와 똑같이 작동하며, 시퀀스가 아닌 배열을 반환한다.

arange(*from, to, increment*)

다음은 배열을 생성하는 예제들이다.

```
>>> from numpy import *
>>> print(arange(2,10,2))
[2 4 6 8]
>>> print(arange(2.0,10.0,2.0))
[ 2. 4. 6. 8.]
>>> print(zeros(3))
[ 0. 0. 0.]
>>> print(zeros((3),int))
[0 0 0]
>>> print(ones((2,2)))
[[ 1. 1.]
```

```
 [ 1. 1.]]
```

배열 요소 접근(액세스) 및 변경

*a*가 rank-2 배열인 경우, `a[i, j]`는 배열 a의 *i* 행과 *j* 열의 요소에 접근하며, `a[i]`는 *i* 번째 행을 참조한다. 배열의 요소는 다음과 같은 할당(assignment)을 통해 변경된다.

```
>>> from numpy import *
>>> a = zeros((3,3),int)
>>> print(a)
[[0 0 0]
 [0 0 0]
 [0 0 0]]
>>> a[0] = [2,3,2]       # Change a row
>>> a[1,1] = 5           # Change an element
>>> a[2,0:2] = [8,-3]    # Change part of a row
>>> print(a)
[[ 2  3  2]
 [ 0  5  0]
 [ 8 -3  0]]
```

배열의 연산

산술 연산자는 튜플 및 리스트에서 작동하는 것과 다르게 배열에서 작동한다. 배열 연산 작업은 배열의 모든 요소에 영향을 끼친다. 이를 브로드캐스트(broadcast)라고 부른다. 즉, 배열의 각 요소에 연산이 적용된다. 다음에 관련된 예제가 있다.

```
>>> from numpy import array
>>> a = array([0.0, 4.0, 9.0, 16.0])
>>> print(a/16.0)
[ 0.      0.25    0.5625  1. ]
>>> print(a - 4.0)
[ -4.   0.   5.  12.]
```

numpy에서 제공하는 수학관련 함수들도 브로드캐스트 특징을 가지고 있음을 다음 예제를 통해 확인할 수 있다.

```
>>> from numpy import array,sqrt,sin
```

```
>>> a = array([1.0, 4.0, 9.0, 16.0])
>>> print(sqrt(a))
[ 1.  2.  3.  4.]
>>> print(sin(a))
[ 0.84147098 -0.7568025   0.41211849  -0.28790332]
```

math 모듈에서 로드된 함수는 배열의 개별 요소에만 작동하며, 배열 자체에는 작동하지 않는다.

```
>>> from numpy import array
>>> from math import sqrt
>>> a = array([1.0, 4.0, 9.0, 16.0])
>>> print(sqrt(a[1]))
2.0
>>> print(sqrt(a))
Traceback (most recent call last):
.
.
.
TypeError: only length-1 arrays can be converted to Python scalars
```

배열 함수

numpy 모듈에는 배열 연산 및 기타 배열 관련 작업을 수행하는 다양하고 유용한 함수들이 있다. 다음에 몇 가지 예제가 있다.

```
>>> from numpy import *
>>> A = array([[4,-2,1],[-2,4,-2],[1,-2,3]],float)
>>> b = array([1,4,3],float)
>>> print(diagonal(A))       # Principal diagonal
[ 4. 4. 3.]
>>> print(diagonal(A,1))     # First subdiagonal
[-2. -2.]
>>> print(trace(A))          # Sum of diagonal elements
11.0
>>> print(argmax(b))         # Index of largest element
1
>>> print(argmin(A,axis=0)) # Indices of smallest col. elements
[1 0 1]
>>> print(identity(3))       # Identity matrix[[ 1. 0. 0.]
 [ 0. 1. 0.]
 [ 0. 0. 1.]]
```

numpy 모듈에는 배열 곱셈(products)을 연산하는 세 가지 함수가 있다. 다음 프로그램을 통해 설명된다. 자세한 내용은 부록 A2를 참조하기 바란다.

```
from numpy import *
x = array([7,3])
y = array([2,1])
A = array([[1,2],[3,2]])
B = array([[1,1],[2,2]])

# Dot product
print("dot(x,y) =\n",dot(x,y))    # {x}.{y}
print("dot(A,x) =\n",dot(A,x))    # [A]{x}
print("dot(A,B) =\n",dot(A,B))    # [A][B]

# Inner product
print("inner(x,y) =\n",inner(x,y)) # {x}.{y}
print("inner(A,x) =\n",inner(A,x)) # [A]{x}
print("inner(A,B) =\n",inner(A,B)) # [A][B_transpose]

# Outer product
print("outer(x,y) =\n",outer(x,y))
print("outer(A,x) =\n",outer(A,x))
print("outer(A,B) =\n",outer(A,B))
```

출력은 아래와 같다.

```
dot(x,y) =
17
dot(A,x) =
[13 27]
dot(A,B) =
[[5 5]
 [7 7]]
inner(x,y) =
17
inner(A,x) =
[13 27]
inner(A,B) =
[[ 3 6]
 [ 5 10]]
outer(x,y) =
[[14 7]
 [ 6 3]]
outer(A,x) =
[[ 7 3]
```

```
 [14 6]
 [21 9]
 [14 6]]
Outer(A,B) =
[[1 1 2 2]
 [2 2 4 4]
 [3 3 6 6]
 [2 2 4 4]]
```

선형 대수 모듈

numpy 모듈에는 linalg라고 하는 선형 대수 모듈을 포함하고 있다. 이 모듈에는 역행렬 및 연립 방정식의 해를 구하는 함수들이 포함되어 있다. 예를 들면 다음과 같다.

```
>>> from numpy import array
>>> from numpy.linalg import inv,solve
>>> A = array([[ 4.0, -2.0,  1.0], }
               [-2.0,  4.0, -2.0], }
               [ 1.0, -2.0,  3.0]])
>>> b = array([1.0, 4.0, 2.0])
>>> print(inv(A))                         # Matrix inverse
[[ 0.33333333  0.16666667  0.        ]
 [ 0.16666667  0.45833333  0.25      ]
 [ 0.          0.25        0.5       ]]
>>> print(solve(A,b))                     # Solve [A]{x} = {b}
[ 1. , 2.5, 2. ]
```

배열 복사

앞에서 설명한 것처럼 *a*가 리스트와 같이 변경 가능한 객체일 때, 할당문 b = a는 새 객체(new object) *b*를 만드는 것이 아니고, 간단히 *a*의 새 참조(new reference)를 만드는 것이며, 이를 얕은 복사(shallow copy)라고 한다. 이는 배열에도 적용된다. 배열 *a*의 독립 복사본을 만들려면 numpy 모듈에서 copy 메서드를 사용한다.

```
b = a.deepcopy()
```

벡터화 알고리즘

때로는 numpy 모듈의 수학 함수의 브로드캐스팅 속성을 사용하면 코드 안의 루프를 대체할 수 있다. 이 절차를 벡터화(vectorization)라고 한다. 예를 들어, 다음 식을 고려해 보자.

$$s = \sum_{i=0}^{100} \sqrt{\frac{i\pi}{100}} \sin \frac{i\pi}{100}$$

직접 접근법(direct approach)은 다음의 "스칼라(scalar)"코드와 같이 루프에서 합계를 계산하여 출력을 생성한다.

```
from math import sqrt,sin,pi
x = 0.0; s = 0.0
for i in range(101):
    s = s + sqrt(x)*sin(x)
    x = x + 0.01*pi
print(s)
```

이 알고리즘의 벡터화된 버전은 다음과 같다.

```
from numpy import sqrt,sin,arange
from math import pi
x = arange(0.0, 1.001*pi, 0.01*pi)
print(sum(sqrt(x)*sin(x)))
```

첫 번째 알고리즘은 수학 모듈에서 스칼라 버전의 `sqrt` 및 `sin` 함수를 사용하지만 두 번째 알고리즘은 이러한 함수를 `numpy` 모듈에서 가져온다. 벡터화 알고리즘은 훨씬 빠르게 실행되지만 더 많은 메모리를 사용한다.

1.6 matplotlib.pyplot으로 플로팅하기

matplotlib.pyplot 모듈은 Python에 MATLAB 스타일 기능을 제공하는 2D 플로팅 함수 모음이다. 핵심 Python의 일부가 아니므로 별도의 설치가 필요하다. 사인 함수와 코사인 함수를 그려주는 다음 프로그램은 간단하게 xy 플롯에 모듈을 적용하는 방법을 보여준다

```
import matplotlib.pyplot as plt
from numpy import arange,sin,cos
x = arange(0.0,6.2,0.2)

plt.plot(x,sin(x),'o-',x,cos(x),'>-')      # Plot with specified
                                            # line and marker style
plt.xlabel('x')                             # Add label to x-axis
```

```
plt.legend(('sine','cosine'),loc = 0)      # Add legend in loc. 3
plt.grid(True)                             # Add coordinate grid
plt.savefig('testplot.png',format='png')   # Save plot in png
                                           # format for future use
plt.show()                                 # Show plot on screen
input("Press return to exit")
```

선 및 마커 스타일은 다음 표에 표시된 문자열 문자로 지정된다(일부 문자만 표시됨).

'-'	실선(Solid line)
'--'	대시선(Dashed line)
'-.'	대시-점선(Dash-dot line)
':'	점선(Dotted line)
'o'	원 마커(Circle marker)
'^'	삼각형 마커(Triangle marker)
's'	스퀘어 마커(Square marker)
'h'	육각형 마커(Hexagon marker)
'x'	x 마커(x marker)

범례 배치를 위한 위치(loc) 코드 중 일부는 다음과 같다.

0	최고 위치(Best location)
1	오른쪽 상단(Upper right)
2	왼쪽 상단(Upper left)
3	왼쪽 아래(Lower left)
4	오른쪽 아래(Lower right)

프로그램을 실행하면 다음 화면이 나타난다.

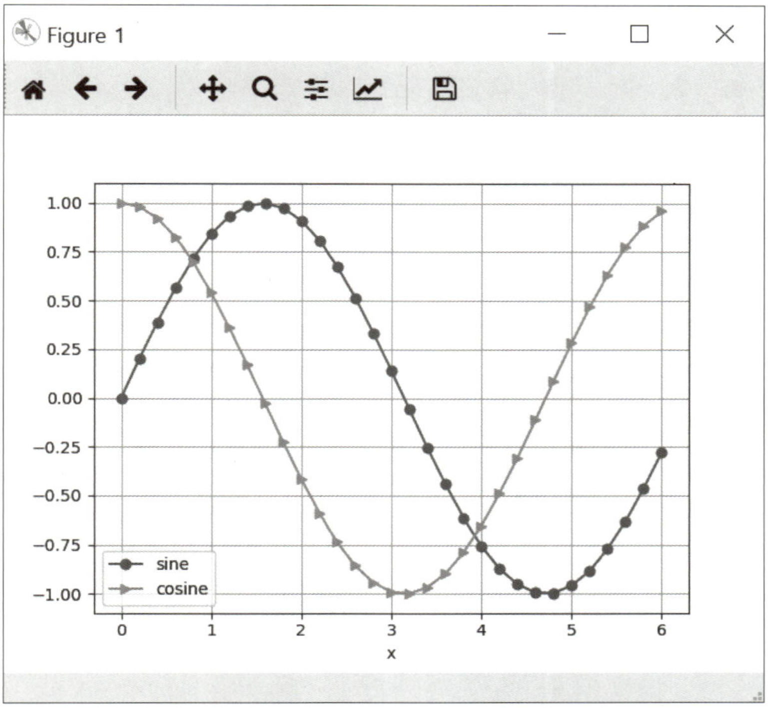

다음 코드에서 볼 수 있듯이 그림에 하나 이상의 그림이 있을 수 있다.

```
import matplotlib.pyplot as plt
from numpy import arange,sin,cos
x = arange(0.0,6.2,0.2)

plt.subplot(2,1,1)
plt.plot(x,sin(x),'o-')
plt.xlabel('x');plt.ylabel('sin(x)')
plt.grid(True)
plt.subplot(2,1,2)
plt.plot(x,cos(x),'^-')
plt.xlabel('x');plt.ylabel('cos(x)')
plt.grid(True)
plt.show()
input("\nPress return to exit")
```

`subplot`(*rows, cols, plot number*) 명령은 현재 그림 내에서 서브 그림 창을 설정한다. 매개 변수 *row* 및 *col*은 하나의 그림 내에 서브 그림 설정을 행×열 그리드로 나눈다 (이 경우 두 개의 행과 한 개의 열). 매개 변수 사이의 쉼표는 생략 할 수 있다. 이 프로그램의 출력은 다음과 같다.

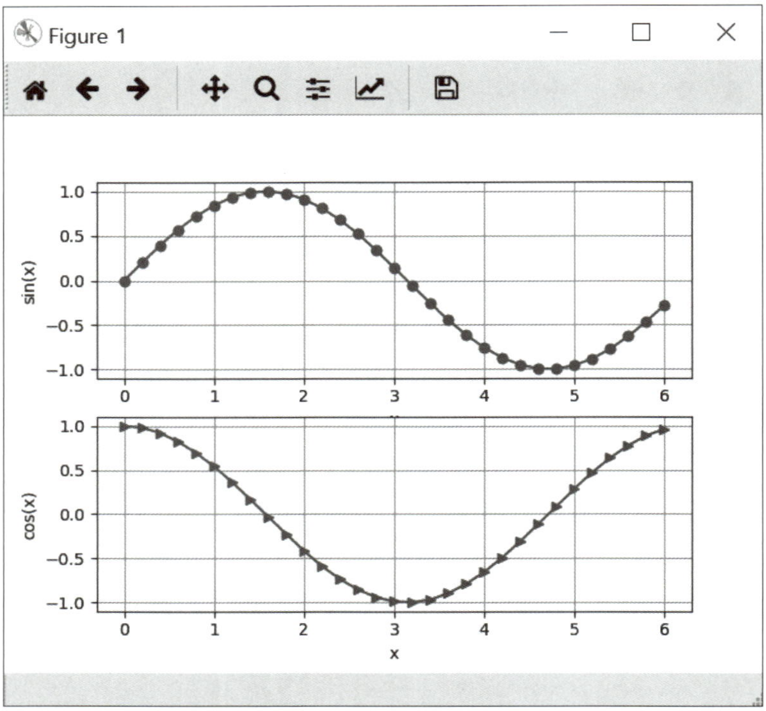

1.7 변수 범위 지정

네임 스페이스는 변수의 이름과 그 값을 포함하는 사전이다. 네임 스페이스는 프로그램이 실행될 때 자동으로 생성되고 업데이트된다. Python에는 세 가지 수준의 네임 스페이스가 있다.

1. 로컬 네임 스페이스(local namespace)는 함수가 호출될 때 생성된다. 인수로 함수에 전달된 변수와 함수 내에서 생성된 변수가 여기에 포함된다. 함수가 종료되면 로컬 네임 스페이스는 삭제된다. 함수 내에서 변수가 생성되면 그 범위는 함수의 로컬 네임 스페이스이다. 함수 외부에서는 그 변수가 보이지 않는다.
2. 전역 네임 스페이스(global namespace)는 모듈이 로드될 때 만들어진다. 각 모듈은 자체의 네임 스페이스를 가진다. 전역 네임 스페이스에 할당된 변수는 모듈 내의 모든 함수에서 볼 수 있다.
3. 인터프리터가 시작되면 내장 네임 스페이스(built-in namespace)가 만들어진다. 여기에는 Python 인터프리터와 함께 제공되는 함수가 포함되어 있다. 이 함수는 모든 프로그램 단위에서 액세스 할 수 있다.

함수의 실행 중에 이름이 발견되면 인터프리터는 (1) 로컬 네임 스페이스, (2) 전역 네임 스페이스 및 (3) 내장 네임 스페이스의 순서로 이름을 검색하여 문제를 해결하려고 한다. 이름을 확인할 수 없는 경우 Python은 NameError 예외를 발생시킨다.

전역 네임 스페이스에 있는 변수는 모듈 내의 함수에서 볼 수 있으므로 다음 프로그램에서 보여주는 것처럼 (좋은 프로그래밍 방법이므로) 인수를 함수에 전달할 필요는 없다.

```
def divide():
    c = a/b
    print('a/b =',c)
a = 100.0
b = 5.0
divide()

a/b = 20.0
```

변수 c는 함수 divide 내부에서 작성되었으므로 함수 divide 외부의 명령문에서는 액세스할 수 없다. 따라서 아래 함수에서 print 문을 이동하려는 시도가 실패한다.

```
def divide():
    c = a/b
a = 100.0
b = 5.0
divide()
print('a/b =',c)
Traceback (most recent call last):
  File "C:.py", line 6, in <module>
    print('a/b =',c)
NameError: name 'c' is not defined
```

1.8 프로그램 작성 및 실행

Python 편집기 *Idle*이 열리면, 사용자는 >>> 프롬프트를 보고 *Idle* 편집기가 대화식 모드(interactive mode) 임을 알게 된다. *Idle* 편집기에 입력된 모든 명령문은 Enter 키를 누를 때 즉시 처리된다. 대화식 모드는 실험을 통해 언어를 배우고 새로운 프로그래밍 아이디어를 시도 할 수 있는 좋은 방법이다.

새 창을 열면 *Idle* 편집기는 프로그램의 입력과 저장을 할 수 있는 배치 모드(batch mode) 상태가 된다. 텍스트 편집기를 사용하여 프로그램 라인을 입력할 수도 있지만, *Idle*

편집기는 키워드의 색상 코딩과 자동 들여쓰기와 같은 Python 관련 기능을 제공하므로 작업을 더 쉽게 할 수 있다. 프로그램을 실행하려면 먼저 확장자가 `.py`인 Python 파일(예: `myprog.py`)로 저장해야 한다. 그런 다음 `python myprog.py`를 입력하여 프로그램을 실행할 수 있다. Windows에서는 프로그램 아이콘을 두 번 클릭하면 작동한다. 하지만. 프로그램 창은 실행 직후, 출력을 읽을 기회를 얻기 전에 즉시 닫힌다는 것에 주의할 필요가 있다. 이러한 일이 발생하지 않도록 하려면 `input('press return')`으로 프로그램을 끝내기를 바란다.

프로그램 아이콘을 두 번 클릭하면 Unix 및 Linux에서도 작동한다. 단, 프로그램의 첫 번째 행에 Python 인터프리터(또는 Python에 대한 링크를 제공하는 쉘 스크립트)의 경로가 지정된 경우에 한해서이다. 경로 이름 앞에 기호 `#!`가 있어야 한다. 내 컴퓨터에서 Python 경로는 `/usr/bin/python`이므로 모든 프로그램은 `#!/usr/bin/python` 행으로 시작한다. 다중 사용자 시스템에서 경로는 대개 `/usr/local/bin/python`이다.

모듈이 `import` 구문을 통하여 처음으로 프로그램에 로드되면 바이트 코드로 컴파일되고 확장자가 `.pyc`인 파일로 작성된다. 다음에 그 프로그램이 다시 실행되면, 인터프리터는 원래 Python 파일이 아닌 바이트 코드를 로드한다. 그동안 모듈에 변경이 있는 경우 모듈이 자동으로 다시 컴파일된다. Idle 편집기의 **실행/모듈 실행**(Run/Run Module) 메뉴를 사용하여 프로그램을 실행할 수도 있다.

각 모듈의 시작 부분에 문서 **문자열**(docstring)을 추가하여 모듈을 문서화하는 것이 좋다. 삼중 따옴표로 묶인 *docstring*은 모듈이 하는 일을 설명해야 한다. 다음은 모듈 오류를 문서화 한 예이다(이 모듈은 몇 가지 프로그램에서 사용한다).

```
## module error
''' err(string).
    Prints 'string' and terminates program.
'''
import sys
def err(string):
    print(string)
    input('Press return to exit')
    sys.exit()
```

모듈의 문서화 문자열(docstring)은 다음 문과 함께 출력될 수 있다.

`print(`(*module name.* __*doc*__)

예를 들어, error의 docstring은 아래와 같이 표시될 수 있다.

```
>>> import error
>>> print(error.__doc__)
 err(string).
    Prints 'string' and terminates program.
```

docstring에서 백슬래시의 사용은 Python 3 인터프리터를 혼동시키기 때문에 docstring에서의 백슬래시 사용은 피한다.

2
연립 선형 대수 방정식

연립 방정식 $\mathbf{Ax} = \mathbf{b}$를 풀어라.

2.1 개요

이 장에서는 n개의 미지수를 가지고 있는 n개의 선형 대수 방정식의 해를 살펴 본다. 이 책에서 가장 내용이 길고 중요한 주제이다. 그 중요성에 대한 충분한 이유가 있다. 연립 방정식에 대한 내용과 형식을 고려하지 않고, 어떤 종류의 수치적 해석도 거의 불가능하기 때문이다. 또한 물리적 문제로 인해 발생하는 방정식 세트는 종종 매우 커서 많은 계산 자원(computational resources)을 소비한다. 일반적으로 희소성(sparseness, 희소 행렬(sparse matrix)의 대부분 요소는 0 임)과 같은 계수 행렬의 특수 속성을 활용하여 저장 요구 사항과 실행 시간을 줄일 수 있다. 따라서 선형 방정식에 대한 알고리즘이 많이 있다. 각 알고리즘은 계수 행렬의 특정 형식(대칭, 밴드, 희소 등)에 맞게 조정된다. 이러한 알고리즘 루틴을 지원하는 잘 알려진 컬렉션은 원래 Fortran77로 작성된 LAPACK-Linear Algebra PACKAGE이다.[1] 제한된 공간에서 모든 특수 알고리즘을 논의 할 수는 없다. 이 책에서 우리가 할 수 있는 최선의 방법은 솔루션의 기본 방법들을 제시하는 것이며, 밴드 계수 행렬(banded coefficient matrices)에 대한 몇 가지 유용한 알고리즘을 추가적으로 제시하는 것이다.

1 LAPACK은 1970 년대와 80 년대 포트란 서브 루틴을 모아놓은 LINPACK의 후속 제품이다.

표기법

대수 연립방정식은 다음과 같은 형식을 취한다.

$$\begin{aligned} A_{11}x_1 + A_{12}x_2 + \cdots + A_{1n}x_n &= b_1 \\ A_{21}x_1 + A_{22}x_2 + \cdots + A_{2n}x_n &= b_2 \\ &\vdots \\ A_{n1}x_1 + A_{n2}x_2 + \cdots + A_{nn}x_n &= b_n \end{aligned} \tag{2.1}$$

여기서 계수 A_{ij} 및 상수 b_j는 알려져 있고, x_i는 미지수를 나타낸다. 행렬 표기법으로 방정식은 아래와 같이 표현된다.

$$\begin{bmatrix} A_{11} & A_{12} & \cdots & A_{1n} \\ A_{21} & A_{22} & \cdots & A_{2n} \\ \vdots & \vdots & \ddots & \vdots \\ A_{n1} & A_{n2} & \cdots & A_{nn} \end{bmatrix} \begin{bmatrix} x_1 \\ x_2 \\ \vdots \\ x_n \end{bmatrix} = \begin{bmatrix} b_1 \\ b_2 \\ \vdots \\ b_n \end{bmatrix} \tag{2.2}$$

또는 간단히

$$\mathbf{Ax} = \mathbf{b} \tag{2.3}$$

로 표현된다.

계산 목적을 위한 방정식의 유용한 표현은 다음과 같은 방식으로 상수 벡터 b를 계수 행렬 A에 인접시킴으로써 획득된 증대된(augmented) 계수 행렬(coefficient matrix)이다.

$$\left[\mathbf{A} \middle| \mathbf{b}\right] = \left[\begin{array}{cccc|c} A_{11} & A_{12} & \cdots & A_{1n} & b_1 \\ A_{21} & A_{22} & \cdots & A_{2n} & b_2 \\ \vdots & \vdots & \ddots & \vdots & \vdots \\ A_{n1} & A_{n2} & \cdots & A_{n3} & b_n \end{array}\right] \tag{2.4}$$

해의 유일성

n개의 미지수를 가진 n선형 연립방정식은 계수 행렬의 행렬식(determinant)이 가역행렬(nonsingular, 역행렬을 갖는 행렬), 즉, $|A| \neq 0$인 경우, 고유한(unique) 해(solution)를 가진다. 가역행렬의 행과 열은 선형 독립적(linearly independent)이며, 이는 가역행렬의 어떠한 행과 열도 다른 행들(또는 열들)의 선형 조합(linear combination)에 의해 생성되지 않는다는 것을 의미한다. 계수 행렬이 특이 행렬(singular, 역행렬을 갖지 않는 행렬)인 경우, 방정

식은 상수 벡터에 따라 무한 수의 해 또는 해가 전혀 없을 수 있다. 다음 방정식을 예로 들어 보자.

$$2x + y = 3 \qquad 4x + 2y = 6$$

두 번째 방정식은 첫 번째 방정식에 2를 곱하여 얻을 수 있으므로 첫 번째 방정식을 만족하는 x와 y의 모든 조합이 두 번째 방정식의 해가 된다. 그러한 조합의 수는 무한하다. 대조적으로, 다음 방정식에서

$$2x + y = 3 \qquad 4x + 2y = 0$$

$2x + y = 0$에 해당하는 두 번째 방정식이 첫 번째 방정식과 모순되기 때문에 해가 없다. 따라서 하나의 방정식을 만족하는 어떠한 해도 다른 방정식을 만족시킬 수 없다.

불량 조건(Ill Conditioning)

명백한 문제는, 계수 행렬이 거의 특이 행렬일 때 (즉, $|\mathbf{A}|$가 매우 작으면) 어떤 일이 일어날까? 이다. 계수 행렬의 행렬식이 "작음"인지 여부를 결정하려면 행렬식을 측정 할 수 있는 참조가 필요하다. 이 참조를 행렬의 놈(norm)이라고 하며, $\|\mathbf{A}\|$로 표시한다. 다음과 같을 때, 행렬식이 작다고 말할 수 있다.

$$|\mathbf{A}| << \|\mathbf{A}\|$$

유클리드 놈(Euclidan norm)과 같은 몇 가지 행렬 놈이 기존 문헌에 정의되어 있다.

$$\|\mathbf{A}\|_e = \sqrt{\sum_{i=1}^{n}\sum_{j=1}^{n} A_{ij}^2} \tag{2.5a}$$

행-합 놈(row-sum norm) 또는, 무한 놈(infinity norm)이라고도 하는 놈 정의는

$$\|\mathbf{A}\|_\infty = \max_{1\le i\le n}\sum_{j=1}^{n} |A_{ij}| \tag{2.5b}$$

컨디셔닝에 대한 공식적인 척도는 다음과 같이 정의된 **행렬 조건수**(matrix condition number)이다.

$$\text{cond}(\mathbf{A}) = \|\mathbf{A}\|\ \|\mathbf{A}^{-1}\| \tag{2.5c}$$

이 숫자가 1에 가까워지면 행렬이 잘 컨디셔닝된 것이다. 조건수는 불량 컨디셔닝의 정도

에 따라 증가하고, 특이(singular) 행렬에 대해서는 무한대에 도달한다. 조건수는 고유하지 않지만, 행렬 놈의 선택에 따라 달라진다. 불행히도 조건수는 큰 행렬을 계산할 때 비용이 많이 든다. 대부분은 행렬의 원소의 크기(magnitudes)와 행렬식(determinant)을 비교하여 컨디셔닝을 측정하는 것으로 충분하다. 방정식이 잘못 컨디셔닝된 경우 계수 행렬의 작은 변화로 인해 솔루션이 크게 변경된다. 다음 방정식을 실례로 들어보자.

$$2x + y = 3 \qquad 2x + 1.001y = 0$$

방정식의 해는 $x = 1501.5$, $y = -3000$이다. $|\mathbf{A}| = 2(1.001) - 2(1) = 0.002$가 계수보다 훨씬 작으므로, 방정식이 불완전하게 컨디셔닝되었다. 불량 컨디셔닝의 효과는 두 번째 방정식을 $2x + 1.002y = 0$으로 변경하고 방정식을 다시 푸는 것으로 확인할 수 있다. 결과는 $x = 751.5$, $y = -1500$이다. y계수에서 0.1%의 변화는 솔루션에서 100%의 변화를 가져 왔다! 불량하게 컨디셔닝된 방정식의 수치 해는 신뢰할 수 없다. 그 이유는 솔루션 프로세스 동안 반올림 오류(roundoff error)는 피할 수 없으며, 이것은 계수 행렬의 작은 변화를 가져오는 것과 같은 효과를 가지기 때문이다. 결과적으로 솔루션에 큰 오류가 발생하고, 오류의 크기는 불량 컨디셔닝의 심각성에 따라 달라진다. 의심스러운 경우 불량 컨디셔닝의 정도를 예측할 수 있도록 계수 행렬의 행렬식(determinant)을 계산해야 한다. 이는 계산 중 적은 노력으로 솔루션 도중 또는 후에 수행 할 수 있다.

선형 시스템

선형(linear), 대수 방정식(algebraic equations)은 수치 해석의 거의 모든 분야에서 발생한다. 그러나 엔지니어링 분야에서 가장 눈에 띄는 응용 분야는 선형 시스템(입력에 비례하는 응답이 선형인 것으로 간주되는 시스템)을 분석하는 것이다. 선형 시스템은 구조(structures), 탄성 고체(elastic solids), 열 흐름(heat flow), 유체의 누출(seepage of fluids), 전자기장(electromagnetic fields) 및 전기 회로(electric circuits), 즉 공학 교과 과정에서 강의 된 주제 대부분을 포함한다. 시스템이 트러스(truss) 또는 전기 회로와 같이 불연속(discrete) 인 경우, 그 분석은 선형 대수 방정식(linear algebraic equation)으로 직접 이어진다. 예를 들어, 정적으로 결정된 트러스의 경우, 관절의 평형 상태가 기록될 때 방정식이 생성된다. 미지수 $x_1, x_2, \ldots, x_n$은 멤버(members)와 지지 반응(support reactions)의 힘을 나타내며, 상수 $b_1, b_2, \ldots, b_n$은 규정된 외부 하중(prescribed external loads)이다. 연속 시스템의 동작은 대수 방정식 대신 미분 방정식으로 설명된다. 그러나 수치 해석은 이산 변수만 처리 할 수 있으므로 먼저 미분 방정식을 대수 연립방정식으로 근사해야 한다.

잘 알려진 유한 차분, 유한 요소 및 분석의 경계 요소 방법 등이 사용된다. 이들은 "이산화 (discretization)"를 달성하기 위해 서로 다른 근사법을 사용한다. 그러나 각각의 경우 최종 과제는 동일하다. 즉 (종종 매우 큰) 시스템의 선형 대수 방정식을 푸는 것이다. 요약하면, 선형 시스템의 모델링은 항상 $\mathbf{Ax} = \mathbf{b}$ 형태의 방정식을 발생시킨다. 여기서 **b**는 입력이고 **x**는 시스템의 응답을 나타낸다. 시스템의 특성을 반영하는 계수 행렬 **A**는 입력과 독립적이다. 즉, 입력이 변경되면 방정식을 다른 **b**와 동일한 **A**로 다시 풀어야 한다. 그러므로, 최소한의 계산 노력으로 임의의 상수 벡터의 수를 처리 할 수 있는 방정식–해법 알고리즘 (equation-solving algorithm)을 갖는 것이 바람직하다.

해의 방법

선형, 대수 방정식의 시스템을 푸는 방법에는 직접 및 반복 방법의 두 가지 종류가 있다. **직접적인 방법**의 일반적인 특징은 기존 방정식을 더 쉽게 풀 수 있는 **등가 방정식**(동일한 해를 가진 방정식)으로 변환하는 것이다. 변환은 다음 세 가지 조작을 적용하여 수행된다. 이러한 소위 **기본 연산**은 해를 변경하지 않지만 괄호 안에 표시된 것처럼 계수 행렬의 행렬식에 영향을 줄 수 있다.

1. 두 방정식 교환($|\mathbf{A}|$ 부호 변경)
2. 방정식에 0이 아닌 상수 곱하기(같은 상수로 $|\mathbf{A}|$를 곱함)
3. 방정식에 0이 아닌 상수를 곱한 다음 다른 방정식에서 빼기($|\mathbf{A}|$ 변경되지 않음)

반복적인 또는 **간접적인 방법**은 해 x의 추측으로 시작한 다음 특정 수렴 조건에 도달 할 때까지 해를 반복적으로 수정한다. 반복적인 방법은 많은 수의 반복이 필요하기 때문에 일반적으로 직접적인 방법보다 효율적이지 않다. 그러나 계수 행렬이 매우 크고 희소할 (sparse) 경우 (대부분의 계수는 0 임) 중요한 계산 이점이 있다.

직접 방법 개요

표 2.1은 널리 사용되는 세 가지 직접 방법을 나열하는데, 각각은 기초 연산을 사용하여 최종 형식의 풀기 쉬운 방정식을 생성한다.

표 2.1 Three Popular DirectMethods

방법	초기 형태	최종 형태
Gauss 소거	$\mathbf{Ax} = \mathbf{b}$	$\mathbf{Ux} = \mathbf{c}$
LU 분해	$\mathbf{Ax} = \mathbf{b}$	$\mathbf{LUx} = \mathbf{b}$
Gauss-Jordan 소거	$\mathbf{Ax} = \mathbf{b}$	$\mathbf{Ix} = \mathbf{c}$

표 2.1에서, **U**는 상삼각행렬(upper triangular matrix)을 나타내고, **L**은 하삼각행렬(lower triangular matrix)이고, **I**는 항등행렬(identity matrix)을 나타낸다. 정사각형 행렬(square matrix)에서 선행 대각선의 한쪽에 0요소만 포함하면 삼각행렬이라 부른다. 따라서 3×3 상삼각행렬의 형태는 아래와 같다.

$$\mathbf{U} = \begin{bmatrix} U_{11} & U_{12} & U_{13} \\ 0 & U_{22} & U_{23} \\ 0 & 0 & U_{33} \end{bmatrix}$$

3×3 하삼각행렬은 다음과 같다.

$$\mathbf{L} = \begin{bmatrix} L_{11} & 0 & 0 \\ L_{21} & L_{22} & 0 \\ L_{31} & L_{32} & L_{33} \end{bmatrix}$$

삼각 행렬은 많은 계산을 단순화하기 때문에 선형 대수학에서 중요한 역할을 한다. 예를 들어 방정식 $\mathbf{Lx} = \mathbf{c}$를 고려해보자.

$$\begin{aligned} L_{11}x_1 &= c_1 \\ L_{21}x_1 + L_{22}x_2 &= c_2 \\ L_{31}x_1 + L_{32}x_2 + L_{33}x_3 &= c_3 \end{aligned}$$

우리가 첫 번째 방정식부터 시작하여 풀면 각 방정식이 한 번에 하나씩 미지수를 포함하기 때문에 계산이 매우 쉽다. 해는 다음과 같이 진행될 것이다.

$$\begin{aligned} x_1 &= c_1/L_{11} \\ x_2 &= (c_2 - L_{21}x_1)/L_{22} \\ x_3 &= (c_3 - L_{31}x_1 - L_{32}x_2)/L_{33} \end{aligned}$$

이 절차를 전진 대입(forward substitution)이라고 한다. 유사한 방식으로, Gauss 소거에서 발생하는 $\mathbf{Ux} = \mathbf{c}$는 마지막 방정식에서 시작하여, 후진 대입(back substitution)법으로 방정식을 통해 쉽게 진행할 수 있다. LU 분해와 관련된 방정식 $\mathbf{LUx}=\mathbf{b}$는 $\mathbf{Ly}=\mathrm{b}$ 및 $\mathbf{Ux}=\mathbf{y}$의 두 세트의 동등한 방정식으로 대체하면 신속하게 해결할 수 있다. 이제 $\mathbf{Ly}=\mathbf{b}$는 전진 대입에 의해 $\mathbf{y}$에 대해 풀릴 수 있고, 후진 대입에 의해 $\mathbf{Ux}=\mathbf{y}$의 해가 뒤 따른다.

Gauss-Jordan 소거로 생성된 방정식 $\mathbf{Ix}=\mathbf{c}$는 $\mathbf{x}=\mathbf{c}$(동일성 $\mathbf{Ix}=\mathbf{x}$),을 상기함)와 동일하므로 $\mathbf{c}$는 이미 해를 가지고 있다.

예제 2.1

다음 행렬이 특이 행렬(singular matrix) 인지 확인하시오.

$$\mathbf{A}=\begin{bmatrix} 2.1 & -0.6 & 1.1 \\ 3.2 & 4.7 & -0.8 \\ 3.1 & -6.5 & 4.1 \end{bmatrix}$$

풀이

A 행렬의 첫 행에 관한 라플라스(Laplace)의 행렬식 전개(부록 A2 참조)를 통해 아래의 과정을 가진다.

$$\begin{aligned}|\mathbf{A}| &= 2.1\begin{vmatrix} 4.7 & -0.8 \\ -6.5 & 4.1 \end{vmatrix} - (-0.6)\begin{vmatrix} 3.2 & -0.8 \\ 3.1 & 4.1 \end{vmatrix} + 1.1\begin{vmatrix} 3.2 & 4.7 \\ 3.1 & -6.5 \end{vmatrix} \\ &= 2.1(14.07) + 0.6(15.60) + 1.1(-35.37) = 0\end{aligned}$$

행렬식이 0이기 때문에 특이 행렬이다. 특이 행렬은 또한, 다음의 행 의존성에 기인한다는 검증을 통해 알 수 있다. (3행) = (3 × 1행) − (2행).

예제 2.2

아래 방정식 $\mathbf{Ax}=\mathbf{b}$를 풀어 보아라,

$$\mathbf{A}=\begin{bmatrix} 8 & -6 & 2 \\ -4 & 11 & -7 \\ 4 & -7 & 6 \end{bmatrix} \qquad \mathbf{b}=\begin{bmatrix} 28 \\ -40 \\ 33 \end{bmatrix}$$

단, 계수 행렬의 LU 분해는 아래와 같다. (이것은 직접 검증해야 함)

$$\mathbf{A} = \mathbf{LU} = \begin{bmatrix} 2 & 0 & 0 \\ -1 & 2 & 0 \\ 1 & -1 & 1 \end{bmatrix} \begin{bmatrix} 4 & -3 & 1 \\ 0 & 4 & -3 \\ 0 & 0 & 2 \end{bmatrix}$$

풀이

우리는 먼저 $\mathbf{Ly} = \mathbf{b}$ 방정식을 전진 대입으로 해결한다.

$$\begin{aligned} 2y_1 &= 28 & y_1 &= 28/2 = 14 \\ -y_1 + 2y_2 &= -40 & y_2 &= (-40 + y_1)/2 = (-40 + 14)/2 = -13 \\ y_1 - y_2 + y_3 &= 33 & y_3 &= 33 - y_1 + y_2 = 33 - 14 - 13 = 6 \end{aligned}$$

그런 다음 해 $\mathbf{x}$는 후진 대입에 의해 $\mathbf{Ux} = \mathbf{y}$로부터 얻어진다.

$$\begin{aligned} 2x_3 &= y_3 & x_3 &= y_3/2 = 6/2 = 3 \\ 4x_2 - 3x_3 &= y_2 & x_2 &= (y_2 + 3x_3)/4 = [-13 + 3(3)]/4 = -1 \\ 4x_1 - 3x_2 + x_3 &= y_1 & x_1 &= (y_1 + 3x_2 - x_3)/4 = [14 + 3(-1) - 3]/4 = 2 \end{aligned}$$

따라서, 해 $\mathbf{x}$는 $\mathbf{x} = \begin{bmatrix} 2 & -1 & 3 \end{bmatrix}^T$가 된다.

2.2 Gauss 소거법

개요

Gauss 소거는 연립 방정식을 푸는 가장 친숙한 방법이다. 소거 단계(elimination phase)와 후진 대입 단계(back substitution phase) 두 부분으로 구성된다. 표 2.1에서 알 수 있듯이, 소거 단계의 기능은 방정식을 $\mathbf{Ux} = \mathbf{c}$ 형식으로 변환하는 것이다. 방정식은 후진 대입에 의해 해가 결정된다. 절차를 설명하기 위해 다음 방정식을 풀어 보자.

$$4x_1 - 2x_2 + x_3 = 11 \tag{a}$$

$$-2x_1 + 4x_2 - 2x_3 = -16 \tag{b}$$

$$x_1 - 2x_2 + 4x_3 = 17 \tag{c}$$

소거 단계 소거 단계에서는 표 2.1에 나열된 기본 작업 중 하나만 사용한다. 하나의 방정식(예 : 방정식 j)에 상수 λ를 곱하고 다른 방정식(방정식 j)에서 뺀다. 이 작업의 기호 표현은 다음과 같다.

$$\text{Eq. }(i) \leftarrow \text{Eq. }(i) - \lambda \times \text{Eq. }(j) \tag{2.6}$$

감산되는 방정식, 즉 Eq. (j)를 피벗 방정식(pivot equation)이라 한다.

우리는 Eq. (a)를 피벗 방정식으로하고 방정식 (b)와 (c)로부터 x_1을 소거하기 위해 승수 λ를 선택한다.

$$\text{Eq. (b)} \leftarrow \text{Eq. (b)} - (-0.5) \times \text{Eq. (a)}$$

$$\text{Eq. (c)} \leftarrow \text{Eq. (c)} - 0.25 \times \text{Eq. (a)}$$

이 변환 후에 방정식은 다음과 같이 된다.

$$4x_1 - 2x_2 + x_3 = 11 \tag{a}$$

$$3x_2 - 1.5x_3 = -10.5 \tag{b}$$

$$-1.5x_2 + 3.75x_3 = 14.25 \tag{c}$$

이것으로 첫 번째 단계가 완료된다. 이제 (b)를 피벗 방정식으로 선택하고 (c)에서 x_2를 소거한다.

$$\text{Eq. (c)} \leftarrow \text{Eq. (c)} - (-0.5) \times \text{Eq. (b)}$$

이것은 다음 방정식을 산출한다

$$4x_1 - 2x_2 + x_3 = 11 \tag{a}$$

$$3x_2 - 1.5x_3 = -10.5 \tag{b}$$

$$3x_3 = 9 \tag{c}$$

이제 소거 단계(elimination phase)가 완료되었다. 원래 방정식은 등가 방정식(equivalent equations)으로 대체되었으며, 후진 대입(back substitution)으로 쉽게 해결할 수 있다.

이전에 지적했듯이, 증대된(augmented) 계수 행렬(coefficient matrix)은 계산을 수행하는 데 더 편리한 도구이다. 따라서 원래 방정식은 다음과 같이 작성된다.

$$\left[\begin{array}{rrr|r} 4 & -2 & 1 & 11 \\ -2 & 4 & -2 & -16 \\ 1 & -2 & 4 & 17 \end{array}\right]$$

Gauss 소거의 첫 번째와 두 번째 단계에 의해 생성된 등가 방정식은 다음과 같이 나타난다.

$$\left[\begin{array}{lrr|r} 4 & -2 & 1 & 11.00 \\ 0 & 3 & -1.5 & -10.50 \\ 0 & -1.5 & 3.75 & 14.25 \end{array}\right]$$

$$\left[\begin{array}{ccc|c} 4 & -2 & 1 & 11.0 \\ 0 & 3 & -1.5 & -10.5 \\ 0 & 0 & 3 & 9.0 \end{array}\right]$$

방정식 (2.6) 기본 행(elementary row) 연산은 계수 행렬의 행렬식을 변하지 않게 만든다. 다행스럽게도 삼각형 행렬의 행렬식은 대각선 요소의 산물이므로 매우 쉽게 계산할 수 있다(이것은 매우 쉽게 확인할 수 있음).

$$|\mathbf{A}| = |\mathbf{U}| = U_{11} \times U_{22} \times \cdots \times U_{nn} \tag{2.7}$$

후진 대입 단계 미지수는 이전에 설명한 방식으로 후진 대입으로 계산할 수 있다. 방정식 (c), (b), (a)의 순서로, 아래를 얻을 수 있다.

$$x_3 = 9/3 = 3$$

$$x_2 = (-10.5 + 1.5x_3)/3 = [-10.5 + 1.5(3)]/3 = -2$$

$$x_1 = (11 + 2x_2 - x_3)/4 = [11 + 2(-2) - 3]/4 = 1$$

Gauss 소거 방법을 위한 알고리즘

소거 단계 소거 단계에서 어떤 순간에 방정식을 살펴보자. $\mathbf{A}$의 첫 번째 k행이 이미 상 삼각 형태로 변형되었다고 가정하자. 따라서 현재 피벗 방정식은 k번째 방정식이며 그 아래의 모든 방정식은 변형된다. 이 상황은 다음의 증대된 계수 행렬로 표시된다. $\mathbf{A}$의 성분은 소거 과정(elimination procedure)에 의해 변경 되었기 때문에 원래 방정식의 계수는 아님을 (첫 번째 행 제외) 유의하시오. 상수 벡터 $\mathbf{b}$의 구성 요소에도 동일하게 적용된다.

$$\left[\begin{array}{cccccccc|c} A_{11} & A_{12} & A_{13} & \cdots & A_{1k} & \cdots & A_{1j} & \cdots & A_{1n} & b_1 \\ 0 & A_{22} & A_{23} & \cdots & A_{2k} & \cdots & A_{2j} & \cdots & A_{2n} & b_2 \\ 0 & 0 & A_{33} & \cdots & A_{3k} & \cdots & A_{3j} & \cdots & A_{3n} & b_3 \\ \vdots & \vdots & \vdots & & \vdots & & \vdots & & \vdots & \vdots \\ 0 & 0 & 0 & \cdots & A_{kk} & \cdots & A_{kj} & \cdots & A_{kn} & b_k \\ \hline \vdots & \vdots & \vdots & & \vdots & & \vdots & & \vdots & \vdots \\ 0 & 0 & 0 & \cdots & A_{ik} & \cdots & A_{ij} & \cdots & A_{in} & b_i \\ \vdots & \vdots & \vdots & & \vdots & & \vdots & & \vdots & \vdots \\ 0 & 0 & 0 & \cdots & A_{nk} & \cdots & A_{nj} & \cdots & A_{nn} & b_n \end{array}\right]
\begin{array}{l} \\ \\ \\ \\ \leftarrow \text{피벗행} \\ \\ \leftarrow \text{변형될 피벗행} \\ \\ \\ \end{array}$$

i번째 행을 변형될 피벗 수식 아래의 행으로 놓는다. 즉, A_{ik} 요소는 소거된다. 피벗 행에 $\lambda = A_{ik}/A_{kk}$를 곱하고 이를 i번째 행에서 뺀다. i번째 행의 해당 변경 사항은 다음과 같다.

$$A_{ij} \leftarrow A_{ij} - \lambda A_{kj}, \quad j = k, k+1, \ldots, n \tag{2.8a}$$

$$b_i \leftarrow b_i - \lambda b_k \tag{2.8b}$$

전체 계수 행렬을 상 삼각 형태로 변환하기 위해 방정식 (2.8)에서 k와 i를 구한다. k와 i의 범위는 다음과 같다. $k = 1, 2, ..., n-1$(피벗 행 선택), $i = k+1, k+2 ..., n$(변환될 행 선택). 소거 단계의 알고리즘은 거의 스스로 작성된다.

```
for k in range(0,n-1):
    for i in range(k+1,n):
        if a[i, k] != 0.0:
            lam = a[i, k] / a[k, k]
            a[i, k + 1:n] = a[i, k + 1:n] - lam * a[k, k + 1:n]
            b[i] = b[i] - lam * b[k]
```

불필요한 연산을 피하기 위해 선행 알고리즘은 다음과 같은 방법으로 방정식 (2.8)과 약간 다르다.

- A_{ik}이 0이면 행 i의 변환을 건너뛴다.
- 방정식 (2.8a)는 k가 아닌 $k+1$로 시작한다. 따라서 A_{ik}은 0으로 대체되지 않고 원래 값을 유지한다. 어쨌든 솔루션 단계는 계수 행렬의 하위 삼각형 부분을 절대 액세스하지 않으므로 그 내용은 부적합하다.

후진 대입 단계 Gauss 소거 이후에, 증대된 계수 행렬은 다음과 같은 형태를 갖는다.

$$\left[\mathbf{A} \middle| \mathbf{b}\right] = \left[\begin{array}{ccccc|c} A_{11} & A_{12} & A_{13} & \cdots & A_{1n} & b_1 \\ 0 & A_{22} & A_{23} & \cdots & A_{2n} & b_2 \\ 0 & 0 & A_{33} & \cdots & A_{3n} & b_3 \\ \vdots & \vdots & \vdots & \ddots & \vdots & \vdots \\ 0 & 0 & 0 & \cdots & A_{nn} & b_n \end{array}\right]$$

마지막 방정식, $A_{nn}x_n = b_n$을 먼저 풀면, 다음 해를 가질 수 있다.

$$x_n = b_n/A_{nn} \tag{2.9}$$

x_n, x_{n+1}, ..., x_{k+1}이 이미 (그 순서대로) 계산되는 후진 대입의 단계를 고려해보고, k번째 방정식으로부터 x_k를 결정하려고 한다.

$$A_{kk}x_k + A_{k,k+1}x_{k+1} + \cdots + A_{kn}x_n = b_k$$

그 해는 아래와 같다.

$$x_k = \left(b_k - \sum_{j=k+1}^{n} A_{kj}x_j\right)\frac{1}{A_{kk}}, \quad k = n-1, n-2, \ldots, 1 \tag{2.10}$$

후진 대입에 해당하는 알고리즘은 다음과 같다.

```
for k in range(n-1,-1,-1):
        x[k]=(b[k] - dot(a[k,k+1:n],x[k+1:n]))/a[k,k]
```

연산 횟수 알고리즘의 실행 시간은 수행되는 긴 연산인 곱셈과 나눗셈의 수에 크게 의존한다. Gauss 소거에는 소거 단계에서 약 $n^3/3$과 같은 연산(n은 방정식의 수)이 포함되며 후진 대입 단계에서 $n^2/2$ 연산이 포함됨을 알 수 있다. 이 수치는 대부분의 계산 시간이 소거 단계로 진행됨을 보여준다. 또한 방정식의 수와 함께 시간이 매우 빠르게 증가한다.

gaussElimin

함수 gaussElimin은 소거 및 후진 대입 단계를 결합한다. 후진 대입 중에 b가 해 벡터 x에 의해 덮어 쓰여 지므로 b는 빠져 나올 때 해를 포함한다.

```
## module gaussElimin
''' x = gaussElimin(a,b).
    Solves [a]b = x by Gauss elimination.
'''
import numpy as np

def gaussElimin(a,b):
    n = len(b)
  # Elimination Phase
    for k in range(0,n-1):
        for i in range(k+1,n):
           if a[i,k] != 0.0:
               lam = a [i,k]/a[k,k]
               a[i,k+1:n] = a[i,k+1:n] - lam*a[k,k+1:n]
               b[i] = b[i] - lam*b[k]
  # Back substitution
    for k in range(n-1,-1,-1):
        b[k] = (b[k] - np.dot(a[k,k+1:n],b[k+1:n]))/a[k,k]
    return b
```

방정식의 다중 세트

앞에서 언급했듯이 몇 가지 상수 벡터에 대해 방정식 $\mathbf{Ax}=\mathbf{b}$를 푸는 것이 종종 필요하다. $\mathbf{b}_1, \mathbf{b}_2, \ldots, \mathbf{b}_m$으로 표시된 상수 벡터가 있다고 가정하고, 해 벡터를 $\mathbf{x}_1, \mathbf{x}_2, \ldots, \mathbf{x}_m$이라고 하자. 우리는 $\mathbf{AX}=\mathbf{B}$에 의해 방정식의 다중 세트를 나타낼 수 있다.

$$\mathbf{X}=\begin{bmatrix}\mathbf{x}_1 & \mathbf{x}_2 & \cdots & \mathbf{x}_m\end{bmatrix} \qquad \mathbf{B}=\begin{bmatrix}\mathbf{b}_1 & \mathbf{b}_2 & \cdots & \mathbf{b}_m\end{bmatrix}$$

여기서, $n\times m$ 행렬에서 열은 해 벡터와 상수 벡터로 구성된다. 소거 단계에서 이러한 방정식을 처리하는 경제적인 방법은 증대된 계수 행렬에 모든 m개의 상수 벡터를 포함시켜 계수 행렬과 동시에 변환되도록 하는 것이다. 그런 다음 해는 일반적인 방법으로 한 번에 하나의 벡터로 후진 대입하여 얻는다. `gaussElimin`에서 해당 변경 사항을 적용하는 것은 매우 쉽다. 그러나 다음 절에서 설명하는 LU 분해(decomposition) 방법은 여러 상수 벡터를 처리 할 때더욱 다양하다.

예제 2.3

아래에 대하여, Gauss 소거법을 사용하여 방정식 $\mathbf{AX}=\mathbf{B}$의 해를 구하여 보아라.

$$\mathbf{A}=\begin{bmatrix}6 & -4 & 1\\ -4 & 6 & -4\\ 1 & -4 & 6\end{bmatrix} \qquad \mathbf{B}=\begin{bmatrix}-14 & 22\\ 36 & -18\\ 6 & 7\end{bmatrix}$$

풀이

증대된 계수 행렬은 다음과 같다.

$$\left[\begin{array}{ccc|cc}6 & -4 & 1 & -14 & 22\\ -4 & 6 & -4 & 36 & -18\\ 1 & -4 & 6 & 6 & 7\end{array}\right]$$

소거 단계는 다음 두 단계로 구성된다.

$$\text{row } 2 \leftarrow \text{row } 2 + (2/3)\times \text{row } 1$$

$$\text{row } 3 \leftarrow \text{row } 3 - (1/6)\times \text{row } 1$$

$$\left[\begin{array}{ccc|cc}6 & -4 & 1 & -14 & 22\\ 0 & 10/3 & -10/3 & 80/3 & -10/3\\ 0 & -10/3 & 35/6 & 25/3 & 10/3\end{array}\right]$$

그리고

$$\text{열 } 3 \leftarrow \text{열 } 3 + \text{열 } 2$$

$$\left[\begin{array}{ccc|cc} 6 & -4 & 1 & -14 & 22 \\ 0 & 10/3 & -10/3 & 80/3 & -10/3 \\ 0 & 0 & 5/2 & 35 & 0 \end{array}\right]$$

해 단계에서 먼저 $\mathbf{x}_1$을 후진대입으로 계산한다.

$$\begin{aligned} X_{31} &= \frac{35}{5/2} = 14 \\ X_{21} &= \frac{80/3 + (10/3)X_{31}}{10/3} = \frac{80/3 + (10/3)14}{10/3} = 22 \\ X_{11} &= \frac{-14 + 4X_{21} - X_{31}}{6} = \frac{-14 + 4(22) - 14}{6} = 10 \end{aligned}$$

따라서 첫 번째 해 벡터는 다음과 같다.

$$\mathbf{x}_1 = \begin{bmatrix} X_{11} & X_{21} & X_{31} \end{bmatrix}^T = \begin{bmatrix} 10 & 22 & 14 \end{bmatrix}^T$$

두 번째 해 벡터가 다음으로 계산되며 후진대입을 사용한다.

$$\begin{aligned} X_{32} &= 0 \\ X_{22} &= \frac{-10/3 + (10/3)X_{32}}{10/3} = \frac{-10/3 + 0}{10/3} = -1 \\ X_{12} &= \frac{22 + 4X_{22} - X_{32}}{6} = \frac{22 + 4(-1) - 0}{6} = 3 \end{aligned}$$

따라서 두 번째 해 벡터는 다음과 같다.

$$\mathbf{x}_2 = \begin{bmatrix} X_{12} & X_{22} & X_{32} \end{bmatrix}^T = \begin{bmatrix} 3 & -1 & 0 \end{bmatrix}^T$$

예제 2.4

$n \times n$의 Vandermode 행렬 $\mathbf{A}$는 아래와 같이 정의된다.

$$A_{ij} = v_i^{n-j}, \quad i = 1, 2, \ldots, n, \quad j = 1, 2, \ldots, n$$

여기서, $\mathbf{v}$는 벡터이다. 함수 `gaussElimin`을 사용하여 $\mathbf{Ax} = \mathbf{b}$의 해를 계산하며, 여기서 행렬 $\mathbf{A}$는 아래의 6×6 Vandermode 행렬에서 생성된 벡터이다.

$$\mathbf{v} = \begin{bmatrix} 1.0 & 1.2 & 1.4 & 1.6 & 1.8 & 2.0 \end{bmatrix}^T$$

$$\mathbf{b} = \begin{bmatrix} 0 & 1 & 0 & 1 & 0 & 1 \end{bmatrix}^T$$

또한 해의 정확성을 평가하시오(Vandermode 행렬은 좋지 않은 조건을 가지는 경향이 있다).

풀이

```
#!/usr/bin/python
## example2_4
import numpy as np
from gaussElimin import *

def vandermode(v):
    n = len(v)
    a = np.zeros((n,n))
    for j in range(n):
        a[:,j] = v**(n-j-1)
    return a

v = np.array([1.0, 1.2, 1.4, 1.6, 1.8, 2.0])
b = np.array([0.0, 1.0, 0.0, 1.0, 0.0, 1.0])
a = vandermode(v)
aOrig = a.copy() # Save original matrix
bOrig = b.copy() # and the constant vector
x = gaussElimin(a,b)
det = np.prod(np.diagonal(a))
print('x =',x)
print('det =',det)
print('Check result: [a]x - b =',np.dot(aOrig,x) - bOrig)
input('Press return to exit')
```

이 프로그램은 다음과 같은 결과를 가져온다.

```
x =
[   416.66666667  -3125.00000004    9250.00000012  -13500.00000017
   9709.33333345  -2751.00000003]

det = -1.13246207999e-006

Check result: [a]x - b =
 [0.00000000e+00 3.63797881e-12 0.00000000e+00 1.45519152e-11
  0.00000000e+00 5.82076609e-11]
```

A의 행렬 요소에 비해 행렬식이 매우 작기 때문에(이것을 검증하기 위해 **A**를 인쇄 할 수도 있다), 우리는 검출 가능한 반올림 오차를 예상한다. **x**를 검사하면 정확한 해는 아래와 같다.

$$\mathbf{x} = \begin{bmatrix} 1250/3 & -3125 & 9250 & -13500 & 29128/3 & -2751 \end{bmatrix}^T$$

이 경우 수치 해는 소수점 이하 10자리까지 정확하다. 해의 정확도를 측정하는 또 다른 방법은 $\mathbf{Ax} = \mathbf{b}$를 계산하는 것이다(결과는 0이어야 한다). 결과는 해가 실제로 소수점 이하 10 자리까지 정확하다는 것을 나타낸다.

2.3 LU 분해법

개요

임의의 정사각형 행렬 **A**는 하부 삼각 행렬 **L**과 상부 삼각 행렬 **U**의 곱으로 표현될 수 있다.

$$\mathbf{A} = \mathbf{LU} \tag{2.11}$$

주어진 **A**에 대해 **L**과 **U**를 계산하는 프로세스는 LU 분해(decomposition) 또는 LU 인수분해(factorization)라고 한다. 특정한 제약 조건이 **L** 또는 **U**에 적용되지 않는 한 LU 분해는 고유하지 않다(지정된 **A**에 대한 **L**과 **U**의 조합은 무한하다). 이러한 제약 조건은 한 유형의 분해를 다른 유형과 구분한다. 일반적으로 사용되는 세 가지 분해가 표 2.2에 나와 있다.

표 2.2 Three Commonly Used Decompositions.

이름	제약 조건
Doolittle 분해	$L_{ii} = 1,\ i = 1, 2, ..., n$
Crout 분해	$U_{ii} = 1,\ i = 1, 2, ..., n$
Choleski 분해	$\mathbf{L} = \mathbf{U}^T$

A를 분해 한 후에 2.1 절에서 지적한 방정식 $\mathbf{Ax} = \mathbf{b}$를 푸는 것은 쉽다. 먼저 방정식을 $\mathbf{LUx} = \mathbf{b}$로 다시 쓴다. $\mathbf{Ux} = \mathbf{y}$ 표기법을 사용한 후, 방정식은 다음과 같이 된다.

$$\mathbf{Ly} = \mathbf{b}$$

전진 대입을 통해 **y**에 대해 풀 수 있다,

$$\mathbf{Ux} = \mathbf{y}$$

에서 후진 대입을 통해 **x**를 구한다.

Gauss 소거 방법에 대한 LU 분해의 이점은 **A**가 분해되고, 많은 상수 벡터 **b**에 대해 우리가 만족할 수 있는 $\mathbf{Ax} = \mathbf{b}$를 풀 수 있다는 것이다. 전진 및 후진 대입 작업은 분해 과정보다 훨씬 적은 시간이 소요되기 때문에 각 추가 해의 비용은 상대적으로 적다.

Doolittle 분해법

분해 단계 Doolittle 분해는 Gauss 소거와 밀접한 관련이 있다. 설명을 위해 3×3 행렬 **A**와 $\mathbf{A} = \mathbf{LU}$와 같은 삼각 행렬이 있다고 가정한다.

$$\mathbf{L} = \begin{bmatrix} 1 & 0 & 0 \\ L_{21} & 1 & 0 \\ L_{31} & L_{32} & 1 \end{bmatrix} \qquad \mathbf{U} = \begin{bmatrix} U_{11} & U_{12} & U_{13} \\ 0 & U_{22} & U_{23} \\ 0 & 0 & U_{33} \end{bmatrix}$$

오른쪽에서 곱하기를 완료하면 아래와 같은 행렬을 구할 수 있다.

$$\mathbf{A} = \begin{bmatrix} U_{11} & U_{12} & U_{13} \\ U_{11}L_{21} & U_{12}L_{21} + U_{22} & U_{13}L_{21} + U_{23} \\ U_{11}L_{31} & U_{12}L_{31} + U_{22}L_{32} & U_{13}L_{31} + U_{23}L_{32} + U_{33} \end{bmatrix} \tag{2.12}$$

Gauss 소거를 식 (2.12)에 적용하자. 소거 절차의 첫 단계는 첫 번째 행을 피벗 행으로 선택하고 소거 연산 작업을 적용하는 것이다.

$$\text{열 } 2 \leftarrow \text{열 } 2 - L_{21} \times \text{열 } 1(A_{21} \text{ 제거})$$
$$\text{열 } 3 \leftarrow \text{열 } 3 - L_{31} \times \text{열 } 1(A_{31} \text{ 제거})$$

결과는 아래와 같다.

$$\mathbf{A}' = \begin{bmatrix} U_{11} & U_{12} & U_{13} \\ 0 & U_{22} & U_{23} \\ 0 & U_{22}L_{32} & U_{23}L_{32} + U_{33} \end{bmatrix}$$

다음 단계에서는 두 번째 행을 피벗 행으로 사용하고 소거 연산 작업을 적용한다.

$$\text{열 } 3 \leftarrow \text{열 } 3 - L_{32} \times \text{열 } 2(A_{32} \text{ 제거})$$

$$\mathbf{A}'' = \mathbf{U} = \begin{bmatrix} U_{11} & U_{12} & U_{13} \\ 0 & U_{22} & U_{23} \\ 0 & 0 & U_{33} \end{bmatrix}$$

앞의 실제 예제는 Doolittle 분해의 중요한 두 가지 특징을 보여준다.

1. 행렬 **U**는 Gauss 소거로 인해 발생하는 상 삼각 행렬과 동일하다.
2. **L**의 대각선이 아닌 요소는 Gauss 소거 중에 사용되는 피벗 방정식의 승수(multiplier)가 된다. 즉, L_{ij}는 A_{ij}를 소거한 승수이다.

계수 행렬의 하위 삼각형 부분에 승수를 저장하고 계수를 소거할 때 계수를 대체하는 것이 일반적이다. (L_{ij}가 A_{ij}를 대체함)

L의 대각선 요소는 저장될 필요가 없다. 왜냐하면, 그것들 각각이 unity이기 때문이다. 따라서 계수 행렬의 최종 형태는 **L**과 **U**의 다음과 같은 혼합이 된다.

$$[\mathbf{L}\backslash\mathbf{U}] = \begin{bmatrix} U_{11} & U_{12} & U_{13} \\ L_{21} & U_{22} & U_{23} \\ L_{31} & L_{32} & U_{33} \end{bmatrix} \tag{2.13}$$

따라서 각 승수 λ가 **A**의 하위 삼각형 부분에 저장되는 것 외에는 Doolittle 분해 알고리즘은 gaussElimin의 Gauss 소거 절차와 동일하다.

```
for k in range(0,n-1):
    for i in range(k+1,n):
        if a[i,k] != 0.0:
            lam = a[i,k]/a[k,k]
            a[i,k+1:n] = a[i,k+1:n] - lam*a[k,k+1:n]
            a[i,k] = lam
```

해 단계 진진 대입에 의한 $\mathbf{Ly} = \mathbf{b}$의 해를 구하는 절차를 고려해 보자. 방정식의 스칼라 형태는 다음과 같다($L_{ii} = 1$임을 상기하자).

$$\begin{aligned} y_1 &= b_1 \\ L_{21}y_1 + y_2 &= b_2 \\ &\vdots \\ L_{k1}y_1 + L_{k2}y_2 + \cdots + L_{k,k-1}y_{k-1} + y_k &= b_k \\ &\vdots \end{aligned}$$

y_k에 대한 k번째 방정식을 풀면,

$$y_k = b_k - \sum_{j=1}^{k-1} L_{kj} y_j, \quad k = 2, 3, \ldots, n \tag{2.14}$$

따라서, 전진 대입 알고리즘은

```
y[0] = b[0]
for k in range(1,n):
    y[k] = b[k] - dot(a[k,0:k],y[0:k])
```

$\mathbf{Ux} = \mathbf{y}$를 푸는 후진 대입 단계는 Gauss 소거 방법과 동일하다.

■ LUdecomp

이 모듈은 분해 단계와 해 단계를 모두 포함한다. 분해 단계는 식 (2.13)에 나타낸 행렬 [**L****U**]을 반환한다. 해 단계에서 **b**의 내용은 전진 대입 중에 **y**로 대체된다. 마찬가지로, 후진 대입은 **y**를 해 **x**로 덮어 쓴다.

```
## module LUdecomp
''' a = LUdecomp(a)
   LUdecomposition: [L][U] = [a]

   x = LUsolve(a,b)
   Solution phase: solves [L][U]{x} = {b}
'''
import numpy as np

def LUdecomp(a):
    n = len(a)
    for k in range(0,n-1):
        for i in range(k+1,n):
           if a[i,k] != 0.0:
               lam = a [i,k]/a[k,k]
               a[i,k+1:n] = a[i,k+1:n] - lam*a[k,k+1:n]
               a[i,k] = lam
   return a

def LUsolve(a,b):
    n = len(a)
    for k in range(1,n):
        b[k] = b[k] - np.dot(a[k,0:k],b[0:k])
    b[n-1] = b[n-1]/a[n-1,n-1]
    for k in range(n-2,-1,-1):
       b[k] = (b[k] - np.dot(a[k,k+1:n],b[k+1:n]))/a[k,k]
```

```
    return b
```

Choleski의 분해법

Choleski 분해 $\mathbf{A} = \mathbf{LL}^T$에는 두 가지 한계가 있다.

1. $\mathbf{LL}^T$는 항상 대칭 행렬이기 때문에 Choleski 분해는 **A**가 대칭이어야 한다.
2. 분해 과정은 **A** 원소들의 특정 조합의 제곱근을 취하는 것을 포함 한다. 음수의 제곱근을 피하기 위해서는 **A**가 양의 값이어야 한다는 것을 알 수 있다.

Choleski 분해는 약 $n^3/6$의 *long* 연산과 n 제곱근 계산이 포함된다. 이는 LU 분해에 필요한 연산 수의 절반 정도이다. Choleski 분해가 상대적으로 효율성이 좋은 것은 대칭의 활용 때문이다.

3×3 행렬의 Choleski 분해를 시작해 보자.

$$\mathbf{A} = \mathbf{LL}^T \tag{2.15}$$

$$\begin{bmatrix} A_{11} & A_{12} & A_{13} \\ A_{21} & A_{22} & A_{23} \\ A_{31} & A_{32} & A_{33} \end{bmatrix} = \begin{bmatrix} L_{11} & 0 & 0 \\ L_{21} & L_{22} & 0 \\ L_{31} & L_{32} & L_{33} \end{bmatrix} \begin{bmatrix} L_{11} & L_{21} & L_{31} \\ 0 & L_{22} & L_{32} \\ 0 & 0 & L_{33} \end{bmatrix}$$

오른쪽에 있는 행렬 곱셈을 완료한 후, 우리는

$$\begin{bmatrix} A_{11} & A_{12} & A_{13} \\ A_{21} & A_{22} & A_{23} \\ A_{31} & A_{32} & A_{33} \end{bmatrix} = \begin{bmatrix} L_{11}^2 & L_{11}L_{21} & L_{11}L_{31} \\ L_{11}L_{21} & L_{21}^2 + L_{22}^2 & L_{21}L_{31} + L_{22}L_{32} \\ L_{11}L_{31} & L_{21}L_{31} + L_{22}L_{32} & L_{31}^2 + L_{32}^2 + L_{33}^2 \end{bmatrix} \tag{2.16}$$

앞에서 언급했듯이 오른쪽 행렬은 대칭이다. 행렬 **A** 요소와 $\mathbf{LL}^T$ 요소를 연산하면 **L**의 여섯 개의 미지 요소에서 여섯 개의 방정식을 얻을 수 있다(대칭 때문에 단지 하 삼각행렬 또는 상 삼각행렬 요소만 고려하기 때문에). 이 방정식들을 일정한 순서로 풀면 각 방정식에서 단 하나의 미지수 만 가질 수 있다.

식 (2.16)에서 각 행렬의 하 삼각행렬 부분을 고려하자. (상 삼각행렬 부분도 마찬가지임)

첫 번째 열의 요소를 첫 번째 행에서 시작하여 아래로 진행하면 L_{11}, L_{21} 및 L_{31}을 순서대로 계산할 수 있다.

$$A_{11} = L_{11}^2 \qquad L_{11} = \sqrt{A_{11}}$$
$$A_{21} = L_{11}L_{21} \qquad L_{21} = A_{21}/L_{11}$$
$$A_{31} = L_{11}L_{31} \qquad L_{31} = A_{31}/L_{11}$$

두 번째 열은 두 번째 행으로 시작하여 L_{22}와 L_{32}를 산출한다.

$$A_{22} = L_{21}^2 + L_{22}^2 \qquad L_{22} = \sqrt{A_{22} - L_{21}^2}$$
$$A_{32} = L_{21}L_{31} + L_{22}L_{32} \qquad L_{32} = (A_{32} - L_{21}L_{31})/L_{22}$$

마지막으로 세 번째 열, 세 번째 행은 L_{33}을 제공한다.

$$A_{33} = L_{31}^2 + L_{32}^2 + L_{33}^2 \qquad L_{33} = \sqrt{A_{33} - L_{31}^2 - L_{32}^2}$$

이제 $n \times n$ 행렬에 대한 결과를 추정 할 수 있다. 우리는 $\mathbf{LL}^T$의 하 삼각행렬 부분에 있는 전형적인 요소가

$$(\mathbf{LL}^T)_{ij} = L_{i1}L_{j1} + L_{i2}L_{j2} + \cdots + L_{ij}L_{jj} = \sum_{k=1}^{j} L_{ik}L_{jk}, \quad i \geq j$$

이며, 이 항을 의 상응하는 원소와 같게 하면 아래와 같다.

$$A_{ij} = \sum_{k=1}^{j} L_{ik}L_{jk}, \quad i = j, j+1, \ldots, n, \quad j = 1, 2, \ldots, n \tag{2.17}$$

표시된 인덱스의 범위는 하 삼각 행렬의 요소로 제한한다. 따라서, 첫 번째 열 ($j = 1$)에 대해 식 (2.17)로부터 아래 식을 얻을 수 있다.

$$L_{11} = \sqrt{A_{11}} \qquad L_{i1} = A_{i1}/L_{11}, \quad i = 2, 3, \ldots, n \tag{2.18}$$

다른 열로 계속 진행하면, 우리는 식 (2.17)에서 알려지지 않은 미지수는 L_{ij}임을 알 수 있다(식에 나타난 $\mathbf{L}$의 다른 요소는 이미 계산되어 있음을 알 수 있다). 식 (2.17)의 합계 밖에 있는 L_{ij}를 포함하는 항을 취하면 아래와 같다.

$$A_{ij} = \sum_{k=1}^{j-1} L_{ik}L_{jk} + L_{ij}L_{jj}$$

만약, $i = j$(대각선 항)인 경우, 해는 다음과 같다.

$$L_{jj} = \sqrt{A_{jj} - \sum_{k=1}^{j-1} L_{jk}^2}, \quad j = 2, 3, \ldots, n \tag{2.19}$$

비대칭 항목의 경우는 아래와 같다.

$$L_{ij} = \left(A_{ij} - \sum_{k=1}^{j-1} L_{ik} L_{jk} \right) / L_{jj}, \quad j = 2, 3, \ldots, n-1, \quad i = j+1, j+2, \ldots, n. \tag{2.20}$$

choleski

Choleski 분해를 위한 알고리즘을 제시하기 전에, 우리는 다음과 같은 유용한 고찰을 제시한다. A_{ij}는 L_{ij}의 수식에만 나타난다. 따라서 L_{ij}가 계산되면 A_{ij}는 더 이상 필요하지 않다. 이것이 계산된 **A**의 하 삼각 행렬 부분에 대해 L의 원소를 계산할 수 있도록 하게 한다. **A**의 대각 행렬 위의 요소는 그대로 유지된다. 다음 함수는 Choleski 분해를 구현한다. 분해 중에 음의 대각 행렬 항이 발견되면, 오류 메시지가 출력되고 프로그램이 종료된다. 계수 행렬 **A**가 분해 된 후, **Ax** = **b**의 해는 통상의 전진 및 후진 대입 연산들에 의해 구해 질 수 있다. 함수 choleskiSol(유도없이 여기에 주어짐)은 해 단계를 수행한다.

```
## module choleski
''' L = choleski(a)
    Choleski decomposition: [L][L]transpose = [a]

    x = choleskiSol(L,b)
    Solution phase of Choleski&s decomposition method
'''
import numpy as np
import math
import error

def choleski(a):
    n = len(a)
    for k in range(n):
        try:
            a[k,k] = math.sqrt(a[k,k] }
                   - np.dot(a[k,0:k],a[k,0:k]))
        except ValueError:
            error.err('Matrix is not positive definite')
        for i in range(k+1,n):
            a[i,k] = (a[i,k] - np.dot(a[i,0:k],a[k,0:k]))/a[k,k]
```

```
    for k in range(1,n):
        a[0:k,k] = 0.0
    return a

def choleskiSol(L,b):
    n = len(b)
  # Solution of [L]y = b
    for k in range(n):
        b[k] = (b[k] - np.dot(L[k,0:k],b[0:k]))/L[k,k]
  # Solution of [L_transpose]x = y
    for k in range(n-1,-1,-1):
        b[k] = (b[k] - np.dot(L[k+1:n,k],b[k+1:n]))/L[k,k]
    return b
```

기타 방법

Crout 분해 $\mathbf{A} = \mathbf{LU}$에 대한 다양한 분해는 $\mathbf{L}$ 또는 $\mathbf{U}$의 요소에 대한 제약에 의해 특징지워진다. Doolittle 분해에서 $\mathbf{L}$의 대각선 요소는 1로 설정되었다. 똑같이 실행 가능한 방법은 Crout 분해이다. 여기서 $\mathbf{U}$의 대각선에 1이 놓인다. 두 가지 방법의 성능에는 약간의 차이가 있다.

Gauss-Jordan 소거 Gauss-Jordan 방법은 본질적으로 Gauss 소거에 한계점이 있다. Gauss 소거 방법에서는 피벗 방정식 아래에 있는 방정식만 변형된다. Gauss-Jordan 방법에서는 피벗 방정식 위의 방정식에서도 제거가 수행되어 결과적으로 대각선 계수 행렬을 생성해 낸다. Gauss-Jordan 소거의 주요 단점은 Gauss 제거에 필요한 연산 작업의 1.5배인 $n^3/2$의 긴 연산 작업이 필요하다는 것이다.

예제 2.5

Doolittle 분해 방법을 사용하여 방정식 $\mathbf{Ax} = \mathbf{b}$를 풀어 보아라.

$$\mathbf{A} = \begin{bmatrix} 1 & 4 & 1 \\ 1 & 6 & -1 \\ 2 & -1 & 2 \end{bmatrix} \qquad \mathbf{b} = \begin{bmatrix} 7 \\ 13 \\ 5 \end{bmatrix}$$

풀이

먼저 Gauss 제거로 $\mathbf{A}$를 분해한다. 첫 번째 단계는 기본 작업으로 구성된다.

$$\text{열 } 2 \leftarrow \text{열 } 2 - 1 \times \text{열 } 1(A_{21} \text{ 제거})$$
$$\text{열 } 3 \leftarrow \text{열 } 3 - 2 \times \text{열 } 1(A_{31} \text{ 제거})$$

삭제된 항목 대신에 승수 $L_{21} = 1$ 및 $L_{31} = 2$를 저장하면, 아래와 같은 행렬을 얻는다.

$$\mathbf{A}' = \begin{bmatrix} 1 & 4 & 1 \\ 1 & 2 & -2 \\ 2 & -9 & 0 \end{bmatrix}$$

Gauss 제거의 두 번째 단계는 아래 작업을 사용한다.

$$\text{열 } 3 \leftarrow \text{열 } 3 - 1(-4.5) \times \text{열 } 2(A_{32} \text{ 제거})$$

A_{32} 대신에 승수 $L_{32} = -4.5$를 저장하면,

$$\mathbf{A}'' = [\mathbf{L} \backslash \mathbf{U}] = \begin{bmatrix} 1 & 4 & 1 \\ 1 & 2 & -2 \\ 2 & -4.5 & -9 \end{bmatrix}$$

분해는 아래와 같이 완료된다.

$$\mathbf{L} = \begin{bmatrix} 1 & 0 & 0 \\ 1 & 1 & 0 \\ 2 & -4.5 & 1 \end{bmatrix} \qquad \mathbf{U} = \begin{bmatrix} 1 & 4 & 1 \\ 0 & 2 & -2 \\ 0 & 0 & -9 \end{bmatrix}$$

다음으로 전진 대체에 의한 $\mathbf{Ly} = \mathbf{b}$의 해를 구한다. 방정식의 증대된 계수 형태는 다음과 같다.

$$\left[\mathbf{L} \,\middle|\, \mathbf{b}\right] = \left[\begin{array}{ccc|c} 1 & 0 & 0 & 7 \\ 1 & 1 & 0 & 13 \\ 2 & -4.5 & 1 & 5 \end{array}\right]$$

해는

$$y_1 = 7$$
$$y_2 = 13 - y_1 = 13 - 7 = 6$$
$$y_3 = 5 - 2y_1 + 4.5y_2 = 5 - 2(7) + 4.5(6) = 18$$

방정식 $\mathbf{Ux} = \mathbf{y}$ 또는

$$\begin{bmatrix} \mathbf{U} \mid \mathbf{y} \end{bmatrix} = \left[\begin{array}{ccc|c} 1 & 4 & 1 & 7 \\ 0 & 2 & -2 & 6 \\ 0 & 0 & -9 & 18 \end{array}\right]$$

은 후진 대입에 의해 구해지며, 해는 아래와 같다.

$$x_3 = \frac{18}{-9} = -2$$
$$x_2 = \frac{6 + 2x_3}{2} = \frac{6 + 2(-2)}{2} = 1$$
$$x_1 = 7 - 4x_2 - x_3 = 7 - 4(1) - (-2) = 5$$

예제 2.6

아래 행렬 **A**에 대해 Choleski 분해를 계산해 보아라.

$$\mathbf{A} = \begin{bmatrix} 4 & -2 & 2 \\ -2 & 2 & -4 \\ 2 & -4 & 11 \end{bmatrix}$$

풀이

먼저 **A**가 대칭이라는 것을 알 수 있다. 따라서 행렬이 양정 행렬(positive definite)이면 Choleski 분해가 적용 가능하다. 분해 알고리즘에 자체 테스트가 포함되어 있기 때문에 양정 행렬에 대한 선행 테스트는 필요하지 않다. 음수의 제곱근이 발생하면 행렬이 양정 행렬이 아니며 분해가 실패한다. 주어진 행렬 **A**에서 식 (2.16)을 이용하면, 아래와 같다.

$$\begin{bmatrix} 4 & -2 & 2 \\ -2 & 2 & -4 \\ 2 & -4 & 11 \end{bmatrix} = \begin{bmatrix} L_{11}^2 & L_{11}L_{21} & L_{11}L_{31} \\ L_{11}L_{21} & L_{21}^2 + L_{22}^2 & L_{21}L_{31} + L_{22}L_{32} \\ L_{11}L_{31} & L_{21}L_{31} + L_{22}L_{32} & L_{31}^2 + L_{32}^2 + L_{33}^2 \end{bmatrix}$$

하(또는 상) 삼각행렬 부분의 요소를 같게 하면

$$L_{11} = \sqrt{4} = 2$$
$$L_{21} = -2/L_{11} = -2/2 = -1$$
$$L_{31} = 2/L_{11} = 2/2 = 1$$
$$L_{22} = \sqrt{2 - L_{21}^2} = \sqrt{2 - 1^2} = 1$$

$$L_{32} = \frac{-4 - L_{21}L_{31}}{L_{22}} = \frac{-4-(-1)(1)}{1} = -3$$

$$L_{33} = \sqrt{11 - L_{31}^2 - L_{32}^2} = \sqrt{11-(1)^2-(-3)^2} = 1$$

그러므로

$$\mathbf{L} = \begin{bmatrix} 2 & 0 & 0 \\ -1 & 1 & 0 \\ 1 & -3 & 1 \end{bmatrix}$$

$\mathbf{LL}^T$ 곱하기를 수행하면 쉽게 결과를 확인할 수 있다.

예제 2.7

Doolittle 분해 방법으로 $\mathbf{AX} = \mathbf{B}$를 풀고 $|\mathbf{A}|$를 계산하는 프로그램을 작성하시오. 함수 LUdecomp, LUsolve를 사용하고, 아래 행렬을 통해 프로그램을 테스트하시오.

$$\mathbf{A} = \begin{bmatrix} 3 & -1 & 4 \\ -2 & 0 & 5 \\ 7 & 2 & -2 \end{bmatrix} \qquad \mathbf{B} = \begin{bmatrix} 6 & -4 \\ 3 & 2 \\ 7 & -5 \end{bmatrix}$$

풀이

```
#!/usr/bin/python
## example2_7
import numpy as np
from LUdecomp import *

a = np.array([[ 3.0, -1.0,  4.0], \
              [-2.0,  0.0,  5.0], \
              [ 7.0,  2.0, -2.0]])
b = np.array([[ 6.0,  3.0,  7.0], \
              [-4.0,  2.0, -5.0]])
a = LUdecomp(a)                    # Decompose [a]
det = np.prod(np.diagonal(a))
print("\nDeterminant =",det)
for i in range(len(b)):            # Back-substitute one
   x = LUsolve(a,b[i])             # constant vector at a time
   print("x",i+1,"=",x)
input("\nPress return to exit")
```

프로그램의 출력은 아래와 같다.

```
Determinant = -77.0
x 1 = [ 1. 1. 1.]
x 2 = [ -1.00000000e+00   1.00000000e+00   2.30695693e-17]
```

예제 2.8

Choleski 분해로 방정식 $\mathbf{Ax} = \mathbf{b}$를 풀어라.

$$\mathbf{A} = \begin{bmatrix} 1.44 & -0.36 & 5.52 & 0.00 \\ -0.36 & 10.33 & -7.78 & 0.00 \\ 5.52 & -7.78 & 28.40 & 9.00 \\ 0.00 & 0.00 & 9.00 & 61.00 \end{bmatrix} \qquad \mathbf{b} = \begin{bmatrix} 0.04 \\ -2.15 \\ 0 \\ 0.88 \end{bmatrix}$$

풀이

```
#!/usr/bin/python
## example2_8
import numpy as np
from choleski import *

a = np.array([[ 1.44, -0.36,  5.52,  0.0], \
              [-0.36, 10.33, -7.78,  0.0], \
              [ 5.52, -7.78, 28.40,  9.0], \
              [ 0.0,   0.0,   9.0,  61.0]])
b = np.array([0.04, -2.15, 0.0, 0.88])
aOrig = a.copy()
L = choleski(a)
x = choleskiSol(L,b)
print("x =",x)
print('\nCheck: A*x =\n',np.dot(aOrig,x))
input("\nPress return to exit")
```

출력은

```
x = [ 3.09212567 -0.73871706 -0.8475723 0.13947788]

Check: A*x =
[4.00000000e-02 -2.15000000e+00 -3.55271368e-15 8.80000000e-01]
```

연습 문제 2.1

1. 행렬식을 평가함으로써, 다음 행렬을 singular, ill conditioned, well conditioned으로 분류하시오.

$$\text{(a)}\quad \mathbf{A}=\begin{bmatrix}1 & 2 & 3\\ 2 & 3 & 4\\ 3 & 4 & 5\end{bmatrix} \qquad \text{(b)}\quad \mathbf{A}=\begin{bmatrix}2.11 & -0.80 & 1.72\\ -1.84 & 3.03 & 1.29\\ -1.57 & 5.25 & 4.30\end{bmatrix}$$

$$\text{(c)}\quad \mathbf{A}=\begin{bmatrix}2 & -1 & 0\\ -1 & 2 & -1\\ 0 & -1 & 2\end{bmatrix} \qquad \text{(d)}\quad \mathbf{A}=\begin{bmatrix}4 & 3 & -1\\ 7 & -2 & 3\\ 5 & -18 & 13\end{bmatrix}$$

2. LU 분해 $\mathbf{A}=\mathbf{LU}$가 아래와 같이 주어졌을 때, $\mathbf{A}$와 $|\mathbf{A}|$를 결정하시오.

$$\text{(a)}\quad \mathbf{L}=\begin{bmatrix}1 & 0 & 0\\ 1 & 1 & 0\\ 1 & 5/3 & 1\end{bmatrix} \quad \mathbf{U}=\begin{bmatrix}1 & 2 & 4\\ 0 & 3 & 21\\ 0 & 0 & 0\end{bmatrix}$$

$$\text{(b)}\quad \mathbf{L}=\begin{bmatrix}2 & 0 & 0\\ -1 & 1 & 0\\ 1 & -3 & 1\end{bmatrix} \quad \mathbf{U}=\begin{bmatrix}2 & -1 & 1\\ 0 & 1 & -3\\ 0 & 0 & 1\end{bmatrix}$$

3. 아래와 같은 LU 분해 결과를 사용하여, $\mathbf{Ax}=\mathbf{b}$의 해를 구하시오. 단 $\mathbf{b}^T=[1 \quad -1 \quad 2]$이다.

$$\mathbf{A}=\mathbf{LU}=\begin{bmatrix}1 & 0 & 0\\ 3/2 & 1 & 0\\ 1/2 & 11/13 & 1\end{bmatrix}\begin{bmatrix}2 & -3 & -1\\ 0 & 13/2 & -7/2\\ 0 & 0 & 32/13\end{bmatrix}$$

4. Gauss 소거를 사용하여 방정식 $\mathbf{Ax}=\mathbf{b}$를 푸시오.

$$\mathbf{A}=\begin{bmatrix}2 & -3 & -1\\ 3 & 2 & -5\\ 2 & 4 & -1\end{bmatrix} \qquad \mathbf{b}=\begin{bmatrix}3\\ -9\\ -5\end{bmatrix}$$

5. Gauss 소거를 사용하여 방정식 $\mathbf{AX}=\mathbf{B}$를 푸시오.

$$\mathbf{A}=\begin{bmatrix}2 & 0 & -1 & 0\\ 0 & 1 & 2 & 0\\ -1 & 2 & 0 & 1\\ 0 & 0 & 1 & -2\end{bmatrix} \qquad \mathbf{B}=\begin{bmatrix}1 & 0\\ 0 & 0\\ 0 & 1\\ 0 & 0\end{bmatrix}$$

6. Gauss 소거를 사용하여 방정식 $\mathbf{Ax} = \mathbf{b}$를 푸시오.

$$\mathbf{A} = \begin{bmatrix} 0 & 0 & 2 & 1 & 2 \\ 0 & 1 & 0 & 2 & -1 \\ 1 & 2 & 0 & -2 & 0 \\ 0 & 0 & 0 & -1 & 1 \\ 0 & 1 & -1 & 1 & -1 \end{bmatrix} \qquad \mathbf{b} = \begin{bmatrix} 1 \\ 1 \\ -4 \\ -2 \\ -1 \end{bmatrix}$$

힌트: 문제를 풀기 전에 방정식을 재정렬하기

7. (a) Doolittle 분해 (b) Choleski 분해를 사용하여 아래 $\mathbf{A} = \mathbf{LU}$ 행렬이 되도록 $\mathbf{L}$과 $\mathbf{U}$를 찾으시오.

$$\mathbf{A} = \mathbf{LU} = \begin{bmatrix} 4 & -1 & 0 \\ -1 & 4 & -1 \\ 0 & -1 & 4 \end{bmatrix}$$

8. Doolittle 분해 방법을 사용하여 $\mathbf{Ax} = \mathbf{b}$를 푸시오.

$$\mathbf{A} = \begin{bmatrix} -3 & 6 & -4 \\ 9 & -8 & 24 \\ -12 & 24 & -26 \end{bmatrix} \qquad \mathbf{b} = \begin{bmatrix} -3 \\ 65 \\ -42 \end{bmatrix}$$

9. Doolittle 분해 방법을 사용하여 $\mathbf{AX} = \mathbf{b}$를 푸시오.

$$\mathbf{A} = \begin{bmatrix} 2.34 & -4.10 & 1.78 \\ -1.98 & 3.47 & -2.22 \\ 2.36 & -15.17 & 6.18 \end{bmatrix} \qquad \mathbf{b} = \begin{bmatrix} 0.02 \\ -0.73 \\ -6.63 \end{bmatrix}$$

10. Doolittle 분해 방법을 사용하여 $\mathbf{AX} = \mathbf{B}$를 푸시오.

$$\mathbf{A} = \begin{bmatrix} 4 & -3 & 6 \\ 8 & -3 & 10 \\ -4 & 12 & -10 \end{bmatrix} \qquad \mathbf{B} = \begin{bmatrix} 1 & 0 \\ 0 & 1 \\ 0 & 0 \end{bmatrix}$$

11. Choleski 분해를 사용하여 $\mathbf{Ax} = \mathbf{b}$를 푸시오.

$$\mathbf{A} = \begin{bmatrix} 1 & 1 & 1 \\ 1 & 2 & 2 \\ 1 & 2 & 3 \end{bmatrix} \qquad \mathbf{b} = \begin{bmatrix} 1 \\ 3/2 \\ 3 \end{bmatrix}$$

12. 아래 방정식을 Doolittle 분해 방법을 사용하여 푸시오.

$$\begin{bmatrix} 4 & -2 & -3 \\ 12 & 4 & -10 \\ -16 & 28 & 18 \end{bmatrix} \begin{bmatrix} x_1 \\ x_2 \\ x_3 \end{bmatrix} = \begin{bmatrix} 1.1 \\ 0 \\ -2.3 \end{bmatrix}$$

13. 아래 대각 행렬 **A**의 Choleski 분해 결과로부터 **L**을 결정하시오.

$$\mathbf{A} = \begin{bmatrix} \alpha_1 & 0 & 0 & \cdots \\ 0 & \alpha_2 & 0 & \cdots \\ 0 & 0 & \alpha_3 & \cdots \\ \vdots & \vdots & \vdots & \ddots \end{bmatrix}$$

14. ■ gaussElimin 함수를 m상수 벡터와 함께 사용할 수 있도록 수정하시오. $\mathbf{AX} = \mathbf{B}$를 풀어서 프로그램을 테스트하여 보시오.

$$\mathbf{A} = \begin{bmatrix} 2 & -1 & 0 \\ -1 & 2 & -1 \\ 0 & -1 & 2 \end{bmatrix} \qquad \mathbf{B} = \begin{bmatrix} 1 & 0 & 0 \\ 0 & 1 & 0 \\ 0 & 0 & 1 \end{bmatrix}$$

15. ■ ill-conditioned 행렬의 잘 알려진 예는 Hilbert 행렬이다.

$$\mathbf{A} = \begin{bmatrix} 1 & 1/2 & 1/3 & \cdots \\ 1/2 & 1/3 & 1/4 & \cdots \\ 1/3 & 1/4 & 1/5 & \cdots \\ \vdots & \vdots & \vdots & \ddots \end{bmatrix}$$

Doolittle 분해 방법에 의해 방정식 $\mathbf{Ax} = \mathbf{b}$를 푸는 것을 전문으로 하는 프로그램을 작성하시오. 여기서 **A**는 임의의 크기 $n \times n$ Hilbert 행렬이고,

$$b_i = \sum_{j=1}^{n} A_{ij}$$

이다. 프로그램은 n 외에 입력이 따로 없어야 한다. 프로그램을 실행하여 정확한 해의 유효 숫자 6자리 이내의 해를 제공하는 가장 큰 n을 결정하시오.

$$\mathbf{x} = \begin{bmatrix} 1 & 1 & 1 & \cdots \end{bmatrix}^T$$

16. Choleski 방법의 해 단계에 대한 전진 및 후진 대체 알고리즘을 유도하시오. 함수 choleskiSol과 비교하시오.

17. ■ 점 (0, 10), (1, 35), (3,31) 및 (4, 2)를 통과하는 다항식 $y = a_0 + a_1x + a_2x^2 + a_3x^3$의 계수를 결정하시오.

18. ■ 점 (0, −1), (1, 1), (3, 3), (5, 2) 및 (6, −2)을 통과하는 4차 다항식 $y(x)$를 결정하시오.

19. ■ 점 (0, 1), (0.75, −0.25) 및 (1, 1)을 통과하고 (0, 1) 및 (1, 1)에 제로 곡률을 갖는 4차 다항식 $y(x)$를 결정하시오.

20. ■ **Ax** = **b**를 푸시오. |**A**|와 **Ax**를 계산함으로써, 해의 정확성에 대해 언급한다.

$$\mathbf{A} = \begin{bmatrix} 3.50 & 2.77 & -0.76 & 1.80 \\ -1.80 & 2.68 & 3.44 & -0.09 \\ 0.27 & 5.07 & 6.90 & 1.61 \\ 1.71 & 5.45 & 2.68 & 1.71 \end{bmatrix} \qquad \mathbf{b} = \begin{bmatrix} 7.31 \\ 4.23 \\ 13.85 \\ 11.55 \end{bmatrix}$$

21. (a) 유클리드 놈(Euclidan norm) (b) 무한 놈(infinity norm)을 기반으로 한 행렬의 조건수를 계산하시오. `numpy.linalg`에서 `inv (A)` 함수를 사용하여 **A**의 역수를 결정할 수 있다.

$$\mathbf{A} = \begin{bmatrix} 1 & -1 & -1 \\ 0 & 1 & -2 \\ 0 & 0 & 1 \end{bmatrix}$$

22. ■ 유클리드 놈에 기반한 행렬의 조건수를 반환하는 함수를 작성하시오. ill-conditioned 행렬의 조건수를 계산하여 함수를 테스트하시오. `numpy.linalg`에서 `inv (A)` 함수를 사용하여 **A**의 역수를 결정한다.

$$\mathbf{A} = \begin{bmatrix} 1 & 4 & 9 & 16 \\ 4 & 9 & 16 & 25 \\ 9 & 16 & 25 & 36 \\ 16 & 25 & 36 & 49 \end{bmatrix}$$

23. ■ **Ax** = **b**를 풀면서 `gaussElimin` 함수를 테스트하시오. 여기서 A는 $n \times$ n 랜덤 행렬이고 $b_i = \sum_{j=1}^{n} A_{ij}$(**A**의 i번째 행에 있는 요소의 합)이다. 랜덤 행렬은 `numpy.random` 모듈의 `rand` 함수를 사용하여 생성할 수 있다.

```
from numpy.random import ran
a = rand(n,n)
```

해는 $x = [1 \;\; 1 \;\; \ldots \;\; 1]^T$이다. $n = 200$ 또는 그 이상으로 프로그램을 실행하시오.

24. ■ 함수 `gaussElimin`은 복소수에서도 작동한다. 이 함수를 사용하여 $\mathbf{Ax} = \mathbf{b}$를 푸시오.

$$\mathbf{A} = \begin{bmatrix} 5+i & 5+2i & -5+3i & 6-3i \\ 5+2i & 7-2i & 8-i & -1+3i \\ -5+3i & 8-i & -3-3i & 2+2i \\ 6-3i & -1+3i & 2+2i & 8+14i \end{bmatrix}$$

$$\mathbf{b} = \begin{bmatrix} 15-35i & 2+10i & -2-34i & 8+14i \end{bmatrix}^T$$

25. 질량이 다른 4개의 블록 m_i는 무시할 수 있는 질량의 로프로 연결된다. 블록 중 3개는 경사진 평면에 놓이고, 블록과 평면 사이의 마찰 계수는 μ_i이다.

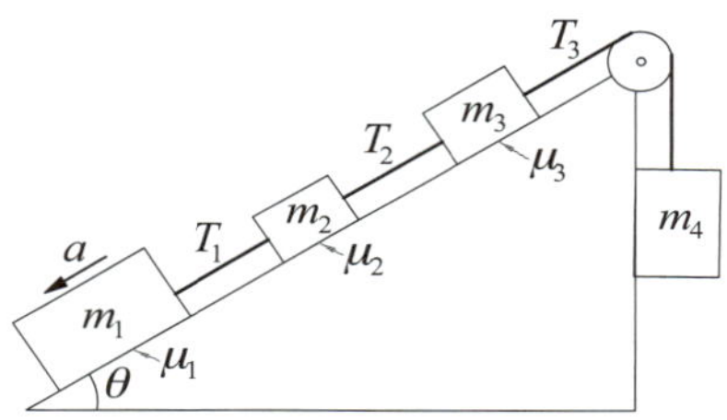

블록에 대한 운동 방정식은 다음과 같이 나타낼 수 있다.

$$\begin{aligned} T_1 + m_1 a &= m_1 g(\sin\theta - \mu_1 \cos\theta) \\ -T_1 + T_2 + m_2 a &= m_2 g(\sin\theta - \mu_2 \cos\theta) \\ -T_2 + T_3 + m_3 a &= m_3 g(\sin\theta - \mu_3 \cos\theta) \\ -T_3 + m_4 a &= -m_4 g \end{aligned}$$

여기서 T_i는 로프의 인장력을 나타내고 a는 시스템의 가속도를 나타낸다. $\theta = 45°$, $g = 9.82\ \text{m/s}^2$일 때, a와 T_i를 결정하시오.

$$\mathbf{m} = \begin{bmatrix} 10 & 4 & 5 & 6 \end{bmatrix}^T \text{kg}$$

$$\boldsymbol{\mu} = \begin{bmatrix} 0.25 & 0.3 & 0.2 \end{bmatrix}^T$$

2.4 대칭 및 밴드 계수 행렬

소개

공학적 문제로 인해 행렬 요소가 희소하게 나타나는 (sparsely populated) 계수 행렬이 발생한다. 즉, 행렬의 대부분 요소가 0인 계수 행렬이 발생한다. 모든 0이 아닌 항이 선행 대각선에 대해 집중되어 나타나는 행렬을 밴드 행렬이라고 한다. 밴드 행렬의 예는 다음과 같다.

$$\mathbf{A} = \begin{bmatrix} X & X & 0 & 0 & 0 \\ X & X & X & 0 & 0 \\ 0 & X & X & X & 0 \\ 0 & 0 & X & X & X \\ 0 & 0 & 0 & X & X \end{bmatrix}$$

여기서 X는 채워진 밴드를 구성하는 0이 아닌 요소를 나타낸다(이 요소 중 일부는 0일 수 있음). 밴드 외부에 있는 모든 원소는 0이다. 이 밴드 행렬은 각 행(또는 열)에 최대 세 개의 0이 아닌 요소가 있기 때문에 대역폭이 3이다. 그러한 행렬을 **삼중대각행렬**(tridiagonal)이라고 한다.

밴드 행렬이 $\mathbf{A} = \mathbf{LU}$ 형태로 분해되면, $\mathbf{L}$과 $\mathbf{U}$는 모두 $\mathbf{A}$의 밴드 구조를 유지한다. 예를 들어 위에 표시된 행렬을 분해하면

$$\mathbf{L} = \begin{bmatrix} X & 0 & 0 & 0 & 0 \\ X & X & 0 & 0 & 0 \\ 0 & X & X & 0 & 0 \\ 0 & 0 & X & X & 0 \\ 0 & 0 & 0 & X & X \end{bmatrix} \qquad \mathbf{U} = \begin{bmatrix} X & X & 0 & 0 & 0 \\ 0 & X & X & 0 & 0 \\ 0 & 0 & X & X & 0 \\ 0 & 0 & 0 & X & X \\ 0 & 0 & 0 & 0 & X \end{bmatrix}$$

계수 행렬의 밴드 구조는 저장 및 계산 시간을 절약할 수 있다. 계수 행렬이 대칭이면 더 많은 절약이 가능하다. 이 절에서는 밴드 및 대칭 계수 행렬에 어떻게 이전에 논의한 해를 구하는 데 적용되는지 보여준다.

삼중대각 계수행렬

Doolittle 분해에 의한 $\mathbf{Ax} = \mathbf{b}$의 해를 고려하자. 여기서 $\mathbf{A}$는 $n \times n$의 삼중대각 행렬이다.

$$\mathbf{A} = \begin{bmatrix} d_1 & e_1 & 0 & 0 & \cdots & 0 \\ c_1 & d_2 & e_2 & 0 & \cdots & 0 \\ 0 & c_2 & d_3 & e_3 & \cdots & 0 \\ 0 & 0 & c_3 & d_4 & \cdots & 0 \\ \vdots & \vdots & \vdots & \vdots & \ddots & \vdots \\ 0 & 0 & \ldots & 0 & c_{n-1} & d_n \end{bmatrix}$$

표기법에서 알 수 있듯이, **A**의 0이 아닌 원소를 벡터에 저장한다.

$$\mathbf{c} = \begin{bmatrix} c_1 \\ c_2 \\ \vdots \\ c_{n-1} \end{bmatrix} \qquad \mathbf{d} = \begin{bmatrix} d_1 \\ d_2 \\ \vdots \\ d_{n-1} \\ d_n \end{bmatrix} \qquad \mathbf{e} = \begin{bmatrix} e_1 \\ e_2 \\ \vdots \\ e_{n-1} \end{bmatrix}$$

결과적으로 스토리지를 절약할 수 있다. 예를 들어 10,000 요소를 포함하는 100×100 삼중 대각 행렬은 $99 + 100 + 99 = 298$ 위치에 저장될 수 있으며, 따라서, 약 33:1의 압축 비율을 나타낸다. 이제 계수 행렬에 LU 분해를 적용해 보자. 기초 연산으로 c_{k-1} 계수를 없앰으로써 행 k를 줄인다.

$$\text{열 } k \leftarrow \text{열 } k - (c_{k-1}/d_{k-1}) \times \text{row}\ (k-1), \quad k = 2, 3, \ldots, n$$

d_k의 해당 변경 사항은 다음과 같다. e_k는 영향을 받지 않는다.

$$d_k \leftarrow d_k - (c_{k-1}/d_{k-1})e_{k-1} \tag{2.21}$$

Doolittle 분해가 [**L****U**] 형태로 분해되면, 이전에 c_{k-1}이 차지한 위치에 승수 $\lambda = c_{k-1}/d_{k-1}$을 저장한다.

$$c_{k-1} \leftarrow c_{k-1}/d_{k-1} \tag{2.22}$$

따라서 분해 알고리즘은 아래와 같다.

```
for k in range(1,n):
    lam = c[k-1]/d[k-1]
    d[k] = d[k] - lam*e[k-1]
    c[k-1] = lam
```

다음으로, $\mathbf{Ux} = \mathbf{y}$가 뒤따르는 해 단계(즉, $\mathbf{Ly} = \mathbf{b}$의 해)를 살펴 본다. 방정식 $\mathbf{Ly} = \mathbf{b}$는 증대된 계수 행렬에 의해 묘사 될 수 있다.

$$
\left[\mathbf{L} \mid \mathbf{b}\right] = \left[\begin{array}{cccccc|c}
1 & 0 & 0 & 0 & \cdots & 0 & b_1 \\
c_1 & 1 & 0 & 0 & \cdots & 0 & b_2 \\
0 & c_2 & 1 & 0 & \cdots & 0 & b_3 \\
0 & 0 & c_3 & 1 & \cdots & 0 & b_4 \\
\vdots & \vdots & \vdots & \vdots & \cdots & \vdots & \vdots \\
0 & 0 & \cdots & 0 & c_{n-1} & 1 & b_n
\end{array}\right]
$$

분해 과정에서 **c**의 원래 내용은 제거되고 승수로 대체된다. **y**에 대한 전진 대입에 의한 해 알고리즘은 다음과 같다.

```
y[0] = b[0]
for k in range(1,n):
    y[k] = b[k] - c[k-1]*y[k-1]
```

Ux = **y**를 나타내는 증대된 계수 행렬은 다음과 같다.

$$
\left[\mathbf{U} \mid \mathbf{y}\right] = \left[\begin{array}{cccccc|c}
d_1 & e_1 & 0 & \cdots & 0 & 0 & y_1 \\
0 & d_2 & e_2 & \cdots & 0 & 0 & y_2 \\
0 & 0 & d_3 & \cdots & 0 & 0 & y_3 \\
\vdots & \vdots & \vdots & & \vdots & \vdots & \vdots \\
0 & 0 & 0 & \cdots & d_{n-1} & e_{n-1} & y_{n-1} \\
0 & 0 & 0 & \cdots & 0 & d_n & y_n
\end{array}\right]
$$

d의 내용이 분해 단계에서 원래의 값에서 변경되었음을 다시 한번 주목하시오(그러나 **e**는 변경되지 않았다). **x**에 대한 해는 알고리즘을 이용한 후진 대입에 의해 얻어진다.

```
x[n-1] = y[n-1]/d[n-1]
for k in range(n-2,-1,-1):
    x[k] = (y[k] - e[k]*x[k+1])/d[k]
```

■ LUdecomp3

이 모듈에는 삼중 대각 행렬의 분해 및 해 단계에 대한 LUdecomp3 및 LUsolve3 함수가 포함되어 있다. LUsolve3에서 벡터 **y**는 전진 대입 중에 상수 벡터 **b** 위에 쓴다. 마찬가지로, 해 벡터 **x**는 후진 대입 과정에서 **y**를 덮어 쓴다. 다시 말해, b에는 LUsolve3을 종료 할 때 해가 들어 있다.

```
## module LUdecomp3
'''c,d,e = LUdecomp3(c,d,e).
   LU decomposition of tridiagonal matrix [c]. On output
   c,d and e are the diagonals of the decomposed matrix.
   x = LUsolve(c,d,e,b).
   Solves [c]x = b, where c, d and e are the
   vectors returned from LUdecomp3.
'''

def LUdecomp3(c,d,e):
    n = len(d)
    for k in range(1,n):
        lam = c[k-1]/d[k-1]
        d[k] = d[k] - lam*e[k-1]
        c[k-1] = lam
    return c,d,e

def LUsolve3(c,d,e,b):
    n = len(d)
    for k in range(1,n):
        b[k] = b[k] - c[k-1]*b[k-1]
    b[n-1] = b[n-1]/d[n-1]
    for k in range(n-2,-1,-1):
        b[k] = (b[k] - e[k]*b[k+1])/d[k]
    return b
```

대칭 계수 행렬

종종 공학 문제에서 발생하는 계수 행렬은 대칭형과 밴드형이 있다. 따라서, 행렬의 특수한 특성을 발견하고 효율적인 알고리즘을 구성하는 데 이들을 사용하는 방법을 배우는 것은 가치가 있다. 행렬 **A**가 대칭이면, LU 분해는 다음과 같은 형태로 표현될 수 있다.

$$\mathbf{A} = \mathbf{LU} = \mathbf{LDL}^T \tag{2.23}$$

여기서 **D**는 대각선 행렬이다. 예를 들어 Choleski 분해 $\mathbf{A} = \mathbf{LL}^T$(앞에서 논의된 $\mathbf{D} = \mathbf{I}$인 경우)가 있다.

Doolittle 분해에서 우리는 아래 행렬을 가진다.

$$\mathbf{U} = \mathbf{DL}^T = \begin{bmatrix} D_1 & 0 & 0 & \cdots & 0 \\ 0 & D_2 & 0 & \cdots & 0 \\ 0 & 0 & D_3 & \cdots & 0 \\ \vdots & \vdots & \vdots & \cdots & \vdots \\ 0 & 0 & 0 & \cdots & D_n \end{bmatrix} \begin{bmatrix} 1 & L_{21} & L_{31} & \cdots & L_{n1} \\ 0 & 1 & L_{32} & \cdots & L_{n2} \\ 0 & 0 & 1 & \cdots & L_{n3} \\ \vdots & \vdots & \vdots & \cdots & \vdots \\ 0 & 0 & 0 & \cdots & 1 \end{bmatrix}$$

전개하면, 아래 행렬을 준다.

$$\mathbf{U} = \begin{bmatrix} D_1 & D_1 L_{21} & D_1 L_{31} & \cdots & D_1 L_{n1} \\ 0 & D_2 & D_2 L_{32} & \cdots & D_2 L_{n2} \\ 0 & 0 & D_3 & \cdots & D_3 L_{3n} \\ \vdots & \vdots & \vdots & \cdots & \vdots \\ 0 & 0 & 0 & \cdots & D_n \end{bmatrix} \tag{2.24}$$

D와 **L**은 **U**에서 쉽게 복구할 수 있기 때문에 대칭 행렬의 분해 동안 **U**만 저장해야 한다는 것을 알 수 있다. 따라서 Gauss 제거는 식 (2.24)에 나타난 형태의 상삼각 행렬을 만들고, 대칭 행렬을 분해하기에 충분하다. LU 분해 중에 사용할 수 있는 또 다른 저장 기법이 있다. 이 아이디어는 아래의 행렬을 살펴봄으로 알 수 있다.

$$\mathbf{U}^* = \begin{bmatrix} D_1 & L_{21} & L_{31} & \cdots & L_{n1} \\ 0 & D_2 & L_{32} & \cdots & L_{n2} \\ 0 & 0 & D_3 & \cdots & L_{n3} \\ \vdots & \vdots & \vdots & \ddots & \vdots \\ 0 & 0 & 0 & \cdots & D_n \end{bmatrix} \tag{2.25}$$

여기서 **U**는 $U_{ij} = D_i\, L_{ji}$로부터 회복 될 수 있다. 이 방법은 계산적으로 더 효율적인 해 단계로 이어진다는 것이 밝혀졌다. 그러므로 우리는 대칭적이고 밴드가 있는 행렬에 대해 이를 채택한다.

대칭, 5중대각계수행렬

우리는 유한 차분에 의한 4차 상미분 방정식의 해에서 5중대각계수 행렬(대역폭 = 5)을 만난다. 종종 이러한 행렬은 대칭이며, 이 경우 $n \times n$ 계수 행렬은 다음과 같은 형식을 가진다.

$$
\mathbf{A} = \begin{bmatrix}
d_1 & e_1 & f_1 & 0 & 0 & 0 & \cdots & 0 \\
e_1 & d_2 & e_2 & f_2 & 0 & 0 & \cdots & 0 \\
f_1 & e_2 & d_3 & e_3 & f_3 & 0 & \cdots & 0 \\
0 & f_2 & e_3 & d_4 & e_4 & f_4 & \cdots & 0 \\
\vdots & \vdots & \vdots & \vdots & \vdots & \vdots & \ddots & \vdots \\
0 & \cdots & 0 & f_{n-4} & e_{n-3} & d_{n-2} & e_{n-2} & f_{n-2} \\
0 & \cdots & 0 & 0 & f_{n-3} & e_{n-2} & d_{n-1} & e_{n-1} \\
0 & \cdots & 0 & 0 & 0 & f_{n-2} & e_{n-1} & d_n
\end{bmatrix} \tag{2.26}
$$

삼중 항 행렬의 경우와 마찬가지로 세 벡터에 0이 아닌 요소를 저장한다.

$$
\mathbf{d} = \begin{bmatrix} d_1 \\ d_2 \\ \vdots \\ d_{n-2} \\ d_{n-1} \\ d_n \end{bmatrix} \qquad
\mathbf{e} = \begin{bmatrix} e_1 \\ e_2 \\ \vdots \\ e_{n-2} \\ e_{n-1} \end{bmatrix} \qquad
\mathbf{f} = \begin{bmatrix} f_1 \\ f_2 \\ \vdots \\ f_{n-2} \end{bmatrix}
$$

이제 Doolittle 분해에 의한 방정식 $\mathbf{Ax} = \mathbf{b}$의 해를 보자. 첫 번째 단계는 Gauss 소거로 $\mathbf{A}$를 상 삼각 행렬 형태로 변환하는 것이다. k번째 행이 피벗 행이 된 단계로 소거가 진행되면 다음과 같은 상황이 발생한다.

$$
\mathbf{A} = \left[\begin{array}{cc|ccc|cccc}
\ddots & \vdots & \vdots & \vdots & \vdots & \vdots & \vdots & \vdots & \\
\hline
\cdots & 0 & d_k & e_k & f_k & 0 & 0 & 0 & \cdots \\
\cdots & 0 & e_k & d_{k+1} & e_{k+1} & f_{k+1} & 0 & 0 & \cdots \\
\cdots & 0 & f_k & e_{k+1} & d_{k+2} & e_{k+2} & f_{k+2} & 0 & \cdots \\
\hline
\cdots & 0 & 0 & f_{k+1} & e_{k+2} & d_{k+3} & e_{k+3} & f_{k+3} & \cdots \\
 & \vdots & \vdots & \vdots & \vdots & \vdots & \vdots & \vdots & \ddots
\end{array}\right] \begin{array}{c} \\ \leftarrow \\ \\ \\ \\ \\ \end{array}
$$

피벗 행 아래의 요소 e_k 및 f_k(k번째 행)는 아래 연산에 의해 제거된다.

$$
\text{열}(k+1) \leftarrow \text{열}(k+1) - (e_k/d_k) \times \text{열}_k
$$

$$
\text{열}(k+2) \leftarrow \text{열}(k+2) - (f_k/d_k) \times \text{열}_k
$$

작업에 의해 변경되는 유일한 항목(제거되는 것 제외)은 다음과 같다.

$$\begin{aligned} d_{k+1} &\leftarrow d_{k+1} - (e_k/d_k)e_k \\ e_{k+1} &\leftarrow e_{k+1} - (e_k/d_k)f_k \\ d_{k+2} &\leftarrow d_{k+2} - (f_k/d_k)f_k \end{aligned} \tag{2.27a}$$

행렬의 상 삼각 행렬 부분에 승수를 저장하면 아래와 같다.

$$e_k \leftarrow e_k/d_k \qquad f_k \leftarrow f_k/d_k \tag{2.27b}$$

소거 단계가 끝나면 행렬은 아래와 같다. (**d**, **e** 및 **f**를 **A**의 원래 내용과 혼동하지 마시오)

$$\mathbf{U}^* = \begin{bmatrix} d_1 & e_1 & f_1 & 0 & \cdots & 0 \\ 0 & d_2 & e_2 & f_2 & \cdots & 0 \\ 0 & 0 & d_3 & e_3 & \cdots & 0 \\ \vdots & \vdots & \vdots & \vdots & \cdots & \vdots \\ 0 & 0 & \cdots & 0 & d_{n-1} & e_{n-1} \\ 0 & 0 & \cdots & 0 & 0 & d_n \end{bmatrix}$$

이제 해 단계가 되었다. 방정식 $\mathbf{Ly} = \mathbf{b}$는 아래의 증대된 계수 행렬을 갖는다.

$$\left[\mathbf{L} \middle| \mathbf{b}\right] = \left[\begin{array}{cccccc|c} 1 & 0 & 0 & 0 & \cdots & 0 & b_1 \\ e_1 & 1 & 0 & 0 & \cdots & 0 & b_2 \\ f_1 & e_2 & 1 & 0 & \cdots & 0 & b_3 \\ 0 & f_2 & e_3 & 1 & \cdots & 0 & b_4 \\ \vdots & \vdots & \vdots & \vdots & \cdots & \vdots & \vdots \\ 0 & 0 & 0 & f_{n-2} & e_{n-1} & 1 & b_n \end{array}\right]$$

전진 대입에 의한 해는 다음과 같다.

$$\begin{aligned} y_1 &= b_1 \\ y_2 &= b_2 - e_1 y_1 \\ &\vdots \\ y_k &= b_k - f_{k-2}y_{k-2} - e_{k-1}y_{k-1}, \quad k = 3, 4, \ldots, n \end{aligned} \tag{2.28}$$

후진 대입에 의해 풀리는 방정식, 즉 $\mathbf{Ux} = \mathbf{y}$는 아래와 같이 증대된 계수 행렬을 가진다.

$$
\left[\mathbf{U} \mid \mathbf{y}\right] = \left[\begin{array}{cccccc|c}
d_1 & d_1 e_1 & d_1 f_1 & 0 & \cdots & 0 & y_1 \\
0 & d_2 & d_2 e_2 & d_2 f_2 & \cdots & 0 & y_2 \\
0 & 0 & d_3 & d_3 e_3 & \cdots & 0 & y_3 \\
\vdots & \vdots & \vdots & \vdots & \cdots & \vdots & \vdots \\
0 & 0 & \cdots & 0 & d_{n-1} & d_{n-1} e_{n-1} & y_{n-1} \\
0 & 0 & \cdots & 0 & 0 & d_n & y_n
\end{array}\right]
$$

해는 후진 대입에 의해 아래와 같이 얻어진다.

$$x_n = y_n/d_n$$

$$x_{n-1} = y_{n-1}/d_{n-1} - e_{n-1}x_n \vdots$$

$$x_k = y_k/d_k - e_k x_{k+1} - f_k x_{k+2}, \quad k = n-2, n-3, \ldots, 1$$

■ LUdecomp5

함수 LUdecomp5는 $\mathbf{A} = [\mathbf{f}\backslash\mathbf{e}\backslash\mathbf{d}\backslash\mathbf{e}\backslash\mathbf{f}]$ 형식의 5중대각대칭행렬로 분해한다. 원래 벡터 **d**, **e** 및 **f**는 해체되고 분해된 행렬 벡터로 대체된다. 분해 후 $\mathbf{Ax} = \mathbf{b}$의 해는 LUsolve5에 의해 구할 수 있다. 전진 대입 연산 중에 원본 **b**가 **y**로 대체된다. 비슷하게, **y**는 후진 대입 단계에서 **x**에 의해 쓰여지므로, **b**는 LUsolve5를 빠져 나올 때 해 벡터를 포함한다.

```
## module LUdecomp5
''' d,e,f = LUdecomp5(d,e,f).
    LU decomposition of symmetric pentadiagonal matrix [a], where
    f, e and d are the diagonals of [a]. On output
    d,e and f are the diagonals of the decomposed matrix.

    x = LUsolve5(d,e,f,b).
    Solves [a]x = b, where d, e and f are the vectors
    returned from LUdecomp5.
    '''
def LUdecomp5(d,e,f):
    n = len(d)
    for k in range(n-2):
        lam = e[k]/d[k]
        d[k+1] = d[k+1] - lam*e[k]
        e[k+1] = e[k+1] - lam*f[k]
        e[k] = lam
        lam = f[k]/d[k]
        d[k+2] = d[k+2] - lam*f[k]
        f[k] = lam
```

```
    lam = e[n-2]/d[n-2]
    d[n-1] = d[n-1] - lam*e[n-2]
    d[n-2] = lam
    return d,e,f

def LUsolve5(d,e,f,b):
    n = len(d)
    b[1] = b[1] - e[0]*b[0]
    for k in range(2,n):
        b[k] = b[k] - e[k-1]*b[k-1] - f[k-2]*b[k-2]
    b[n-1] = b[n-1]/d[n-1]
    b[n-2] = b[n-2]/d[n-2] - e[n-2]*b[n-1]
    for k in range(n-3,-1,-1):
        b[k] = b[k]/d[k] - e[k]*b[k+1] - f[k]*b[k+2]
    return b
```

예제 2.9

Gauss 소거의 결과로서, 대칭 행렬 **A**는 아래의 상 삼각 행렬 형태로 변형되었다. 원래의 행렬 **A**를 결정하시오.

$$\mathbf{U} = \begin{bmatrix} 4 & -2 & 1 & 0 \\ 0 & 3 & -3/2 & 1 \\ 0 & 0 & 3 & -3/2 \\ 0 & 0 & 0 & 35/12 \end{bmatrix}$$

풀이

먼저 $\mathbf{A} = \mathbf{LU}$ 분해에서 **L**을 찾는다. **U**의 각 행을 각 행에 상응하는 대각선 요소로 나눈다.

$$\mathbf{L}^T = \begin{bmatrix} 1 & -1/2 & 1/4 & 0 \\ 0 & 1 & -1/2 & 1/3 \\ 0 & 0 & 1 & -1/2 \\ 0 & 0 & 0 & 1 \end{bmatrix}$$

그러므로, $\mathbf{A} = \mathbf{LU}$ 또는

$$\mathbf{A} = \begin{bmatrix} 1 & 0 & 0 & 0 \\ -1/2 & 1 & 0 & 0 \\ 1/4 & -1/2 & 1 & 0 \\ 0 & 1/3 & -1/2 & 1 \end{bmatrix} \begin{bmatrix} 4 & -2 & 1 & 0 \\ 0 & 3 & -3/2 & 1 \\ 0 & 0 & 3 & -3/2 \\ 0 & 0 & 0 & 35/12 \end{bmatrix}$$

$$= \begin{bmatrix} 4 & -2 & 1 & 0 \\ -2 & 4 & -2 & 1 \\ 1 & -2 & 4 & -2 \\ 0 & 1 & -2 & 4 \end{bmatrix}$$

예제 2.10

아래 대칭 행렬의 Doolittle 분해 $\mathbf{A} = \mathbf{LDL}^T$의 결과로 생기는 **L**과 **D**를 결정하시오.

$$\mathbf{A} = \begin{bmatrix} 3 & -3 & 3 \\ -3 & 5 & 1 \\ 3 & 1 & 10 \end{bmatrix}$$

풀이

Gauss 소거를 사용하여 **A**의 상 삼각 행렬 부분에 승수를 저장한다. 소거가 완료되면 행렬은 식 (2.25)의 $\mathbf{U}^*$의 형태를 갖게 된다.

첫 번째 단계에서 제거해야 하는 항목은 기본 작업을 사용하는 A_{21}과 A_{31}이다.

$$\text{열 } 2 \leftarrow \text{열 } 2 - (-1) \times \text{열 } 1$$
$$\text{열 } 3 \leftarrow \text{열 } 3 - (1) \times \text{열 } 1$$

A_{12}와 A_{13}이 차지하는 위치에 승수 (−1과 1)를 저장하면

$$\mathbf{A}' = \begin{bmatrix} 3 & -1 & 1 \\ 0 & 2 & 4 \\ 0 & 4 & 7 \end{bmatrix}$$

두 번째 단계는 다음 작업으로,

$$\text{열 } 3 \leftarrow \text{열 } 3 - 2 \times \text{열 } 2$$

A_{23}을 승수 2로 덮어 쓰면

$$\mathbf{A}'' = [\mathbf{0} \backslash \mathbf{D} \backslash \mathbf{L}^T] = \begin{bmatrix} 3 & -1 & 1 \\ 0 & 2 & 2 \\ 0 & 0 & -1 \end{bmatrix}$$

그러므로,

$$\mathbf{L} = \begin{bmatrix} 1 & 0 & 0 \\ -1 & 1 & 0 \\ 1 & 2 & 1 \end{bmatrix} \quad \mathbf{D} = \begin{bmatrix} 3 & 0 & 0 \\ 0 & 2 & 0 \\ 0 & 0 & -1 \end{bmatrix}$$

예제 2.11

LUdecmp3 및 LUsolve3 함수를 사용하여 $\mathbf{Ax} = \mathbf{b}$를 구하십시오. 여기서,

$$\mathbf{A} = \begin{bmatrix} 2 & -1 & 0 & 0 & 0 \\ -1 & 2 & -1 & 0 & 0 \\ 0 & -1 & 2 & -1 & 0 \\ 0 & 0 & -1 & 2 & -1 \\ 0 & 0 & 0 & -1 & 2 \end{bmatrix} \quad \mathbf{b} = \begin{bmatrix} 5 \\ -5 \\ 4 \\ -5 \\ 5 \end{bmatrix}$$

풀이

```
#!/usr/bin/python
## example2_11
import numpy as np
from LUdecomp3 import *

d = np.ones((5))*2.0
c = np.ones((4))*(-1.0)
b = np.array([5.0, -5.0, 4.0, -5.0, 5.0])
e = c.copy()
c,d,e = LUdecomp3(c,d,e)
x = LUsolve3(c,d,e,b)
print("x =",x)
input("Press return to exit")
```

출력은 아래와 같다.

```
x =
[ 2. -1. 1. -1. 2.]
```

2.5 피보팅

개요

수식이 해 알고리즘에 표시되는 순서는 때로는 결과에 큰 영향을 준다. 예를 들어 다음 방정식을 고려하여 보자.

$$
\begin{aligned}
2x_1 - x_2 &= 1 \\
-x_1 + 2x_2 - x_3 &= 0 \\
-x_2 + x_3 &= 0
\end{aligned}
$$

대응하는 증대 계수 행렬은 아래와 같다

$$
\left[\mathbf{A}\,\middle|\,\mathbf{b}\right] = \left[\begin{array}{rrr|r} 2 & -1 & 0 & 1 \\ -1 & 2 & -1 & 0 \\ 0 & -1 & 1 & 0 \end{array}\right] \tag{a}
$$

식 (a)는 Gauss 소거 또는 LU 분해에 의해 올바른 해 $x_1 = x_2 = x_3 = 1$을 얻는 데 문제가 없다는 의미에서 "올바른 순서"에 있다. 이제 우리는 첫 번째 및 세 번째 식을 교환하여 증대 계수 행렬이 아래와 같을 때를 생각하여 보자.

$$
\left[\mathbf{A}\,\middle|\,\mathbf{b}\right] = \left[\begin{array}{rrr|r} 0 & -1 & 1 & 0 \\ -1 & 2 & -1 & 0 \\ 2 & -1 & 0 & 1 \end{array}\right] \tag{b}
$$

방정식을 변경하지 않았으므로 (그 순서만 바뀌었음) 해는 여전히 $x_1 = x_2 = x_3 = 1$이다. 그러나 Gauss 소거는 제로 피벗 요소(요소 A_{11})의 존재로 인해 즉시 실패한다. 이 예제는 소거 단계에서 방정식의 순서를 바꾸는 것이 때때로 중요하다는 것을 보여준다. 피벗 요소가 0이 아니지만 피벗 행의 다른 요소와 비교할 때 매우 작은 다음 순서 방정식에 의해 설명된 것처럼 재정렬 또는 행 피벗이 필요하다.

$$
\left[\mathbf{A}\,\middle|\,\mathbf{b}\right] = \left[\begin{array}{rrr|r} \varepsilon & -1 & 1 & 0 \\ -1 & 2 & -1 & 0 \\ 2 & -1 & 0 & 1 \end{array}\right] \tag{c}
$$

이 식은 식 (b)와 같다. 단, 작은 수 ε는 식 (b)의 제로 요소를 대체한다. 따라서, $\varepsilon \to 0$이라면, 식 (b)와 (c)의 해는 동일해야 한다. Gauss 소거의 제 1 단계 후에, 증대 계수 행렬은

$$\left[\mathbf{A}' \mid \mathbf{b}'\right] = \left[\begin{array}{ccc|c} \varepsilon & -1 & 1 & 0 \\ 0 & 2-1/\varepsilon & -1+1/\varepsilon & 0 \\ 0 & -1+2/\varepsilon & -2/\varepsilon & 1 \end{array}\right] \tag{d}$$

컴퓨터가 고정된 길이의 워드로 작동하기 때문에, 모든 숫자는 유한 수의 유효 숫자로 반올림된다. ε이 매우 작으면 $1/\varepsilon$은 크고, $2-1/\varepsilon$과 같은 요소는 $-1/\varepsilon$로 반올림된다. 따라서, 충분히 작은 ε에 대해, 식 (d)는 실제로 아래와 같이 저장된다.

$$\left[\mathbf{A}' \mid \mathbf{b}'\right] = \left[\begin{array}{ccc|c} \varepsilon & -1 & 1 & 0 \\ 0 & -1/\varepsilon & 1/\varepsilon & 0 \\ 0 & 2/\varepsilon & -2/\varepsilon & 1 \end{array}\right]$$

두 번째 및 세 번째 식이 분명히 서로 모순되기 때문에 해 프로세스가 다시 실패한다. 이 문제는 소거 전에 식 (c)에서 제 1 및 제 2 또는 제 1 및 제 3 식이 상호 교환된다면 발생하지 않을 것이다. 마지막 예제는 ε이 너무 작아서 반올림 오류로 인해 해 구하기에 완전히 실패한 극단적인 경우를 보여준다. ε을 약간 더 크게 만들어, 해가 더 이상 "터지는 폭탄"처럼 되지 않아도, 반올림 오류는 여전히 해를 신뢰할 수 없게 만들 정도로 커질 수 있다. 다시 말하지만, 이런 어려움은 피보팅을 통해 피할 수 있다.

대각지배

각 대각 요소가 같은 행에 있는 다른 요소의 합보다 큰 경우 $n\times n$ 행렬 $\mathbf{A}$가 대각선으로 지배적이라고 한다(여기서는 절대값에 대해 이야기하고 있다). 따라서 대각지배는

$$|A_{ii}| > \sum_{\substack{j=1 \\ j\neq i}}^{n} \left|A_{ij}\right| \quad (i = 1, 2, \ldots, n) \tag{2.30}$$

예를 들어, 아래 행렬은 대각선으로 지배적이지 않다.

$$\begin{bmatrix} -2 & 4 & -1 \\ 1 & -1 & 3 \\ 4 & -2 & 1 \end{bmatrix}$$

그러나 다음과 같이 행을 재정렬하면 대각지배행렬이 된다.

$$\begin{bmatrix} 4 & -2 & 1 \\ -2 & 4 & -1 \\ 1 & -1 & 3 \end{bmatrix}$$

식 $\mathbf{Ax}=\mathbf{b}$의 계수 행렬이 대각선으로 우세한 경우 해는 피보팅의 이점을 얻지 못한다는 것을 알 수 있다. 즉 식은 이미 최적의 순서로 정렬되어 있다. 피보팅 전략은 식을 재정렬하여 계수 행렬이 가능한 한 대각 지배에 가깝도록 해야 한다. 이것은 다음에 설명할 스케일된 행 피벗의 기본 원리이다.

스케일 된 행 피벗을 사용한 Gauss 소거

행 피봇의 Gauss 소거에 의한 $\mathbf{Ax}=\mathbf{b}$의 해를 생각해 보자. 피보팅은 계수 행렬의 대각 지배를 개선하는 것을 목표로 한다(즉, 피봇 행의 피봇 요소를 다른 요소와 비교하여 가능한 한 크게 만드는 것을 목표로 함). 아래와 같은 요소가 있는 배열 $\mathbf{s}$를 만들면 비교가 더 쉽다.

$$s_i = \max_j |A_{ij}|, \quad i = 1, 2, \ldots, n \tag{2.31}$$

s_i는 행 i의 축척 비율(scale factor)이라고 불리며 $\mathbf{A}$의 i번째 행에서 가장 큰 요소의 절대 값을 포함한다. 벡터 $\mathbf{s}$는 다음 알고리즘으로 얻을 수 있다.

```
for i in range(n):
    s[i] = max(abs(a[i,:]))
```

요소 A_{ij}의 상대 크기(즉, i번째 행에서 가장 큰 요소와 관련된)는 비율은 아래와 같다.

$$r_{ij} = \frac{|A_{ij}|}{s_i} \tag{2.32}$$

소거 단계에서 k번째 행이 피벗 행이 된 단계에 도달했다고 가정하자. 이 시점에서의 증가 계수 행렬은 다음 행렬과 같다.

$$\left[\begin{array}{cccccc|c}
A_{11} & A_{12} & A_{13} & A_{14} & \cdots & A_{1n} & b_1 \\
0 & A_{22} & A_{23} & A_{24} & \cdots & A_{2n} & b_2 \\
0 & 0 & A_{33} & A_{34} & \cdots & A_{3n} & b_3 \\
\vdots & \vdots & \vdots & \vdots & \cdots & \vdots & \vdots \\
\hline
0 & \cdots & 0 & A_{kk} & \cdots & A_{kn} & b_k \\
\vdots & \cdots & \vdots & \vdots & \cdots & \vdots & \vdots \\
0 & \cdots & 0 & A_{nk} & \cdots & A_{nn} & b_n
\end{array}\right] \begin{array}{c} \\ \\ \\ \\ \leftarrow \\ \\ \\ \end{array}$$

A_{kk}를 자동으로 다음 피벗 요소로 받아들이지 않지만 A_{kk} 아래의 k번째 열에서 "더 나은" 피벗을 찾는다. 가장 좋은 선택은 가장 큰 상대 크기를 가지는 A_{kk} 요소를 선택하는 것이다.

즉, 우리는 다음과 같은 p를 선택한다.

$$r_{pk} = \max_j (r_{jk}), \quad j \geq k$$

그러한 요소를 발견하면 k와 p행을 교환하고 평소와 같이 소거 과정을 진행한다. 대응하는 행 교환은 스케일 인자 배열 **s**에서도 수행되어야 한다. 이 모든 작업을 수행하는 알고리즘은 다음과 같다.

```
for k in range(0,n-1):

  # Find row containing element with largest relative size
    p = argmax(abs(a[k:n,k])/s[k:n]) + k

  # If this element is very small, matrix is singular
    if abs(a[p, k]) < tol: error.err('Matrix is singular')

  # Check whether rows k and p must be interchanged
    if p != k:
      # Interchange rows if needed
        swap.swapRows(b, k, p)
        swap.swapRows(s, k, p)
        swap.swapRows(a, k, p)
  # Proceed with elimination
```

Python 함수 argmax(v)는 벡터 **v**에서 가장 큰 요소의 인덱스를 반환한다. 행(및 열)을 교환하기 위한 알고리즘은 다음에 표시된 모듈 swap에 포함되어 있다.

■ swap

swapRows 함수는 행렬 또는 벡터 **v**의 행 i와 j를 교환하는 반면 swapCols는 행렬의 열 i와 j를 교환한다.

```
## module swap
'''swapRows(v,i,j).
   Swaps rows i and j of a vector or matrix [v].

   swapCols(v,i,j).
   Swaps columns of matrix [v].
'''
def swapRows(v,i,j):
    if len(v.shape) == 1:
        v[i],v[j] = v[j],v[i]
```

```
    else:
        v[[i,j],:] = v[[j,i],:]
def swapCols(v,i,j):
    v[:,[i,j]] = v[:,[j,i]]
```

gaussPivot

gaussPivot 함수는 행 피벗을 통해 Gauss 소거를 수행한다. 행 교환과 별도로, 소거 및 해 단계는 2.2절의 gaussElimin과 동일하다.

```
## module gaussPivot
'''x = gaussPivot(a,b,tol=1.0e-12).
   Solves [a]x = b by Gauss elimination with
   scaled row pivoting
'''
import numpy as np
import swap
import error

def gaussPivot(a,b,tol=1.0e-12):
    n = len(b)

  # Set up scale factors
    s = np.zeros(n)
    for i in range(n):
        s[i] = max(np.abs(a[i,:]))

    for k in range(0,n-1):

      # Row interchange, if needed
        p = np.argmax(np.abs(a[k:n,k])/s[k:n]) + k
        if abs(a[p,k]) < tol: error.err('Matrix is singular')
        if p != k:
            swap.swapRows(b,k,p)
            swap.swapRows(s,k,p)
            swap.swapRows(a,k,p)

      # Elimination
        for i in range(k+1,n):
            if a[i,k] != 0.0:
                lam = a[i,k]/a[k,k]
                a[i,k+1:n] = a[i,k+1:n] - lam*a[k,k+1:n]
                b[i] = b[i] - lam*b[k]
   if abs(a[n-1,n-1]) < tol: error.err('Matrix is singular')
```

```
  # Back substitution
    b[n-1] = b[n-1]/a[n-1,n-1]
    for k in range(n-2,-1,-1):
        b[k] = (b[k] - np.dot(a[k,k+1:n],b[k+1:n]))/a[k,k]
    return b
```

LUpivot

Gauss 소거 알고리즘은 작은 변경을 통해 Doolittle 분해로 변경될 수 있다. 이러한 변화 중 가장 중요한 것은 분해 단계에서 행 교환을 기록하는 것이다. LUdecomp에서 이러한 기록은 배열 seq에 보관된다. seq의 처음 값으로는 [0, 1, 2, ...]가 저장되어 있다. 두 행이 교체될 때마다 해당 교환이 seq에서 수행된다. 따라서 seq는 원래의 행이 재배열 된 순서를 보여준다. 이 정보는 해 단계 (LUsolve)로 전달되며, LUsolve는 전진 및 후진 대입으로 진행하기 전에 동일한 순서로 상수 벡터의 요소를 재정렬한다.

```
## module LUpivot
''' a,seq = LUdecomp(a,tol=1.0e-9).
   LU decomposition of matrix [a] using scaled row pivoting.
   The returned matrix [a] = contains [U] in the upper
   triangle and the nondiagonal terms of [L] in the lower triangle.
   Note that [L][U] is a row-wise permutation of the original [a];
   the permutations are recorded in the vector seq.

   x = LUsolve(a,b,seq).
   Solves [L][U]x = b, where the matrix [a] = and the
   permutation vector seq are returned from LUdecomp.
'''
import numpy as np
import swap
import error

def LUdecomp(a,tol=1.0e-9):
   n = len(a)
   seq = np.array(range(n))

 # Set up scale factors
   s = np.zeros((n))
   for i in range(n):
       s[i] = max(abs(a[i,:]))

   for k in range(0,n-1):
```

```
    # Row interchange, if needed
      p = np.argmax(np.abs(a[k:n,k])/s[k:n]) + k
      if abs(a[p,k]) < tol: error.err('Matrix is singular')
      if p != k:
          swap.swapRows(s,k,p)
          swap.swapRows(a,k,p)
          swap.swapRows(seq,k,p)

    # Elimination
      for i in range(k+1,n):
          if a[i,k] != 0.0:
              lam = a[i,k]/a[k,k]
              a[i, k + 1:n] = a[i, k + 1:n] - lam * a[k, k + 1:n]
              a[i, k] = lam
      return a, seq

def LUsolve(a, b, seq):
      n = len(a)

    # Rearrange constant vector; store it in [x]
      x = b.copy()
      for i in range(n):
          x[i] = b[seq[i]]

    # Solution
      for k in range(1, n):
          x[k] = x[k] - np.dot(a[k, 0:k], x[0:k])
      x[n - 1] = x[n - 1] / a[n - 1, n - 1]
      for k in range(n - 2, -1, -1):
          x[k] = (x[k] - np.dot(a[k, k + 1:n], x[k + 1:n])) / a[k, k]
      return x
```

피벗 시기

피벗에는 두 가지 단점이 있다. 하나는 계산 비용 증가이다. 다른 하나는 대칭의 파괴와 계수 행렬의 밴드 구조 형성이다. 후자는 이전 절에서 보았듯이 계수 행렬이 밴드이고 대칭일 때, 해를 구하는 공학 분야에서 중요한 연구 항목이다. 다행히도 이러한 행렬은 종종 대각선으로 지배적이어서 어쨌든 피보팅의 이점을 얻지 못한다. 피보팅을 사용해야 하는 시점을 결정하는 절대적인 규칙은 없다. 경험에 따르면 계수 행렬이 밴드가 되어 있으면 피보팅이 비생산적 일 수 있다. 양정(positive definite)과 더 낮은 차수의 대칭 행렬은 피보팅으로부터 혜택을 거의 얻지 못한다. 그리고 피벗이 반올림 오류를 제어하는 유일한 수단이 아니라는 점을 잊어서는 안된다. 이중 정밀도 연산 수단도 있다. 이러한 규칙은 실제 엔지니어링 문제로 인해 발생하는 방정식에 적용된다. 이러한 규칙을 따르지 않는 교과서 예제를 작성하는 것은 어렵지 않다.

예제 2.12

스케일된 행 피보팅을 적용하는 Gauss 소거를 사용하여 식 $\mathbf{Ax} = \mathbf{b}$를 풀어 보아라.

$$\mathbf{A} = \begin{bmatrix} 2 & -2 & 6 \\ -2 & 4 & 3 \\ -1 & 8 & 4 \end{bmatrix} \qquad \mathbf{b} = \begin{bmatrix} 16 \\ 0 \\ -1 \end{bmatrix}$$

풀이

증대된 계수 행렬과 스케일 팩터 행렬은 아래와 같다.

$$\left[\mathbf{A} \mid \mathbf{b}\right] = \left[\begin{array}{rrr|r} 2 & -2 & 6 & 16 \\ -2 & 4 & 3 & 0 \\ -1 & 8 & 4 & -1 \end{array}\right] \qquad \mathbf{s} = \begin{bmatrix} 6 \\ 4 \\ 8 \end{bmatrix}$$

$\mathbf{s}$에는 $\mathbf{A}$의 각 행에 있는 가장 큰 요소의 절대값이 들어있다. 이 단계에서 $\mathbf{A}$의 첫 번째 열에있는 모든 요소는 잠재적인 피벗이다. 최상의 피벗 요소를 결정하기 위해 첫 번째 열에 있는 요소의 상대 크기를 계산한다.

$$\begin{bmatrix} r_{11} \\ r_{21} \\ r_{31} \end{bmatrix} = \begin{bmatrix} |A_{11}|/s_1 \\ |A_{21}|/s_2 \\ |A_{31}|/s_3 \end{bmatrix} = \begin{bmatrix} 1/3 \\ 1/2 \\ 1/8 \end{bmatrix}$$

r_{21}이 가장 큰 요소이기 때문에 A_{21}이 최상의 피벗 요소를 만든다. 따라서, 증대된 계수 행렬 및 스케일 인수 배열의 행 1과 행 2를 교환하여,

$$\left[\mathbf{A} \mid \mathbf{b}\right] = \left[\begin{array}{rrr|r} -2 & 4 & 3 & 0 \\ 2 & -2 & 6 & 16 \\ -1 & 8 & 4 & -1 \end{array}\right] \leftarrow \qquad \mathbf{s} = \begin{bmatrix} 4 \\ 6 \\ 8 \end{bmatrix}$$

이제 Gauss 소거의 첫 번째 단계가 수행되고 (화살표는 피벗 행을 가리킴) 아래 결과를 준다.

$$\left[\mathbf{A}' \,\middle|\, \mathbf{b}'\right] = \left[\begin{array}{ccc|c} -2 & 4 & 3 & 0 \\ 0 & 2 & 9 & 16 \\ 0 & 6 & 5/2 & -1 \end{array}\right] \qquad \mathbf{s} = \begin{bmatrix} 4 \\ 6 \\ 8 \end{bmatrix}$$

다음 소거 단계의 잠재적 피벗 요소는 A'_{22} 및 A'_{32}이다. 우리는 아래 계산에서 승자를 결정한다.

$$\begin{bmatrix} * \\ r_{22} \\ r_{32} \end{bmatrix} = \begin{bmatrix} * \\ |A_{22}|/s_2 \\ |A_{32}|/s_3 \end{bmatrix} = \begin{bmatrix} * \\ 1/3 \\ 3/4 \end{bmatrix}$$

행 1은 이미 피벗 행으로 작동했기 때문에 r_{21}는 관련이 없다. 따라서 더 이상의 고려에서 제외된다. r_{32}가 r_{22}보다 크기 때문에 세 번째 행이 더 나은 피벗 행이다. 행 2번과 행 3번을 교환하면 아래와 같다

$$\left[\mathbf{A}' \,\middle|\, \mathbf{b}'\right] = \left[\begin{array}{ccc|c} -2 & 4 & 3 & 0 \\ 0 & 6 & 5/2 & -1 \\ 0 & 2 & 9 & 16 \end{array}\right] \leftarrow \qquad \mathbf{s} = \begin{bmatrix} 4 \\ 8 \\ 6 \end{bmatrix}$$

이제 두 번째 소거 패스는 아래의 결과를 생성한다

$$\left[\mathbf{A}'' \,\middle|\, \mathbf{b}''\right] = \left[\mathbf{U} \,\middle|\, \mathbf{c}\right] = \left[\begin{array}{ccc|c} -2 & 4 & 3 & 0 \\ 0 & 6 & 5/2 & -1 \\ 0 & 0 & 49/6 & 49/3 \end{array}\right]$$

이것으로 소거 단계가 완료되었다. **U**는 **A**의 다음 행 순열(row-wise permutation)의 LU 분해로 인한 행렬임을 주목해야 한다(행의 순서는 피벗(pivoting)에 의해 달성되는 것과 동일함).

$$\begin{bmatrix} -2 & 4 & 3 \\ -1 & 8 & 4 \\ 2 & -2 & 6 \end{bmatrix}$$

후진 대입에 의한 $\mathbf{Ux} = \mathbf{c}$의 해는 피벗에 의해 영향을 받지 않으므로, 세부 계산을 건너 뛴다. 결과는 다음과 같다. $\mathbf{x}^T = [\,1 \quad -1 \quad 2\,]$.

대체 해 피보팅 중에 물리적으로 방정식을 교환할 필요는 없다. 방정식을 제자리에 유지함으로써 Gauss 소거를 수행할 수도 있다. 그 후 소거는 다음과 같이 진행될 것이다(간결함을 위해 피벗 수식 선택의 세부 사항은 반복되지 않는다).

$$\left[\mathbf{A}\,\middle|\,\mathbf{b}\right] = \left[\begin{array}{rrr|r} 2 & -2 & 6 & 16 \\ -2 & 4 & 3 & 0 \\ -1 & 8 & 4 & -1 \end{array}\right] \leftarrow$$

$$\left[\mathbf{A}'\,\middle|\,\mathbf{b}'\right] = \left[\begin{array}{rrr|r} 0 & 2 & 9 & 16 \\ -2 & 4 & 3 & 0 \\ 0 & 6 & 5/2 & -1 \end{array}\right] \leftarrow$$

$$\left[\mathbf{A}''\,\middle|\,\mathbf{b}''\right] = \left[\begin{array}{rrr|r} 0 & 0 & 49/6 & 49/3 \\ -2 & 4 & 3 & 0 \\ 0 & 6 & 5/2 & -1 \end{array}\right]$$

그러나 방정식을 풀어야 하는 순서가 뒤섞이는 것이므로 후진 대입 단계가 조금 더 복잡해졌다. 수작업 계산에서는 검사에 의해 순서를 결정할 수 있으므로 문제가 되지 않는다. 불행히도 "검사에 의해"라는 것은 컴퓨터에서 작동하지 않는다. 이러한 어려움을 극복하기 위해, 우리는 소거 단계에서 행 순열의 상황을 추적하는 정수 배열 **p**를 유지해야 한다. **p**의 내용은 피벗 행이 선택된 순서를 나타낸다. 이 예제에서는 Gauss 소거의 끝 단계에 있는데, 아래 **p**는 행 2가 첫 번째 소거 단계에서 피벗 행이었고 두 번째 단계에서 행 3이 뒤따라 옴을 보여준다.

$$\mathbf{p} = \begin{bmatrix} 2 \\ 3 \\ 1 \end{bmatrix}$$

방정식은 역순으로 후진 대입에 의해 해결된다. 방정식 1이 먼저 x_3에 대해 풀린 다음 방정식 3이 x_2에 대해 풀리고 마지막 방정식 2를 통해 x_1을 얻는다. 방정식을 교환하지 않아도 여기에 설명된 알고리즘은 gaussPivot보다 빠른 알고리즘을 제공한다. 프로그램이 Fortran이나 C로 작성되었지만, Python gaussPivot 프로그램이 제자리 소거 기법(in-place elimination scheme)보다 약 30% 빠르다는 것을 보여준다.

연습 문제 2.2

1. Doolittle 분해를 이용하여 방정식 $\mathbf{Ax} = \mathbf{b}$를 푸시오.

$$\mathbf{A} = \begin{bmatrix} 3 & -3 & 3 \\ -3 & 5 & 1 \\ 3 & 1 & 5 \end{bmatrix} \qquad \mathbf{b} = \begin{bmatrix} 9 \\ -7 \\ 12 \end{bmatrix}$$

2. Doolittle 분해를 이용하여 방정식 $\mathbf{Ax} = \mathbf{b}$를 푸시오.

$$\mathbf{A} = \begin{bmatrix} 4 & 8 & 20 \\ 8 & 13 & 16 \\ 20 & 16 & -91 \end{bmatrix} \qquad \mathbf{b} = \begin{bmatrix} 24 \\ 18 \\ -119 \end{bmatrix}$$

3. 아래 대칭 행렬을 Doolittle 분해할 때 생기는 행렬, **L**과 **D**를 결정하시오.

$$\mathbf{A} = \begin{bmatrix} 2 & -2 & 0 & 0 & 0 \\ -2 & 5 & -6 & 0 & 0 \\ 0 & -6 & 16 & 12 & 0 \\ 0 & 0 & 12 & 39 & -6 \\ 0 & 0 & 0 & -6 & 14 \end{bmatrix}$$

4. Doolittle의 분해 방법에 의해 삼중 방정식 $\mathbf{Ax} = \mathbf{b}$를 푸시오.

$$\mathbf{A} = \begin{bmatrix} 6 & 2 & 0 & 0 & 0 \\ -1 & 7 & 2 & 0 & 0 \\ 0 & -2 & 8 & 2 & 0 \\ 0 & 0 & 3 & 7 & -2 \\ 0 & 0 & 0 & 3 & 5 \end{bmatrix} \qquad \mathbf{b} = \begin{bmatrix} 2 \\ -3 \\ 4 \\ -3 \\ 1 \end{bmatrix}$$

5. 아래 식을 해결하기 위해 크기가 조정된 행 피벗을 사용하는 Gauss 소거법을 사용하시오

$$\begin{bmatrix} 4 & -2 & 1 \\ -2 & 1 & -1 \\ -2 & 3 & 6 \end{bmatrix} \begin{bmatrix} x_1 \\ x_2 \\ x_3 \end{bmatrix} = \begin{bmatrix} 2 \\ -1 \\ 0 \end{bmatrix}$$

6. 크기가 조정된 행 피벗을 사용하는 Gauss 소거법을 이용하여 $\mathbf{Ax} = \mathbf{b}$를 푸시오.

$$\mathbf{A} = \begin{bmatrix} 2.34 & -4.10 & 1.78 \\ -1.98 & 3.47 & -2.22 \\ 2.36 & -15.17 & 6.81 \end{bmatrix} \qquad \mathbf{b} = \begin{bmatrix} 0.02 \\ -0.73 \\ -6.63 \end{bmatrix}$$

7. 크기가 조정된 행 피벗을 사용하는 Gauss 소거법을 이용하여 아래 방정식을 푸시오.

$$\begin{bmatrix} 2 & -1 & 0 & 0 \\ 0 & 0 & -1 & 1 \\ 0 & -1 & 2 & -1 \\ -1 & 2 & -1 & 0 \end{bmatrix} \begin{bmatrix} x_1 \\ x_2 \\ x_3 \\ x_4 \end{bmatrix} = \begin{bmatrix} 1 \\ 0 \\ 0 \\ 0 \end{bmatrix}$$

8. ■ 아래 방정식을 푸시오.

$$\begin{bmatrix} 0 & 2 & 5 & -1 \\ 2 & 1 & 3 & 0 \\ -2 & -1 & 3 & 1 \\ 3 & 3 & -1 & 2 \end{bmatrix} \begin{bmatrix} x_1 \\ x_2 \\ x_3 \\ x_4 \end{bmatrix} = \begin{bmatrix} -3 \\ 3 \\ -2 \\ 5 \end{bmatrix}$$

9. ■ $n = 10$일 때, 대칭이고, 삼중 대각인 아래 방정식을 푸시오.

$$4x_1 - x_2 = 9$$
$$-x_{i-1} + 4x_i - x_{i+1} = 5, \quad i = 2, \ldots, n-1$$
$$-x_{n-1} + 4x_n = 5$$

10. ■ $\mathbf{Ax} = \mathbf{b}$를 푸시오.

$$\mathbf{A} = \begin{bmatrix} 1.3174 & 2.7250 & 2.7250 & 1.7181 \\ 0.4002 & 0.8278 & 1.2272 & 2.5322 \\ 0.8218 & 1.5608 & 0.3629 & 2.9210 \\ 1.9664 & 2.0011 & 0.6532 & 1.9945 \end{bmatrix} \qquad \mathbf{b} = \begin{bmatrix} 8.4855 \\ 4.9874 \\ 5.6665 \\ 6.6152 \end{bmatrix}$$

11. ■ 다음 방정식을 푸시오.

$$\begin{bmatrix} 10 & -2 & -1 & 2 & 3 & 1 & -4 & 7 \\ 5 & 11 & 3 & 10 & -3 & 3 & 3 & -4 \\ 7 & 12 & 1 & 5 & 3 & -12 & 2 & 3 \\ 8 & 7 & -2 & 1 & 3 & 2 & 2 & 4 \\ 2 & -15 & -1 & 1 & 4 & -1 & 8 & 3 \\ 4 & 2 & 9 & 1 & 12 & -1 & 4 & 1 \\ -1 & 4 & -7 & -1 & 1 & 1 & -1 & -3 \\ -1 & 3 & 4 & 1 & 3 & -4 & 7 & 6 \end{bmatrix} \begin{bmatrix} x_1 \\ x_2 \\ x_3 \\ x_4 \\ x_5 \\ x_6 \\ x_7 \\ x_8 \end{bmatrix} = \begin{bmatrix} 0 \\ 12 \\ -5 \\ 3 \\ -25 \\ -26 \\ 9 \\ -7 \end{bmatrix}$$

12. ■ 아래 그림 (a)에 나타난 질량–스프링 시스템에 대한 변위 공식은 다음과 같은 질량 평형 방정식을 가진다.

$$\begin{bmatrix} k_1 + k_2 + k_3 + k_5 & -k_3 & -k_5 \\ -k_3 & k_3 + k_4 & -k_4 \\ -k_5 & -k_4 & k_4 + k_5 \end{bmatrix} \begin{bmatrix} x_1 \\ x_2 \\ x_3 \end{bmatrix} = \begin{bmatrix} W_1 \\ W_2 \\ W_3 \end{bmatrix}$$

여기서 k_i는 스프링 강성이고, W_i는 질량의 무게를 나타내고, x_i는 시스템의 변형되지 않은 구성으로부터의 질량의 변위이다. 주어진 **k**와 **W**에 대해 이 방정식을 푸는 프로그램을 작성하시오. 프로그램을 사용하여 다음과 같은 경우 변위를 찾아 보아라.

$$k_1 = k_3 = k_4 = k \qquad k_2 = k_5 = 2k$$
$$W_1 = W_3 = 2W \qquad W_2 = W$$

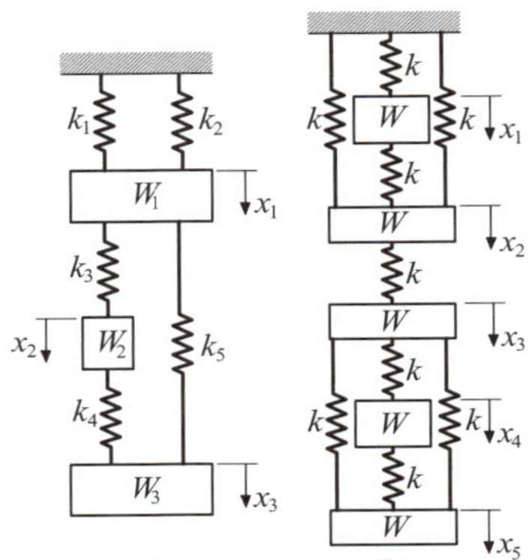

(a) (b)

13. ■ 그림 (b)의 질량-스프링 시스템의 평형 방정식은 다음과 같다.

$$\begin{bmatrix} 2 & -1 & 0 & 0 & 0 \\ -1 & 4 & -1 & 0 & 0 \\ 0 & -1 & 4 & -1 & -2 \\ 0 & 0 & -1 & 2 & -1 \\ 0 & 0 & -2 & -1 & 3 \end{bmatrix} \begin{bmatrix} x_1 \\ x_2 \\ x_3 \\ x_4 \\ x_5 \end{bmatrix} = \begin{bmatrix} W/k \\ W/k \\ W/k \\ W/k \\ W/k \end{bmatrix}$$

여기서 k는 스프링 강성이고, W는 질량의 무게를 나타내고, x_i는 시스템의 변형되지 않은 구성으로부터의 질량의 변위이다. 변위를 결정하시오.

14. ■ 평면 트러스(plane truss)의 변위 공식은 질량-스프링 시스템의 변위 공식과 유사하다. 차이점은 (1) 부재의 강성은 $k_i = (EA/L)_i$이며, 여기서 E는 탄성 계수, A는 단면적, L은 부재의 길이이며, (2) 각 관절에 두 가지 성분의 변위가 있다. 정적 불확정적인 트러스(statically indeterminate truss)의 경우, 변위 공식은 대칭 방정식 $\mathbf{Ku} = \mathbf{p}$를 산출하며, 여기서

$$\mathbf{K} = \begin{bmatrix} 27.58 & 7.004 & -7.004 & 0 & 0 \\ 7.004 & 29.57 & -5.253 & 0 & -24.32 \\ -7.004 & -5.253 & 29.57 & 0 & 0 \\ 0 & 0 & 0 & 27.58 & -7.004 \\ 0 & -24.32 & 0 & -7.004 & 29.57 \end{bmatrix} \text{MN/m}$$

$$\mathbf{p} = \begin{bmatrix} 0 & 0 & 0 & 0 & -45 \end{bmatrix}^T \text{kN}$$

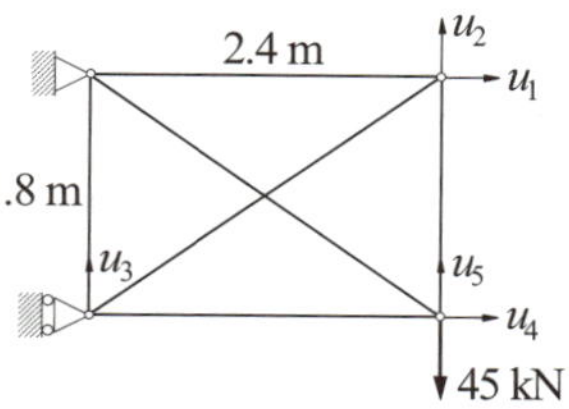

관절의 변위 u_i를 결정하시오.

15. ■ 트러스의 힘 공식(force formulation)에서, 미지수는 멤버 힘 P_i이다. 제시된 부정적 트러스(statically indeterminate truss)의 경우, 힘 공식은 관절의 평형 방정식을 통해 얻는다.

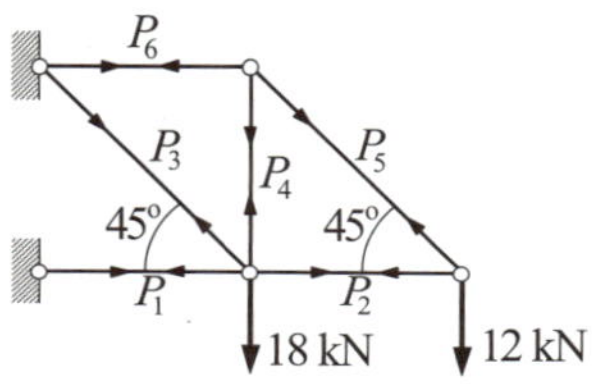

$$\begin{bmatrix} -1 & 1 & -1/\sqrt{2} & 0 & 0 & 0 \\ 0 & 0 & 1/\sqrt{2} & 1 & 0 & 0 \\ 0 & -1 & 0 & 0 & -1/\sqrt{2} & 0 \\ 0 & 0 & 0 & 0 & 1/\sqrt{2} & 0 \\ 0 & 0 & 0 & 0 & 1/\sqrt{2} & 1 \\ 0 & 0 & 0 & -1 & -1/\sqrt{2} & 0 \end{bmatrix} \begin{bmatrix} P_1 \\ P_2 \\ P_3 \\ P_4 \\ P_5 \\ P_6 \end{bmatrix} = \begin{bmatrix} 0 \\ 18 \\ 0 \\ 12 \\ 0 \\ 0 \end{bmatrix}$$

여기서 P_i의 단위는 kN이다. (a) 방정식을 그대로 컴퓨터 프로그램으로 풀어라. (b) 행과 열을 다시 정렬하여 하 삼각 계수 행렬을 얻은 다음, 계산기를 사용하여 후진 대입을 통해 방정식을 푸시오.

16. ■ 대칭 트러스의 힘 공식은 아래의 관절 평형 방정식과 같다. 여기서 $s = \sin\theta$, $c = \cos\theta$ 및 P_i는 미지수이다. 각도 θ가 주어지면 힘을 계산하는 프로그램을 작성하시오. $\theta = 53°$로 프로그램 실행하시오.

$$\begin{bmatrix} c & 1 & 0 & 0 & 0 \\ 0 & s & 0 & 0 & 1 \\ 0 & 0 & 2s & 0 & 0 \\ 0 & -c & c & 1 & 0 \\ 0 & s & s & 0 & 0 \end{bmatrix} \begin{bmatrix} P_1 \\ P_2 \\ P_3 \\ P_4 \\ P_5 \end{bmatrix} = \begin{bmatrix} 0 \\ 0 \\ 1 \\ 0 \\ 0 \end{bmatrix}$$

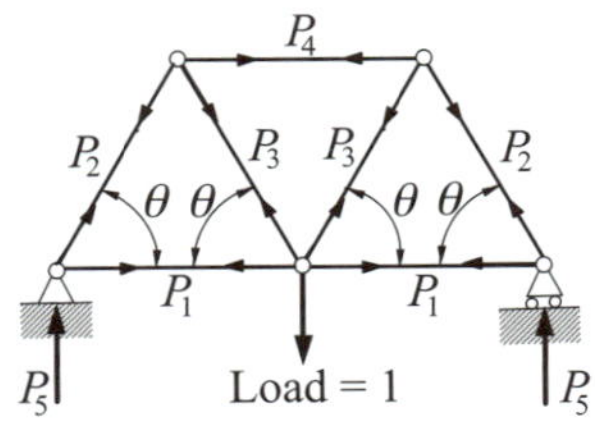

17. ■ 표시된 전기 네트워크는 3개의 루프로 구성된다. Kirchoff의 법칙($\sum$전압강하 $=\sum$전압원)을 각 루프에 적용하면 루프 전류 i_1, i_2 및 i_3에 대해 다음식이 산출된다.

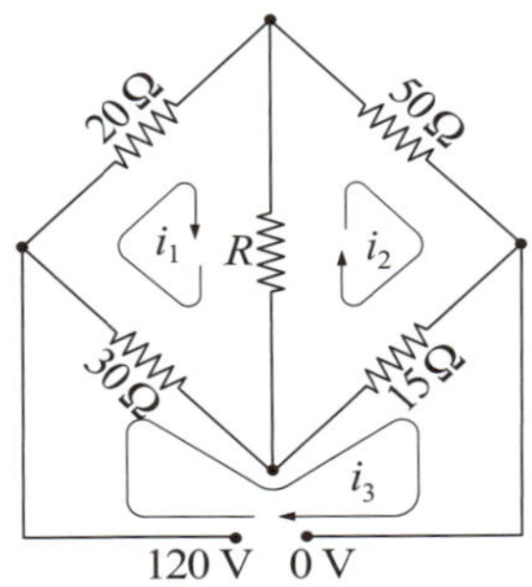

$$(50 + R)i_1 - Ri_2 - 30i_3 = 0$$

$$-Ri_1 + (65 + R)i_2 - 15i_3 = 0$$

$$-30i_2 - 15i_2 + 45i_3 = 120$$

$R = 5\Omega$, 10Ω, 20Ω에 대한 세 가지 루프 전류를 계산하시오.

18. ■ 아래 표시된 전기 네트워크에서 루프 전류 $i_1 \sim i_4$를 결정하시오.

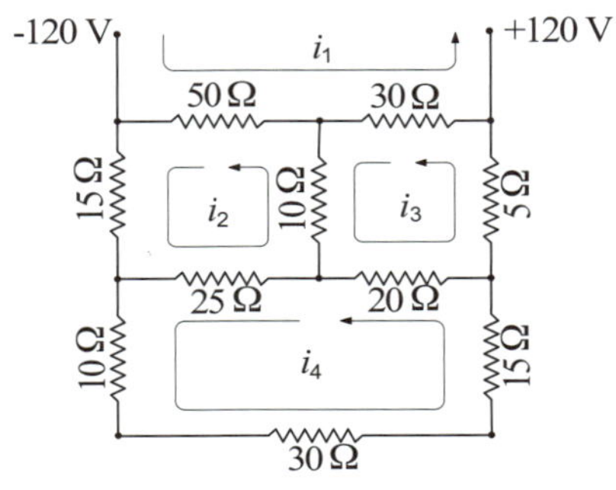

19. ■ n개의 연립 방정식 $\mathbf{Ax} = \mathbf{b}$를 고려하자.

$$A_{ij} = (i + j)^2 \qquad b_i = \sum_{j=0}^{n-1} A_{ij}, \quad i = 0, 1, \ldots, n-1, \quad j = 0, 1, \ldots, n-1$$

명백히, 해는 $\mathbf{x} = [\ 1 \ \ 1 \ \ \ldots \ \ 1\ ]^T$이다. 주어진 n에 대해 이 방정식을 푸는 프로그램을 작성하시오(피보팅이 권장된다). $n = 2, 3, 4$로 프로그램을 실행하고 결과에 주석을 표기하시오.

20. ■ 아래 그림은 파이프로 연결된 5개의 혼합 용기를 보여준다. 그림에 표시된 일정한 속도로 물이 파이프를 통해 펌핑된다. 들어오는 물에는 화학 물질이 들어 있는데 그 양은 그 농도 에 의해 지정된다. 각 용기에 아래의 질량 보존의 원리 적용하면, 우리는 용기 내의 농도 에 대해 다음의 연립 방정식을 얻는다.

유입되는 화학 물질의 질량 = 화학 물질의 유출량

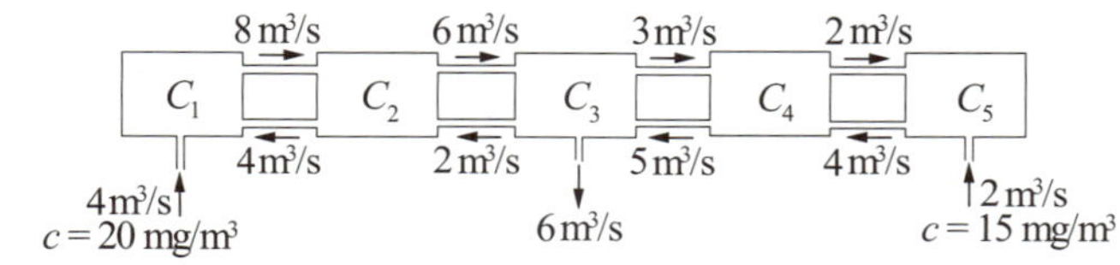

$$
\begin{aligned}
-8c_1 + 4c_2 &= -80 \\
8c_1 - 10c_2 + 2c_3 &= 0 \\
6c_2 - 11c_3 + 5c_4 &= 0 \\
3c_3 - 7c_4 + 4c_5 &= 0 \\
2c_4 - 4c_5 &= -30
\end{aligned}
$$

화학물의 질량 유속은 물의 부피 유속에 농도의 곱에 의해 얻어진다. 방정식을 검증하고 농도를 결정하시오.

21. ■ 4개의 혼합 탱크는 파이프로 연결되어 있다. 시스템의 유체는 그림에 표시된 속도로 파이프를 통해 펌핑된다. 시스템으로 유입되는 유체는 지시된 농도 c의 화학 물질을 함유한다. 정상 상태라고 가정할 때, 4개의 탱크에서 화학 물질의 농도를 결정하시오.

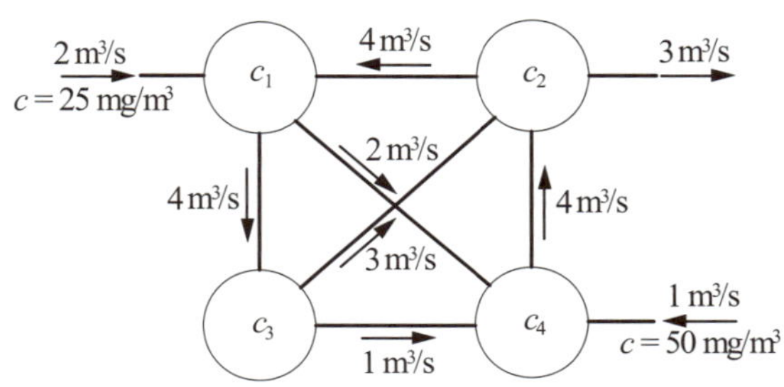

22. ■ 다음 방정식을 푸시오.

$$7x_1 - 4x_2 + x_3 = 1$$

$$-4x_1 + 6x_2 - 4x_3 + x_4 = 1$$

$$x_{i-2} - 4x_{i-1} + 6x_i - 4x_{i+1} + x_{i+2} = 1 \quad (i = 3, 4, \ldots, 8)$$

$$x_7 - 4x_8 + 6x_9 - 4x_{10} = 1$$

$$x_8 - 4x_9 + 7x_{10} = 1$$

23. ■ 복소 삼중 대각 방정식 $\mathbf{Ax} = \mathbf{b}$를 풀 수 있는 프로그램을 작성하시오.

$$\mathbf{A} = \begin{bmatrix} 2 & -i & 0 & 0 & \cdots & 0 \\ -i & 2 & -i & 0 & \cdots & 0 \\ 0 & -i & 2 & -i & \cdots & 0 \\ \vdots & \vdots & \ddots & \ddots & \ddots & \vdots \\ 0 & 0 & \cdots & -i & 2 & -i \\ 0 & 0 & 0 & \cdots & -i & 1 \end{bmatrix} \qquad \mathbf{b} = \begin{bmatrix} 100 + 100i \\ 0 \\ 0 \\ \vdots \\ 0 \\ 0 \end{bmatrix}$$

프로그램은 n개의 방정식을 수용해야 하며, 여기서 n은 임의의 수이다. $n = 10$으로 테스트하시오.

2.6 역행렬

행렬의 역행렬을 계산하는 것과 연립 방정식을 푸는 것은 서로 관련된 작업이다. $n \times n$ 행렬 $\mathbf{A}$를 역행렬시키는 가장 경제적인 방법은 방정식을 푸는 것이다.

$$\mathbf{AX} = \mathbf{I} \tag{2.33}$$

여기서 $\mathbf{I}$는 $n \times n$ 단위 행렬이다. 크기 $n \times n$의 해 $\mathbf{X}$는 $\mathbf{A}$의 역행렬이 될 것이다. 증명은 간단하다. 우리가 식 (2.33)의 양변에 $\mathbf{A}^{-1}$을 곱하면, 우리는 $\mathbf{A}^{-1}\mathbf{AX} = \mathbf{A}^{-1}\mathbf{I}$를 가지며, 이것은 $\mathbf{X} = \mathbf{A}^{-1}$로 간단화된다.

큰 행렬의 역행렬은 높은 계산 비용 때문에 가능하면, 피해야 한다. 식 (2.33)에서, $\mathbf{A}$의 역행렬을 구하는 것은 $\mathbf{Ax}_i = \mathbf{b}_i$를 $i = 1, 2, ..., n$에 대해 푸는 것과 동일하다. 여기서 $\mathbf{b}_i$는 $\mathbf{I}$의 i번째 열이다. LU 분해가 해에서 사용된다고 가정하면, 해 단계(전진 및 후진 대입)는 각 $\mathbf{b}_i$에 대해 n번 반복되어야 한다. 계산 비용은 분해 단계에서 n^3, 해 단계의 각 벡터에서 n^3에 비례하기 때문에 역행렬 비용은 $\mathbf{Ax} = \mathbf{b}$(단일 상수 벡터 $\mathbf{b}$)보다 훨씬 비싸다.

역행렬에는 또 다른 심각한 단점이 있다. 밴드 행렬은 역행렬 중에 구조가 손실된다. 즉, $\mathbf{A}$가 밴드 또는 그렇지 않으면 희소 행렬일 경우 $\mathbf{A}^{-1}$이 완전히 채워진 행렬이 된다.

예제 2.13

피벗과 함께 LU 분해를 사용하여 역행렬하는 함수를 작성하시오. 역행렬시켜 기능을 테스트하시오.

$$\mathbf{A} = \begin{bmatrix} 0.6 & -0.4 & 1.0 \\ -0.3 & 0.2 & 0.5 \\ 0.6 & -1.0 & 0.5 \end{bmatrix}$$

풀이

다음 함수 matInv는 모듈 LUpivot의 분해 및 해 단계를 사용한다.

```
#!/usr/bin/python
## example2_13
import numpy as np
from LUpivot import *

def matInv(a):
    n = len(a[0])
    aInv = np.identity(n)
    a,seq = LUdecomp(a)
    for i in range(n):
        aInv[:,i] = LUsolve(a,aInv[:,i],seq)
    return aInv

a = np.array([[ 0.6, -0.4,  1.0], \
              [-0.3,  0.2,  0.5], \
              [ 0.6, -1.0,  0.5]])
aOrig = a.copy() # Save original [a]
aInv = matInv(a) # Invert [a] (original [a] is destroyed)
print("aInv =",aInv)
print("Check: a*aInv =", np.dot(aOrig,aInv))
input("Press return to exit")
```

출력은 아래와 같다.

```
aInv =
[[ 1.66666667 -2.22222222 -1.11111111]
```

```
 [ 1.25       -0.83333333 -1.66666667]
 [ 0.5         1.          0.        ]]

Check: a*aInv =
[[ 1.00000000e+00  -4.44089210e-16  -1.11022302e-16]
 [ 0.00000000e+00   1.00000000e+00   5.55111512e-17]
 [ 0.00000000e+00  -3.33066907e-16   1.00000000e+00]]
```

예제 2.14

아래 행렬의 역행렬을 구하시오.

$$\mathbf{A} = \begin{bmatrix} 2 & -1 & 0 & 0 & 0 & 0 \\ -1 & 2 & -1 & 0 & 0 & 0 \\ 0 & -1 & 2 & -1 & 0 & 0 \\ 0 & 0 & -1 & 2 & -1 & 0 \\ 0 & 0 & 0 & -1 & 2 & -1 \\ 0 & 0 & 0 & 0 & -1 & 5 \end{bmatrix}$$

풀이

행렬이 삼중 대각 행렬이기 때문에 LUdecomp3 모듈(삼중 대각 행렬의 LU 분해)에서 함수를 사용하여 $\mathbf{AX} = \mathbf{I}$을 해결한다.

```
#!/usr/bin/python
## example2_14
import numpy as np
from LUdecomp3 import *

n=6
d = np.ones((n))*2.0
e = np.ones((n-1))*(-1.0)
c = e.copy()
d[n-1] = 5.0
aInv = np.identity(n)
c,d,e = LUdecomp3(c,d,e)
for i in range(n):
    aInv[:,i] = LUsolve3(c,d,e,aInv[:,i])
print("The inverse matrix is:",aInv)
input("Press return to exit")
```

프로그램 실행 결과는 다음과 같다.

```
The inverse matrix is:
[[0.84  0.68  0.52  0.36  0.2  0.04]
 [0.68  1.36  1.04  0.72  0.4  0.08]
 [0.52  1.04  1.56  1.08  0.6  0.12]
 [0.36  0.72  1.08  1.44  0.8  0.16]
 [0.2   0.4   0.6   0.8   1.   0.2 ]
 [0.04  0.08  0.12  0.16  0.2  0.24]]
```

$\mathbf{A}^{-1}$은 완전히 채워지는 반면, **A**는 삼중 대각 행렬이다.

2.7 반복적인 방법

개요

지금까지 우리는 직접적인 해 방법에 대해서만 논의했다. 이러한 방법들의 일반적인 특징은 유한한 수의 연산으로 해을 계산한다는 것이다. 더욱이 컴퓨터가 무한 정밀도(반올림 오류 없음)가 가능하다면 해는 정확할 것이다.

반복적이거나 간접적인 방법(Iterative, or indirect methods)은 해 **x**의 초기 추측으로 시작한 다음 **x**의 변화가 무시 될 때까지 해를 반복적으로 개선한다. 필요한 반복 횟수가 클 수 있으므로 간접 방법은 일반적으로 직접 대응 방법보다 느리다. 그러나 반복적인 방법에는 다음과 같은 두 가지 장점이 있어 특정 문제에 유용하다.

1. 계수 행렬의 0이 아닌 요소만 저장하는 것이 가능하다. 이것은 매우 큰 희소 (드물지만 반드시 밴드 행렬이 아닌) 행렬을 다룰 수 있게 한다. 많은 문제에서, 계수 행렬을 전혀 저장할 필요가 없다.
2. 반복적인 과정은 자체 교정(self-correcting)이다. 즉, 반복적인 사이클을 통해 반올림 오류(또는 산술 실수)가 다음번의 주기에서 수정된다.

반복적인 방법의 심각한 단점은 항상 해로 수렴하지 않는다는 것이다. 계수 행렬이 대각선으로 우세한 경우에만 수렴이 보장됨을 알 수 있다. **x**에 대한 초기 추측은 수렴이 발생하는지 여부를 결정하는 데 아무런 역할을 하지 않는다. 단계가 하나의 시작 벡터에 대해 수렴하는 경우 모든 시작 벡터에 대해 수행될 것이다. 초기 추측은 수렴에 필요한 반복 횟수에만 영향을 준다.

Gauss-Seidel 방법

방정식 $\mathbf{Ax} = \mathbf{b}$는 스칼라 표기법으로 표현하면 아래와 같다.

$$\sum_{j=1}^{n} A_{ij} x_j = b_i, \quad i = 1, 2, \ldots, n$$

합산 부호에서 x_i를 포함하는 항을 추출하면

$$A_{ii} x_i + \sum_{\substack{j=1 \\ j \neq i}}^{n} A_{ij} x_j = b_i, \quad i = 1, 2, \ldots, n$$

x_i에 대해 풀면, 아래와 같다.

$$x_i = \frac{1}{A_{ii}} \left(b_i - \sum_{\substack{j=1 \\ j \neq i}}^{n} A_{ij} x_j \right), \quad i = 1, 2, \ldots, n$$

$$x_i \leftarrow \frac{1}{A_{ii}} \left(b_i - \sum_{\substack{j=1 \\ j \neq i}}^{n} A_{ij} x_j \right), \quad i = 1, 2, \ldots, n \tag{2.34}$$

시작 벡터 x를 선택하여 시작한다. 해에 대한 올바른 추측을 사용할 수 없는 경우 $\mathbf{x}$는 무작위로 선택될 수 있다. 그런 다음 식 (2.34)을 사용하여 항상 사용 가능한 최신 x_j 값을 사용하여 $\mathbf{x}$의 각 요소를 다시 계산한다. 이것으로 하나의 반복주기를 완료한다. 연속 반복주기 사이의 $\mathbf{x}$ 변화가 충분히 작아 질 때까지 이 절차가 반복된다.

Gauss-Seidel 방법의 수렴은 이완(relaxation)라고 알려진 기술로 향상시킬 수 있다. 아이디어는 x_i의 새로운 값을 이전 값의 가중 평균과 식 (2.34)에 의해 예측 된 값으로 취하는 것이다. 해당 반복 수식은 아래와 같다.

$$x_i \leftarrow \frac{\omega}{A_{ii}} \left(b_i - \sum_{\substack{j=1 \\ j \neq i}}^{n} A_{ij} x_j \right) + (1 - \omega) x_i, \quad i = 1, 2, \ldots, n \tag{2.35}$$

여기서 무게 ω는 이완 계수(relaxation factor)라고 한다. $\omega = 1$이면 식 (2.34)와 (2.35)가 동일한 결과를 생성하기 때문에 이완이 일어나지 않음을 알 수 있다. $\omega < 1$이면 식 (2.35)는 이전 x_i와 식 (2.34)에 의해 주어진 값 사이의 보간(interpolation)을 나타낸다. 이것을 과소

이완(under relaxation)이라고 한다. $\omega > 1$인 경우 외삽(extrapolation) 또는 과다 이완(over-relaxation)이 발생한다.

ω의 최적값을 미리 결정하는 실제적인 방법은 없다. 그러나 실행 시간 동안 추정값을 계산할 수 있다. $\Delta x^{(k)} = |\mathbf{x}^{(k-1)} - \mathbf{x}^{(k)}|$를 k번째 반복 동안 $\mathbf{x}$의 변화의 크기라고 하자(이완 없이 수행됨 (즉, $\omega = 1$)). k가 충분히 큰 경우 (예 : $k \geq 5$), 최적값 ω의 근사값은 다음과 같다.[2]

$$\omega_{\text{opt}} \approx \frac{2}{1 + \sqrt{1 - \left(\Delta x^{(k+p)} / \Delta x^{(k)}\right)^{1/p}}} \tag{2.36}$$

여기서 p는 양의 정수이다.

이완 기능이 있는 Gauss-Seidel 알고리즘의 필수 요소는 다음과 같다.

$\omega = 1$인 k 반복을 수행하시오($k = 10$이 합리적임).
$\Delta x^{(k)}$를 기록하시오
추가적으로 p 반복을 수행하시오.
$\Delta x^{(k+p)}$를 기록하시오
식 (2.36)에서 ω_{opt}를 계산하시오.
$\omega = \omega_{\text{opt}}$를 사용하여 모든 후속 반복을 수행하시오.

gaussSeidel

`gaussSeidel` 함수는 이완 기능을 갖춘 Gauss-Seidel 방법을 구현한 것이다. $k = 10$ 및 $p = 1$을 사용하여 식 (2.36)에서 ω_{opt}를 자동으로 계산한다. 사용자는 식 (2.35)의 반복 공식에서 개선된 $\mathbf{x}$를 계산하는 `iterEqs` 함수를 제공해야 한다. 예 2.17을 참조하시오. `gaussSeidel` 함수는 해 벡터 $\mathbf{x}$, 수행된 반복 횟수 및 사용된 ω_{opt} 값을 반환한다.

```
## module gaussSeidel
''' x,numIter,omega = gaussSeidel(iterEqs,x,tol = 1.0e-9)
    Gauss-Seidel method for solving [A]x = b.
    The matrix [A] should be sparse. User must supply the
    function iterEqs(x,omega) that returns the improved x,
    given the current x (&omega& is the relaxation factor).
'''
import numpy as np
import math
```

2 Terrence J. Akai, Applied Numerical Methods for Engineers, John Wiley & Sons (1994), p. 100 등을 참조바람.

```
def gaussSeidel(iterEqs,x,tol = 1.0e-9):
    omega = 1.0
    k = 10
    p=1
    for i in range(1,501):
        xOld = x.copy()
        x = iterEqs(x,omega)
        dx = math.sqrt(np.dot(x-xOld,x-xOld))
        if dx < tol: return x,i,omega
      # Compute relaxation factor after k+p iterations
        if i == k: dx1 = dx
        if i == k + p:
            dx2 = dx
            omega = 2.0/(1.0 + math.sqrt(1.0- (dx2/dx1)**(1.0/p)))
    print('Gauss-Seidel failed to converge')
```

공액경사법(Conjugate Gradient Method)

아래 스칼라 함수를 최소화하는 벡터 $\mathbf{x}$를 찾는 문제를 생각해 보자.

$$f(\mathbf{x}) = \frac{1}{2}\mathbf{x}^T\mathbf{A}\mathbf{x} - \mathbf{b}^T\mathbf{x} \tag{2.37}$$

여기서 행렬 $\mathbf{A}$는 대칭이고 양정 행렬이다. 기울기 $\nabla f = \mathbf{A}\mathbf{x} - \mathbf{b}$가 0 일 때 $f(\mathbf{x})$가 최소화되므로 최소화는 아래식을 푸는 것과 같다.

$$\mathbf{A}\mathbf{x} = \mathbf{b} \tag{2.38}$$

그라디언트 방법은 초기 벡터 $\mathbf{x}_0$부터 시작하여 반복을 통해 최소화를 달성한다. 각 반복 주기 k는 정제된 해를 계산한다.

$$\mathbf{x}_{k+1} = \mathbf{x}_k + \alpha_k \mathbf{s}_k \tag{2.39}$$

스텝 길이(step length) α_k는 $\mathbf{x}_{k+1}$이 탐색 방향(search direction) $\mathbf{s}_k$에서 $f(\mathbf{x}_{k+1})$을 최소화하도록 선택된다. 즉, $\mathbf{x}_{k+1}$은 식 (2.38)을 만족해야 한다.

$$\mathbf{A}(\mathbf{x}_k + \alpha_k \mathbf{s}_k) = \mathbf{b} \tag{a}$$

잔차(residual)를 소개하면,

$$\mathbf{r}_k = \mathbf{b} - \mathbf{A}\mathbf{x}_k \tag{2.40}$$

식 (a)는 $\alpha \mathbf{A}\mathbf{s}_k = \mathbf{r}_k$가 된다. 양변에 $\mathbf{s}_k^T$를 미리 곱하고 α_k를 구하면 아래와 같다.

$$\alpha_k = \frac{\mathbf{s}_k^T \mathbf{r}_k}{\mathbf{s}_k^T \mathbf{A} \mathbf{s}_k} \tag{2.41}$$

여전히 검색 방향 $\mathbf{s}_k$를 결정하는 문제가 남아 있다. 직감은 $\mathbf{s}_k = -\nabla f = \mathbf{r}_k$를 선택하도록 지시한다. 이것은 $f(\mathbf{x})$에서 가장 큰 음의 변화의 방향이기 때문이다. 결과는 **가장 가파른 하강 방법**으로 알려져 있다. 수렴이 느릴 수 있으므로 인기 있는 알고리즘이 아니다. 보다 효율적인 공액경사법은 검색 방향을 사용한다.

$$\mathbf{s}_{k+1} = \mathbf{r}_{k+1} + \beta_k \mathbf{s}_k \tag{2.42}$$

상수 β_k는 두 개의 연속적인 검색 방향이 서로 켤레로 겹치도록 선택된다.

$$\mathbf{s}_{k+1}^T \mathbf{A} \mathbf{s}_k = 0 \tag{b}$$

켤레 방향의 최소화는 한 켤레 방향의 최소화가 이전 최소화를 취소하지 않는다는 것이다(최소화는 서로 간섭하지 않는다).

식 (2.42)에서 $\mathbf{s}_{k+1}$을 식 (b)로 대입하면

$$\left(\mathbf{r}_{k+1}^T + \beta_k \mathbf{s}_k^T\right) \mathbf{A} \mathbf{s}_k = 0$$

이 식은 다음 결과를 준다.

$$\beta_k = -\frac{\mathbf{r}_{k+1}^T \mathbf{A} \mathbf{s}_k}{\mathbf{s}_k^T \mathbf{A} \mathbf{s}_k} \tag{2.43}$$

공액경사법은 알고리즘의 개요는 다음과 같다.

> $\mathbf{x}_0$을 선택하시오(모든 벡터가 수행함).
> $\mathbf{r}_0 \leftarrow \mathbf{b} - \mathbf{A}\mathbf{x}_0$라고 하자.
> $\mathbf{s}_0 \leftarrow \mathbf{r}_0$라고 하자. (이전 검색 방향이 없으면 가장 가파른 방향을 선택하시오.)
> $k = 0, 1, 2, \ldots$로 수행하시오.
> $\alpha_k \leftarrow \dfrac{\mathbf{s}_k^T \mathbf{r}_k}{\mathbf{s}_k^T \mathbf{A} \mathbf{s}_k}$.
> $\mathbf{x}_{k+1} \leftarrow \mathbf{x}_k + \alpha_k \mathbf{s}_k$.
> $\mathbf{r}_{k+1} \leftarrow \mathbf{b} - \mathbf{A}\mathbf{x}_{k+1}$.
> $|\mathbf{r}_{k+1}| \leq \varepsilon$인 경우 루프를 빠져나감($\varepsilon$는 오류 허용 오차)
> $\beta_k \leftarrow -\dfrac{\mathbf{r}_{k+1}^T \mathbf{A} \mathbf{s}_k}{\mathbf{s}_k^T \mathbf{A} \mathbf{s}_k}$.
> $\mathbf{s}_{k+1} \leftarrow \mathbf{r}_{k+1} + \beta_k \mathbf{s}_k$.

알고리즘에 의해 생성된 잔차 벡터 $\mathbf{r}_1$, $\mathbf{r}_2$, $\mathbf{r}_3$, ...은 서로 직교함을 알 수 있다. 즉, $\mathbf{r}_i \cdot \mathbf{r}_j \neq 0$, $i = j$이다. 다음 반복에서 발생하는 잔차는 해가 획득되었음을 나타내는 null 벡터($\mathbf{r}_{n+1} = 0$)여야 한다. 따라서 공액경사법 알고리즘은 반복 계산 방법이 아니다. 왜냐하면, n개의 계산 반복 후에 정확한 해에 도달하기 때문이다. 그러나 실제로 수렴은 일반적으로 n회 미만의 반복으로 달성된다.

공액경사법은 작은 방정식 세트의 해 구함에 있어서 직접 방법과 경쟁하지 않는다. 이것의 장점은 큰 희소 행렬 시스템(**A**의 대부분의 요소가 0인)을 처리하는 데 있다. **A**는 벡터에 의한 곱셈을 통해서만 알고리즘에 진입한다는 점에 유의해야 한다. 즉, **Av** 형식으로 이때, **v**는 벡터($\mathbf{x}_{k+1}$ 또는 $\mathbf{s}_k$) 이다. **A**가 희소 행렬인 경우 곱셈에 대한 효율적인 서브 루틴을 작성하고 **A** 자체가 아닌 공액경사법 알고리즘에 전달할 수 있다.

■ conjGrad

다음에 표시된 conjGrad 함수는 공액경사법 알고리즘을 구현한다. 허용되는 최대 반복 횟수는 n(미지수)으로 설정된다. conjGrad는 **Av**곱을 리턴하는 함수 **Av**를 호출한다. 이 함수는 사용자가 제공해야 한다(예 2.18 참조). 또한 사용자는 시작 벡터 $\mathbf{x}_0$ 및 상수 (오른쪽) 벡터 **b**를 제공해야 한다. 이 함수는 해 벡터 **x**와 반복 횟수를 반환한다.

```
## module conjGrad
''' x, numIter = conjGrad(Av,x,b,tol=1.0e-9)
    Conjugate gradient method for solving [A]x = b
    The matrix [A] should be sparse. User must supply
    the function Av(v) that returns the vector [A]v.
'''
import numpy as np
import math

def conjGrad(Av,x,b,tol=1.0e-9):
    n = len(b)
    r = b - Av(x)
    s = r.copy()
    for i in range(n):
        u = Av(s)
        alpha = np.dot(s,r)/np.dot(s,u)
        x = x + alpha*s
        r = b - Av(x)
        if(math.sqrt(np.dot(r,r))) < tol:
            break
        else:
            beta = -np.dot(r,u)/np.dot(s,u)
```

```
        s = r + beta*s
    return x,i
```

이 함수는 해 벡터 **x**와 반복 횟수를 반환한다.

예제 2.15

이완 없이 Gauss-Seidel 방법에 의해 다음 방정식을 풀어라

$$\begin{bmatrix} 4 & -1 & 1 \\ -1 & 4 & -2 \\ 1 & -2 & 4 \end{bmatrix} \begin{bmatrix} x_1 \\ x_2 \\ x_3 \end{bmatrix} = \begin{bmatrix} 12 \\ -1 \\ 5 \end{bmatrix}$$

풀이

주어진 데이터에서 식 (2.34)의 반복 공식은

$$x_1 = \frac{1}{4}(12 + x_2 - x_3)$$
$$x_2 = \frac{1}{4}(-1 + x_1 + 2x_3)$$
$$x_3 = \frac{1}{4}(5 - x_1 + 2x_2)$$

시작 값 $x_1 = x_2 = x_3 = 0$을 선택하면, 첫 번째 반복을 실행하면 다음과 같은 결과를 가진다

$$x_1 = \frac{1}{4}(12 + 0 - 0) = 3$$
$$x_2 = \frac{1}{4}[-1 + 3 + 2(0)] = 0.5$$
$$x_3 = \frac{1}{4}[5 - 3 + 2(0.5)] = 0.75$$

두 번째 반복을 진행하면 다음과 같은 결과를 준다.

$$x_1 = \frac{1}{4}(12 + 0.5 - 0.75) = 2.9375$$
$$x_2 = \frac{1}{4}[-1 + 2.9375 + 2(0.75)] = 0.859\,38$$
$$x_3 = \frac{1}{4}[5 - 2.9375 + 2(0.859\,38)] = 0.945\,31$$

세 번째 반복을 진행하면 다음과 같은 결과를 준다.

$$x_1 = \frac{1}{4}(12 + 0.85938 - 0.94531) = 2.97852$$

$$x_2 = \frac{1}{4}[-1 + 2.97852 + 2(0.94531)] = 0.96729$$

$$x_3 = \frac{1}{4}[5 - 2.97852 + 2(0.96729)] = 0.98902$$

5번 더 반복하면 결과는 소수점 다섯 자리 내에서 정확한 해 $x_1 = 3$, $x_2 = x_3 = 1$과 일치한다.

예제 2.16

공액경사법으로 예제 2.15의 방정식을 풀어라.

풀이

공액경사법은 세 번의 반복 후에 수렴해야 한다. 아래 시작 벡터를 다시 선택한다.

$$\mathbf{x}_0 = \begin{bmatrix} 0 & 0 & 0 \end{bmatrix}^T$$

본문에 요약된 계산은 다음과 같이 진행된다.

첫 번째 반복

$$\mathbf{r}_0 = \mathbf{b} - \mathbf{A}\mathbf{x}_0 = \begin{bmatrix} 12 \\ -1 \\ 5 \end{bmatrix} - \begin{bmatrix} 4 & -1 & 1 \\ -1 & 4 & -2 \\ 1 & -2 & 4 \end{bmatrix} \begin{bmatrix} 0 \\ 0 \\ 0 \end{bmatrix} = \begin{bmatrix} 12 \\ -1 \\ 5 \end{bmatrix}$$

$$\mathbf{s}_0 = \mathbf{r}_0 = \begin{bmatrix} 12 \\ -1 \\ 5 \end{bmatrix}$$

$$\mathbf{A}\mathbf{s}_0 = \begin{bmatrix} 4 & -1 & 1 \\ -1 & 4 & -2 \\ 1 & -2 & 4 \end{bmatrix} \begin{bmatrix} 12 \\ -1 \\ 5 \end{bmatrix} = \begin{bmatrix} 54 \\ -26 \\ 34 \end{bmatrix}$$

$$\alpha_0 = \frac{\mathbf{s}_0^T \mathbf{r}_0}{\mathbf{s}_0^T \mathbf{A}\mathbf{s}_0} = \frac{12^2 + (-1)^2 + 5^2}{12(54) + (-1)(-26) + 5(34)} = 0.20142$$

$$\mathbf{x}_1 = \mathbf{x}_0 + \alpha_0 \mathbf{s}_0 = \begin{bmatrix} 0 \\ 0 \\ 0 \end{bmatrix} + 0.201\,42 \begin{bmatrix} 12 \\ -1 \\ 5 \end{bmatrix} = \begin{bmatrix} 2.41\,704 \\ -0.201\,42 \\ 1.007\,10 \end{bmatrix}$$

두 번째 반복

$$\mathbf{r}_1 = \mathbf{b} - \mathbf{A}\mathbf{x}_1 = \begin{bmatrix} 12 \\ -1 \\ 5 \end{bmatrix} - \begin{bmatrix} 4 & -1 & 1 \\ -1 & 4 & -2 \\ 1 & -2 & 4 \end{bmatrix} \begin{bmatrix} 2.417\,04 \\ -0.201\,42 \\ 1.007\,10 \end{bmatrix} = \begin{bmatrix} 1.123\,32 \\ 4.236\,92 \\ -1.848\,28 \end{bmatrix}$$

$$\beta_0 = -\frac{\mathbf{r}_1^T \mathbf{A}\mathbf{s}_0}{\mathbf{s}_0^T \mathbf{A}\mathbf{s}_0} = -\frac{1.123\,32(54) + 4.236\,92(-26) - 1.848\,28(34)}{12(54) + (-1)(-26) + 5(34)} = 0.133\,107$$

$$\mathbf{s}_1 = \mathbf{r}_1 + \beta_0 \mathbf{s}_0 = \begin{bmatrix} 1.123\,32 \\ 4.236\,92 \\ -1.848\,28 \end{bmatrix} + 0.133\,107 \begin{bmatrix} 12 \\ -1 \\ 5 \end{bmatrix} = \begin{bmatrix} 2.720\,76 \\ 4.103\,80 \\ -1.182\,68 \end{bmatrix}$$

$$\mathbf{A}\mathbf{s}_1 = \begin{bmatrix} 4 & -1 & 1 \\ -1 & 4 & -2 \\ 1 & -2 & 4 \end{bmatrix} \begin{bmatrix} 2.720\,76 \\ 4.103\,80 \\ -1.182\,68 \end{bmatrix} = \begin{bmatrix} 5.596\,56 \\ 16.059\,80 \\ -10.217\,60 \end{bmatrix}$$

$$\begin{aligned} \alpha_1 &= \frac{\mathbf{s}_1^T \mathbf{r}_1}{\mathbf{s}_1^T \mathbf{A}\mathbf{s}_1} \\ &= \frac{2.720\,76(1.123\,32) + 4.103\,80(4.236\,92) + (-1.182\,68)(-1.848\,28)}{2.720\,76(5.596\,56) + 4.103\,80(16.059\,80) + (-1.182\,68)(-10.217\,60)} \\ &= 0.24276 \end{aligned}$$

$$\mathbf{x}_2 = \mathbf{x}_1 + \alpha_1 \mathbf{s}_1 = \begin{bmatrix} 2.417\,04 \\ -0.201\,42 \\ 1.007\,10 \end{bmatrix} + 0.24276 \begin{bmatrix} 2.720\,76 \\ 4.103\,80 \\ -1.182\,68 \end{bmatrix} = \begin{bmatrix} 3.077\,53 \\ 0.794\,82 \\ 0.719\,99 \end{bmatrix}$$

세 번째 반복

$$\mathbf{r}_2 = \mathbf{b} - \mathbf{A}\mathbf{x}_2 = \begin{bmatrix} 12 \\ -1 \\ 5 \end{bmatrix} - \begin{bmatrix} 4 & -1 & 1 \\ -1 & 4 & -2 \\ 1 & -2 & 4 \end{bmatrix} \begin{bmatrix} 3.077\,53 \\ 0.794\,82 \\ 0.719\,99 \end{bmatrix} = \begin{bmatrix} -0.235\,29 \\ 0.338\,23 \\ 0.632\,15 \end{bmatrix}$$

$$\beta_1 = -\frac{\mathbf{r}_2^T\mathbf{A}\mathbf{s}_1}{\mathbf{s}_1^T\mathbf{A}\mathbf{s}_1}$$

$$= -\frac{(-0.235\,29)(5.596\,56) + 0.338\,23(16.059\,80) + 0.632\,15(-10.217\,60)}{2.720\,76(5.596\,56) + 4.103\,80(16.059\,80) + (-1.182\,68)(-10.217\,60)}$$

$$= 0.0251\,452$$

$$\mathbf{s}_2 = \mathbf{r}_2 + \beta_1\mathbf{s}_1 = \begin{bmatrix} -0.235\,29 \\ 0.338\,23 \\ 0.632\,15 \end{bmatrix} + 0.025\,1452 \begin{bmatrix} 2.720\,76 \\ 4.103\,80 \\ -1.182\,68 \end{bmatrix} = \begin{bmatrix} -0.166\,876 \\ 0.441\,421 \\ 0.602\,411 \end{bmatrix}$$

$$\mathbf{A}\mathbf{s}_2 = \begin{bmatrix} 4 & -1 & 1 \\ -1 & 4 & -2 \\ 1 & -2 & 4 \end{bmatrix} \begin{bmatrix} -0.166\,876 \\ 0.441\,421 \\ 0.602\,411 \end{bmatrix} = \begin{bmatrix} -0.506\,514 \\ 0.727\,738 \\ 1.359\,930 \end{bmatrix}$$

$$\alpha_2 = \frac{\mathbf{r}_2^T\mathbf{s}_2}{\mathbf{s}_2^T\mathbf{A}\mathbf{s}_2}$$

$$= \frac{(-0.235\,29)(-0.166\,876) + 0.338\,23(0.441\,421) + 0.632\,15(0.602\,411)}{(-0.166\,876)(-0.506\,514) + 0.441\,421(0.727\,738) + 0.602\,411(1.359\,930)}$$

$$= 0.464\,80$$

$$\mathbf{x}_3 = \mathbf{x}_2 + \alpha_2\mathbf{s}_2 = \begin{bmatrix} 3.077\,53 \\ 0.794\,82 \\ 0.719\,99 \end{bmatrix} + 0.464\,80 \begin{bmatrix} -0.166\,876 \\ 0.441\,421 \\ 0.602\,411 \end{bmatrix} = \begin{bmatrix} 2.999\,97 \\ 0.999\,99 \\ 0.999\,99 \end{bmatrix}$$

해 $\mathbf{x}_3$은 소수점 이하 다섯 자리까지 정확하다. 작은 불일치는 계산에서 반올림 오류로 인해 발생할 수 있다.

예제 2.17

이완법을 사용하여 Gauss-Seidel 방법으로 다음 n개의 동시 방정식을 풀기 위해 컴퓨터 프로그램을 작성하시오(프로그램은 어떤 n값에도 동작해야 함)[3]

3 이 형태의 방정식을 순환 삼각 행렬(cyclic tridiagonal)이라고 한다. 그것들은 주기적인 경계 조건을 갖는 2차 미분 방정식의 유한 차분 공식에서 발생한다.

$$\begin{bmatrix} 2 & -1 & 0 & 0 & \dots & 0 & 0 & 0 & 1 \\ -1 & 2 & -1 & 0 & \dots & 0 & 0 & 0 & 0 \\ 0 & -1 & 2 & -1 & \dots & 0 & 0 & 0 & 0 \\ \vdots & \vdots & \vdots & \vdots & & \vdots & \vdots & \vdots & \vdots \\ 0 & 0 & 0 & 0 & \dots & -1 & 2 & -1 & 0 \\ 0 & 0 & 0 & 0 & \dots & 0 & -1 & 2 & -1 \\ 1 & 0 & 0 & 0 & \dots & 0 & 0 & -1 & 2 \end{bmatrix} \begin{bmatrix} x_1 \\ x_2 \\ x_3 \\ \vdots \\ x_{n-2} \\ x_{n-1} \\ x_n \end{bmatrix} = \begin{bmatrix} 0 \\ 0 \\ 0 \\ \vdots \\ 0 \\ 0 \\ 1 \end{bmatrix}$$

$n = 20$으로 프로그램을 실행하시오. 정확한 해는 $x_i = -n/4 + i/2$, $i = 1, 2, ..., n$으로 표시될 수 있다.

풀이

이 경우 식 (2.35)는 아래와 같다.

$$\begin{aligned} x_1 &= \omega(x_2 - x_n)/2 + (1 - \omega)x_1 \\ x_i &= \omega(x_{i-1} + x_{i+1})/2 + (1 - \omega)x_i, \quad i = 2, 3, \dots, n-1 \\ x_n &= \omega(1 - x_1 + x_{n-1})/2 + (1 - \omega)x_n \end{aligned} \tag{a}$$

이 공식은 iterEqs 함수에서 평가된다.

```
#!/usr/bin/python
## example2_17
import numpy as np
from gaussSeidel import *

def iterEqs(x,omega):
    n = len(x)
    x[0] = omega*(x[1] - x[n-1])/2.0 + (1.0 - omega)*x[0]
    for i in range(1,n-1):
        x[i] = omega*(x[i-1] + x[i+1])/2.0 + (1.0 - omega)*x[i]
        x[n-1] = omega*(1.0 - x[0] + x[n-2])/2.0 + (1.0 - omega)*x[n-1]
    return x

n = eval(input("Number of equations ==> "))
x = np.zeros(n)
x,numIter,omega = gaussSeidel(iterEqs,x)
print("Number of iterations =",numIter)
print("Relaxation factor =",omega)
print("The solution is:",x)
input("Press return to exit")
```

출력은 아래와 같다.

```
Number of equations ==> 20
Number of iterations = 259
Relaxation factor = 1.7054523107131399
The solution is:
[ -4.50000000e+00 -4.00000000e+00  -3.50000000e+00  -3.00000000e+00
 -2.50000000e+00  -2.00000000e+00  -1.50000000e+00  -9.99999997e-01
 -4.99999998e-01   2.14047151e-09   5.00000002e-01   1.00000000e+00
  1.50000000e+00   2.00000000e+00   2.50000000e+00   3.00000000e+00
 3.50000000e+00    4.00000000e+00   4.50000000e+00   5.00000000e+00]
```

계수 행렬에 대각선 우세가 없기 때문에 수렴이 매우 느리므로 **A**의 요소를 식 (2.30)은 원하는 부등식(Inequality)이 아닌 상등(Equality)을 만든다. 계수의 각 대각선 항을 2에서 4로 변경하면 **A**가 대각선으로 우세하고 해는 17회 반복으로 수렴한다.

예제 2.18

$n = 20$을 사용하여 공액경사법으로 예제 2.17을 풀어라.

풀이

다음에 보여지는 프로그램은 conjGrad 함수를 사용한다. 해 벡터 **x**는 프로그램에서 0으로 초기화 된다. 주어진 **A**에 대해, 벡터 **Ax(v)**의 성분은 아래와 같다.

$$(\mathbf{Ax})_1 = 2v_1 - v_2 + v_n$$

$$(\mathbf{Ax})_i = -v_{i-1} + 2v_i - v_{i+1}, \quad i = 2, 3, \ldots, n-1$$

$$(\mathbf{Ax})_n = -v_{n-1} + 2v_n + v_1$$

```
#!/usr/bin/python
## example2_18
import numpy as np
from conjGrad import *

def Ax(v):
    n = len(v)
    Ax = np.zeros(n)
    Ax[0] = 2.0*v[0] - v[1]+v[n-1]
    Ax[1:n-1] = -v[0:n-2] + 2.0*v[1:n-1] -v[2:n]
```

```
    Ax[n-1] = -v[n-2] + 2.0*v[n-1] + v[0]
    return Ax

n = eval(input("Number of equations ==> "))
b = np.zeros(n)
b[n-1] = 1.0
x = np.zeros(n)
x,numIter = conjGrad(Ax,x,b)
print("The solution is:",x)
print("Number of iterations =",numIter)
input("Press return to exit")
```

프로그램을 실행하면

```
Number of equations ==> 20

The solution is:
[-4.5 -4. -3.5 -3. -2.5 -2. -1.5 -1. -0.5 0. 0.5 1. 1.5
      2.  2.5  3.  3.5  4.  4.5  5. ]
Number of iterations = 9
```

수렴은 9번의 반복으로 도달한 반면 Gauss-Seidel 방법에서는 259번의 반복이 필요하다.

연습 문제 2.3

1. 아래 $\mathbf{B}$는 $\mathbf{A}$의 처음 두 행을 교환하여 얻는다.

$$\mathbf{A} = \begin{bmatrix} 3 & -1 & 2 \\ 0 & 1 & 3 \\ -2 & 2 & -4 \end{bmatrix} \qquad \mathbf{B} = \begin{bmatrix} 0 & 1 & 3 \\ 3 & -1 & 2 \\ -2 & 2 & -4 \end{bmatrix}$$

그래서 아래 $\mathbf{A}^{-1}$를 얻을 수 있다. $\mathbf{B}^{-1}$을 구하시오.

$$\mathbf{A}^{-1} = \begin{bmatrix} 0.5 & 0 & 0.25 \\ 0.3 & 0.4 & 0.45 \\ -0.1 & 0.2 & -0.15 \end{bmatrix}$$

2. 다음 삼각 행렬의 역행렬을 구하시오.

$$\mathbf{A} = \begin{bmatrix} 2 & 4 & 3 \\ 0 & 6 & 5 \\ 0 & 0 & 2 \end{bmatrix} \qquad \mathbf{B} = \begin{bmatrix} 2 & 0 & 0 \\ 3 & 4 & 0 \\ 4 & 5 & 6 \end{bmatrix}$$

3. 다음 삼각 행렬의 역행렬을 구하시오.

$$\mathbf{A} = \begin{bmatrix} 1 & 1/2 & 1/4 & 1/8 \\ 0 & 1 & 1/3 & 1/9 \\ 0 & 0 & 1 & 1/4 \\ 0 & 0 & 0 & 1 \end{bmatrix}$$

4. 다음 행렬의 역행렬을 구하시오.

$$\text{(a) } \mathbf{A} = \begin{bmatrix} 1 & 2 & 4 \\ 1 & 3 & 9 \\ 1 & 4 & 16 \end{bmatrix} \qquad \text{(b) } \mathbf{B} = \begin{bmatrix} 4 & -1 & 0 \\ -1 & 4 & -1 \\ 0 & -1 & 4 \end{bmatrix}$$

5. 다음 행렬의 역행렬을 구하시오.

$$\mathbf{A} = \begin{bmatrix} 4 & -2 & 1 \\ -2 & 1 & -1 \\ 1 & -2 & 4 \end{bmatrix}$$

6. ■ 다음 행렬의 역행렬을 어떠한 방법으로도 구하시오.

$$\mathbf{A} = \begin{bmatrix} 5 & -3 & -1 & 0 \\ -2 & 1 & 1 & 1 \\ 3 & -5 & 1 & 2 \\ 0 & 8 & -4 & -3 \end{bmatrix} \qquad \mathbf{B} = \begin{bmatrix} 4 & -1 & 0 & 0 \\ -1 & 4 & -1 & 0 \\ 0 & -1 & 4 & -1 \\ 0 & 0 & -1 & 4 \end{bmatrix}$$

7. ■ 다음 행렬의 역행렬을 어떠한 방법으로도 구하시오. 그 결과의 신뢰성에 대하여 논하시오.

$$\mathbf{A} = \begin{bmatrix} 1 & 3 & -9 & 6 & 4 \\ 2 & -1 & 6 & 7 & 1 \\ 3 & 2 & -3 & 15 & 5 \\ 8 & -1 & 1 & 4 & 2 \\ 11 & 1 & -2 & 18 & 7 \end{bmatrix}$$

8. ■ 문제 14, 연습 문제(Problem Set) 2.2에서 평면 트러스의 조인트 변위 **u**는 아래 (a)에 의해 적용된 조인트 힘 **p**와 관련된다.

$$\mathbf{Ku} = \mathbf{p} \tag{a}$$

여기서

$$\mathbf{K} = \begin{bmatrix} 27.580 & 7.004 & -7.004 & 0.000 & 0.000 \\ 7.004 & 29.570 & -5.253 & 0.000 & -24.320 \\ -7.004 & -5.253 & 29.570 & 0.000 & 0.000 \\ 0.000 & 0.000 & 0.000 & 27.580 & -7.004 \\ 0.000 & -24.320 & 0.000 & -7.004 & 29.570 \end{bmatrix} \text{MN/m}$$

는 트러스의 강성 행렬(stiffness matrix)이다. 만약, (a)의 각 변에 $\mathbf{K}^{-1}$을 곱하여져서 역행렬이 취해지면, $\mathbf{u} = \mathbf{K}^{-1}\mathbf{p}$를 얻는다. 여기서 $\mathbf{K}^{-1}$은 **유연성 행렬**(flexibility matrix)로 알려져 있다. 유연성 행렬의 요소의 물리적 의미는 단위 하중 $p_j = 1$에 의해 생성된 K_{ij}^{-1} = 변위 u_i $(i = 1, 2, \ldots 5)$이다. (a) 트러스의 유연성 매트릭스와 (b) 하중 $p_5 = -45$ kN(문제 14, 연습 문제 2.2에 표시된 하중)으로 인한 조인트 변위를 계산하시오.

9. ■ 다음 행렬의 역행렬을 구하시오.

$$\mathbf{A} = \begin{bmatrix} 3 & -7 & 45 & 21 \\ 12 & 11 & 10 & 17 \\ 6 & 25 & -80 & -24 \\ 17 & 55 & -9 & 7 \end{bmatrix} \qquad \mathbf{B} = \begin{bmatrix} 1 & 1 & 1 & 1 \\ 1 & 2 & 2 & 2 \\ 2 & 3 & 4 & 4 \\ 4 & 5 & 6 & 7 \end{bmatrix}$$

10. ■ $n \times n$ 하 삼각 행렬의 역행렬을 만들기 위한 프로그램을 작성하시오. 역행렬 절차는 오직 전진 치환만 포함되어야 한다. 아래 행렬에 대한 역행렬 프로그램을 테스트하시오.

$$\mathbf{A} = \begin{bmatrix} 36 & 0 & 0 & 0 \\ 18 & 36 & 0 & 0 \\ 9 & 12 & 36 & 0 \\ 5 & 4 & 9 & 36 \end{bmatrix}$$

11. Gauss-Seidel 방법을 사용하여 아래 식을 푸시오.

$$\begin{bmatrix} -2 & 5 & 9 \\ 7 & 1 & 1 \\ -3 & 7 & -1 \end{bmatrix} \begin{bmatrix} x_1 \\ x_2 \\ x_3 \end{bmatrix} = \begin{bmatrix} 1 \\ 6 \\ -26 \end{bmatrix}$$

12. Gauss-Seidel 방법을 사용하여 아래 식을 푸시오.

$$\begin{bmatrix} 12 & -2 & 3 & 1 \\ -2 & 15 & 6 & -3 \\ 1 & 6 & 20 & -4 \\ 0 & -3 & 2 & 9 \end{bmatrix} \begin{bmatrix} x_1 \\ x_2 \\ x_3 \\ x_4 \end{bmatrix} = \begin{bmatrix} 0 \\ 0 \\ 20 \\ 0 \end{bmatrix}$$

13. Gauss-Seidel 방법으로 이완하여 $\mathbf{Ax} = \mathbf{b}$를 구하시오. 단, $x_i = b_i/A_{ii}$를 시작 벡터로 하고 이완 계수 $\omega = 1.1$을 사용하시오.

$$\mathbf{A} = \begin{bmatrix} 4 & -1 & 0 & 0 \\ -1 & 4 & -1 & 0 \\ 0 & -1 & 4 & -1 \\ 0 & 0 & -1 & 3 \end{bmatrix} \qquad \mathbf{b} = \begin{bmatrix} 15 \\ 10 \\ 10 \\ 10 \end{bmatrix}$$

14. 공액경사법으로 아래 식을 푸시오. $\mathbf{x} = 0$으로 시작하시오.

$$\begin{bmatrix} 2 & -1 & 0 \\ -1 & 2 & -1 \\ 0 & -1 & 1 \end{bmatrix} \begin{bmatrix} x_1 \\ x_2 \\ x_3 \end{bmatrix} = \begin{bmatrix} 1 \\ 1 \\ 1 \end{bmatrix}$$

15. 공액경사법으로 아래 식을 푸시오. $\mathbf{x} = 0$으로 시작하시오.

$$\begin{bmatrix} 3 & 0 & -1 \\ 0 & 4 & -2 \\ -1 & -2 & 5 \end{bmatrix} \begin{bmatrix} x_1 \\ x_2 \\ x_3 \end{bmatrix} = \begin{bmatrix} 4 \\ 10 \\ -10 \end{bmatrix}$$

16. ■ `gaussSeidel` 함수를 기반으로 Gauss-Seidel 방법으로 $\mathbf{Ax} = \mathbf{b}$를 푸는 프로그램을 작성하시오. 입력은 행렬 $\mathbf{A}$와 벡터 $\mathbf{b}$로 구성되어야 한다. $\mathbf{A}$로 프로그램을 테스트하시오.

$$\mathbf{A} = \begin{bmatrix} 3 & -2 & 1 & 0 & 0 & 1 \\ -2 & 4 & -2 & 1 & 0 & 0 \\ 1 & -2 & 4 & -2 & 1 & 0 \\ 0 & 1 & -2 & 4 & -2 & 1 \\ 0 & 0 & 1 & -2 & 4 & -2 \\ 1 & 0 & 0 & 1 & -2 & 3 \end{bmatrix} \qquad \mathbf{b} = \begin{bmatrix} 10 \\ -8 \\ 10 \\ 10 \\ -8 \\ 10 \end{bmatrix}$$

$\mathbf{A}$가 대각 지배적이지는 않지만, 반드시 수렴을 배제하는 것은 아니다.

17. ■ 예제 2.17(Gauss-Seidel 방법)의 프로그램을 수정하여 다음 방정식을 해결하시오.

$$\begin{bmatrix} 4 & -1 & 0 & 0 & \cdots & 0 & 0 & 0 & 1 \\ -1 & 4 & -1 & 0 & \cdots & 0 & 0 & 0 & 0 \\ 0 & -1 & 4 & -1 & \cdots & 0 & 0 & 0 & 0 \\ \vdots & \vdots & \vdots & \vdots & \cdots & \vdots & \vdots & \vdots & \vdots \\ 0 & 0 & 0 & 0 & \cdots & -1 & 4 & -1 & 0 \\ 0 & 0 & 0 & 0 & \cdots & 0 & -1 & 4 & -1 \\ 1 & 0 & 0 & 0 & \cdots & 0 & 0 & -1 & 4 \end{bmatrix} \begin{bmatrix} x_1 \\ x_2 \\ x_3 \\ \vdots \\ x_{n-2} \\ x_{n-1} \\ x_n \end{bmatrix} = \begin{bmatrix} 0 \\ 0 \\ 0 \\ \vdots \\ 0 \\ 0 \\ 100 \end{bmatrix}$$

$n = 20$으로 프로그램을 실행하고 예제 2.17과 반복 횟수를 비교하시오.

18. ■ 공액경사법으로 문제 17번의 방정식을 풀도록 예제 2.18의 프로그램을 수정하십시오. $n = 20$으로 프로그램을 실행하시오.

19. ■ 정사각형 판의 가장자리는 표시된 온도로 유지된다.

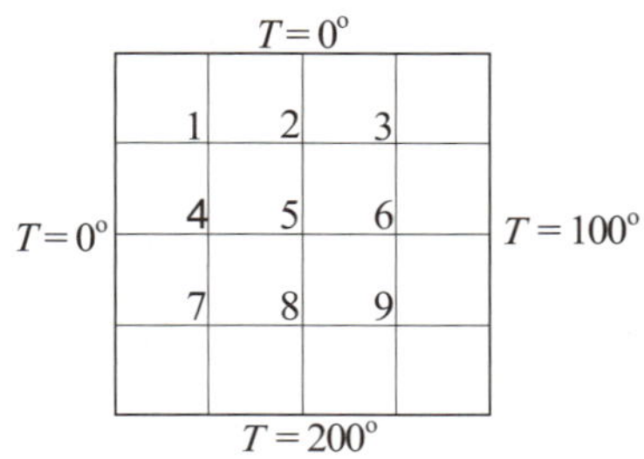

정상 상태의 열 전도를 가정하면 내부 온도 T를 제어하는 미분 방정식은 아래와 같다.

$$\frac{\partial^2 T}{\partial x^2} + \frac{\partial^2 T}{\partial y^2} = 0.$$

이 방정식을 표시된 메쉬를 사용하여 유한 차이로 근사하면 메쉬 지점의 온도에 대한 다음 대수 방정식을 얻는다.

$$\begin{bmatrix} -4 & 1 & 0 & 1 & 0 & 0 & 0 & 0 & 0 \\ 1 & -4 & 1 & 0 & 1 & 0 & 0 & 0 & 0 \\ 0 & 1 & -4 & 0 & 0 & 1 & 0 & 0 & 0 \\ 1 & 0 & 0 & -4 & 1 & 0 & 1 & 0 & 0 \\ 0 & 1 & 0 & 1 & -4 & 1 & 0 & 1 & 0 \\ 0 & 0 & 1 & 0 & 1 & -4 & 0 & 0 & 1 \\ 0 & 0 & 0 & 1 & 0 & 0 & -4 & 1 & 0 \\ 0 & 0 & 0 & 0 & 1 & 0 & 1 & -4 & 1 \\ 0 & 0 & 0 & 0 & 0 & 1 & 0 & 1 & -4 \end{bmatrix} \begin{bmatrix} T_1 \\ T_2 \\ T_3 \\ T_4 \\ T_5 \\ T_6 \\ T_7 \\ T_8 \\ T_9 \end{bmatrix} = \begin{bmatrix} 0 \\ 0 \\ 100 \\ 0 \\ 0 \\ 100 \\ 200 \\ 200 \\ 300 \end{bmatrix}$$

공액경사법으로 이 방정식을 푸시오.

20. ■

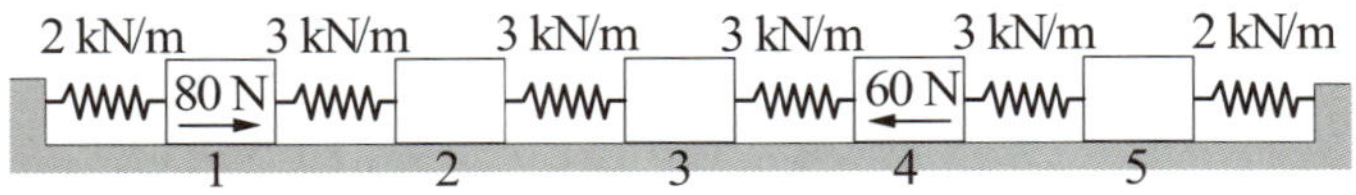

스프링 블록 시스템에서 블록의 평형 방정식은 다음과 같다.

$$3(x_2 - x_1) - 2x_1 = -80$$
$$3(x_3 - x_2) - 3(x_2 - x_1) = 0$$
$$3(x_4 - x_3) - 3(x_3 - x_2) = 0$$
$$3(x_5 - x_4) - 3(x_4 - x_3) = 60$$
$$-2x_5 - 3(x_5 - x_4) = 0$$

여기서 x_i는 mm 단위로 측정된 블록의 수평 변위이다.

(a) 이완없이 Gauss-Seidel 방법으로 이 방정식을 푸는 프로그램을 작성하시오. $\mathbf{x} = 0$으로 시작하여 소수점 4 자리 정확도까지 도달할 때까지 반복한다. 필요한 반복 횟수도 인쇄하시오. (b) (a) 부분과 동일한 수렴 기준을 사용하여 `gaussSeidel` 함수를 사용하여 방정식을 푸시오. (a)와 (b)의 반복 횟수를 비교하시오.

21. ■ `conjGrad` 함수를 사용하여 공액경사법으로 문제 20번의 방정식을 푸시오. $\mathbf{x} = 0$으로 시작하여 소소점 아레 네자리의 정확도가 달성될 때 까지 반복하시오.

2.8 다른 방법

행렬은 여러 가지 방법으로 분해 될 수 있으며, 그 중 일부는 일반적으로 유용하지만 다른 것들은 특수 응용 분야에서 사용된다. 후자 중 가장 중요한 것은 QR 분해와 특이값 분해이다. 행렬 **A**의 QR 분해는

$$\mathbf{A} = \mathbf{QR}$$

여기서 **Q**는 직교 행렬($\mathbf{Q}^{-1} = \mathbf{Q}^T$인 경우 행렬 **Q**는 직교임)이고 **R**은 상 삼각 행렬이다. QR 분해와 달리 QR 분해는 안정성을 유지하기 위해 피벗 할 필요는 없지만 약 두 배의 작업이 필요하다. 상대적 비효율성으로 QR 분해는 범용 도구로 사용되지 않지만 안정성을 중요시하는 애플리케이션(예 : 고유 값 문제 해결)에서 틈새 시장을 찾는다. `numpy` 모듈에는 인수 분해를 수행하는 `qr` 함수가 포함되어 있다.

```
Q,R = numpy.linalg.qr(A)
```

특이값 분해(SVD, Singular Value Decomposition)는 단일 또는 나쁜 조건(ill-conditioned) 행렬에 유용한 진단 도구이다. 여기에서 인수 분해는 아래와 같다.

$$\mathbf{A} = \mathbf{U}\boldsymbol{\Lambda}\mathbf{V}^T$$

여기서 **U**와 **V**는 직교 행렬이고,

$$\boldsymbol{\Lambda} = \begin{bmatrix} \lambda_1 & 0 & 0 & \cdots \\ 0 & \lambda_2 & 0 & \cdots \\ 0 & 0 & \lambda_3 & \cdots \\ \vdots & \vdots & \vdots & \ddots \end{bmatrix}$$

는 대각 행렬이다.

λ를 행렬 **A**의 특이값이라고 한다. 양수 또는 0으로 표시 될 수 있다. A가 대칭이고 양의 정부호 행렬인 경우 λ는 **A**의 고유값이다. 특이값 분해의 좋은 특징은 **A**가 특이이거나 나쁜 조건 행렬인 경우에도 작동한다는 것이다. **A**의 조건은 λ의 크기에서 진단할 수 있다. 하나 이상의 λ가 0이면 행렬은 특이이고 조건수 $\lambda_{max}/\lambda_{min}$이 매우 크면 나쁜 조건 행렬이 된다. numpy 모듈과 함께 제공되는 특이값 분해 함수는 svd이다.

```
U,lam,V = numpy.linalg.svd(A)
```

3

보간 및 회귀

$n+1$개의 데이터 점(x_i, y_i), $i=0, 1, ..., n$이 주어질 때, $y(x)$ 추정

3.1 개요

아래 이산 데이터 세트의 테이블이 일반적인 계산에 사용된다.

x_0	x_1	x_2	$\cdots$	x_n
y_0	y_1	y_2	$\cdots$	y_n

데이터의 출처는 실험적 관찰 또는 수치 계산일 수 있다. 보간과 회귀 사이에는 차이가 있다. 데이터 포인트를 통해 곡선을 구성하는 것이 보간이다. 데이터 포인트가 정확하고 명확하다는 암시적인 가정을 먼저 한다. 반대로 회귀는 일반적으로 측정 오류로 인해 산란(노이즈)이 포함된 데이터에 적용된다. 여기서 우리는 데이터에 가까운 부드러운 곡선을 찾는다. 따라서 커브가 반드시 데이터 포인트에 닿는 것은 아니다. 보간과 회귀의 차이점은 그림 3.1에 나와 있다.

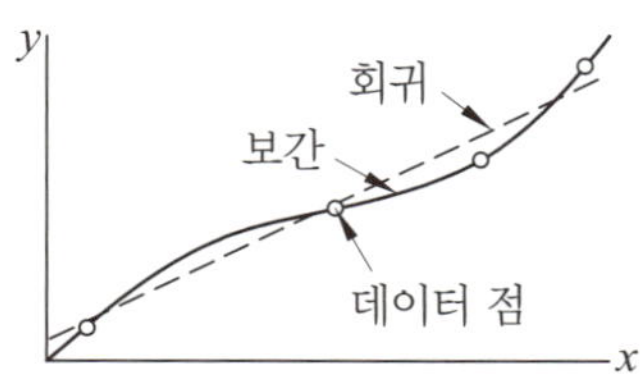

그림 3.1 Interpolation vs. curve fitting

3.2 다항식 보간

Lagrange 방법

보간법의 가장 간단한 형태는 다항식이다. $n+1$개의 개별 데이터 포인트를 통과하는 차수 n의 고유 다항식을 구성하는 것이 항상 가능하다. 이 다항식을 얻는 한 가지 방법은 Lagrange 공식이다.

$$P_n(x) = \sum_{i=0}^{n} y_i \ell_i(x) \tag{3.1a}$$

여기서, 아래 첨자 n은 다항식의 차수를 나타낸다.

$$\begin{aligned}\ell_i(x) &= \frac{x-x_0}{x_i-x_0} \cdot \frac{x-x_1}{x_i-x_1} \cdot \cdots \cdot \frac{x-x_{i-1}}{x_i-x_{i-1}} \cdot \frac{x-x_{i+1}}{x_i-x_{i+1}} \cdots \frac{x-x_n}{x_i-x_n} \\ &= \prod_{\substack{j=0 \\ j\neq i}}^{n} \frac{x-x_i}{x_i-x_j}, \quad i=0,1,\ldots,n\end{aligned} \tag{3.1b}$$

식 (3.1b)의 $\ell_i(x)$를 기수(cardinal) 함수라고 한다. 예를 들어, $n=1$인 경우 보간법은 직선 $P_1(x)=y_0\ell_0(x)+\ y_1\ell_1(x)$이다. 여기서

$$\ell_0(x) = \frac{x-x_1}{x_0-x_1} \qquad \ell_1(x) = \frac{x-x_0}{x_1-x_0}$$

$n=2$인 경우, 보간은 포물선, $P_2(x)=y_0\ell_0(x)+y_1\ell_1(x)+y_2\ell_2(x)$이며,

$$\begin{aligned}\ell_0(x) &= \frac{(x-x_1)(x-x_2)}{(x_0-x_1)(x_0-x_2)} \\ \ell_1(x) &= \frac{(x-x_0)(x-x_2)}{(x_1-x_0)(x_1-x_2)} \\ \ell_2(x) &= \frac{(x-x_0)(x-x_1)}{(x_2-x_0)(x_2-x_1)}\end{aligned}$$

기수 함수는 차수 n의 다항식이며

$$\ell_i(x_j) = \left\{\begin{matrix} 0 \text{ if } i \neq j \\ 1 \text{ if } i = j \end{matrix}\right\} = \delta_{ij} \tag{3.2}$$

여기서 δ_{ij}는 크로네커 델타(Kronecker delta)이다.

이 속성은 $x_0 = 0$, $x_1 = 2$, $x_2 = 3$인 3점 보간 ($n = 2$)으로 그림 3.2에 설명되어 있다.

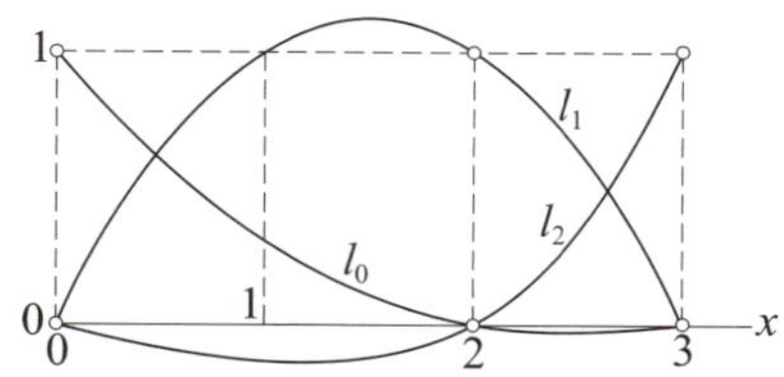

그림 3.2 Example of quadratic cardinal functions

보간 다항식이 데이터 점을 통과함을 증명하기 위해 $x = x_j$를 식 (3.1a)로 대입한 다음 식 (3.2)를 사용한다. 결과는 아래와 같다.

$$P_n(x_j) = \sum_{i=0}^{n} y_i \ell_i(x_j) = \sum_{i=0}^{n} y_i \delta_{ij} = y_j$$

다항식 보간 오류는 다음과 같다.

$$f(x) - P_n(x) = \frac{(x - x_0)(x - x_1)\cdots(x - x_n)}{(n+1)!} f^{(n+1)}(\xi) \tag{3.3}$$

여기서 ξ는 간격 (x_0, x_n) 사이에 존재한다. 그렇지 않으면 그 값을 알 수 없다. 데이터 포인트가 x에서 멀수록 x에서의 오류에 더 많이 기여한다는 점에 유의하시오.

Newton 방법

라그랑주의 방법은 개념적으로 간단하지만 효율적인 알고리즘에는 적합하지 않다. 보간 다항식이 다음과 같은 형식으로 작성되는 Newton 방법으로 더 나은 계산 절차를 얻는다.

$$P_n(x) = a_0 + (x - x_0)a_1 + (x - x_0)(x - x_1)a_2 + \cdots + (x - x_0)(x - x_1)\cdots(x - x_{n-1})a_n$$

이 다항식은 효율적인 평가 절차에 적합하다. 예를 들어, 4개의 데이터 포인트 ($n = 3$)를 고려할 때 보간 다항식은 아래와 같다.

$$\begin{aligned} P_3(x) &= a_0 + (x - x_0)a_1 + (x - x_0)(x - x_1)a_2 + (x - x_0)(x - x_1)(x - x_2)a_3 \\ &= a_0 + (x - x_0)\{a_1 + (x - x_1)[a_2 + (x - x_2)a_3]\} \end{aligned}$$

다음과 같은 반복 관계를 통해 역으로 평가할 수 있다.

$$P_0(x) = a_3$$

$$P_1(x) = a_2 + (x - x_2)P_0(x)$$

$$P_2(x) = a_1 + (x - x_1)\,P_1(x)$$

$$P_3(x) = a_0 + (x - x_0)\,P_2(x)$$

임의의 n에 대해

$$P_0(x) = a_n \qquad P_k(x) = a_{n-k} + (x - x_{n-k})\,P_{k-1}(x), \quad k = 1, 2, \ldots, n \tag{3.4}$$

데이터 포인트의 x좌표 배열은 xData로 나타내고, 다항식의 차수는 n으로 나타내는 다음 알고리즘은 $P_n(x)$ 계산을 한다.

```
p = a[n]
for k in range(1,n+1):
    p = a[n-k] + (x - xData[n-k])*p
```

P_n의 계수는 다항식이 각 데이터 포인트를 통과하도록 결정된다. $y_i = P_n(x_i)$, $i = 0, 1, ..., n$. 이것은 다음과 같은 방정식을 산출한다.

$$\begin{aligned}
y_0 &= a_0 \\
y_1 &= a_0 + (x_1 - x_0)a_1 \\
y_2 &= a_0 + (x_2 - x_0)a_1 + (x_2 - x_0)(x_2 - x_1)a_2 \\
&\ \vdots \\
y_n &= a_0 + (x_n - x_0)a_1 + \cdots + (x_n - x_0)(x_n - x_1)\cdots(x_n - x_{n-1})a_n
\end{aligned} \tag{a}$$

분할 차분(Divided Difference) 차이점 소개

$$\begin{aligned}
\nabla y_i &= \frac{y_i - y_0}{x_i - x_0}, \quad i = 1, 2, \ldots, n \\
\nabla^2 y_i &= \frac{\nabla y_i - \nabla y_1}{x_i - x_1}, \quad i = 2, 3, \ldots, n \\
\nabla^3 y_i &= \frac{\nabla^2 y_i - \nabla^2 y_2}{x_i - x_2}, \quad i = 3, 4, \ldots n \\
&\ \vdots \\
\nabla^n y_n &= \frac{\nabla^{n-1} y_n - \nabla^{n-1} y_{n-1}}{x_n - x_{n-1}}
\end{aligned} \tag{3.5}$$

방정식 (a)의 해는 다음과 같다.

$$a_0 = y_0 \qquad a_1 = \nabla y_1 \qquad a_2 = \nabla^2 y_2 \quad \cdots \quad a_n = \nabla^n y_n \tag{3.6}$$

계수를 수동으로 계산하는 경우 표 3.1의 형식($n = 4$로 표시)으로 작업하는 것이 편리하다.

표 3.1 Tableau for Newton's method.

x_0	y_0				
x_1	y_1	∇y_1			
x_2	y_2	∇y_2	$\nabla^2 y_2$		
x_3	y_3	∇y_3	$\nabla^2 y_3$	$\nabla^3 y_3$	
x_4	y_4	∇y_4	$\nabla^2 y_4$	$\nabla^3 y_4$	$\nabla^4 y_4$

표의 대각선 항(y_0, ∇y_1, $\nabla^2 y_2$, $\nabla^3 y_3$, $\nabla^4 y_4$)은 다항식의 계수이다. 데이터 포인트가 다른 순서로 나열되면 테이블의 항목이 변경되지만 결과 다항식은 동일하다. $n + 1$개의 개별 데이터 포인트를 보간하는 차수 n의 다항식은 고유하다. 기계 계산은 다음 알고리즘을 사용하여 1 차원 배열 내에서 수행할 수 있다(표기법 $m = n + 1 =$ 데이터 포인트 수 사용).

```
a = yData.copy()
for k in range(1,m):
    for i in range(k,m):
        a[i] = (a[i] - a[k-1])/(xData[i] - xData[k-1])
```

처음에 **a**는 데이터의 y 좌표를 포함하므로 표 3.1의 두 번째 열과 동일하다. 외부 루프를 통과 할 때마다 다음 열의 항목이 생성되어 **a**의 해당 열의 해당 요소를 덮어 쓴다. 따라서 **a**는 표 3.1의 대각선 항(즉, 다항식의 계수)을 포함한다.

■ newtonPoly

이 모듈은 Newton의 방법에 의한 보간에 필요한 두 가지 기능을 포함한다. 데이터 포인트 배열 xData 및 yData가 주어지면 함수 계수는 계수 배열 **a**를 반환한다. 계수를 찾은 후 evalPoly 함수를 사용하여 x의 모든 값에서 보간 $P_n(x)$을 평가할 수 있다.

```
## module newtonPoly
'''
p = evalPoly(a,xData,x).
Evaluates Newton's polynomial p at x. The coefficient
vector a can be computed by the function 'coeffts'.

a = coeffts(xData,yData).
Computes the coefficients of Newton's polynomial.
```

```
'''
def evalPoly(a,xData,x):
    n = len(xData) - 1 # Degree of polynomial
    p = a[n]
    for k in range(1,n+1):
        p = a[n-k] + (x -xData[n-k])*p
    return p

def coeffts(xData,yData):
    m = len(xData) # Number of data points
    a = yData.copy()
    for k in range(1,m):
        a[k:m] = (a[k:m] - a[k-1])/(xData[k:m] - xData[k-1])
    return a
```

Neville 방법

Newton의 보간 방법에는 계수 계산과 다항식 평가의 두 단계가 포함되어 있다. 동일한 다항식을 사용하여 x의 다른 값으로 보간을 반복 수행하면 잘 작동한다. 한 점만 보간하는 경우 Neville알고리즘과 같이 한 단계로 보간법을 계산하는 방법이 더 편리한 선택이다.

$P_k[x_i, x_{i+1}, ..., x_{i+k}]$가 $k+1$ 데이터 포인트 (x_i, y_i), (x_{i+1}, y_{i+1}), ..., (x_{i+k}, y_{i+k})를 통과하는 k 차수의 다항식을 나타내도록 하자. 단일 데이터 포인트의 경우, 우리는 아래와 같은 식을 가진다.

$$P_0[x_i] = y_i \tag{3.7}$$

두 데이터 점을 기반으로 하는 보간은

$$P_1[x_i, x_{i+1}] = \frac{(x - x_{i+1})\,P_0[x_i] + (x_i - x)\,P_0[x_{i+1}]}{x_i - x_{i+1}}$$

$P_1[x_i, x_{i+1}]$가 두 데이터 포인트를 통과하는지 쉽게 확인할 수 있다. 즉, $x=x_i$인 경우 $P_1[x_i, x_{i+1}]=y_i$이고, $x=x_{i+1}$인 경우 $P_1[x_i, x_{i+1}]=y_{i+1}$이다.

세 데이터 점을 기반으로 하는 보간은 아래와 같다.

$$P_2[x_i, x_{i+1}, x_{i+2}] = \frac{(x - x_{i+2})\,P_1[x_i, x_{i+1}] + (x_i - x)\,P_1[x_{i+1}, x_{i+2}]}{x_i - x_{i+2}}$$

이 보간이 데이터 포인트와 교차 함을 보여주기 위해 먼저 $x=x_i$를 대입하여 다음을 얻는다

$$P_2[x_i, x_{i+1}, x_{i+2}] = P_1[x_i, x_{i+1}] = y_i$$

비슷하게, $x = x_{i+2}$의 경우는 아래와 같다.

$$P_2[x_i, x_{i+1}, x_{i+2}] = P_1[x_{i+1}, x_{i+2}] = y_{i+2}$$

마지막으로, $x = x_{i+1}$일 때, 아래와 같다.

$$P_1[x_i, x_{i+1}] = P_1[x_{i+1}, x_{i+2}] = y_{i+1}$$

따라서,

$$P_2[x_i, x_{i+1}, x_{i+2}] = \frac{(x_{i+1} - x_{i+2})y_{i+1} + (x_i - x_{i+1})y_{i+1}}{x_i - x_{i+2}} = y_{i+1}$$

이다. 패턴을 설정하면 일반적인 재귀 공식을 추론할 수 있다.

$$\begin{aligned} &P_k[x_i, x_{i+1}, \ldots, x_{i+k}] \\ &= \frac{(x - x_{i+k})P_{k-1}[x_i, x_{i+1}, \ldots, x_{i+k-1}] + (x_i - x)P_{k-1}[x_{i+1}, x_{i+2}, \ldots, x_{i+k}]}{x_i - x_{i+k}} \end{aligned}$$

x 값이 주어지면 계산은 다음 표 형식으로 수행될 수 있다(4개의 데이터 요소에 대해 표시됨).

표 3.2 Tableau for Neville's method.

	$k=0$	$k=1$	$k=2$	$k=3$
x_0	$P_0[x_0] = y_0$	$P_1[x_0, x_1]$	$P_2[x_0, x_1, x_2]$	$P_3[x_0, x_1, x_2, x_3]$
x_1	$P_0[x_1] = y_1$	$P_1[x_1, x_2]$	$P_2[x_1, x_2, x_3]$	
x_2	$P_0[x_2] = y_2$	$P_1[x_2, x_3]$		
x_3	$P_0[x_3] = y_3$			

데이터 포인트 수를 m으로 표시하면 테이블의 요소를 계산하는 알고리즘은 다음과 같다.

```
y = yData.copy()
for k in range (1,m):
    for i in range(m-k):
        y[i] = ((x - xData[i+k])*y[i] + (xData[i] - x)*y[i+1])/ }
               (xData[i]-xData[i+k])
```

이 알고리즘은 1차원 배열 **y**와 함께 작동하며 처음에는 데이터의 **y** 값을 포함한다(표 3.2의 두 번째 열). 외부 루프를 통과 할 때마다 다음 열에서 **y**의 요소를 계산하여 이전 항목을 덮어 쓴다. 절차가 끝나면 **y**는 표의 대각선을 포함한다. 모든 데이터 점을 통과하는 보간 값(x에서 평가한)은 **y**의 첫 번째 요소이다.

■ neville

다음 함수는 Neville 방법을 구현한다. $P_n(x)$를 반환한다.

```
## module neville
'''
p = neville(xData,yData,x).
Evaluates the polynomial interpolant p(x) that passes
through the specified data points by Neville&s method.
'''
def neville(xData,yData,x):
    m = len(xData) # number of data points
    y = yData.copy()
    for k in range(1,m):
        y[0:m-k] = ((x - xData[k:m])*y[0:m-k] +         \
                    (xData[0:m-k] - x)*y[1:m-k+1])/ }  \
                    (xData[0:m-k] - xData[k:m])
   return y[0]
```

다항식 보간의 한계

다항식 보간은 가능한 적은 수의 데이터 포인트로 수행해야 한다. 가장 가까운 두 점을 사용할 때, 데이터 점의 간격이 좁다면, 선형 보간만으로도 충분하다. 세 개에서 여섯 개의 가장 가까운 이웃 포인트는 대부분의 경우 좋은 결과를 낸다. 여섯 개 이상의 점을 교차하는 보간은 의심해 보아야 한다. 그 이유는 관심 지점에서 멀리 떨어진 데이터 점이 보간 정확도에 기여하지 않기 때문이다. 실제로, 그들은 해로울 수 있다.

너무 많은 포인트를 사용하는 위험은 그림 3.3에 설명되어 있다. 동일 간격의 11개 데이터 포인트는 원으로 표시된다. 실선은 모든 점과 교차하는 보간(10도의 다항식)이다. 그림에서 볼 수 있듯이, 이러한 고도의 다항식은 데이터 포인트 사이에서 과도하게 진동하는 경향이 있다. 가장 가까운 네 개의 인접 지점에 걸쳐있는 3차 보간을 사용하면 훨씬 더 부드러운 결과를 얻을 수 있다.

다항식 외삽(Polynomial extrapolation, 데이터 포인트 범위 밖의 보간)은 위험할 때가 있다. 예를 들어 그림 3.4를 고려하면, 여섯 개의 데이터 포인트가 원으로 표시된다. 5도 보간 다항식은 실선으로 표시된다.

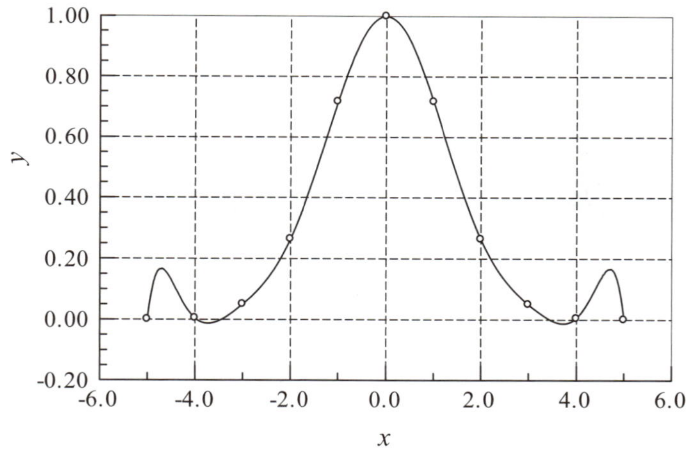

그림 3.3 Polynomial interpolant displaying oscillations.

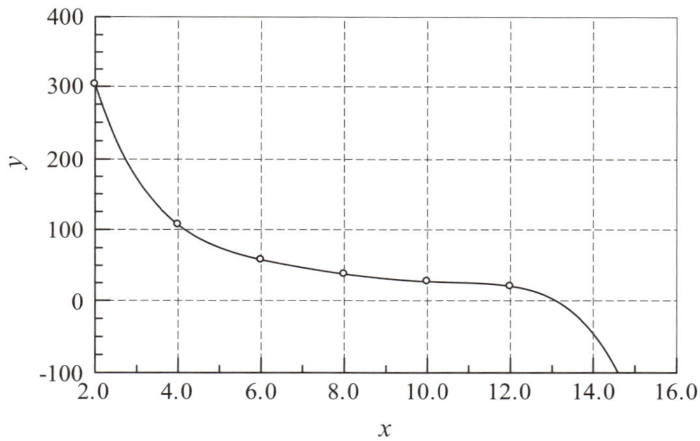

그림 3.4 Extrapolationmay not follow the trend of data

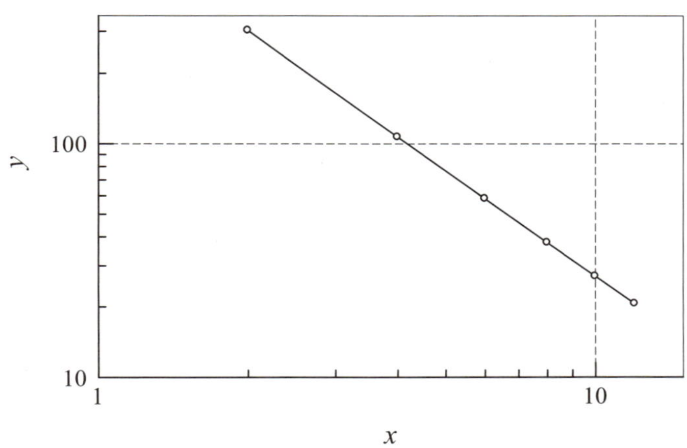

그림 3.5 Logarithmic plot of the data in Figure 3.4

일반적으로 x-y 곡선보다 매끄럽고 외삽하기에 더 안전한 log x-log y 플롯을 사용하시오. 종종 이 플롯은 거의 직선이다. 이는 그림 3.5에 나와 있으며, 그림 3.4에서 데이터의 로그 플롯을 나타냅니다.

예제 3.1

아래와 같이 주어진 데이터 점들에 대해 Lagrange의 방법을 사용하여 $x = 1$에서 y를 결정하시오.

x	0	2	3
y	7	11	28

풀이

$$\ell_0 = \frac{(x - x_1)(x - x_2)}{(x_0 - x_1)(x_0 - x_2)} = \frac{(1-2)(1-3)}{(0-2)(0-3)} = \frac{1}{3}$$
$$\ell_1 = \frac{(x - x_0)(x - x_2)}{(x_1 - x_0)(x_1 - x_2)} = \frac{(1-0)(1-3)}{(2-0)(2-3)} = 1$$
$$\ell_2 = \frac{(x - x_0)(x - x_1)}{(x_2 - x_0)(x_2 - x_1)} = \frac{(1-0)(1-2)}{(3-0)(3-2)} = -\frac{1}{3}$$

$$y = y_0\ell_0 + y_1\ell_1 + y_2\ell_2 = \frac{7}{3} + 11 - \frac{28}{3} = 4$$

예제 3.2

아래와 같이 주어진 데이터 점들은 다항식 위에 놓여있다. 표 3.1과 유사한 분할 차이 표를 구성하여 이 다항식의 차수를 결정하시오.

x	−2	1	4	−1	3	−4
y	−1	2	59	4	24	−53

풀이

i	x_i	y_i	∇y_i	$\nabla^2 y_i$	$\nabla^3 y_i$	$\nabla^4 y_i$	$\nabla^5 y_i$
0	−2	−1					
1	1	2	1				

2	4	59	10	3			
3	−1	4	5	−2	1		
4	3	24	5	2	1	0	
5	−4	−53	26	−5	1	0	0

다음은 표의 그림에 도달하는 데 사용되는 몇 가지 샘플 계산이다.

$$\nabla y_2 = \frac{y_2 - y_0}{x_2 - x_0} = \frac{59 - (-1)}{4 - (-2)} = 10$$

$$\nabla^2 y_2 = \frac{\nabla y_2 - \nabla y_1}{x_2 - x_1} = \frac{10 - 1}{4 - 1} = 3$$

$$\nabla^3 y_5 = \frac{\nabla^2 y_5 - \nabla^2 y_2}{x_5 - x_2} = \frac{-5 - 3}{-4 - 4} = 1$$

표에서 우리는 Newton 다항식의 0이 아닌 마지막 계수 (0이 아닌 마지막 대각선 항)가 $\nabla^3 y_3$이며, 이는 3차 항의 계수이다. 따라서 다항식은 입방체이다.

예제 3.3

아래와 같이 주어진 데이터 점들에 대해 Neville의 방법으로 $y(x) = 0$의 근을 구하시오.

x	4.0	3.9	3.8	3.7
y	−0.06604	−0.02724	0.01282	0.05383

풀이

이것은 x와 y의 역할이 서로 바뀌는 역 보간의 예이다. 주어진 x에서 y를 계산하는 대신 주어진 y에 해당하는 x를 찾는다(이 경우 $y = 0$). 표 3.2의 형식을 사용하면 (물론 x와 y가 바뀌어)

i	y_i	$P_0[\,] = x_i$	$P_1[\,,\,]$	$P_2[\,,\,,\,]$	$P_3[\,,\,,\,,\,]$
0	−0.06604	4.0	3.8298	3.8316	3.8317
1	−0.02724	3.9	3.8320	3.8318	
2	0.01282	3.8	3.8313		
3	0.05383	3.7			

다음은 표에서 사용된 샘플 계산이다.

$$P_1[y_0, y_1] = \frac{(y - y_1)P_0[y_0] + (y_0 - y)P_0[y_1]}{y_0 - y_1}$$

$$= \frac{(0 + 0.02724)(4.0) + (-0.06604 - 0)(3.9)}{-0.06604 + 0.02724} = 3.8298$$

$$P_2[y_1, y_2, y_3] = \frac{(y - y_3)P_1[y_1, y_2] + (y_1 - y)P_1[y_2, y_3]}{y_1 - y_3}$$

$$= \frac{(0 - 0.05383)(3.8320) + (-0.02724 - 0)(3.8313)}{-0.02724 - 0.05383} = 3.8318$$

표의 모든 P는 서로 다른 데이터 포인트를 포함하는 서로 다른 보간 순서로 인해 발생하는 근의 추정치이다. 예를 들어, $P_1[y_0, y_1]$은 처음 두 점을 기준으로 선형 보간에서 얻은 근이다. $P_2[y_1, y_2, y_3]$은 마지막 세 점을 사용한 2차 보간 결과이다. 4개의 모든 데이터 포인트에 대해 3차 보간에서 얻은 근은 $x = P_3[y_0, y_1, y_2, y_3] = 3.8317$이다.

예제 3.4

아래와 같이 주어진 데이터 점들은 $f(x) = 4.8\cos\frac{x\pi}{20}$ 그래프 위의 점이다. $x = 0, 0.5, 1.0, \ldots, 8.0$에서 Newton의 방법으로 이 데이터를 보간한다. 결과를 "정확한" 값 $y_i = f(x_i)$와 비교하시오.

x	0.15	2.30	3.15	4.85	6.25	7.95
y	4.79869	4.49013	4.2243	3.47313	2.66674	1.51909

풀이

```
#!/usr/bin/python
## example3_4
import numpy as np
import math
from newtonPoly import *

xData = np.array([0.15,2.3,3.15,4.85,6.25,7.95])
yData = np.array([4.79867,4.49013,4.2243,3.47313,2.66674,1.51909])
a = coeffts(xData,yData)
print(" x yInterp yExact")
print("-----------------------")
for x in np.arange(0.0,8.1,0.5):
    y = evalPoly(a,xData,x)
```

```
    yExact = 4.8*math.cos(math.pi*x/20.0)
    print(':3.1f :9.5f :9.5f'.format(x,y,yExact))
input("Press return to exit")
```

결과는

```
 x     yInterp   yExact
-----------------------
0.0    4.80003   4.80000
0.5    4.78518   4.78520
1.0    4.74088   4.74090
1.5    4.66736   4.66738
2.0    4.56507   4.56507
2.5    4.43462   4.43462
3.0    4.27683   4.27683
3.5    4.09267   4.09267
4.0    3.88327   3.88328
4.5    3.64994   3.64995
5.0    3.39411   3.39411
5.5    3.11735   3.11735
6.0    2.82137   2.82137
6.5    2.50799   2.50799
7.0    2.17915   2.17915
7.5    1.83687   1.83688
8.0    1.48329   1.4832
```

유리 함수 보간

일부 데이터는 다항식보다는 유리 함수로 더 잘 보간된다. 유리 함수 $R(x)$는 두 개의 다항식의 몫이다.

$$R(x) = \frac{P_m(x)}{Q_n(x)} = \frac{a_1 x^m + a_2 x^{m-1} + \cdots + a_m x + a_{m+1}}{b_1 x^n + b_2 x^{n-1} + \cdots + b_n x + b_{n+1}}$$

$R(x)$는 비율이므로 계수 중 하나 (일반적으로 b_{n+1})가 1이 되도록 배율을 조정할 수 있다. $m+n+1$개의 데이터 포인트를 통해 $R(x)$를 강제로 계산하여 계산해야 하는 $m+n+1$의 미결정 계수를 남겨 둔다.

$R(x)$의 인기 있는 버전은 소위 대각 유리 함수이다. 여기서 분자의 차수는 $m+n$이 짝수이면 분모의 차수와 같다($m=n$). $m+n$ 홀수인 경우, 분모의 차수보다 1 더 작다($m=n-1$).

대각선 형식을 사용하면 표 3.2에 설명 된 것과 유사한 네빌 유형 알고리즘으로 보간을 수행 할 수 있다는 이점이 있다. 알고리즘의 기초가 되는 재귀 공식은 Stoer와 Bulirsch[1]에 기인한다. 네빌 방법에 사용되는 식 (3.8)보다 다소 복잡하다.

$$\begin{aligned} R[x_i, x_{i+1}, \ldots, x_{i+k}] &= R[x_{i+1}, x_{i+2}, \ldots, x_{i+k}] \\ &+ \frac{R[x_{i+1}, x_{i+2}, \ldots, x_{i+k}] - R[x_i, x_{i+1}, \ldots, x_{i+k-1}]}{S} \end{aligned} \tag{3.9a}$$

여기서

$$S = \frac{x - x_i}{x - x_{i+k}} \left(1 - \frac{R[x_{i+1}, x_{i+2}, \ldots, x_{i+k}] - R[x_i, x_{i+1}, \ldots, x_{i+k-1}]}{R[x_{i+1}, x_{i+2}, \ldots, x_{i+k}] - R[x_{i+1}, x_{i+2}, \ldots, x_{i+k-1}]} \right) - 1 \tag{3.9b}$$

식 (3.9)에서, $R[x_i, x_{i+1}, ..., x_{i+k}]$는 데이터 포인트 (x_i, y_i), (x_{i+1}, y_{i+1}), ..., (x_{i+k}, y_{i+k})를 통과하는 대각 유리 함수를 나타낸다. 또한 $R[x_i, x_{i+1}, ..., x_{i-1}] = 0$(케이스 $k = -1$에 해당) 및 $R[x_i] = y_i$(케이스 $k = 0$)인 것으로 이해된다.

계산은 네빌 방법에 사용된 표 3.2와 유사한 표에서 수행할 수 있다. Table 3.3은 4개의 데이터 포인트에 대한 표의 예이다. $k = -1$열을 0으로 채우고 $k = 0$열에 y_i 값을 입력하여 시작한다. 나머지 항목은 식 (3.9)를 적용하여 계산된다.

표 3.3 A Tableau for Four Data Points.

	$k=-1$	$k=0$	$k=1$	$k=2$	$k=3$
x_1	0	$R[x_1] = y_1$	$R[x_1, x_2]$	$R[x_1, x_2, x_3]$	$R[x_1, x_2, x_3, x_4]$
x_2	0	$R[x_2] = y_2$	$R[x_2, x_3]$	$R[x_2, x_3, x_4]$	
x_3	0	$R[x_3] = y_3$	$R[x_3, x_4]$		
x_4	0	$R[x_4] = y_4$			

■ rational

우리는 표를 1 차원 배열로 압축한 상태로 네빌의 알고리즘을 구현했다. 이것은 k번째 열에서 R을 계산하는 공식이 $k-2$ 뿐만 아니라 $k-1$의 항목을 포함하는 유리 함수 보간에서는 작동하지 않는다. 그러나 두 개의 1 차원 배열을 사용할 수 있다. 하나의 배열(프로그램에서 r이라고 함)은 최신 R 값을 포함하고 다른 배열 (r01d)은 이전 항목을 저장한다. 대각선 유리함수 보간 알고리즘은 다음과 같다.

1 Stoer, J., and Bulirsch, R., Introduction to Numerical Analysis, Springer, 1980.

```
## module rational
'''
    p = rational(xData,yData,x)
    Evaluates the diagonal rational function interpolant p(x)
    that passes through the data points
'''
import numpy as np
def rational(xData,yData,x):
    m = len(xData)
    r = yData.copy()
    rOld = np.zeros(m)
    for k in range(m-1):
        for i in range(m-k-1):
            if abs(x - xData[i+k+1]) < 1.0e-9:
                return yData[i+k+1]
            else:
                c1 = r[i+1] - r[i]
                c2 = r[i+1] - rOld[i+1]
                c3 = (x - xData[i])/(x - xData[i+k+1])
                r[i] = r[i+1] + c1/(c3*(1.0 - c1/c2) - 1.0)
                rOld[i+1] = r[i+1]
    return r[0]
```

예제 3.5

아래와 같은 데이터가 주어질 때, 대각선 유리 함수 보간으로 $y(0.5)$를 구하시오.

x	0	0.6	0.8	0.95
y	0	1.3764	3.0777	12.7062

풀이

데이터 점의 플롯은 y가 $x = 1$ 부근에서 극점을 가질 수 있음을 나타낸다. 이러한 함수는 다항식 보간에 매우 적합하지 않지만 유리 함수로 쉽게 나타낼 수 있다. 작업을 표 3.3 형식으로 설정했다. 계산을 완료한 후 표는 다음과 같다.

		$k=-1$	$k=0$	$k=1$	$k=2$	$k=3$
$i=1$	0	0	0	0	0.9544	1.0131
$i=2$	0.6	0	1.3764	1.0784	1.0327	
$i=3$	0.8	0	3.0777	1.2235		
$i=4$	0.95	0	12.7062			

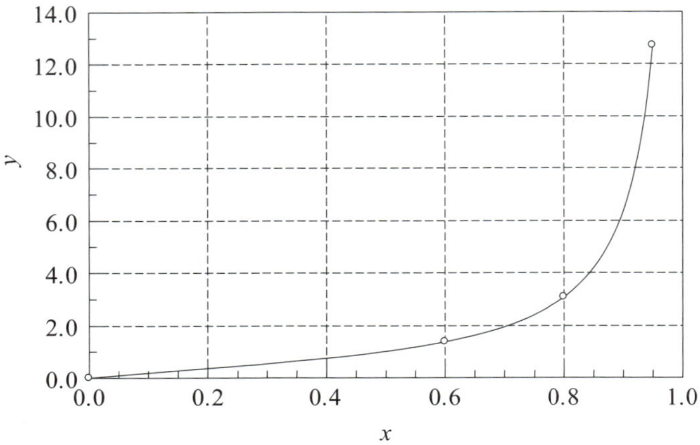

이제 몇 가지 샘플 계산을 살펴 보겠다. 예를 들어, $i = 3$, $k = 1$을 식 (3.9)로 대체하여를 구한다. 이 결과는

$$
\begin{aligned}
S &= \frac{x - x_3}{x - x_4}\left(1 - \frac{R[x_4] - R[x_3]}{R[x_4] - R[x_4, \ldots, x_3]}\right) - 1 \\
&= \frac{0.5 - 0.8}{0.5 - 0.95}\left(1 - \frac{12.7062 - 3.0777}{12.7062 - 0}\right) - 1 = -0.83852 \\
R[x_3, x_4] &= R[x_4] + \frac{R[x_4] - R[x_3]}{S} \\
&= 12.7062 + \frac{12.7062 - 3.0777}{-0.83852} = 1.2235
\end{aligned}
$$

항목 $R[x_2, x_3, x_4]$는 $i = 2$, $k = 2$로 얻는다. 결과는

$$
\begin{aligned}
S &= \frac{x - x_2}{x - x_4}\left(1 - \frac{R[x_3, x_4] - R[x_2, x_3]}{R[x_3, x_4] - R[x_3]}\right) - 1 \\
&= \frac{0.5 - 0.6}{0.5 - 0.95}\left(1 - \frac{1.2235 - 1.0784}{1.2235 - 3.0777}\right) - 1 = -0.76039 \\
R[x_2, x_3, x_4] &= R[x_3, x_4] + \frac{R[x_3, x_4] - R[x_2, x_3]}{S} \\
&= 1.2235 + \frac{1.2235 - 1.0784}{-0.76039} = 1.0327
\end{aligned}
$$

4개의 모든 데이터 포인트에 기초한 $x = 0.5$에서의 보간은 $R[x_1, x_2, x_3, x_4] = 1.0131$이다.

예제 3.6

0.05의 x 단위로 표시된 데이터를 보간하고 결과를 플로팅하시오. 다항식 보간과 유리 함수 보간을 모두 사용하시오.

x	0.1	0.2	0.5	0.6	0.8	1.2	1.5
y	−1.5342	−1.0811	−0.4445	−0.3085	−0.0868	0.2281	0.3824

풀이

```
#!/usr/bin/python
## example 3_6
import numpy as np
from rational import *
from neville import *
import matplotlib.pyplot as plt

xData = np.array([0.1,0.2,0.5,0.6,0.8,1.2,1.5])
yData = np.array([-1.5342,-1.0811,-0.4445,-0.3085, \
               -0.0868,0.2281,0.3824])
x = np.arange(0.1,1.55,0.05)
n = len(x)
y = np.zeros((n,2))
for i in range(n):
    y[i,0] = rational(xData,yData,x[i])
    y[i,1] = neville(xData,yData,x[i])
plt.plot(xData,yData,'o',x,y[:,0],'-',x,y[:,1],'--')
plt.xlabel('x')
plt.legend(('Data','Rational','Neville'),loc = 0)
plt.show()
input("\nPress return to exit")
```

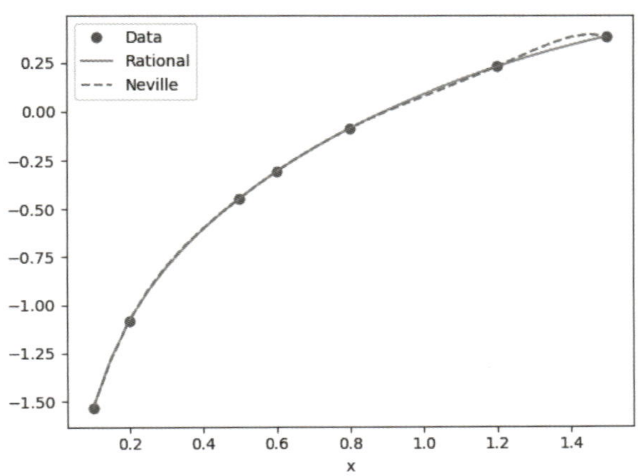

출력은 다음에 표시된다. 이 경우 유리 함수 보간법은 다항식 (네빌) 보간법보다 부드럽고 훌륭하다.

3.3 큐빅 스플라인으로 보간

데이터 포인트가 몇 개 이상인 경우 큐빅 스플라인은 전역 보간으로 이기기가 어렵다. 데이터 포인트 사이에서 진동하는 경향이 적다는 점에서 다항식보다 상당히 "더 강성"이다.

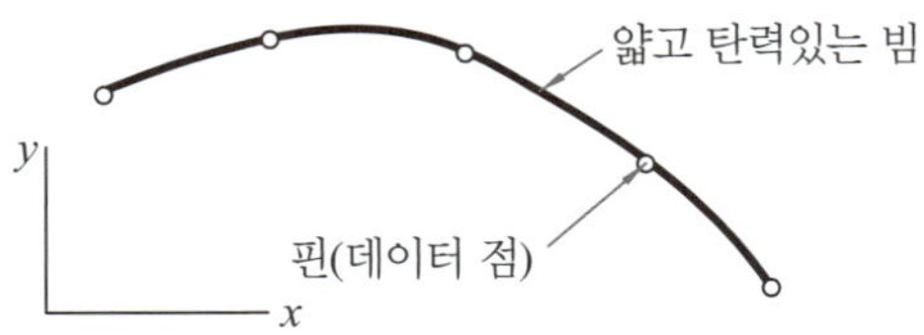

그림 3.6 Mechanical model of a natural cubic spline.

3차 스플라인의 기계적 모델은 그림 3.6에 나와 있다. 데이터 포인트에 핀이 부착된 얇고 탄력있는 빔이다. 빔이 핀 사이에서 언로드되므로 스플라인 곡선의 각 세그먼트는 3차 다항식이다. 빔 이론에서 $d^4y/dx^4 = q/(EI)$라는 것을 상기하자. 그러면 $q = 0$이므로 $y(x)$ 입방체가 된다. 핀에서 기울기와 굽힘 모멘트 (따라서 2차 도함수)는 연속적이다. 두 개의 끝 핀에는 굽힘 모멘트가 없다. 결과적으로 스플라인의 2차 미분 값은 끝점에서 0이다. 이러한 끝 조건은 빔 모델에서 자연스럽게 발생하기 때문에 결과 곡선을 **자연 입방 스플라인**(natural cubic spline)이라고 한다. 핀(즉, 데이터 포인트)을 스플라인의 **매듭**(knots)이라 한다.

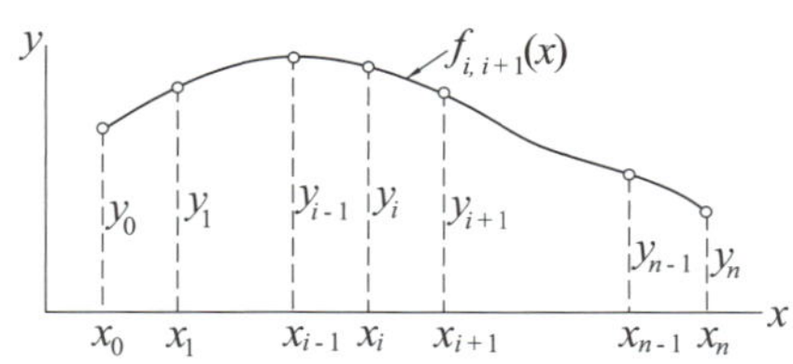

그림 3.7 A cubic spline.

그림 3.7은 $n+1$ 매듭에 걸친 입방 스플라인을 보여준다. 매듭 i와 $i+1$ 사이의 세그먼트에 걸쳐있는 3차 다항식에 대해 표기법 $f_{i,i+1}(x)$를 사용한다. 스플라인은 **조각별 입방형**(piecewise cubic) 곡선이다. $f_{0,1}(x), f_{1,2}(x), ..., f_{n-1,n}(x)$,에서 n 입방체를 합치면 모두 계수가 다르다.

매듭 i에서 스플라인의 2차 미분을 k_i로 나타내면, 2차 미분의 연속성은 아래와 같다.

$$f''_{i-1,i}(x_i) = f''_{i,i+1}(x_i) = k_i \tag{a}$$

이 단계에서는 다음을 제외하고 각 k를 알 수 없다.

$$k_0 = k_n = 0$$

$f_{i,i+1}(x)$의 계수를 계산하기 위한 시작점은 우리가 선형으로 알고 있는 $f''_{i,i+1}(x)$에 대한 표현식이다. 라그랑쥐의 2점 보간법을 사용하여

$$f''_{i,i+1}(x) = k_i \ell_i(x) + k_{i+1}\ell_{i+1}(x)$$

여기서

$$\ell_i(x) = \frac{x - x_{i+1}}{x_i - x_{i+1}} \qquad \ell_{1+1}(x) = \frac{x - x_i}{x_{i+1} - x_i}$$

그러므로,

$$f''_{i,i+1}(x) = \frac{k_i(x - x_{i+1}) - k_{i+1}(x - x_i)}{x_i - x_{i+1}} \tag{b}$$

x와 관련하여 두 번 적분하면

$$f_{i,i+1}(x) = \frac{k_i(x - x_{i+1})^3 - k_{i+1}(x - x_i)^3}{6(x_i - x_{i+1})} + A(x - x_{i+1}) - B(x - x_i) \tag{c}$$

여기서 A와 B는 적분 상수이다. 적분으로 인해 발생하는 용어는 일반적으로 $Cx+D$로 작성된다. $C = A - B$ 및 $D = -Ax_{i+1} + Bx_i$를 함으로써 우리는 마지막 두 항인 식 (c)로 끝나고, 다음 계산에 사용하기가 더 편리하다.

$f_{i.i+1}(x_i) = y_i$ 조건을 부과하면 식 (c)에서 다음을 얻을 수 있다.

$$\frac{k_i(x_i - x_{i+1})^3}{6(x_i - x_{i+1})} + A(x_i - x_{i+1}) = y_i$$

그러므로,

$$A = \frac{y_i}{x_i - x_{i+1}} - \frac{k_i}{6}(x_i - x_{i+1}) \tag{d}$$

비슷하게, $f_{i,i+1}(x_{i+1}) = y_{i+1}$는 다음과 같은 결과를 준다.

$$B = \frac{y_{i+1}}{x_i - x_{i+1}} - \frac{k_{i+1}}{6}(x_i - x_{i+1}) \tag{e}$$

식 (d)와 (e)를 식 (c)로 대체하면

$$\begin{aligned} f_{i,i+1}(x) = & \frac{k_i}{6}\left[\frac{(x-x_{i+1})^3}{x_i - x_{i+1}} - (x - x_{i+1})(x_i - x_{i+1})\right] \\ & - \frac{k_{i+1}}{6}\left[\frac{(x-x_i)^3}{x_i - x_{i+1}} - (x - x_i)(x_i - x_{i+1})\right] \\ & + \frac{y_i(x - x_{i+1}) - y_{i+1}(x - x_i)}{x_i - x_{i+1}} \end{aligned} \tag{3.10}$$

내부 매듭에서 스플라인의 2차 도함수 k_i는 경사 연속 조건 $f'_{i-1,i}(x_i) = f'_{i,i+1}(x_i)$에서 구한다. 여기서 $i = 1, 2, ..., n-1$이다. 약간의 대수 계산 후에는 결과가 방정식에 나타난다.

$$\begin{aligned} & k_{i-1}(x_{i-1} - x_i) + 2k_i(x_{i-1} - x_{i+1}) + k_{i+1}(x_i - x_{i+1}) \\ & = 6\left(\frac{y_{i-1} - y_i}{x_{i-1} - x_i} - \frac{y_i - y_{i+1}}{x_i - x_{i+1}}\right), \quad i = 1, 2, \cdots, n-1 \end{aligned} \tag{3.11}$$

식 (3.11)은 3각 계수 행렬을 가지기 때문에 2.4절에 기술된 모듈 LUdecomp3의 함수로 경제적으로 풀 수 있다. 데이터 포인트가 h 간격으로 균등하게 간격을 두면 $x_{i-1} - x_i = x_i - x_{i+1} = -h$이고 식 (3.11)은 다음과 같이 단순화된다.

$$k_{i-1} + 4k_i + k_{i+1} = \frac{6}{h^2}(y_{i-1} - 2y_i + y_{i+1}), \quad i = 1, 2, \ldots, n-1 \tag{3.12}$$

■ cubicSpline

3차 스플라인 보간의 첫 번째 단계는 식 (3.11)을 설정하고 미지수 k에 대해 풀어야 한다 ($k_0 = k_n = 0$임을 기억하시오). 이 작업은 함수 curvatures(곡률)에 의해 수행된다. 두 번째 단계는 식 (3.10)에서 x의 보간 계산이다. 이 단계는 evalSpline 함수를 사용하여 x의 다른 값으로 여러 번 반복 할 수 있다. *evalSpline*에 포함된 *findSegment* 함수는 이분법을 사용하여 x를 포함하는 스플라인의 세그먼트를 찾는다. 식 (3.10)에서 아래 첨자 i의 값인 세그먼트 번호를 리턴한다.

```
## module cubicSpline
''' k = curvatures(xData,yData).
```

```
    Returns the curvatures of cubic spline at its knots.

    y = evalSpline(xData,yData,k,x).
    Evaluates cubic spline at x. The curvatures k can be
    computed with the function &curvatures&.
'''
import numpy as np
from LUdecomp3 import *

def curvatures(xData,yData):
    n = len(xData) - 1
    c = np.zeros(n)
    d = np.ones(n+1)
    e = np.zeros(n)
    k = np.zeros(n+1)
    c[0:n-1] = xData[0:n-1] - xData[1:n]
    d[1:n] = 2.0*(xData[0:n-1] - xData[2:n+1])
    e[1:n] = xData[1:n] - xData[2:n+1]
    k[1:n] =6.0*(yData[0:n-1] - yData[1:n]) \
             /(xData[0:n-1] - xData[1:n]) \
          -6.0*(yData[1:n] - yData[2:n+1])    \
             /(xData[1:n] - xData[2:n+1])
    LUdecomp3(c,d,e)
    LUsolve3(c,d,e,k)
    return k

def evalSpline(xData,yData,k,x):
    def findSegment(xData, x):
        iLeft = 0
        iRight = len(xData) - 1
        while 1:
            if (iRight - iLeft) <= 1: return iLeft
            i = (iLeft + iRight) / 2
            if x < xData[i]: iRight = i
            else: iLeft = i

    i = findSegment(xData, x)
    h = xData[i] - xData[i + 1]
    y = ((x - xData[i + 1]) ** 3 / h - (x - xData[i + 1]) * h) * k[i] / 6.0 \
      - ((x - xData[i]) ** 3 / h - (x - xData[i]) * h) * k[i + 1] / 6.0     \
      + (yData[i] * (x - xData[i + 1])                                      \
       - yData[i + 1] * (x - xData[i])) / h
    return y
```

예제 3.7

자연 입방 스플라인을 사용하여, $x = 1.5$에서 y를 구하시오. 데이터 포인트는 아래와 같다.

x	1	2	3	4	5
y	0	1	0	1	0

풀이

5개의 매듭은 $h = 1$에서 모두 균등 간격이다. 자연 스플라인의 2차 도함수가 첫 번째와 마지막 매듭에서 0이라는 것을 상기하면 $k_0 = k_4 = 0$이다. 다른 매듭에서의 2차 미분은 식 (3.12)로부터 얻어진다. $i = 1, 2, 3$을 사용하면 연립 방정식이 된다.

$$0 + 4k_1 + k_2 = 6\,[0 - 2(1) + 0] = -12$$
$$k_1 + 4k_2 + k_3 = 6\,[1 - 2(0) + 1] = 12$$
$$k_2 + 4k_3 + 0 = 6\,[0 - 2(1) + 0] = -12$$

해는 $k_1 = k_3 = -30/7$, $k_2 = 36/7$이다. 점 x = 1.5는 매듭 0과 1 사이의 세그먼트에 있다. 해당 보간은 $i = 0$을 설정하여 식 (3.10)에서 구한다. $x_i - x_{i+1} = -h = -1$을 통해, 식 (3.10)으로부터 아래 식을 구할 수 있다.

$$\begin{aligned} f_{0,1}(x) = &-\frac{k_0}{6}\left[(x - x_1)^3 - (x - x_1)\right] + \frac{k_1}{6}\left[(x - x_0)^3 - (x - x_0)\right] \\ &- [y_0(x - x_1) - y_1(x - x_0)] \end{aligned}$$

그러므로,

$$\begin{aligned} y(1.5) &= f_{0,1}(1.5) \\ &= 0 + \frac{1}{6}\left(-\frac{30}{7}\right)\left[(1.5 - 1)^3 - (1.5 - 1)\right] - [0 - 1(1.5 - 1)] \\ &= 0.7679 \end{aligned}$$

이 경우 4개의 입방 세그먼트로 구성된 보간 그림이 아래 그림에 표시된다.

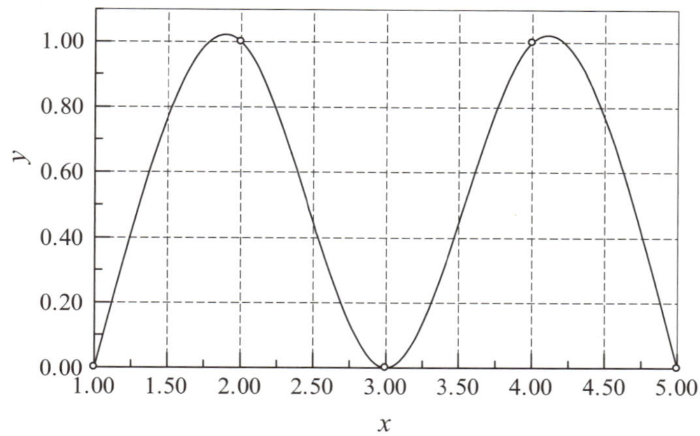

예제 3.8

때로는 입방 스플라인의 끝 조건 중 하나 또는 둘 다를 자연 조건 이외의 것으로 바꾸는 것이 바람직하다. 데이터 포인트가 주어질 때, $x = 2.6$에서 3차 스플라인 보간을 결정하시오. $f''_{0,1}(0) = 0$(제로 곡률) 대신 종료 조건 $f'_{0,1}(0) = 0$(제로 기울기)을 사용하시오.

x	0	1	2	3
y	1	1	0.5	0

풀이

먼저 새로운 종료 조건을 설명하기 위해 식 (3.12)을 수정해야 한다. 식 (3.10)에서 $i = 0$을 설정하고 미분하면,

$$f'_{0,1}(x) = \frac{k_0}{6}\left[3\frac{(x-x_1)^2}{x_0-x_1} - (x_0-x_1)\right] - \frac{k_1}{6}\left[3\frac{(x-x_0)^2}{x_0-x_1} - (x_0-x_1)\right] + \frac{y_0-y_1}{x_0-x_1}$$

최종 조건 $f'_{0,1}(x_0) = 0$은 아래와 같은 식을 인도한다.

$$\frac{k_0}{3}(x_0-x_1) + \frac{k_1}{6}(x_0-x_1) + \frac{y_0-y_1}{x_0-x_1} = 0$$

또는 아래와 같은 식을 인도한다.

$$2k_0 + k_1 = -6\frac{y_0-y_1}{(x_0-x_1)^2}$$

주어진 데이터에서 우리는 $y_0 = y_1 = 1$임을 알 수 있으므로 마지막 방정식은 아래와 같다.

$$2k_0 + k_1 = 0 \tag{a}$$

식 (3.12)의 다른 방정식은 변경되지 않았다. $k_3 = 0$임을 알면, 아래와 같이 전개할 수 있다.

$$k_0 + 4k_1 + k_2 = 6\,[1 - 2(1) + 0.5] = -3 \tag{b}$$

$$k_1 + 4k_2 = 6\,[1 - 2(0.5) + 0] = 0 \tag{c}$$

식 (a)−(c)의 해는 $k_0 = 0.4615$, $k_1 = -0.9231$, $k_2 = 0.2308$이다.

보간은 이제 식 (3.10)에서 평가할 수 있다. $i = 2$와 $x_i - x_{i+1} = -1$로 대체하면,

$$\begin{aligned} f_{2,3}(x) = &\frac{k_2}{6}\left[-(x - x_3)^3 + (x - x_3)\right] - \frac{k_3}{6}\left[-(x - x_2)^3 + (x - x_2)\right] \\ &- y_2(x - x_3) + y_3(x - x_2) \end{aligned}$$

그러므로,

$$\begin{aligned} y(2.6) = f_{2,3}(2.6) &= \frac{0.2308}{6}\left[-(-0.4)^3 + (-0.4)\right] - 0 - 0.5(-0.4) + 0 \\ &= 0.1871 \end{aligned}$$

예제 3.9

cubicSpline 모듈을 사용하여 주어진 데이터 포인트 사이에 자연 큐빅 스플라인으로 보간하는 프로그램을 작성하시오. 프로그램은 x의 한 개 이상의 여러 값에 대해 보간법을 평가할 수 있어야 한다. 테스트로, 예제 3.4에 지정된 데이터 포인트를 사용하고 $x = 1.5$ 및 $x = 4.5$에서 보간법을 계산하시오(대칭 때문에 이 값은 같아야 한다).

풀이

```
#!/usr/bin/python
## example3_9
import numpy as np
from cubicSpline import *

xData = np.array([1,2,3,4,5],float)
yData = np.array([0,1,0,1,0],float)
k = curvatures(xData,yData)
```

```
while True:
    try: x = eval(input("x ==> "))
    except SyntaxError: break
    print("y =",evalSpline(xData,yData,k,x))
input("Done. Press return to exit")
```

프로그램을 실행하면 다음과 같은 결과가 나타난다.

```
x ==> 1.5
y = 0.767857142857

x ==> 4.5
y = 0.767857142857

x ==>
Done. Press return to exit
```

연습 문제 3.1

1. 아래와 같은 데이터 포인트가 주어졌을 때, (a) Neville의 방법과 (b) Lagrange의 방법을 사용하여 $x=0$에서 y를 구하시오.

x	−1.2	0.3	1.1
y	−5.76	−5.61	−3.69

2. 다음 데이터에서 $y(x)$의 0을 찾으시오.

x	0	0.5	1	1.5	2	2.5	3
y	1.8421	2.4694	2.4921	1.9047	0.8509	−0.4112	−1.5727

(a) 3 및 (b) 4 개의 가장 가까운 이웃 데이터 포인트에 대한 Lagrange 보간법을 사용하시오. 힌트 : (a)를 마무리 한 후 (b)를 비교적 적은 노력으로 계산할 수 있다.

3. 문제 2의 데이터로 표시되는 함수 $y(x)$는 $x=0.7692$에서 최대값을 가진다. 가장 가까운 네 개의 인접 데이터 포인트에 대한 보간을 사용하는 네빌 방법으로 최대값을 계산하시오.

4. Neville 방법을 사용하여 아래 데이터 점에서 $x=\pi/4$에서 y를 계산하시오.

x	0	0.5	1	1.5	2
y	−1.00	1.75	4.00	5.75	7.00

5. 아래와 같은 데이터 포인트가 주어졌을 때, $x = \pi/4$, $\pi/2$에서 y를 계산하시오. 가장 편리한 방법을 사용하시오.

x	0	0.5	1	1.5	2
y	−0.7854	0.6529	1.7390	2.2071	1.9425

6. 다음 점들은 다항식 위에 있다. 다항식의 차수를 결정하려면 Newton의 분할 차분 표(divided difference table)를 사용하시오.

x	−2	1	4	−1	3	−4
y	−1	2	59	4	24	−53

7. Newton 방법을 사용하여 다음 점들에 맞는 다항식을 찾으시오.

x	−3	2	−1	3	1
y	0	5	−4	12	0

8. Neville 방법을 사용하여 점을 통과하는 2차 방정식을 결정하시오

x	−1	1	3
y	17	−7	−15

9. 공기의 밀도 ρ는 다음과 같이 높이 h에 따라 달라진다.

h(km)	0	3	6
ρ(kg/m^3)	1.225	0.905	0.652

Lagrange의 방법을 사용하여 $\rho(h)$를 2차 함수로 표현하시오

10. 아래 데이터 포인트를 통과하는 자연 입방 스플라인 결정하시오.

x	0	1	2
y	0	2	1

보간은 두 개의 큐빅으로 구성되며 하나는 $0 \le x \le 1$이고 다른 하나는 $1 \le x \le 2$이다. 이 큐빅의 $x = 1$에서 동일한 1차 및 2차 도함수가 있는지 확인하시오.

11. 아래 주어진 데이터 점에 대해 $y(x)$에서 자연 입방 스플라인 보간을 결정하시오.

x	1	2	3	4	5
y	13	15	12	9	13

12. 다음 주어진 데이터로부터 함수 $y(x)$의 0을 계산하시오. 자연 입방 스플라인의 역 보간을 사용하시오. 힌트 : y값이 오름차순이 되도록 데이터 순서를 변경하시오.

x	0.2	0.4	0.6	0.8	1.0
y	1.150	0.855	0.377	−0.266	−1.049

13. 첫 번째 세그먼트와 마지막 세그먼트 내에 일정한 2차 도함수가 있는 입방 스플라인으로 예제 3.8을 해결하시오(끝 세그먼트는 포물선 형이다). 이 스플라인의 종료 조건은 $k_0 = k_1$ 및 $k_{n-1} = k_n$이다.

14. Neville의 방법으로 보간을 위한 컴퓨터 프로그램을 작성하시오. 프로그램은 의 여러 사용자 지정 값으로 보간을 계산할 수 있어야 한다. 다음 데이터에서 $x = 1.1$, 1.2 및 1.3에서 y를 결정하여 프로그램을 테스트하시오.

x	−2.0	−0.1	−1.5	0.5	−0.6	2.2	1.0	1.8
y	2.2796	1.0025	1.6467	1.0635	1.0920	2.6291	1.2661	1.9896

(답 : $y = 1.3262$, 1.3938, 1.4639)

15. ■ 알루미늄의 비열 c_p는 다음과 같이 온도 T에 따라 다르다.[2]

T(°C)	−250	−200	−100	0	100	300
c_p(kJ/kg · K)	0.0163	0.318	0.699	0.870	0.941	1.04

다항식과 합리적인 유리 보간을 $T = -250°$에서 500°로 플로팅한다. 결과에 대한 의견을 제시하시오.

16. ■ 아래의 데이터를 사용하여, $x = 0$에서 $x = 1$까지 유리 함수 보간을 플로팅하시오.

x	0	0.0204	0.1055	0.241	0.582	0.712	0.981
y	0.385	1.04	1.79	2.63	4.39	4.99	5.27

17. ■ 아래 표는 레이놀즈 수 Re의 함수로서 구의 항력 계수 C_D를 보여준다.[3] $Re = 5$, 50, 500 및 5,000에서 자연 입방 스플라인을 사용하여 C_D를 찾으시오. 힌트 : 로그-로그 스케일을 사용하시오.

Re	0.2	2	20	200	2000	20000
C_D	103	13.9	2.72	0.800	0.401	0.433

18. ■ 가장 가까운 네 개의 이웃 데이터 포인트를 교차하는 다항식 보간법을 사용하여 문제 17을 해결하시오(로그 스케일을 사용하지 않음).

19. ■ 물의 동점도 μ_k는 아래 다음 표의 방식으로 온도 T에 따라 달라진다.

---

2 출처: Black, Z.B. and Hartley, J.G., Thermodynamics, Harper & Row, 1985.

3 출처: Kreith, F., Principles of Heat Transfer, Harper & Row, 1973.

T(°C)	0	21.1	37.8	54.4	71.1	87.8	100
$\mu_k(10^{-3}\ \text{m}^2/\text{s})$	1.79	1.13	0.696	0.519	0.338	0.321	0.296

$T = 10°, 30°, 60°, 90°$C에서 μ_k를 보간하시오.

20. ■ 아래 표는 공기의 상대 밀도 ρ가 고도 h에 따라 어떻게 변하는지를 보여준다. 10.5km에서 공기의 상대 밀도를 결정하시오.

h(km)	0	1.525	3.050	4.575	6.10	7.625	9.150
ρ	1	0.8617	0.7385	0.6292	0.5328	0.4481	0.3741

21. ■ 구동축의 진동 진폭은 다양한 속도에서 측정된다. 결과는 아래 표와 같다.

Speed(rpm)	0	400	800	1200	1600
Amplitude(mm)	0	0.072	0.233	0.712	3.400

유리 함수 보간을 사용하여 0~2,500 rpm에서 진폭과 속도에 따른 플로팅을 하시오.

3.4 최소 제곱 적합

개요

데이터를 실험에서 얻은 경우, 일반적으로 측정 오류로 인해 상당한 양의 랜덤 노이즈가 포함된다. 회귀 작업은 데이터 포인트를 "평균적으로" 맞추는 부드러운 커브를 찾는 것이다. 이 곡선은 노이즈를 재현하지 않도록 간단한 형태(예 : 하위 다항식)를 가져야 한다.

다음 함수

$$f(x) = f(x; a_0, a_1, \ldots, a_m)$$

를 $n+1$개의 데이터 포인트 (x_i, y_i)에 맞춰지는 함수라고 하자. $i = 0, 1, \ldots, n$이다. 이 표기법은 $m+1$ 매개 변수 $a_0, a_1, \ldots, a_m$을 포함하는 x의 함수가 있음을 의미한다. 여기서 $m < n$이다. $f(x)$의 형식은 일반적으로 데이터를 얻는 실험과 관련된 이론에서 미리 결정된다. 맞춤을 조정하는 유일한 방법은 매개 변수이다. 예를 들어, 데이터가 시간 t_i에서 오버-댐핑된 질량-스프링 시스템의 변위 y_i를 나타내는 경우, 이론은 $f(t) = a_0 te^{-a_1 t}$를 제안한다. 따라서 곡선 회귀는 두 단계로 구성된다. $f(x)$ 형식을 선택한 다음 데이터에 가장 적합한 파라미터를 계산한다.

이것은 우리에게 "가장 적합한"이란 무엇인가? 라는 질문을 던져 준다. 노이즈가 y 좌표에 국한된 경우 가장 일반적으로 사용되는 측정 값은 최소 자승 적합이다. 이것은 각 a_j와 관련된 아래 함수를 최소화한다.

$$S(a_0, a_1, \ldots, a_m) = \sum_{i=0}^{n} \left[y_i - f(x_i)\right]^2 \tag{3.13}$$

따라서 매개 변수의 최적값은 방정식의 해로 나타난다.

$$\frac{\partial S}{\partial a_k} = 0, \quad k = 0, 1, \ldots, m. \tag{3.14}$$

식 (3.13)에서 항목 $r_i = y_i - f(x_i)$을 잔차(residuals)라고 한다. x에서의 데이터 점들과 회귀 함수 간의 불일치를 나타낸다. 최소화되는 함수 S는 잔차 제곱의 합이다. 식 (3.14)는 일반적으로 a_j에서 비선형이므로 해결하기 어려울 수 있다. 회귀 함수는 종종 특정 함수 $f_j(x)$의 선형 조합으로 선택된다. 이 경우 식 (3.14)는 선형이다.

$$f(x) = a_0 f_0(x) + a_1 f_1(x) + \cdots + a_m f_m(x)$$

회귀 함수가 다항식이면 $f_0(x) = 1, f_1(x) = x, f_2(x) = x^2$ 등이 된다. 회귀 곡선에 대한 데이터의 분산은 다음과 같이 정의된 표준 편차로 정량화된다.

$$\sigma = \sqrt{\frac{S}{n - m}} \tag{3.15}$$

$n = m$인 경우 회귀가 아닌 보간이다. 이 경우 식 (3.15)의 분자와 분모가 모두 0이므로 σ는 미정이다.

직선 회귀

$$f(x) = a + bx \tag{3.16}$$

데이터에 직선 $f(x) = a + bx$에 맞추는 것을 선형 회귀라 한다. 이 경우 최소화되어야 할 함수는

$$S(a, b) = \sum_{i=0}^{n} \left[y_i - f(x_i)\right]^2 = \sum_{i=0}^{n} \left(y_i - a - bx_i\right)^2$$

식 (3.14)은 이제

$$\frac{\partial S}{\partial a} = \sum_{i=0}^{n} -2(y_i - a - bx_i) = 2\left[a\,(n+1) + b\sum_{i=0}^{n} x_i - \sum_{i=0}^{n} y_i\right] = 0$$

$$\frac{\partial S}{\partial b} = \sum_{i=0}^{n} -2(y_i - a - bx_i)x_i = 2\left(a\sum_{i=0}^{n} x_i + b\sum_{i=0}^{n} x_i^2 - \sum_{i=0}^{n} x_i y_i\right) = 0$$

두 방정식을 $2(n+1)$로 나누고 항을 다시 정리하면

$$a + \bar{x}b = \bar{y} \qquad \bar{x}a + \left(\frac{1}{n+1}\sum_{i=0}^{n} x_i^2\right)b = \frac{1}{n+1}\sum_{i=0}^{n} x_i y_i$$

여기서

$$\bar{x} = \frac{1}{n+1}\sum_{i=0}^{n} x_i \qquad \bar{y} = \frac{1}{n+1}\sum_{i=0}^{n} y_i \tag{3.17}$$

는 x 및 y 데이터의 평균값이다. 매개 변수에 대한 해는

$$a = \frac{\bar{y}\sum x_i^2 - \bar{x}\sum x_i y_i}{\sum x_i^2 - n\bar{x}^2} \qquad b = \frac{\sum x_i y_i - \bar{x}\sum y_i}{\sum x_i^2 - n\bar{x}^2} \tag{3.18}$$

이 식은 반올림 오차에 취약하다(각 분자 및 각 분모의 두 항은 대략 동일할 수 있다). 따라서 아래 식에서 매개 변수를 계산하는 것이 좋다.

$$b = \frac{\sum y_i(x_i - \bar{x})}{\sum x_i(x_i - \bar{x})} \qquad a = \bar{y} - \bar{x}b \tag{3.19}$$

이것은 식 (3.18)과 동일하지만 반올림의 영향을 훨씬 덜 받는다.

선형 형태 회귀

아래 선형 형태의 최소 제곱 회귀를 고려해 보자.

$$f(x) = a_0 f_0(x) + a_1 f_1(x) + \ldots + a_m f_m(x) = \sum_{j=0}^{m} a_j f_j(x) \tag{3.20}$$

여기서 각 $f_j(x)$는 x의 미리 결정된 함수이고, 기본 함수라고 한다. 식 (3.13)에서 치환은 아래 결과를 가진다.

$$S = \sum_{i=0}^{n} \left[y_i - \sum_{j=0}^{m} a_j f_j(x_i) \right]^2$$

따라서 식 (3.14)는

$$\frac{\partial S}{\partial a_k} = -2 \left\{ \sum_{i=0}^{n} \left[y_i - \sum_{j=0}^{m} a_j f_j(x_i) \right] f_k(x_i) \right\} = 0, \quad k = 0, 1, \ldots, m$$

상수 (−2)를 빼고 합산 순서를 바꾸면, 아래와 같다.

$$\sum_{j=0}^{m} \left[\sum_{i=0}^{n} f_j(x_i) f_k(x_i) \right] a_j = \sum_{i=0}^{n} f_k(x_i) y_i, \quad k = 0, 1, \ldots, m$$

행렬 표기법에서 이 식은

$$\mathbf{Aa} = \mathbf{b} \tag{3.21a}$$

여기서,

$$A_{kj} = \sum_{i=0}^{n} f_j(x_i) f_k(x_i) \qquad b_k = \sum_{i=0}^{n} f_k(x_i) y_i \tag{3.21b}$$

최소 제곱 회귀의 **정규 방정식**으로 알려진 방정식 (3.21a)은 2장에서 논의된 방법으로 풀 수 있다. 계수 행렬은 대칭 적이다(즉, $A_{kj} = A_{jk}$).

다항식 적합

일반적으로 사용되는 선형 형태는 다항식이다. 다항식의 차수가 m이면 $f(x) = \sum_{j=0}^{m} a_j x^j$ 이다. 기본 함수는 다음과 같다.

$$f_j(x) = x^j \qquad (j = 0, 1, \ldots, m) \tag{3.22}$$

그래서 식 (3.21b)은 아래와 같이 된다.

$$A_{kj} = \sum_{i=0}^{n} x_i^{j+k} \qquad b_k = \sum_{i=0}^{n} x_i^k y_i$$

또는

$$
\mathbf{A} = \begin{bmatrix} n & \sum x_i & \sum x_i^2 & \ldots & \sum x_i^m \\ \sum x_i & \sum x_i^2 & \sum x_i^3 & \ldots & \sum x_i^{m+1} \\ \vdots & \vdots & \vdots & \ddots & \vdots \\ \sum x_i^{m-1} & \sum x_i^m & \sum x_i^{m+1} & \ldots & \sum x_i^{2m} \end{bmatrix} \qquad \mathbf{b} = \begin{bmatrix} \sum y_i \\ \sum x_i y_i \\ \vdots \\ \sum x_i^m y_i \end{bmatrix} \tag{3.23}
$$

여기서, $\sum$는 $\sum_{i=0}^{n}$을 의미한다. 정규 방정식은 m이 증가함에 따라 점차적으로 나쁜 조건 행렬(Ill-conditioned matrix)이 된다. 다행히도 이것은 낮은 차수 다항식 회귀에만 유용하기 때문에 실질적인 결과가 거의 없다. 차수가 높은 다항식은 데이터 고유의 노이즈를 재생하는 경향이 있으므로 권장하지 않는다.

polyFit

polyFit 모듈 함수 m의 다항식 계수에 대한 정규 방정식을 설정하고 해결한다. 다항식 계수를 반환한다. 계산을 용이하게하기 위해, 식 (3.23)에서 계수 행렬을 구성하는 항 n, $\sum x_i$, $\sum x_i^2$, $\sum x_i^{2m}$은 먼저 벡터 $\mathbf{s}$에 저장된 다음 $\mathbf{A}$에 삽입된다. 그런 다음 피봇팅으로 Gauss 제거를 통해 정규 방정식을 풀 수 있다. 해를 찾은 후 표준 편차 σ는 stdDev 함수로 계산할 수 있다. stdDev 함수 내의 다항식 평가는 내장 함수 evalPoly에 의해 수행된다. 알고리즘에 대한 설명은 4.7절을 참조하시오.

```
## module polyFit
'''
    c = polyFit(xData,yData,m).
    Returns coefficients of the polynomial
    p(x) = c[0] + c[1]x + c[2]x^2 +...+ c[m]x^m
    that fits the specified data in the least
    squares sense.

    sigma = stdDev(c,xData,yData).
    Computes the std. deviation between p(x)
    and the data.
'''
import numpy as np
import math
from gaussPivot import *

def polyFit(xData,yData,m):
    a = np.zeros((m+1,m+1))
    b = np.zeros(m+1)
    s = np.zeros(2*m+1)
    for i in range(len(xData)):
        temp = yData[i]
```

```
        for j in range(m+1):
            b[j] = b[j] + temp
            temp = temp*xData[i]
        temp = 1.0
        for j in range(2*m+1):
            s[j] = s[j] + temp
            temp = temp*xData[i]
    for i in range(m+1):
        for j in range(m+1):
            a[i,j] = s[i+j]
        return gaussPivot(a,b)

def stdDev(c,xData,yData):

    def evalPoly(c,x):
        m = len(c) - 1
        p = c[m]
        for j in range(m):
            p = p*x + c[m-j-1]
        return p

    n = len(xData) - 1
    m = len(c) - 1
    sigma = 0.0
    for i in range(n+1):
        p = evalPoly(c,xData[i])
        sigma = sigma + (yData[i] - p)**2
    sigma = math.sqrt(sigma/(n - m))
    return sigma
```

■ plotPoly

다음에 나열된 plotPoly 함수는 데이터 점과 회귀 다항식을 그리는 데 편리하다.

```
## module plotPoly
'''
plotPoly(xData,yData,coeff,xlab=&x&,ylab=&y&)
Plots data points and the fitting
polynomial defined by its coefficient
array coeff = [a0, a1. ...]
xlab and ylab are optional axis labels
'''
import numpy as np
import matplotlib.pyplot as plt
```

```
def plotPoly(xData,yData,coeff,xlab='x',ylab='y'):
    m = len(coeff)
    x1 = min(xData)
    x2 = max(xData)
    dx = (x2 - x1)/20.0
    x = np.arange(x1,x2 + dx/10.0,dx)
    y = np.zeros((len(x)))*1.0
    for i in range(m):
        y = y + coeff[i] * x ** i
    plt.plot(xData, yData,'o', x, y,'-')
    plt.xlabel(xlab); plt.ylabel(ylab)
    plt.grid(True)
    plt.show()
```

데이터 가중치

데이터의 정확성에 대한 우리의 확신은 각 점마다 다를 수 있다. 예를 들어, 측정을 수행하는 계측기는 특정 범위의 데이터에서 더 민감 할 수 있다. 때때로 데이터는 여러 가지 실험의 결과를 나타내며, 각 실험은 서로 다른 조건에서 수행된다. 이러한 상황에서 각 데이터 포인트에 신뢰 계수(confidence factor) 또는 가중치(weight)를 할당하고 **가중치 잔차**(weighted residuals) $r_i = W_i[y_i - f(x_i)]$의 제곱의 합을 최소화 할 수 있다. 여기서 W_i는 가중치이다. 따라서 최소화해야 할 기능은

$$S(a_0, a_1, \ldots, a_m) = \sum_{i=0}^{n} W_i^2 \left[y_i - f(x_i)\right]^2 \tag{3.24}$$

이 절차는 회귀 함수 $f(x)$를 더 높은 가중치를 갖게 하여, 데이터 포인트에 더 가깝게 만든다.

가중 선형 회귀 회귀 함수가 직선 $f(x) = a + bx$이면 식 (3.24)는 아래와 같이 된다.

$$S(a, b) = \sum_{i=0}^{n} W_i^2 (y_i - a - bx_i)^2 \tag{3.25}$$

S를 최소화하기 위한 조건은 다음과 같다.

$$\frac{\partial S}{\partial a} = -2 \sum_{i=0}^{n} W_i^2 (y_i - a - bx_i) = 0$$

$$\frac{\partial S}{\partial b} = -2 \sum_{i=0}^{n} W_i^2 (y_i - a - bx_i) x_i = 0$$

또는

$$a\sum_{i=0}^{n} W_i^2 + b\sum_{i=0}^{n} W_i^2 x_i = \sum_{i=0}^{n} W_i^2 y_i \tag{3.26a}$$

$$a\sum_{i=0}^{n} W_i^2 x_i + b\sum_{i=0}^{n} W_i^2 x_i^2 = \sum_{i=0}^{n} W_i^2 x_i y_i \tag{3.26b}$$

$\sum_{i=0}^{n} W_i^2$에 의해 방정식 (3.26a)을 나누면, 아래와 같은 **가중 평균**(weighted averages)을 소개할 수 있다.

$$\hat{x} = \frac{\sum W_i^2 x_i}{\sum W_i^2} \qquad \hat{y} = \frac{\sum W_i^2 y_i}{\sum W_i^2} \tag{3.27}$$

우리는 아래 방정식을 얻는다.

$$a = \hat{y} - b\hat{x}. \tag{3.28a}$$

식 (3.26b)에 대입하고 b에 대해 구하면

$$b = \frac{\sum W_i^2 y_i(x_i - \hat{x})}{\sum W_i^2 x_i(x_i - \hat{x})} \tag{3.28b}$$

식 (3.28)은 비가중 데이터의 식 (3.19)와 매우 유사하다.

지수 함수 회귀 가중 선형 회귀의 특수한 적용은 다양한 지수 함수를 데이터에 맞출 때 발생한다. 아래와 같은 회귀 함수를 예로 들어 보자

$$f(x) = ae^{bx}$$

일반적으로 최소 제곱 회귀는 a와 b에서 비선형인 방정식으로 이어진다. 그러나 y가 아니라 ln y에 적합하면 문제는 선형 회귀로 변환된다.

$$F(x) = \ln f(x) = \ln a + bx$$

함수 $F(x)$를 데이터 포인트 $(x_i, \ln y_i)$, $i = 0, 1, ..., n$로 회귀한다. 이 단순화는 비싼 댓가를 치른다. 데이터의 로그에 맞는 최소 제곱은 원래 데이터에 맞는 최소 제곱과 동일하지 않다. 로그 회귀의 잔차는

$$R_i = \ln y_i - F(x_i) = \ln y_i - (\ln a + bx_i) \tag{3.29a}$$

$$r_i = y_i - f(x_i) = y_i - ae^{bx_i} \tag{3.29b}$$

이 불일치는 가중 대수 적합을 적용함으로써 크게 제거할 수 있다. 식 (3.29b)에서 $\ln(r_i - y_i) = \ln(ae^{bx_i}) = \ln a + bx_i$를 얻으므로 식 (3.29a)는 다음과 같이 쓸 수 있다.

$$R_i = \ln y_i - \ln(r_i - y_i) = \ln\left(1 - \frac{r_i}{y_i}\right)$$

잔차 r_i가 충분히 작으면 $r_i \ll y_i$), $\ln(1 - r_i/y_i) \approx r_i/y_i$ 근사를 사용할 수 있다. 그래서 다음과 같다.

$$R_i \approx r_i / y_i$$

우리는 이제 $\sum R_i^2$를 최소화함으로써 부득이하게 가중치 $1/y_i$를 도입했다. $F(x)$를 $(\ln y_i, x_i)$에 회귀 할 때 가중치 $W_i = y_i$를 적용하면 이 효과를 무시할 수 있다. 즉, 아래 S 최소화는 $\sum r_i^2$ 최소화에 대한 좋은 접근 방법이다.

$$S = \sum_{i=0}^{n} y_i^2 R_i^2 \tag{3.30}$$

가중치 $W_i = y_i$로부터 이익을 얻는 다른 예들이 표 3.4에 주어진다.

표 3.4 Fitting exponential functions.

$f(x)$	$F(x)$	$F(x)$로 회귀할 데이터
axe^{bx}	$\ln[f(x)/x] = \ln a + bx$	$[x_i, \ln(y_i/x_i)]$
ax^b	$\ln f(x) = \ln a + b\ln(x)$	$\ln x_i, \ln y_i$

예제 3.10

아래에 표시된 데이터에 직선을 맞추고 표준 편차를 계산하시오

x	0.0	1.0	2.0	2.5	3.0
y	2.9	3.7	4.1	4.4	5.0

풀이

데이터의 평균은

$$\bar{x} = \frac{1}{5}\sum x_i = \frac{0.0 + 1.0 + 2.0 + 2.5 + 3.0}{5} = 1.7$$

$$\bar{y} = \frac{1}{5}\sum y_i = \frac{2.9 + 3.7 + 4.1 + 4.4 + 5.0}{5} = 4.02$$

보간의 기울기 a와 절편 b는 이제 식 (3.19)에서 결정될 수 있다.

$$b = \frac{\sum y_i(x_i - \bar{x})}{\sum x_i(x_i - \bar{x})}$$

$$= \frac{2.9(-1.7) + 3.7(-0.7) + 4.1(0.3) + 4.4(0.8) + 5.0(1.3)}{0.0(-1.7) + 1.0(-0.7) + 2.0(0.3) + 2.5(0.8) + 3.0(1.3)}$$

$$= \frac{3.73}{5.8} = 0.6431$$

$$a = \bar{y} - \bar{x}b = 4.02 - 1.7(0.6431) = 2.927$$

따라서 회귀선은 $f(x) = 2.927 + 0.6431x$이며 데이터 포인트와 함께 그림에 표시된다.

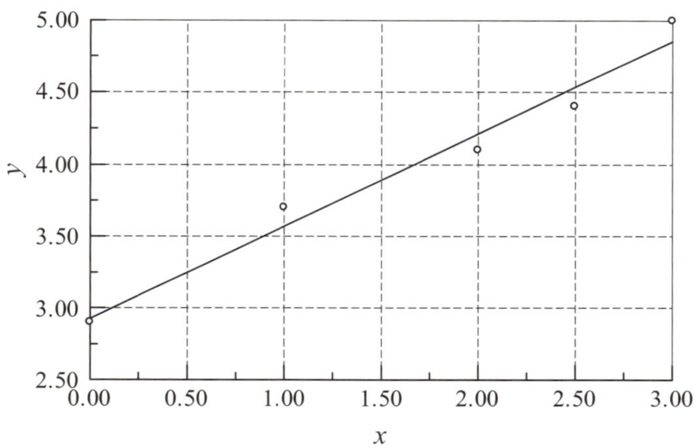

잔차를 계산하여 표준 편차의 평가를 시작한다.

x	0.000	1.000	2.000	2.500	3.000
y	2.900	3.700	4.100	4.400	5.000
$f(x)$	2.927	3.570	4.213	4.535	4.856
$y - f(x)$	−0.027	0.130	−0.113	−0.135	0.144

잔차 제곱의 합은

$$S = \sum [y_i - f(x_i)]^2$$
$$= (-0.027)^2 + (0.130)^2 + (-0.113)^2 + (-0.135)^2 + (0.144)^2 = 0.06936$$

식 (3.15)의 표준 편차는 아래와 같다.

$$\sigma = \sqrt{\frac{S}{5-2}} = \sqrt{\frac{0.06936}{3}} = 0.1520$$

예제 3.11

$f(x) = ae^{bx}$가 최소 자승법으로 다음 데이터에 맞도록 매개 변수 a와 b를 결정하시오.

x	1.2	2.8	4.3	6.8	7.9
y	7.5	16.1	38.9	146.6	266.2

두 가지 다른 방법을 사용하십시오. (1) ln y_i를 맞추시오. (2) 가중치 $W_i = y_i$로 ln y_i를 맞추시오. 각 경우에 표준 편차를 계산하시오.

문제 (1)에 대한 풀이

문제는 함수 $\ln(ae^{bx}) = \ln a + bx$를 데이터에 맞추는 것이다.

x	1.2	2.8	4.3	6.8	7.9
$z = \ln y$	2.015	2.779	3.661	4.205	5.584

우리는 이제 선형 회귀를 다루고 있다. 여기서 찾을 매개 변수는 $A = \ln a$ 및 b이다. 예제 3.8의 단계에 따라 다음 식을 얻는다. (산술 세부 사항을 생략함)

$$\bar{x} = \frac{1}{6}\sum x_i = 4.733 \qquad \bar{z} = \frac{1}{6}\sum z_i = 3.872$$

$$b = \frac{\sum z_i(x_i - \bar{x})}{\sum x_i(x_i - \bar{x})} = \frac{16.716}{31.153} = 0.5366 \qquad A = \bar{z} - \bar{x}b = 1.3323$$

따라서 $a = e^A = 3.790$이고, 회귀 함수는 $f(x) = 3.790e^{0.5366x}$이 된다. $f(x)$의 플롯과 데이터 포인트가 그림에 표시되어 있다.

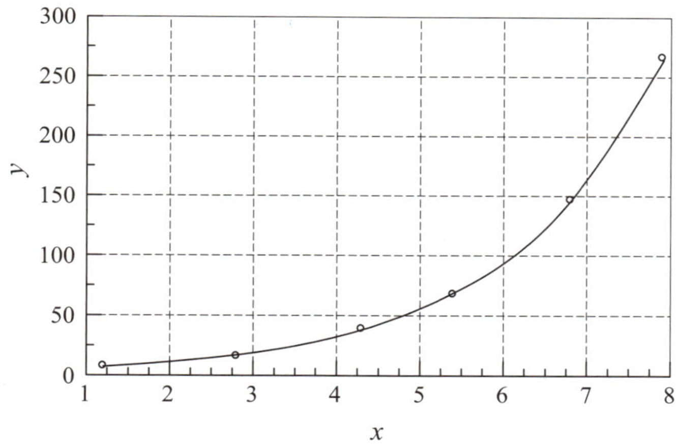

표준 편차 계산은 다음과 같다.

x	1.20	2.80	4.30	5.40	6.80	7.90
y	7.50	16.10	38.90	67.00	146.60	266.20
$f(x)$	7.21	17.02	38.07	68.69	145.60	262.72
$y-f(x)$	0.29	−0.92	0.83	−1.69	1.00	3.48

$$S = \sum \left[y_i - f(x_i)\right]^2 = 17.59$$

$$\sigma = \sqrt{\frac{S}{6-2}} = 2.10$$

앞에서 지적했듯이 이것은 y_i에 맞지 않고 $\ln y_i$에 맞기 때문에 명시된 문제에 대한 대략적인 해결책이다. 플롯으로 판단하면 회귀가 꽤 좋아 보인다.

문제 (2)에 대한 풀이

우리는 다시 $\ln(ae^{bx}) = \ln a + bx$를 $z = \ln y$에 맞추지만 이번에는 가중치 $W_i = y_i$를 사용한다. 식 (3.27)에서 데이터의 가중 평균은 ($z = \ln y$에 적합함을 기억하시오) 아래와 같다.

$$\hat{x} = \frac{\sum y_i^2 x_i}{\sum y_i^2} = \frac{737.5 \times 10^3}{98.67 \times 10^3} = 7.474$$

$$\hat{z} = \frac{\sum y_i^2 z_i}{\sum y_i^2} = \frac{528.2 \times 10^3}{98.67 \times 10^3} = 5.353$$

식 (3.28)은 다음 값에 대한 결과를 준다.

$$b = \frac{\sum y_i^2 z_i(x_i - \hat{x})}{\sum y_i^2 x_i(x_i - \hat{x})} = \frac{35.39 \times 10^3}{65.05 \times 10^3} = 0.5440$$

$$\ln a = \hat{z} - b\hat{x} = 5.353 - 0.5440(7.474) = 1.287$$

그러므로

$$a = e^{\ln a} = e^{1.287} = 3.622$$

그래서, 회귀 함수가 $f(x) = 3.622e^{0.5440x}$가 된다,

예상한 대로 이 결과는 해결 방안 (1)에서 얻은 것과 약간 다르다.

잔차 및 표준 편차의 계산은 다음과 같다.

x	1.20	2.80	4.30	5.40	6.80	7.90
y	7.50	16.10	38.90	67.00	146.60	266.20
$f(x)$	6.96	16.61	37.56	68.33	146.33	266.20
$y-f(x)$	0.54	−0.51	1.34	−1.33	0.267	0.00

$$S = \sum \left[y_i - f(x_i)\right]^2 = 4.186$$

$$\sigma = \sqrt{\frac{S}{6-2}} = 1.023$$

잔차와 표준 편차가 해결 방안 (1)보다 작으므로 예상대로 더 잘 맞는다는 것을 알 수 있다. y_i를 직접 맞추면 (초월 방정식의 해가 포함됨) $f(x) = 3.614e^{0.5442x}$가 된다. 해당 표준 편차는 $\sigma = 1.022$이며 이는 해결 방안 (2)의 결과에 매우 가깝다.

예제 3.12

임의의 차수 m의 다항식을 다음 표에 표시된 데이터 점에 맞는 프로그램을 작성하시오. 프로그램을 사용하여 최소 제곱의 의미에서 이 데이터에 가장 적합한 m을 결정하시오.

x	−0.04	0.93	1.95	2.90	3.83	5.00
y	−8.66	−6.44	−4.36	−3.27	−0.88	0.87
x	5.98	7.05	8.21	9.08	10.09	
y	3.31	4.63	6.19	7.40	8.85	

풀이

다음에 보여지는 프로그램은 *m*을 프롬프트한다. 유효하지 않은 문자(예 : "return"문자)를 입력하면 실행이 종료된다.

```
#!/usr/bin/python
## example3_12
import numpy as np
from polyFit import *

xData = np.array([-0.04,0.93,1.95,2.90,3.83,5.0,      \
                  5.98,7.05,8.21,9.08,10.09])
yData = np.array([-8.66,-6.44,-4.36,-3.27,-0.88,0.87, \
                  3.31,4.63,6.19,7.4,8.85])

while True:
    try:
        m = eval(input("Degree of polynomial ==> "))
        coeff = polyFit(xData,yData,m)
        print("Coefficients are:",coeff)
        print("Std. deviation =",stdDev(coeff,xData,yData))
    except SyntaxError: break
input("Finished. Press return to exit")
```

결과는 아래와 같다.

```
Degree of polynomial ==> 1
Coefficients are:
 [-7.94533287 1.72860425]
Std. deviation = 0.5112788367370911

Degree of polynomial ==> 2
Coefficients are:
 [-8.57005662 2.15121691 -0.04197119]
Std. deviation = 0.3109920728551074

Degree of polynomial ==> 3
Coefficients are:
 [ -8.46603423e+00 1.98104441e+00 2.88447008e-03 -2.98524686e-03]
Std. deviation = 0.31948179156753187

Degree of polynomial ==>
Finished. Press return to exit
```

2차 $f(x) = -8.5700 + 2.1512x - 0.041971x^2$는 가장 작은 표준 편차를 생성하므로 데이터에 대한 "최상의" 적합으로 간주 할 수 있다. 그러나 표준 편차는 적합도를 신뢰할 수 있는 척도가 아니다. 최종 결정을 하기 전에 항상 데이터 포인트와 $f(x)$를 플로팅하는 것이 좋다. 우리 데이터의 플로팅은 2차(실선)이 회귀 함수를 위한 합리적인 선택임을 나타낸다.

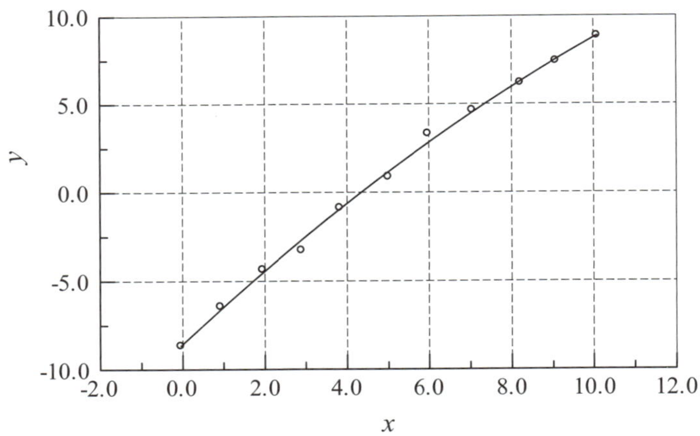

연습 문제 3.2

지침 : 필요할 때마다 데이터 점과 회귀 기능을 플로팅하시오.

1. 비가중 데이터의 최소 제곱 적합으로 얻은 직선이 항상 점 $(\bar{x}, \bar{y})$을 통과 함을 보이시오.
2. 선형 회귀를 사용하여 데이터에 맞는 직선을 찾아라. 그리고, 표준 편차를 결정하시오.

x	-1.0	-0.5	0	0.5	1.0
y	-1.00	-0.55	0.00	0.45	1.00

3. 3번의 인장 시험을 알루미늄 바에서 수행하였다. 각 시험에서 변형률(strain)은 동일한 응력(stress) 값에서 측정되었습니다. 결과는 아래와 같다.

Stress(MPa)	34.5	69.0	103.5	138.0
Strain(Test1)	0.46	0.95	1.48	1.93
Strain(Test2)	0.34	1.02	1.51	2.09
Strain(Test3)	0.73	1.10	1.62	2.12

여기서 변형 단위는 mm/m이다. 선형 회귀를 사용하여 막대의 탄성 계수를 계산하시오 (탄성 계수 = 응력/변형).

4. 세 번째 테스트가 열등한 기계에서 수행되었다고 가정하고 결과가 다른 두 테스트의 무게의 절반에 불과하다는 가정하에 문제 3을 해결하시오.

5. ■ 다음 표는 남극 대륙의 연간 대기 CO_2 농도(백만 분율)를 보여준다. 직선을 데이터에 맞추고 연간 평균 농도 증가를 결정하시오.

Year	1994	1995	1996	1997	1998	1999	2000	2001
ppm	356.8	358.2	360.3	361.8	364.0	365.7	366.7	368.2
Year	2002	2003	2004	2005	2006	2007	2008	2009
ppm	370.5	372.2	374.9	376.7	378.7	381.0	382.9	384.7

6. ■ 다음 표는 2008 년 포드와 혼다에서 제조한 자동차의 질량 M 및 평균 연료 소비 ϕ를 나타낸다. 직선 $\phi = a + bM$을 데이터에 맞추고 표준 편차를 계산하시오.

Model	M(kg)	ϕ(km/liter)
Focus	1198	11.90
Crown Victoria	1715	6.80
Expedition	2530	5.53
Explorer	2014	6.38
F-150	2136	5.53
Fusion	1492	8.50
Taurus	1652	7.65
Fit	1168	13.60
Accord	1492	9.78
CR-V	1602	8.93
Civic	1192	11.90
Ridgeline	2045	6.38

7. ■ 공기의 상대 밀도 ρ는 다양한 고도 h에서 측정되었다. 결과는 아래와 같다.

h(km)	0	1.525	3.050	4.575	6.10	7.625	9.150
ρ	1	0.8617	0.7385	0.6292	0.5328	0.4481	0.3741

2차 최소 제곱법을 사용하여, $h = 10.5$km에서 상대 공기 밀도를 결정하시오. (이 문제는 문제 20, 연습 문제 3.1의 보간으로 해결되었다.)

8. ■ 물의 동점도 μ_k(kinematic viscosity)는 다음 표에 표시된 것처럼 온도 T에 따라 다르다. 데이터에 가장 적합한 입방을 결정하고 이를 사용하여 $T = 10°, 30°, 60°, 90°$C에서 μ_k를 계산하시오. (이 문제는 문제 19에서 해결되었다. 연습 문제 3.1의 보간으로 해결

되었다.)

T(°C)	0	21.1	37.8	54.4	71.1	87.8	100
$\mu_k(10^{-3}\ \mathrm{m}^2/\mathrm{s})$	1.79	1.13	0.696	0.519	0.338	0.321	0.296

9. ■ 다음 표의 데이터에 직선 및 2차선을 맞추시오. 어느 것이 더 적합한가?

x	1.0	2.5	3.5	4.0	1.1	1.8	2.2	3.7
y	6.008	15.722	27.130	33.772	5.257	9.549	11.098	28.828

10. ■ 다음 표는 일부 초기 증기 엔진의 열효율을 보여준다. 선형 회귀를 사용하여 2000년의 열효율을 예측하시오.

Year	Efficiency(%)	Type
1718	0.5	Newcomen
1767	0.8	Smeaton
1774	1.4	Smeaton
1775	2.7	Watt
1792	4.5	Watt
1816	7.5	Woolf compound
1828	12.0	Improved Cornish
1834	17.0	Improved Cornish
1878	17.2	Corliss compound
1906	23.0	Triple expansion

11. 다음 표는 온도 T에 따른 나트륨의 상대 열전도도 k의 변화를 보여준다. 최소 제곱으로 데이터에 맞는 2차식를 찾으시오.

T(°C)	79	190	357	524	690
k	1.00	0.932	0.839	0.759	0.693

12. (x_i, y_i), $i = 0, 1, \ldots, n$ 데이터 최소 제곱 적합은 $f(x) = ax^b$이고 $(\ln x_i, \ln y_i)$의 최소 제곱 적합은 $F(x) = \ln a + b \ln x$이다. −표 3.4 참조. 잔차가 $r_i = y_i - f(x_i)$이고 $R_i = \ln y_i - F(x_i)$일 때, $R_i \approx r_i/y_i$임을 증명하시오. $r_i \ll y_i$라고 가정하시오.

13. $f(x) = a \sin(\pi x/2) + b \cos(\pi x/2)$가 최소 제곱으로 다음 데이터를 핏팅할 때, a 및 b를 결정하시오.

x	−0.5	−0.19	0.02	0.20	0.35	0.50
y	−3.558	−2.874	−1.995	−1.040	−0.068	0.677

14. $f(x) = ax^b$가 최소 제곱으로 다음 데이터를 핏팅할 때, a 및 b를 결정하시오.

x	0.5	1.0	1.5	2.0	2.5
y	0.49	1.60	3.36	6.44	10.16

15. $f(x) = axe^{bx}$가 다음 데이터를 핏팅할 때, 표준 편차를 계산하시오.

x	0.5	1.0	1.5	2.0	2.5
y	0.541	0.398	0.232	0.106	0.052

16. ■ 방사성 물질의 방사선 강도는 반년 간격으로 측정된다. 아래는 그 결과이다.

t(years)	0	0.5	1	1.5	2	2.5
γ	1.000	0.994	0.990	0.985	0.979	0.977
t(years)	3	3.5	4	4.5	5	5.5
γ	0.972	0.969	0.967	0.960	0.956	0.952

여기서 γ는 방사선의 상대 강도이다. 방사능이 시간 $\gamma(t) = ae^{-bt}$에 따라 기하 급수적으로 붕괴한다는 것을 알 때, 물질의 방사성 반감기를 추정하시오.

17. 선형 회귀는 둘 이상의 변수(다중 선형 회귀라고 함)에 의존하는 데이터로 확장될 수 있다. 종속 변수가 이고 독립 변수가 x와 y인 경우, 핏팅할 데이터는 아래와 같다.

x_1	y_1	z_1
x_2	y_2	z_2
x_3	y_3	z_3
⋮	⋮	⋮
x_n	y_n	z_n

직선 대신 회귀 함수가 이제 평면을 나타낸다.

$$f(x, y) = a + bx + cy$$

계수에 대한 정규 방정식이 아래와 같음을 보이시오.

$$\begin{bmatrix} n & \Sigma x_i & \Sigma y_i \\ \Sigma x_i & \Sigma x_i^2 & \Sigma x_i y_i \\ \Sigma y_i & \Sigma x_i y_i & \Sigma y_i^2 \end{bmatrix} \begin{bmatrix} a \\ b \\ c \end{bmatrix} = \begin{bmatrix} \Sigma z_i \\ \Sigma x_i z_i \\ \Sigma y_i z_i \end{bmatrix}$$

18. 아래 데이터를 핏팅하기 위해 아래 함수를 이용하여, 문제 17을 설명된 다중 선형 회귀 분석을 사용하시오.

$$f(x, y) = a + bx + cy$$

x	y	z
0	0	1.42
0	1	1.85
1	0	0.78
2	0	0.18
2	1	0.60
2	2	1.05

4
방정식의 근

함수 f가 주어질 때, $f(x)=0$의 해를 구하라.

4.1 개요

공학 엔지니어링 분석에서 발생하는 일반적인 문제는 함수 $f(x)$가 주어질 때 $f(x)=0$인 x의 값을 구하는 것이다. 해(x의 값)는 방정식 $f(x)=0$의 근(roots) 또는 함수 $f(x)$의 제로(zeroes)라고 한다. 더 진행하기 전에 함수의 개념을 검토하는 것이 도움이 될 수 있다. 방정식

$$y = f(x)$$

은 입력 값 x, 출력 값 y 및 y계산을 위한 규칙 f의 세 가지 요소를 포함한다. 규칙 f가 지정되면 함수가 제공된다고 한다. 수치 계산에서 규칙은 컴퓨터 알고리즘이다. 다음과 같은 함수 구문일 수 있다.

$$f(x) = \cosh(x)\cos(x) - 1$$

또는 수백 또는 수천 줄의 코드를 포함하는 복잡한 절차일 수 있다. 알고리즘이 각 입력 x에 대해 출력 y를 생성하는 한, 함수로 규정된다. 방정식의 근은 실수 또는 복소수일 수 있다. 복소수 근은 물리적으로 거의 중요하지 않기 때문에 거의 계산되지 않는다. 복소수 근이 의미가 있을 수 있는 다항식(예 : 감쇠 진동 분석에서와 같이)은 예외이다.

$$a_0 + a_1x + a_1x^2 + \cdots + a_nx^n = 0$$

먼저 우리는 방정식의 실근을 찾는 데 집중할 것이다. 이 장의 끝 부분에서 다항식의 복소수 제로가 다루어진다. 일반적으로 방정식에는 임의의 수의 (실수) 근이 있거나 근이 전혀 없을 수 있다. 예를 들어

$$\sin x - x = 0$$

단일 근, 즉 $x = 0$을 갖는 반면

$$\tan x - x = 0$$

무한대의 근을 가지고 있다. ($x = 0$, ± 4.493, ± 7.725, ...).

근을 찾는 모든 방법은 출발점(즉, 근의 추정치)에서 절차를 반복하는 방법이다. 이 추정은 매우 중요하다. 잘못된 시작 값으로 수렴이 되지 않거나 "잘못된" 근(원하는 것과 다른 근)으로 수렴될 수 있다. 근을 추정하기 위한 보편적인 방법은 없다. 방정식이 물리적 문제와 관련된 경우 문제의 맥락(물리적 통찰력)은 근의 근사 위치를 제안하는 것이다. 그렇지 않으면 근에 대한 체계적인 수치 검색을 수행할 수 있다. 이러한 검색 방법 중 하나는 다음 장에서 설명한다. 함수를 플로팅하는 것은 근을 찾는 또 다른 방법이지만 프로그래밍 할 수 없는 시각적 방법이다. 해 찾기 알고리즘에 문제를 전달하기 전에 한 단계 더 나아가 해를 괄호로 묶는 bracket 방법(하한 및 상한을 결정)이 좋다. 사실, 사전 브라케팅은 이 장에서 설명된 방법에서 필수적이다.

4.2 증분탐색법

함수를 플롯하는 방법이 근의 대략적인 위치를 파악하는 방법 중에서 가장 수월한 방법이다. 종종 몇 가지 점을 기준으로 매우 대략적인 플롯팅이 합리적인 시작 값을 제공하기에 충분하다. 근을 발견하고 근 주변을 브라케팅하는 또 다른 유용한 도구는 증분탐색법이다. 또한 근 계산에도 적용할 수 있지만 이 장에서 설명하는 다른 방법이 해당 작업에 더 효율적이기 때문에 근 계산에는 사용하지 않는다. 증분탐색법의 기본 아이디어는 간단하다. $f(x_1)$ 및 $f(x_2)$가 서로 반대 부호를 가지고 있는 경우, 간격 (x_1, x_2)사이에 적어도 하나의 근이 있다. 간격이 충분히 작으면 단일 근를 포함할 수 있다. 따라서 Δx 간격에서 함수를 평가하고 부호의 변화를 찾아 $f(x)$의 근을 감지 할 수 있다.

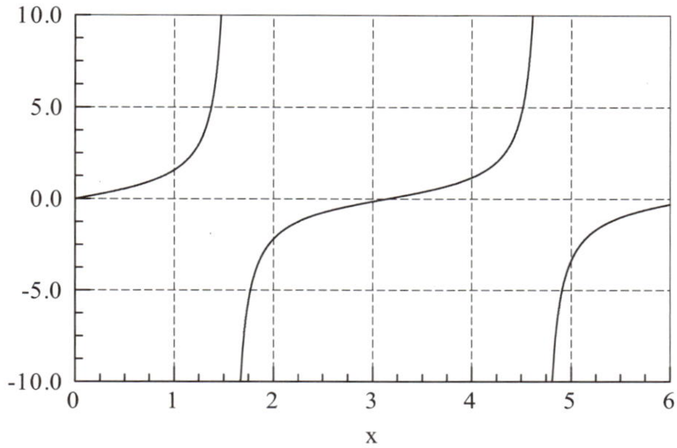

그림 4.1 Plot of tan x.

증분탐색법에는 몇 가지 잠재적인 문제가 있다.

- 검색 증분 Δx가 근의 간격보다 크면 두 개의 근접한 루트를 놓칠 수 있다.
- 이중근(동일한 2개의 근)은 감지되지 않는다.
- $f(x)$의 특정 특이점 (극점)이 근으로 오인 될 수 있다. 예를 들어, 그림 4.1에 표시된 것처럼 $f(x) = \tan x$는 $x = \pm\frac{1}{2}n\pi$, $n = 1, 3, 5, \ldots$에서 부호를 변경한다. 그러나 이 위치는 함수가 x 축을 가로 지르지 않기 때문에 근이 아니다.

■ rootsearch

이 함수는 간격 (a,b)에서 증분 dx 단위로 사용자 제공 함수 $f(x)$의 근을 검색한다. 검색에 성공한 경우 근의 경계 (x1,x2)를 반환한다. x1 = x2 = None은 근이 감지되지 않았음을 나타낸다. 첫 번째 근(a에 가장 가까운 근)이 감지되면 다음 루트를 찾기 위해 x2로 대체된 rootsearch를 다시 호출할 수 있다. rootsearch가 근을 감지하는 한 이를 반복할 수 있다.

```
## module rootsearch
'''
x1,x2 = rootsearch(f,a,b,dx).
Searches the interval (a,b) in increments dx for
the bounds (x1,x2) of the smallest root of f(x).
Returns x1 = x2 = None if no roots were detected.
'''
from numpy import sign

def rootsearch(f,a,b,dx):
    x1 = a; f1 = f(a)
    x2 = a + dx; f2 = f(x2)
    while sign(f1) == sign(f2):
```

```
        if x1 >= b: return None,None
        x1 = x2; f1 = f2
        x2 = x1 + dx; f2 = f(x2)
    else:
        return x1,x2
```

예제 4.1

$x^3 - 10x^2 + 5 = 0$의 근은 구간 (0, 1)에 있다. rootsearch를 사용하여 소수점 아래 4자리 정확도로 이 근을 계산하시오.

풀이

네 자리 정확도를 얻으려면 $\Delta x = 0.0001$보다 크지 않은 검색 증분이 필요하다. 간격 (0,1)에서 증분 $\Delta x = 0.0001$을 이용하여, 검색하면 10,000번의 함수가 반복 평가된다. 다음 프로그램은 4 단계로 해를 닫아 함수 평가 수를 40개로 줄인다. 각 단계는 10개의 검색 간격(따라서 10개의 함수 평가)을 가진다.

```
#!/usr/bin/python
## example4_1
from rootsearch import *

def f(x): return x**3 - 10.0*x**2 + 5.0

x1 = 0.0; x2 = 1.0
for i in range(4):
    dx = (x2 - x1)/10.0
    x1,x2 = rootsearch(f,x1,x2,dx)
x = (x1 + x2)/2.0
print('x =', ':6.4f'.format(x))
input("Press return to exit")
```

출력은 $x = 0.7346$이다.

4.3 이분법

$f(x) = 0$의 근이 구간에 의해 괄호로 묶인 후 여러 가지 방법을 사용하여 닫을 수 있다. 이분법은 간격이 충분히 작아질 때까지 간격을 연속적으로 반으로 줄여 이를 달성한다. 이

기술은 간격 반감 방법(interval halving method)이라고도 한다. 이분법은 근을 계산할 수 있는 가장 빠른 방법은 아니지만 가장 신뢰할 수 있는 방법이다. 근이 괄호 내에 있으면 이분법은 항상 근으로 접근한다.

이분법은 증분 검색과 동일한 원리를 사용한다. 구간 (x_1, x_2)에 근이 있으면 $f(x_1)$ 및 $f(x_2)$는 반대 부호가 된다. 구간을 반으로 줄이기 위해 $f(x_3)$을 계산한다. 여기서 $x_3 = \frac{1}{2}(x_1 + x_2)$는 구간의 중간 점이다. $f(x_2)$와 $f(x_3)$가 서로 부호가 반대 인 경우 근은 (x_2, x_3)에 있어야 하며, 원래 경계점 x_1을 x_3으로 교체하여 이를 기록한다. 그렇지 않으면 근은 (x_1, x_3)에 있으며, 이 경우 x_2는 x_3로 바뀐다. 두 경우 모두 새 간격 (x_1, x_2)은 원래 간격의 절반 크기이다. 구간이 작은 값 ε으로 줄어들 때까지 이분법이 반복된다.

$$|x_2 - x_1| \le \varepsilon$$

규정된 ε에 도달하는 데 필요한 이분법의 수를 쉽게 계산할 수 있다. 원래 구간 Δx는 이분할 후 $\Delta x/2$로 줄어들고, 두 개의 분할 후 $\Delta x/2^2$로 줄어들며, n개의 이분 후에 $\Delta x/2^n$로 줄어든다. $\Delta x/2^n = \varepsilon$로 설정하고 n을 구하면, 아래와 같다.

$$n = \frac{\ln(\Delta x/\varepsilon)}{\ln 2} \tag{4.1}$$

n은 정수여야 하므로 n의 올림값(ceiling)이 사용된다(n의 올림값은 n보다 큰 가장 작은 정수이다).

bisection

이 함수는 이분법을 사용하여 구간 (x1,x2)에 있는 것으로 알려진 f(x) = 0의 근을 계산한다. 구간을 tol로 줄이는 데 필요한 이분법의 수 n은 식 (4.1)에서 계산된다. switch = 1로 설정하면 f(x)의 크기가 루틴이 진행될 때마다, 반씩 감소하는지 확인한다. 그렇지 않은 경우, 무언가 잘못되었을 수 있다(아마 "root"는 루트가 아니라 극점일 수 있음). 그리고 root = None이 반환된다. 이 기능이 항상 바람직한 것은 아니기 때문에 기본값은 switch = 0이다. 프로그램을 종료하기 위해 사용하는 error.err 함수는 1.7절에 나열되어 있다.

```
## module bisection
'''root = bisection(f,x1,x2,switch=0,tol=1.0e-9).
Finds a root of f(x) = 0 by bisection.
The root must be bracketed in (x1,x2).
Setting switch = 1 returns root = None if
f(x) increases upon bisection.
```

```
'''
import math
import error
from numpy import sign

def bisection(f,x1,x2,switch=1,tol=1.0e-9):
    f1 = f(x1)
    if f1 == 0.0: return x1
    f2 = f(x2)
    if f2 == 0.0: return x2
    if sign(f1) == sign(f2):
        error.err('Root is not bracketed')
    n = int(math.ceil(math.log(abs(x2 - x1)/tol)/math.log(2.0)))

    for i in range(n):
        x3 = 0.5*(x1 + x2); f3 = f(x3)
        if (switch == 1) and (abs(f3) > abs(f1)) }
                         and (abs(f3) > abs(f2)):
            return None
        if f3 == 0.0: return x3
        if sign(f2)!= sign(f3): x1 = x3; f1 = f3
        else: x2 = x3; f2 = f3
    return (x1 + x2)/2.0
```

예제 4.2

이분법을 사용하여 간격 (0,1)에서 4자리 정확도까지의 $x^3 - 10x^2 + 5 = 0$의 근을 찾으시오(이 문제는 예제 4.1의 근 검색(rootsearch)으로 이미 해를 찾았음). 몇번의 함수 계산이 이 절차에 포함되는가?

풀이

아래에 프로그램이 있다.

```
#!/usr/bin/python
## example4_2
from bisection import *

def f(x): return x**3 - 10.0*x**2 + 5.0

x = bisection(f, 0.0, 1.0, tol = 1.0e-4)
print('x =', ':6.4f'.format(x))
input("Press return to exit")
```

정확도를 4자리로 제한하기 위해 $\varepsilon = 0.0001$(이등분에서 `tol = 1.0e-4`)로 설정했다. 결과는 아래와 같다.

```
x = 0.7346
```

식 (4.1)에 의하면,

$$n = \frac{\ln(|\Delta x|/\varepsilon)}{\ln 2} = \frac{\ln(1.0/0.0001}{\ln 2} = 13.29$$

따라서 이분법의 for 루프에서 함수 평가의 수는 $\lceil 13.29 \rceil = 14$이다. 서브 루틴의 시작 부분에 2개의 평가가 추가되어 총 16개의 함수 계산이 이루어진다.

예제 4.3

이분법으로 구간 (0, 20)에서 $f(x) = x - \tan x$의 모든 근을 찾아라. rootsearch 및 bisection 함수를 사용하시오.

풀이

$\tan x$는 $x = \pi/2, 3\pi/2, \ldots$에서 특이점이며 부호가 변경된다. 이분법이 해에 대해 이러한 점을 해라고 잘못 판단하지 않도록 switch = 1로 설정한다. 특이점에 해에 가깝다는 것은 루트 검색(rootsearch)에 작은 Δx를 사용하여 완화할 수 있는 또 다른 잠재적인 문제이다. $\Delta x = 0.01$을 선택하면 아래 프로그램에 도달한다.

```
#!/usr/bin/python
## example4_3
import math
from rootsearch import *

from bisection import *

def f(x): return x - math.tan(x)

a,b,dx = (0.0, 20.0, 0.01)
print("The roots are:")
while True:
    x1,x2 = rootsearch(f,a,b,dx)
    if x1 != None:
        a = x2
```

```
        root = bisection(f,x1,x2,1)
        if root != None: print(root)
    else:
        print("Done")
        break
input("Press return to exit")
```

출력은 아래와 같다.

```
The roots are:
0.0
4.493409458100745
7.725251837074637
10.904121659695917
14.06619391292308
17.220755272209537
Done
```

4.4 선형 보간에 기반한 방법

시컨트법과 가위치법

시컨트와 가위치법은 밀접한 관련이 있다. 두 방법 모두 x_1과 x_2의 근에 대한 두 가지 시작 추정값이 필요하다. 함수 $f(x)$는 근 근처에 대략 선형인 것으로 가정되므로 근의 개선된 값 x_3은 x_1과 x_2 사이의 선형 보간에 의해 추정될 수 있다. 그림 4.2를 참조하면 유사한 삼각형(그림에 음영)이 아래 관계를 생성한다.

$$\frac{f_2}{x_3 - x_2} = \frac{f_1 - f_2}{x_2 - x_1}$$

여기서 $f_i = f(x_i)$ 표기법을 사용했다.

따라서 근의 개선된 추정치는 다음과 같다.

$$x_3 = x_2 - f_2 \frac{x_2 - x_1}{f_2 - f_1} \tag{4.2}$$

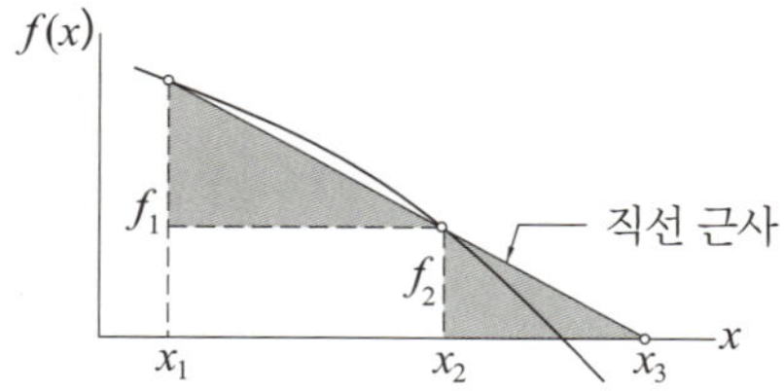

그림 4.2 Linear interpolation.

가위치법(*regula falsi*라고도 함)은 근을 괄호로 묶기 위해 x_1과 x_2가 필요하다. 식 (4.2)에서 개선된 근이 계산된 후 x_1과 x_2는 x_3로 대체된다. f_3가 f_1과 같은 부호를 가지면 $x_1 \leftarrow x_3$; 그렇지 않으면 $x_2 \leftarrow x_3$을 선택한다. 이런 식으로 근은 항상 (x_1, x_2)로 괄호로 묶는다. 그런 다음 수렴이 확보될 때까지 절차를 반복한다.

시컨트법은 두 가지 면에서 가위치법과 다르다. 근의 사전 브라케팅이 필요하지 않으며 근의 가장 오래된 이전 추정치를 버린다. (즉, x_3이 계산 된 후 $x_1 \leftarrow x_2$, $x_2 \leftarrow x_3$으로 하자).

시컨트법의 수렴은 오류가 $E_{k+1} = cE_k^{1.618...}$(지수 1.618 ...이 "황금 비율"임)와 같이 초 선형(superlinear)으로 표시될 수 있다. 가위치법에 대한 정확한 수렴 순서는 계산할 수 없다. 일반적으로 선형보다 다소 낫지만 크지는 않다. 그러나 가위치법은 항상 근을 브라케팅하기 때문에 더 신뢰할 수 있다. 우리는 이 두 가지 방법이 수렴 순서에 관한 한 Ridder의 방법보다 열등하기 때문에 더 이상 탐구하지 않는다.

Ridder의 방법

Ridder의 방법은 가위치법보다 더 우수한 방법이다. 근이 (x_1, x_2)의 괄호로 묶어 있다고 가정하면 먼저 그림 4.3(a)에 표시된 것처럼 $f_3 = f(x_3)$을 계산한다. 여기서 x_3은 괄호의 중간점이다.

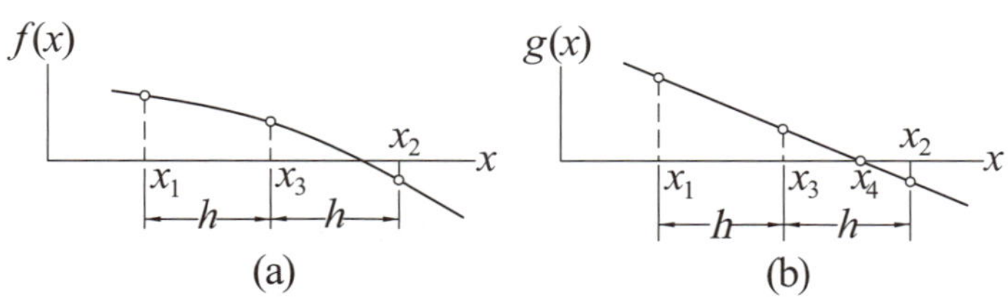

그림 4.3 Mapping used in Ridder's method.

다음으로 함수를 소개한다.

$$g(x) = f(x)e^{(x-x_1)Q} \tag{a}$$

여기서, 상수 Q는 그림 4.3 (b)와 같이 점 (x_1, g_1), (x_2, g_2), (x_3, g_3)이 직선에 놓이도록 요구함으로써 결정된다. 이전과 마찬가지로, 우리가 사용하는 표기법은 $g_i = g(x_i)$이다. 루트의 개선 된 값은 $f(x)$가 아닌 $g(x)$의 선형 보간에 의해 얻어진다. 이제 세부 사항을 살펴 보겠다. 식 (a)에서

$$g_1 = f_1 \qquad g_2 = f_2 e^{2hQ} \qquad g_3 = f_3 e^{hQ} \tag{b}$$

여기서, $h = (x_2 - x_1)/2$이다. 그림 4.3b의 3가지 점이 직선 상에 있어야 한다는 요건은 $g_3 = (g_1 + g_2)/2$ 또는,

$$f_3 e^{hQ} = \frac{1}{2}(f_1 + f_2 e^{2hQ})$$

이며, 이것은 e^{hQ}의 2차 방정식이다. 근은 다음과 같다.

$$e^{hQ} = \frac{f_3 \pm \sqrt{f_3^2 - f_1 f_2}}{f_2} \tag{c}$$

점 (x_1, g_1) 및 (x_3, g_3)을 기반으로 한 선형 보간으로 더 나은 근을 구할 수 있다.

$$x_4 = x_3 - g_3 \frac{x_3 - x_1}{g_3 - g_1} = x_3 - f_3 e^{hQ} \frac{x_3 - x_1}{f_3 e^{hQ} - f_1}$$

여기서 마지막 단계에서 식 (b)를 사용했다. 마지막 단계로, 우리는 식 (c)에서 e^{hQ}를 대입하고 몇개의 계산 단계를 거친 후에 아래를 얻었다.

$$x_4 = x_3 \pm (x_3 - x_1) \frac{f_3}{\sqrt{f_3^2 - f_1 f_2}} \tag{4.3}$$

$f_1 - f_2 > 0$인 경우 더하기 부호를, $f_1 - f_2 < 0$인 경우 빼기 부호를 선택하면 올바른 결과를 얻을 수 있다. x_4의 계산 후, 새로운 대괄호가 근에 대해 결정되고 식 (4.3)이 다시 적용된다. x_1 두 연속 값 사이의 차이가 무시할 수 있을 때까지 이 절차가 반복된다.

식 (4.3)에서 Ridder의 반복 공식은 매우 유용한 특성을 가지고 있다. x_1과 x_2가 근에 걸쳐 있으면 x_4는 항상 간격 (x_1, x_2) 내에 있다. 다시 말해, 일단 근이 브라켓되면 브라켓은 유지되고, 이러한 방법이 매우 안정적으로 나타난다. 단점은 각 반복마다 두 가지 함수 평가가 필요하다는 것이다. 반복 당 하나의 함수 평가(예 : Brent 방법)만으로 경쟁하는 방법이 있지만, 그들은 더 복잡하고 정교한 부기(bookkeeping)가 필요하다.

Ridder의 방법은 점진적으로 수렴하는 경향을 보이고, 시컨트 또는 가위치법보다 빠르다. $f(x)$의 도함수 계산이 불가능하거나 사용하기 어려운 경우에 사용하는 방법이다.

■ ridder

다음은 Ridder의 방법에 대한 소스 코드이다.

```
## module ridder
'''
root = ridder(f,a,b,tol=1.0e-9).
Finds a root of f(x) = 0 with Ridder&s method.
The root must be bracketed in (a,b).
'''
import error
import math
from numpy import sign
def ridder(f,a,b,tol=1.0e-9):
    fa = f(a)
    if fa == 0.0: return a
    fb = f(b)
    if fb == 0.0: return b
    for i in range(30):
      # Compute the improved root x from Ridder&s formula
        c = 0.5*(a + b); fc = f(c)
        s = math.sqrt(fc**2 - fa*fb)
        if s == 0.0: return None
        dx = (c - a)*fc/s
        if (fa - fb) < 0.0: dx = -dx
        x = c + dx; fx = f(x)
      # Test for convergence
        if i > 0:
            if abs(x - xOld) < tol*max(abs(x),1.0): return x
        xOld = x
      # Re-bracket the root as tightly as possible
        if sign(fc) == sign(fx):
            if sign(fa)!= sign(fx): b = x; fb = fx
            else: a = x; fa = fx
        else:
            a = c; b = x; fa = fc; fb = fx
    return None
    print('Too many iterations')
```

예제 4.4

Ridder의 방법으로 (0.6, 0.8)에 있는 $f(x) = x^3 - 10x^2 + 5 = 0$의 근을 구하시오.

풀이

시작점은 아래와 같다.

$$x_1 = 0.6 \qquad f_1 = 0.6^3 - 10(0.6)^2 + 5 = 1.6160$$
$$x_2 = 0.8 \qquad f_2 = 0.8^3 - 10(0.8)^2 + 5 = -0.8880$$

첫 번째 반복

이분법으로 아래 점을 산출한다.

$$x_3 = 0.7 \qquad f_3 = 0.7^3 - 10(0.7)^2 + 5 = 0.4430$$

Ridder의 공식을 사용하여 근의 개선된 추정값을 계산할 수 있다.

$$s = \sqrt{f_3^2 - f_1 f_2} = \sqrt{0.4330^2 - 1.6160(-0.8880)} = 1.2738$$
$$x_4 = x_3 \pm (x_3 - x_1)\frac{f_3}{s}$$

$f_1 > f_2$이므로 더하기 부호를 사용해야 한다. 따라서,

$$x_4 = 0.7 + (0.7 - 0.6)\frac{0.4430}{1.2738} = 0.7348$$

$$f_4 = 0.7348^3 - 10(0.7348)^2 + 5 = -0.0026$$

근이 간격 (x_3, x_4)에 분명히 있기 때문에

$$x_1 \leftarrow x_3 = 0.7 \qquad f_1 \leftarrow f_3 = 0.4430$$
$$x_2 \leftarrow x_4 = 0.7348 \qquad f_2 \leftarrow f_4 = -0.0026$$

다음 반복의 시작점이다.

두 번째 반복

$$x_3 = 0.5(x_1 + x_2) = 0.5(0.7 + 0.7348) = 0.717\,4$$

$$f_3 = 0.717\,4^3 - 10(0.717\,4)^2 + 5 = 0.2226$$

$$s = \sqrt{f_3^2 - f_1 f_2} = \sqrt{0.2226^2 - 0.4430(-0.0026)} = 0.2252$$

$$x_4 = x_3 \pm (x_3 - x_1)\frac{f_3}{s}$$

$f_1 > f_2$이므로 더하기 부호를 사용해야 한다. 따라서,

$$x_4 = 0.7174 + (0.7174 - 0.7)\frac{0.2226}{0.2252} = 0.7346$$

$$f_4 = 0.7346^3 - 10(0.7346)^2 + 5 = 0.0000$$

그러므로, 근은 $x = 0.7346$이며 소수점 이하 4자리까지 정확하다.

예제 4.5

함수의 근을 계산하시오.

$$f(x) = \frac{1}{(x-0.3)^2 + 0.01} - \frac{1}{(x-0.8)^2 + 0.04}$$

풀이

함수를 플로팅하여 근의 근사 위치를 구한다.

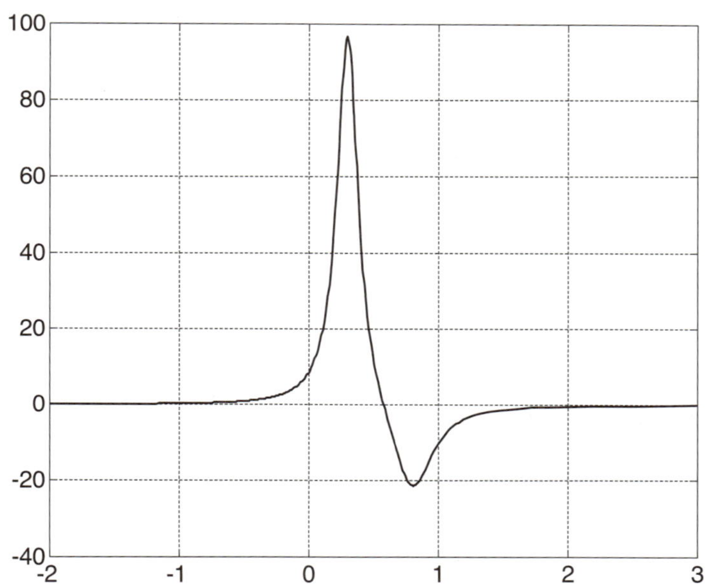

$f(x) = 0$의 근은 $x = 0$과 1 사이에 있음이 분명하다. 우리는 다음 프로그램으로 이 근을 추출 할 수 있다.

```
#!/usr/bin/python
## example4_5
from ridder import *

def f(x):
    a = (x - 0.3)**2 + 0.01
    b = (x - 0.8)**2 + 0.04
    return 1.0/a - 1.0/b

print("root =",ridder(f,0.0,1.0))
input("Press return to exit")
```

결과는 아래와 같다.

```
root = 0.5800000000000001
```

4.5 Newton-Raphson 방법

Newton-Raphson 알고리즘은 다음과 같은 이유로 근을 찾는 방법 중 가장 잘 알려진 방법이다. 그것은 간단하고 빠르다는 것이다. 이 방법의 유일한 단점은 함수 $f(x)$ 자체뿐만 아니라 함수의 미분 $f'(x)$을 사용한다는 것이다. 따라서, Newton-Raphson 방법은 $f'(x)$를 쉽게 계산할 수 있는 문제에서만 사용할 수 있다.

Newton-Raphson 공식은 x에 대한 $f(x)$의 Taylor 시리즈 확장에서 유도될 수 있다.

$$f(x_{i+1}) = f(x_i) + f'(x_i)(x_{i+1} - x_i) + \mathcal{O}(x_{i+1} - x_i)^2 \tag{a}$$

여기서 $\mathcal{O}(z)$는 "z의 차수로" 읽어야 한다(부록 A1 참조). x_{i+1}이 $f(x) = 0$의 근인 경우 식 (a)는

$$0 = f(x_i) + f'(x_i)\,(x_{i+1} - x_i) + \mathcal{O}(x_{i+1} - x_i)^2 \tag{b}$$

x_i가 x_{i+1}에 가깝다고 가정하면 식 (b)의 마지막 항목을 없앨 수 있고, 그리고, x_{i+1}에 대해 풀이한다. 아래 결과는 Newton-Raphson 공식이다.

$$x_{i+1} = x_i - \frac{f(x_i)}{f'(x_i)} \tag{4.3}$$

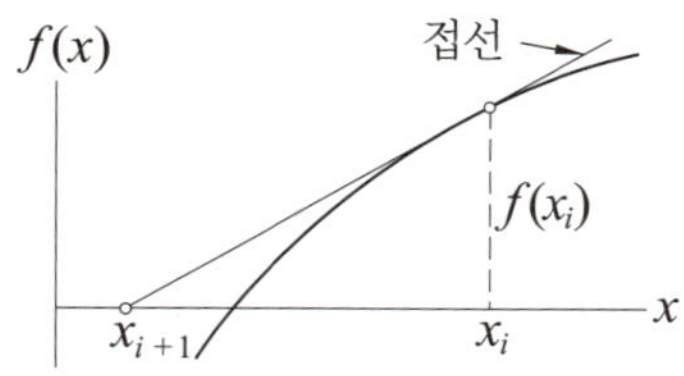

그림 4.4 Graphical interpretation of the Newton-Raphson formula.

Newton-Raphson 공식의 그래프는 그림 4.4에 나와 있다. 공식은 x_i에서의 곡선 점에 접하는 접점에서 접선을 그음으로 $f(x)$를 근사화한다. 따라서 x_{i+1}은 x축과 접선의 교차점에 있다. Newton-Raphson 방법의 알고리즘은 간단하다. 아래의 수렴 기준이 도달될 때까지 초기 값 x_0부터 시작하여 식 (4.3)을 반복적으로 적용한다.

$$|x_{i+1} - x_i| < \varepsilon$$

여기서 ε는 허용오차이다. x의 최신 값만 저장해야 한다. 아래에 알고리즘이 있다.

> Let x be an estimate of the root of $f(x) = 0$.
> Do until $|\Delta x| < \varepsilon$:
>   Compute $\Delta x = -f(x)/f'(x)$.
>   Let $x \to x + \Delta x$.

Newton-Raphson 공식의 절단 오차(truncation error) E는 다음과 같이 동작하는 것으로 표시 될 수 있다.

$$E_{i+1} = -\frac{f''(x)}{2f'(x)} E_i^2$$

여기서 x는 근이다. 이 수식은 2차적으로 수렴됨을 나타낸다(에러는 이전 단계에서 에러의 제곱이다). 결과적으로 의미 있는 유효 숫자의 수가 모든 반복에서 대략 두 배가 된다. Newton-Raphson 방법은 근 근처에서 빠르게 수렴되지만 글로벌 수렴 특성은 좋지 않다. 그 이유는 그림 4.5의 두 예제 그림에서 나타내었듯이, 탄젠트 선이 항상 함수의 근사치인 것은 아니다. 그러나 이 방법을 이분법과 결합하면 거의 안전한 방법이 된다.

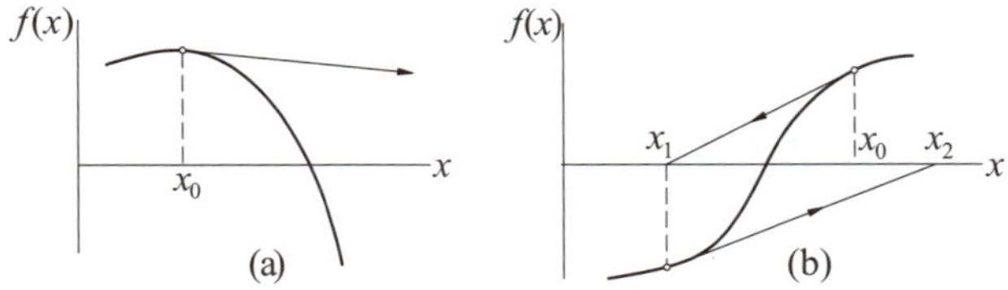

그림 4.5 Examples where the Newton-Raphson method diverges.

newtonRaphson

다음 Newton-Raphson 방법의 안전 버전(safe version)은 계산할 근이 처음에 (a,b)로 브라켓 구간에 묶여 있다고 가정한다. 브라켓 구간의 중간 점은 근의 초기 추측 값으로 사용된다. 각 반복 후에 브라켓 구간이 업데이트된다. Newton-Raphson 반복이 브라켓 구간 안에 머무르지 않으면 무시되고 이분법으로 대체 된다. newtonRaphson은 미분 함수뿐만 아니라 f(x) 함수를 사용하기 때문에 사용자가 함수 루틴(f와 df로 표시)을 제공해야 한다.

```
## module newtonRaphson
'''root = newtonRaphson(f,df,a,b,tol=1.0e-9).
   Finds a root of f(x) = 0 by combining the Newton-Raphson
   method with bisection. The root must be bracketed in (a,b).
   Calls user-supplied functions f(x) and its derivative df(x).
'''
def newtonRaphson(f,df,a,b,tol=1.0e-9):
    import error
    from numpy import sign

    fa = f(a)
    if fa == 0.0: return a
    fb = f(b)
    if fb == 0.0: return b
    if sign(fa) == sign(fb): error.err('Root is not bracketed')
    x = 0.5*(a + b)
    for i in range(30):
        fx = f(x)
        if fx == 0.0: return x
      # Tighten the brackets on the root
        if sign(fa) != sign(fx): b = x
        else: a = x
      # Try a Newton-Raphson step
        dfx = df(x)
      # If division by zero, push x out of bounds
        try: dx = -fx/dfx
        except ZeroDivisionError: dx = b - a
        x = x + dx
      # If the result is outside the brackets, use bisection
        if (b - x)*(x - a) < 0.0:
            dx = 0.5*(b - a)
            x = a + dx
      # Check for convergence
        if abs(dx) < tol*max(abs(b),1.0): return x
    print('Too many iterations in Newton-Raphson')
```

예제 4.6

Newton-Raphson 방법을 사용하여 두 정수의 비율로 $\sqrt{2}$의 근사값을 연속하여 구하시오.

풀이

이 문제는 $f(x) = x^2 - 2 = 0$의 근을 찾는 것과 같다. 여기서 Newton-Raphson 공식은 아래와 같다.

$$x \leftarrow x - \frac{f(x)}{f'(x)} = x - \frac{x^2 - 2}{2x} = \frac{x^2 + 2}{2x}$$

$x = 1$로 시작하여 연속 반복을 하면 다음과 같다.

$$x \leftarrow \frac{(1)^2 + 2}{2(1)} = \frac{3}{2}$$

$$x \leftarrow \frac{(3/2)^2 + 2}{2(3/2)} = \frac{17}{12}$$

$$x \leftarrow \frac{(17/12)^2 + 2}{2(17/12)} = \frac{577}{408}$$

$$\vdots$$

$x = 577/408 = 1.1414216$은 이미 $\sqrt{2} = 1.1414214$에 매우 가깝다.

결과는 x의 시작 값에 따라 다르다. 예를 들어, $x = 2$는 일련의 다른 비율을 생성한다.

예제 4.7

아래 함수에서 가장 작은 양의 근을 찾으시오.

$$f(x) = x^4 - 6.4x^3 + 6.45x^2 + 20.538x - 31.752$$

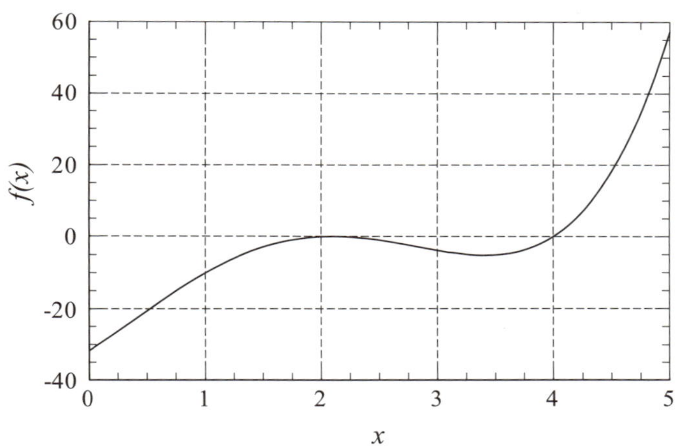

풀이

함수의 그림을 살펴보면 가장 작은 양의 근은 $x=2$에서 나타나고, 이중 근이라고 생각한다. 이분법과 Ridder의 방법은 근에서 부호가 변경되는지를 체크하는 기능에 의존하기 때문에 여기서는 작동하지 않는다. newtonRaphson 함수에도 동일한 인수가 적용된다. 그러나 정제되지 않은 버전의 Newton-Raphson 방법이 성공하지 못할 이유는 없다. 우리는 근과 함께 반복 횟수를 출력하는 다음 프로그램을 사용했다.

```
#!/usr/bin/python
## example4_8

def f(x): return x**4 - 6.4*x**3 + 6.45*x**2 + 20.538*x - 31.752
def df(x): return 4.0*x**3 - 19.2*x**2 + 12.9*x + 20.538

def newtonRaphson(x,tol=1.0e-9):
    for i in range(30):
        dx = -f(x)/df(x)
        x = x + dx
        if abs(dx) < tol: return x,i
    print('Too many iterations')

root,numIter = newtonRaphson(2.0)
print('Root =',root)
print('Number of iterations =',numIter)
input('Press return to exit')
```

출력은 아래와 같다.

```
Root = 2.0999999786199406
Number of iterations = 22
```

근의 실제 값은 $x=2.1$이다. 하나의 다중 근 근처에서 뉴튼 랩슨 법의 수렴이 많은 반복을 필요로 하는 2차보다는 선형으로 나타난다. 식 (4.3)의 Newton-Raphson 공식을 아래 식으로로 대체하여 다중 근에 대한 수렴 속도를 높일 수 있다.

$$x_{i+1} = x_i - m\frac{f(x_i)}{f'(x_i)}$$

여기서 m은 근의 다중성이다 (이 문제에서 $m=2$). 프로그램을 변경한 후에는 5번만 반복하여 결과를 얻었다.

4.6 연립방정식

개요

지금까지 단일 방정식 $f(x)=0$을 풀기 위해 주의를 기울였다. 이제 같은 문제의 n 차원 버전, 즉 아래를 풀어보자.

$$\mathbf{f}(\mathbf{x}) = \mathbf{0}$$

스칼라 표기법을 사용하면 아래와 같다.

$$\begin{aligned} f_1(x_1, x_2, \ldots, x_n) &= 0 \\ f_2(x_1, x_2, \ldots, x_n) &= 0 \\ &\vdots \\ f_n(x_1, x_2, \ldots, x_n) &= 0 \end{aligned} \tag{4.4}$$

n개의 비선형 방정식을 동시에 푸는 것이 단일 방정식의 근을 찾는 것보다 훨씬 강력한 방법이다. 문제는 해 벡터 **x**를 완전히 브라케팅하는 신뢰할 수 있는 방법이 없다는 것이다. 따라서 물리학에서 이러한 값을 완전히 제안하지 않는 한, 좋은 시작 값 **x**로 시작하여, 항상 해 알고리즘을 제공할 수는 없다. **x**를 계산하는 가장 간단하고 효과적인 방법은 Newton-Raphson 방법이다. 좋은 시작점이 제공된다면 비선형 방정식과 잘 작동한다. 더 나은 전역 수렴 특성을 갖는 다른 방법이 있지만, 모두 Newton-Raphson 방법의 변형이다.

Newton-Raphson

방정식의 시스템에 대한 Newton-Raphson 방법을 도출하기 위해, 점 x에 대한 $f_i(x)$의 Taylor 시리즈 확장으로 시작한다.

$$f_i(\mathbf{x} + \mathbf{\Delta x}) = f_i(\mathbf{x}) + \sum_{j=1}^{n} \frac{\partial f_i}{\partial x_j} \Delta x_j + \mathcal{O}(\Delta x^2) \tag{4.5a}$$

Δx^2의 조건을 삭제하면 다음과 같이 식 (4.5a)를 아래와 같이 쓸 수 있다.

$$\mathbf{f}(\mathbf{x} + \mathbf{\Delta x}) = \mathbf{f}(\mathbf{x}) + \mathbf{J}(\mathbf{x})\, \mathbf{\Delta x} \tag{4.5b}$$

여기서 $\mathbf{J}(\mathbf{x})$는 아래 편미분으로 구성된 Jacobian 행렬(크기 $n \times n$)이다.

$$J_{ij} = \frac{\partial f_i}{\partial x_j} \tag{4.6}$$

식 (4.5b)는 점 $\mathbf{x}$ 근처에서 벡터 값 함수 $\mathbf{f}$의 선형 근사치(벡터 $\Delta\mathbf{x}$는 변수임)이다.

$\mathbf{x}$가 $\mathbf{f}(\mathbf{x}) = 0$의 해의 현재 근사값이라고 가정하고 $\mathbf{x} + \Delta\mathbf{x}$를 개선된 해로 하자. 보정 $\Delta\mathbf{x}$를 찾기 위해 식 (4.5b)에서 $\mathbf{f}(\mathbf{x} + \Delta\mathbf{x}) = \mathbf{0}$으로 설정한다. 결과는 $\Delta\mathbf{x}$에 대한 연립선형방정식이다.

$$\mathbf{J}(\mathbf{x})\Delta\mathbf{x} = -\mathbf{f}(\mathbf{x}) \tag{4.7}$$

각각의 $\partial f_i/\partial x_j$의 분석적 도출은 어렵거나 비현실적일 수 있기 때문에, 아래와 같이 유한한 차이를 가지는 근사치로부터 컴퓨터가 계산하도록 하는 것이 바람직하다.

$$\frac{\partial f_i}{\partial x_j} \approx \frac{f_i(\mathbf{x} + \mathbf{e}_j h) - f_i(\mathbf{x})}{h} \tag{4.8}$$

여기서 h는 x_j의 작은 증분이고 $\mathbf{e}_j$는 x_j 방향의 단위 벡터를 나타낸다. 이 공식은 차수 Δx^2를 제거하고 $\Delta\mathbf{x} = \mathbf{e}_j h$를 설정한 후 식 (4.5a)에서 얻을 수 있다. Newton-Raphson 방법이 $\mathbf{J}(\mathbf{x})$의 오류에 다소 민감하지 않기 때문에 식 (4.8)의 근사값을 사용하는데 문제가 없다. 이 근사법을 사용하면 컴퓨터 코드에 $\partial f_i/\partial x_j$에 대한 표현식을 입력하는 것을 피할 수 있다. 다음 단계는 동시 비선형 방정식에 대한 Newton-Raphson 방법을 구성한다.

> Estimate the solution vector $\mathbf{x}$.
> Do until $|\Delta\mathbf{x}| < \varepsilon$:
>   Compute the matrix $\mathbf{J}(\mathbf{x})$ fromEq. (4.8).
>   Solve $\mathbf{J}(\mathbf{x})\Delta\mathbf{x} = -\mathbf{f}(\mathbf{x})$ for $\Delta\mathbf{x}$.
>   Let $\mathbf{x} \leftarrow \mathbf{x} + \Delta\mathbf{x}$.

ε는 허용 오차를 나타낸다. 1차원 경우에서와 같이, Newton Raphson 절차의 성공은 전적으로 초기 추정치 $\mathbf{x}$에 의존한다. 좋은 시작점이 사용되면 해로의 수렴이 매우 빠르다. 그렇지 않으면 결과를 예측할 수 없다.

■ newtonRaphson2

이 함수는 Newton-Raphson 메소드의 구현이다. 반복적으로 계산되는 함수 `jacobian`은 식 (4.8)의 유한 차이 근사값으로부터 Jacobian 행렬을 계산한다. 식 (4.7)의 동시 방정식은 2.5절에 나열된 `gaussPivot` 함수를 사용하여 행 피벗을 사용하여 Gauss 소거로 해결된다.

배열 $\mathbf{f}(\mathbf{x})$를 계산하는 함수 서브 루틴 f는 사용자가 제공해야 한다.

```
## module newtonRaphson2
'''
soln = newtonRaphson2(f,x,tol=1.0e-9).
Solves the simultaneous equations f(x) = 0 by
the Newton-Raphson method using x as the initial
guess. Note that f and x are vectors.
'''
import numpy as np
from gaussPivot import *
import math
def newtonRaphson2(f,x,tol=1.0e-9):

    def jacobian(f,x):
        h = 1.0e-4
        n = len(x)
        jac = np.zeros((n,n))
        f0 = f(x)
        for i in range(n):
            temp = x[i]
            x[i] = temp + h
            f1 = f(x)
            x[i] = temp
            jac[:,i] = (f1 - f0)/h
        return jac,f0

    for i in range(30):
        jac,f0 = jacobian(f,x)
        if math.sqrt(np.dot(f0,f0)/len(x)) < tol: return x
        dx = gaussPivot(jac,-f0)
        x = x + dx
        if math.sqrt(np.dot(dx,dx)) < tol*max(max(abs(x)),1.0):
            return x
    print('Too many iterations')
```

Jacobian 행렬 $\mathbf{J}(\mathbf{x})$는 각 반복 루프에서 다시 계산된다. $\mathbf{J}(\mathbf{x})$의 각 계산에는 $\mathbf{f}(\mathbf{x})$의 $n+1$ 평가(n은 방정식 수)가 포함되므로, 계산 비용은 N의 크기와 F의 복잡성에 따라 높아질 수 있다. 반복 사이의 Jacobian 행렬의 변화를 무시하여 컴퓨터 시간을 절약할 수 있으므로 를 한 번만 계산할 수 있다. 이 방법은 초기 $\mathbf{x}$가 해에 충분히 가깝다면 작동한다.

예제 4.8

원 $x^2+y^2=3$과 쌍곡선 $xy=1$ 사이의 교점을 결정하시오.

풀이

풀어야 할 방정식은

$$f_1(x, y) = x^2 + y^2 - 3 = 0 \tag{a}$$

$$f_2(x, y) = xy - 1 = 0 \tag{b}$$

Jacobian 행렬은

$$\mathbf{J}(x, y) = \begin{bmatrix} \partial f_1/\partial x & \partial f_1/\partial y \\ \partial f_2/\partial x & \partial f_2/\partial y \end{bmatrix} = \begin{bmatrix} 2x & 2y \\ y & x \end{bmatrix}$$

따라서 Newton-Raphson 방법과 관련된 선형 방정식 $\mathbf{J(x)\Delta x} = -\mathbf{f(x)}$는 다음과 같다.

$$\begin{bmatrix} 2x & 2y \\ y & x \end{bmatrix} \begin{bmatrix} \Delta x \\ \Delta y \end{bmatrix} = \begin{bmatrix} -x^2 - y^2 + 3 \\ -xy + 1 \end{bmatrix} \tag{c}$$

원과 쌍곡선을 플로팅하면 4개의 교차점이 있음을 알 수 있다. 그러나 이러한 점 중 하나만 찾는 것으로 충분하다. 다른 점은 대칭에서 추론할 수 있기 때문이다. 플롯에서 우리는 시작점으로 사용하는 교점 $x=0.5$, $y=1.5$의 대략적인 좌표를 얻는다.

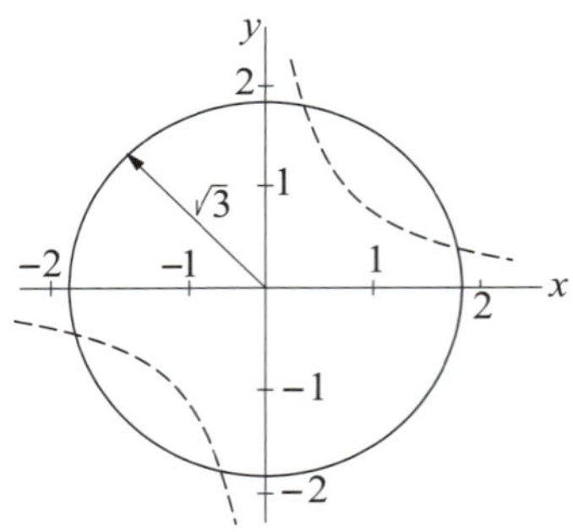

계산은 다음과 같이 진행된다.

첫 번째 반복

식 (c)에서 $x=0.5$, $y=1.5$를 대입하면

$$\begin{bmatrix} 1.0 & 3.0 \\ 1.5 & 0.5 \end{bmatrix} \begin{bmatrix} \Delta x \\ \Delta y \end{bmatrix} = \begin{bmatrix} 0.50 \\ 0.25 \end{bmatrix}$$

그 해는 $\Delta x = \Delta y = 0.125$이다. 따라서 교차점의 개선된 좌표는

$$x = 0.5 + 0.125 = 0.625 \qquad y = 1.5 + 0.125 = 1.625$$

두 번째 반복

x와 y의 최신 값을 사용하여 (c)에 대입하면,

$$\begin{bmatrix} 1.250 & 3.250 \\ 1.625 & 0.625 \end{bmatrix} \begin{bmatrix} \Delta x \\ \Delta y \end{bmatrix} = \begin{bmatrix} -0.031250 \\ -0.015625 \end{bmatrix}$$

이는 다음과 같은 결과를 준다, $\Delta x = \Delta y = -0.00694$. 그래서

$$x = 0.625 - 0.006\,94 = 0.618\,06 \qquad y = 1.625 - 0.006\,94 = 1.618\,06$$

세 번째 반복

x와 y의 최신 값을 사용하여 절차를 반복하면

$$\begin{bmatrix} 1.236\,12 & 3.23612 \\ 1.618\,06 & 0.61806 \end{bmatrix} \begin{bmatrix} \Delta x \\ \Delta y \end{bmatrix} = \begin{bmatrix} -0.000\,116 \\ -0.000\,058 \end{bmatrix}$$

이는 다음과 같은 결과를 준다, $\Delta x = \Delta y = -0.00003$, 그래서

$$x = 0.618\,06 - 0.000\,03 = 0.618\,03$$

$$y = 1.618\,06 - 0.000\,03 = 1.618\,03$$

후속 반복은 5개의 유효 숫자 내에서 결과를 변경하지 않는다. 따라서 네 개의 교점의 좌표는 다음과 같다.

$$\pm(0.618\,03, 1.618\,03) \text{ and } \pm(1.618\,03, 0.618\,03)$$

대체 해 방정식이 몇 개만 있으면 미지수 중 하나만 제외하고 모두 제거할 수 있다. 그런 다음 4.2−4.5장에 설명된 방법으로 해결할 수 있는 단일 방정식으로 남게 된다. 이 문제에서 식 (b)로부터 다음 결과를 얻는다.

$$y = \frac{1}{x}$$

식 (a)로 치환시 $x^2 + 1/x^2 - 3 = 0$이 된다. 또는 다음과 같다.

$$x^4 - 3x^2 + 1 = 0$$

이 2차 방정식의 해는 $x = \pm 0.618\ 03$과 $\pm 1.618\ 03$이며, 이는 Newton-Raphson 방법으로 얻은 결과와 일치한다.

예제 4.9

newtonRaphson2를 사용하여, 아래 방정식의 해를 찾으시오. 시작점 (1,1,1)으로 시작하시오.

$$\sin x + y^2 + \ln z - 7 = 0$$
$$3x + 2^y - z^3 + 1 = 0$$
$$x + y + z - 5 = 0$$

풀이

$x_1 = x$, $x_2 = y$, $x_3 = z$로 두고, 아래 프로그램을 사용한다.

```
#!/usr/bin/python
## example4_10
import numpy as np
import math
from newtonRaphson2 import *

def f(x):
    f = np.zeros(len(x))
    f[0] = math.sin(x[0]) + x[1]**2 + math.log(x[2]) - 7.0
    f[1] = 3.0*x[0] + 2.0**x[1] - x[2]**3 + 1.0
    f[2] = x[0] + x[1] + x[2] - 5.0
    return f

x = np.array([1.0, 1.0, 1.0])
print(newtonRaphson2(f,x))
input("Press return to exit")
```

출력은 아래와 같다.

```
[ 0.59905376 2.3959314 2.00501484]
```

연습 문제 4.1

1. Newton-Raphson 방법과 4칙 연산 계산기(+ − × ÷ 연산만 해당)를 사용하여 4개의 유효 숫자 정확도로 $\sqrt[3]{75}$를 계산하시오.
2. 이분법으로 $x^3 - 3.23x^2 - 5.54x + 9.84 = 0$의 가장 작은 양수 (실제) 근을 구하시오.
3. $\cosh x \cos x - 1 = 0$의 가장 작은 양의 0이 아닌 근은 구간 (4, 5)에 있다. Ridder의 방법으로 이 해를 계산하시오.
4. Newton-Raphson 방법으로 문제 3을 해결하시오.
5. $\tan x - \tanh x = 0$ 방정식의 근은 (7.0, 7.4)에 있다. 이분법으로 소수점 이하 세 자리 정확도로 이 근을 구하시오.
6. Newton-Raphson 방법을 사용하여, 구간 (−2, 2)에 있는 $\sin x + 3\cos x - 2 = 0$의 두 근을 구하시오.
7. 식 (4.2)의 secant 공식을 사용하여 문제 6을 푸시오.
8. $0 \le x \le 10$. 범위에서 $f(x) = \cosh x \cos x - 1$의 그림을 그리시오. (a) 그림에서 가장 작은 0이 아닌 $f(x) = 0$의 양의 근이 간격 (4, 5)에 있는지 확인하시오. (b) $x = 4$로 시작하면 Newton-Raphson 공식이 이 해로 수렴하지 않음을 그래픽으로 표시하시오.
9. 방정식 $x^3 - 1.2x^2 - 8.19x + 13.23 = 0$은 $x = 2$에 가까운 이중근을 가진다. 소수점 이하 네 자리 내에서 Newton-Raphson 방법으로 이 근을 결정하시오.
10. ■ Ridder의 방법으로 주어진 간격으로 $f(x) = 0$의 모든 근을 계산하는 프로그램을 작성하시오. rootsearch 및 ridder 함수를 사용하시오. 예제 4.3의 프로그램을 모델로 사용할 수 있다. (−6, 6)에서 $x \sin x + 3\cos x - x = 0$의 근을 찾아 프로그램을 테스트하시오.
11. ■ Newton-Raphson 방법으로 문제 10을 반복하시오.
12. ■ $x^4 + 0.9x^3 - 2.3x^2 + 3.6x - 25.2 = 0$의 모든 실수 해를 결정하시오
13. ■ $x^4 + 2x^3 - 7x^2 + 3 = 0$의 모든 실수 해를 결정하시오
14. ■ $\sin x - 0.1x = 0$의 0이 아닌 모든 양의 해를 찾으시오.
15. ■ 균일한 캔틸레버 빔의 고유 주파수는 주파수 방정식 $f(\beta) = \cosh \beta \cos \beta + 1 = 0$의 해 β_i와 관련이 있다. 여기서

$$\beta_i^4 = (2\pi f_i)^2 \frac{mL^3}{EI}$$

$f_i = i$번째 고유진동수(cps)

$m =$ 빔의 질량

$L =$ 빔의 길이

$E =$ 탄성계수

$I =$ 단면적의 관성모멘트

가로 25mm, 세로 2.5mm의 직사각형 단면으로 0.9m 길이의 철골 빔의 가장 낮은 두 주파수를 결정하시오. 강철의 질량 밀도는 7850kg/m^{3}이고 $E = 200$GPa이다.

16. ■ 그림과 같이 케이블이 매달려 있다. 길이 s와 처짐 h는 스팬 L과 관련이 있다.

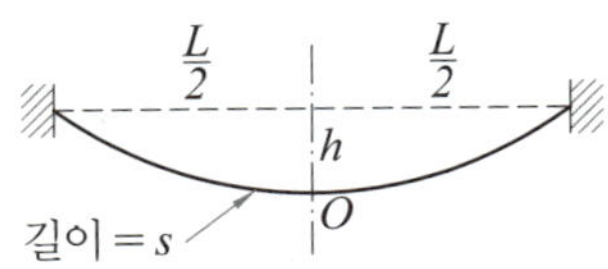

$$s = \frac{2}{\lambda}\sinh\frac{\lambda L}{2} \qquad h = \frac{1}{\lambda}\left(\cosh\frac{\lambda L}{2} - 1\right)$$

여기서

$$\lambda = w_0 / T_0$$
$$w_0 = \text{단위 길이 당 케이블 무게}$$
$$T_0 = O\text{점에서의 케이블 인장력}$$

이고, $L = 160$m 및 $h = 15$m에 대해 s를 계산하시오.

17. ■ 알루미늄 W 310×202(와이드 플랜지) 컬럼에는 그림과 같이 편심 축 방향 하중 P가 적용된다. 컬럼의 최대 압축 응력은 소위 secant 공식으로 제공된다.

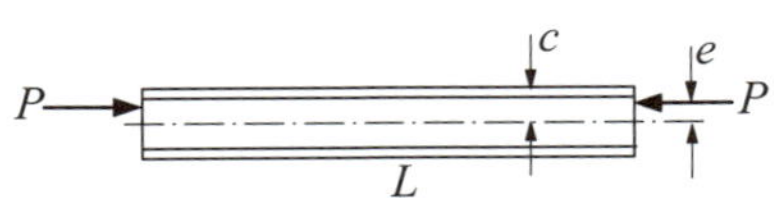

$$\sigma_{\max} = \bar{\sigma}\left[1 + \frac{ec}{r^2}\sec\left(\frac{L}{2r}\sqrt{\frac{\bar{\sigma}}{E}}\right)\right]$$

여기서

$$\bar{\sigma} = P/A = \text{평균응력}$$

$$A = 25\,800\ \text{mm}^2 = \text{컬럼의 단면적}$$

$$e = 85\ \text{mm} = \text{하중의 편심 길이}$$

$$c = 170\ \text{mm} = \text{컬럼 깊이의 절반}$$

$$r = 142\ \text{mm} = \text{단면의 선회 반경}$$

$$L = 7\,100\ \text{mm} = \text{컬럼의 길이}$$

$$E = 71 \times 10^9\ \text{Pa} = \text{탄성계수}$$

최대 응력이 120×10^6 Pa를 초과하지 않도록 기둥이 운반할 수 있는 최대 하중 P를 결정하시오.

18. ■ 작은 융기가 있는 개방 채널에서의 유체 흐름에 대한 Bernoulli의 방정식은 다음과 같다.

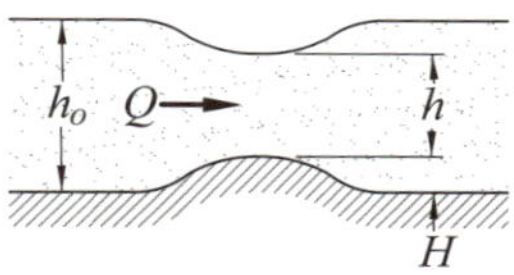

$$\frac{Q^2}{2gb^2h_0^2} + h_0 = \frac{Q^2}{2gb^2h^2} + h + H$$

$$Q = 1.2\ \text{m}^3/\text{s} = \text{부피유량}$$

$$g = 9.81\ \text{m/s}^2 = \text{중력가속도}$$

$$b = 1.8\ \text{m} = \text{채널의 폭}$$

$$h_0 = 0.6\ \text{m} = \text{상부 흐름 높이}$$

$$H = 0.075\ \text{m} = \text{충돌부 높이}$$

$$h = \text{충돌부 흐름 높이}$$

여기서 h를 결정하시오.

19. ■ 지구 표면 근처의 수직 비행에서 토성 V 로켓의 속도 v는

$$v = u \ln \frac{M_0}{M_0 - \dot{m}t} - gt$$

$u = 2\,510$ m/s = 로켓에 대한 배기가스 속도

$M_0 = 2.8 \times 10^6$ kg = 이륙 시 로켓의 질량

$\dot{m} = 13.3 \times 10^3$ kg/s = 연료소모율

$g = 9.81$ m/s^2 = 중력가속도

t = 이륙 후 시간

로켓이 소리 속도(335m/s)에 도달하는 시간을 결정하시오.

20. ■ 그림은 엔진의 열역학적 사이클을 보여준다. 단원자(monatomic) 가스를 위한 이 엔진의 효율성은 아래와 같다.

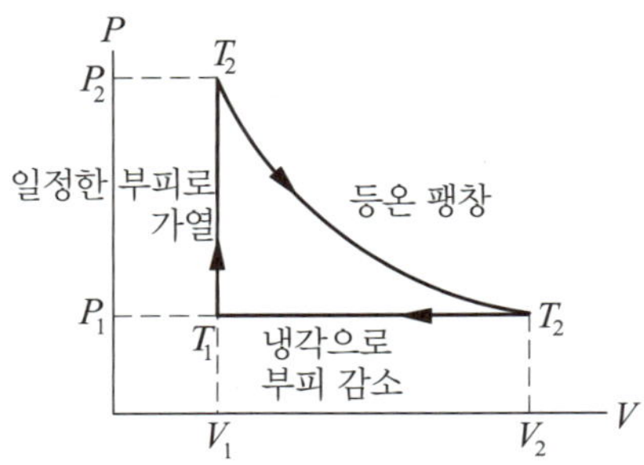

$$\eta = \frac{\ln(T_2/T_1) - (1 - T_1/T_2)}{\ln(T_2/T_1) + (1 - T_1/T_2)/(\gamma - 1)}$$

여기서, T는 절대 온도이고 $\gamma = 5/3$이다. 30% 효율($\eta = 0.3$)을 나타내는 T_2/T_1을 찾으시오.

21. ■ 표시된 스프링 질량 대쉬 팟 시스템의 강제 진동을 생각해 보자. 고주파 변위 $y(t) = Y \sin \omega t$가 지지대에 부과 될 때, 질량의 반응은 변위 $x(t) = X \sin(\omega t + \beta)$이다, 여기서

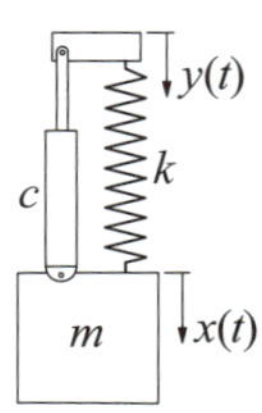

$$\frac{X}{Y} = \sqrt{(1 + Z\cos\phi)^2 + (Z\sin\phi)^2} \qquad \tan\beta = \frac{Z\sin\phi}{1 + Z\cos\phi}$$

이며, 이 두 방정식에서 아래의 표기법을 사용했다.

$$Z = \frac{(\omega/p)^2}{\sqrt{\left[1-(\omega/p)^2\right]^2 + (2\zeta\omega/p)^2}} \qquad \tan\phi = \frac{2\zeta\omega/p}{1-(\omega/p)^2}$$

만약 $m = 0.2$kg, $k = 2880$N/m 및 $\omega = 96$rad/s, X/Y가 1.5를 초과하지 않는 가장 작은 c(댐핑 계수)를 결정하시오.

$$p = \sqrt{\frac{k}{m}} = \text{시스템의 고유진동수}$$
$$\zeta = \frac{c}{2mp} = \text{댐핑 계수}$$

22. ■ 반경 r과 길이 L의 원통형 오일 탱크는 깊이 h까지 채워진다. 탱크의 결과 오일량은

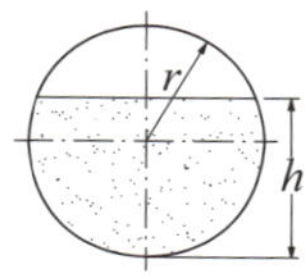

$$V = r^2L\left[\phi - \left(1 - \frac{h}{r}\right)\sin\phi\right]$$

이다. 여기서,

$$\phi = \cos^{-1}\left(1 - \frac{h}{r}\right)$$

이다. 탱크가 3/4 가득 찰 때, h/r을 결정하시오.

23. ■ 원 $(x-2)^2 + y^2 = 4$와 $x^2 + (y-3)^2 = 4$가 교차하는 두 점의 좌표를 결정하시오. 원의 스케치에서 점의 위치를 추정한 다음 Newton-Raphson 방법을 사용하여 좌표를 계산하시오.

24. ■ 아래 방정식은 (1,1) 근처에 해를 가지고 있다. Newton-Raphson 방법을 사용하여 해를 더 정교화해 보시오.

$$\sin x + 3\cos x - 2 = 0$$
$$\cos x - \sin y + 0.2 = 0$$

25. ■ 모든 방법을 사용하여 아래 연립 방정식의 모든 실제 해를 구하시오. 단 $0 \le x \le 1.5$의 범위내에서 구하시오.

$$\tan x - y = 1$$
$$\cos x - 3\sin y = 0$$

26. ■ 원의 방정식은

$$(x-a)^2 + (y-b)^2 = R^2$$

이다. 여기서 R은 반지름이고, (a, b)은 중심의 좌표값이다. 원에서 세 점의 좌표가 아래와 같을 때. R과 (a, b)를 결정하시오.

x	8.21	0.34	5.96
y	0.00	6.62	−1.12

27. ■ 지구 궤도를 도는 위성의 궤도는

$$R = \frac{C}{1 + e\sin(\theta + \alpha)}$$

이다. (R, θ)는 위성의 극좌표이다. C, e, α는 상수이다(e는 궤도의 편심으로 알려져 있다). 위성이 다음 세 위치에서 관측 된 경우, 궤도의 가장 작은 과 대응하는   값을 결정하시오.

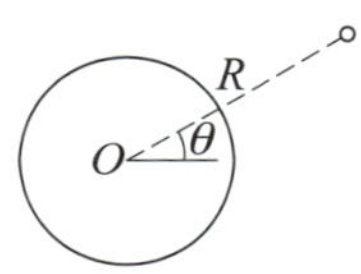

θ	−30°	0°	30°
R(km)	6870	6728	6615

28. ■ 발사체는 수평선에 대해 각도 θ에서의 속도 v로 O에서 발사됩니다. 궤도의 파라 메트릭 방정식은 다음과 같다. 여기서 t는 발사 순간부터 측정된 시간이며 $g = 9.81\text{m/s}^2$는 중력 가속도를 나타낸다. 발사체가 그림에 표시된 45° 각도에서 목표 A를 치는 경우 v, θ 및 비행 시간을 결정하시오.

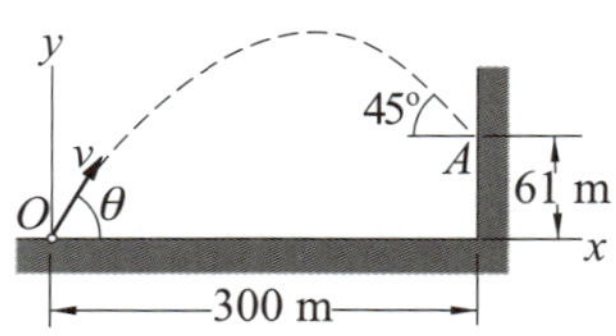

$$x = (v\cos\theta)t$$

$$y = -\frac{1}{2}gt^2 + (v\sin\theta)t$$

29. ■ 4 바 링키지의 세 가지 각도는 아래와 같이 연관되어 있다.

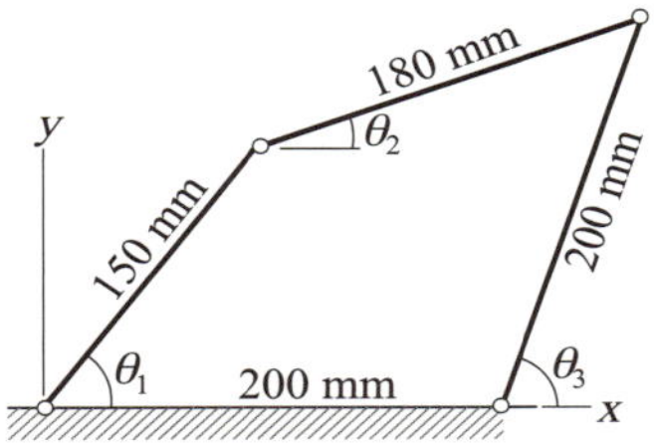

$$150\cos\theta_1 + 180\cos\theta_2 - 200\cos\theta_3 = 200$$

$$150\sin\theta_1 + 180\sin\theta_2 - 200\sin\theta_3 = 0$$

$\theta_3 = 75°$일 때, θ_1, θ_2을 구하시오. 두 가지 해결책이 있다.

30. ■ 15m 케이블은 A와 D에 매달려 있으며 B와 C에 집중 하중을 전달한다. 관절 B와 C의 수직 평형 방정식은 다음과 같다.

$$T(-\tan\theta_2 + \tan\theta_1) = 16$$

$$T(\tan\theta_3 + \tan\theta_2) = 20$$

여기서 T는 케이블 힘의 수평 성분이다 (케이블의 모든 부분에서 동일). 또한 아래와 같이 지지대의 위치에 의해 부과되는 두 가지 기하학적 구속 조건이 있다, 각도 θ_1, θ_2, θ_3을 구하시오.

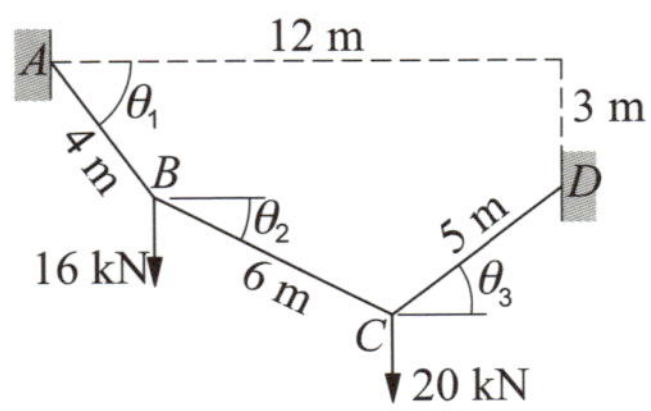

$$-4\sin\theta_1 - 6\sin\theta_2 + 5\sin\theta_2 = -3$$

$$4\cos\theta_1 + 6\cos\theta_2 + 5\cos\theta_3 = 12$$

31. ■ 아래와 같이 주어진 데이터 포인트에서, $y(x) = 0$의 0이 아닌 근을 구하시오. 힌트 : rational 함수 보간법을 사용하여 y를 계산하시오.

x	0	0.25	0.50	0.75	1.0	1.25	1.5
y	0	−1.2233	−2.2685	−2.8420	−2.2130	2.5478	55.507

4.7 다항식의 근

개요

차수 n의 다항식은 아래와 같다. 여기서 계수 a_i는 실수 또는 복소수이다

$$P_n(x) = a_0 + a_1 x + a_2 x^2 + \cdots + a_n x^n \tag{4.9}$$

여기서는 실수가 있는 다항식을 다루지만 이 절에 제시된 알고리즘은 복소수에도 적용된다. 다항식 $P_n(x) = 0$은 정확히 n개의 근을 가지며, 실수 또는 복소수일 수 있다. 계수가 실수 인 경우 복소수 근은 항상 공액 쌍 $(x_r + ix_i, x_r - ix_i)$으로 발생한다. 여기서 x_r 및 x_i는 각각 실수부와 허수부이다. 실수 계수의 경우, 실근의 수는 데카르트의 규칙에서 추정할 수 있다.

- 양의 실수 근은 $P_n(x)$ 식의 부호 변화 수와 같거나 짝수만큼 적다.
- 음의 실수 근은 $P_n(-x)$의 부호 변화 수와 같거나 짝수만큼 적다.

예를 들어, $P_3(x) = x^3 - 2x^2 - 8x + 27$을 고려하여 보자. 부호가 두 번 바뀌기 때문에 $P_3(x) = 0$은 2개 또는 0개의 양의 실근을 갖는다. 대조적으로, $P_3(-x) = -x^3 - 2x^2 + 8x + 27$은 단일 부호 변화를 포함한다. 따라서 $P_3(x) = 0$은 하나의 음의 실근을 갖는다. 실수 계수를 갖는 다항식의 실근은 항상 이미 설명한 방법 중 하나를 사용하여 계산할 수 있다. 그러나 복소수근을 계산하려면 다항식을 전문으로 하는 방법을 사용하는 것이 가장 좋다. 여기서 우리는 Laguerre 방법을 제시한다. Laguerre방법은 신뢰할 수 있고 구현하기 쉽다. Laguerre 방법으로 진행하기 전에 먼저 다항식의 영점을 결정할 수 있는 방법에 필요한 두 가지 수치 도구를 개발해야 한다. 첫 번째 도구는 다항식과 그 유도식을 평가하기 위한 효율적인 알고리즘이다. 두 번째 알고리즘은 다항식의 축소를 위한 것이다. 즉, $P_n(x)$를 $x - r$로 나누며 r은 $P_n(x) = 0$의 해이다.

다항식의 평가

다음 알고리즘에 의해 식 (4.9)의 다항식을 왼쪽에서 오른쪽으로 평가하려고 합니다. 계수

가 배열 **a**에 저장되어 있다고 가정한다.

```
p = 0.0
for i in range(n+1):
    p = p + a[i]*x**i
```

x^k는 $x \times x \times \cdots \times x(k-1$ 곱셈)로 평가되므로 이 알고리즘의 곱셈 수는 다음과 같다.

$$1 + 2 + 3 + \cdots + n - 1 = \frac{1}{2}n(n-1)$$

n이 크면 다항식을 오른쪽에서 왼쪽으로 평가하면 곱셈 수가 상당히 줄어들 수 있다.

예를 들어,

$$P_4(x) = a_0 + a_1 x + a_2 x^2 + a_3 x^3 + a_4 x^4$$

다항식을 다음과 같이 다시 쓴 후

$$P_4(x) = a_0 + x\{a_1 + x[a_2 + x(a_3 + xa_4)]\}$$

선호하는 계산 순서가 분명해진다.

$$\begin{aligned}
P_0(x) &= a_4 \\
P_1(x) &= a_3 + xP_0(x) \\
P_2(x) &= a_2 + xP_1(x) \\
P_3(x) &= a_1 + xP_2(x) \\
P_4(x) &= a_0 + xP_3(x)
\end{aligned}$$

차수 n 다항식의 경우 절차는 다음과 같이 요약할 수 있고 다음 알고리즘으로 이어진다.

$$\begin{aligned}
P_0(x) &= a_n \\
P_i(x) &= a_{n-i} + xP_{i-1}(x), \quad i = 1, 2, \ldots, n
\end{aligned} \tag{4.10}$$

```
p = a[n]
for i in range(1, n+1):
    p = a[n-i]+p*x
```

마지막 알고리즘은 n 곱셈만 포함하므로 $n > 3$에 더 효율적이다. 그러나 이 알고리즘을 사용해야 하는 주된 이유는 계산의 경제성 때문만이 아니다. 각 곱셈의 결과는 반올림되므로 곱셈 수가 가장 적은 과정은 항상 가장 작은 반올림 오차를 누적한다. Laguerre의 방법을 포함한 일부 해 찾기 알고리즘도 $P_n(x)$의 1차 및 2차 미분 값을 평가해야 한다.

$$P_0'(x) = 0 \quad P_i'(x) = P_{i-1}(x) + xP_{i-1}'(x), \quad i = 1, 2, \ldots, n \tag{4.11a}$$

$$P_0''(x) = 0 \quad P_i''(x) = 2P_{i-1}'(x) + xP_{i-1}''(x), \quad i = 1, 2, \ldots, n \tag{4.11b}$$

■ evalPoly

다항식과 그 도함수들을 평가하는 함수는 다음과 같다.

```
## module evalPoly
'''
p,dp,ddp = evalPoly(a,x).
Evaluates the polynomial
p = a[0] + a[1]*x + a[2]*x^2 +...+ a[n]*x^n
with its derivatives dp = p& and ddp = p&&
at x.
'''
def evalPoly(a,x):
    n = len(a) - 1
    p = a[n]
    dp = 0.0 + 0.0j
    ddp = 0.0 + 0.0j
    for i in range(1,n+1):
        ddp = ddp*x + 2.0*dp
        dp = dp*x + p
        p = p*x + a[n-i]
    return p,dp,ddp
```

다항식 축소

$P_n(x) = 0$의 해 r이 계산된 후 다항식을 다음과 같이 인수분해하는 것이 바람직하다.

$$P_n(x) = (x - r)P_{n-1}(x) \tag{4.12}$$

축소(deflation) 또는 합성 분할(synthetic division)로 알려진 이 절차는 $P_{n-1}(x)$의 계수를 계산하는 것에 지나지 않는다.

$P_n(x)$의 나머지 해도 $P_{n-1}(x)$의 해이기 때문에 이제 해 찾기 절차를 $P_n(x)$가 아닌 $P_{n-1}(x)$에 적용할 수 있다. 따라서 축소는 해를 찾을 때마다 다항식의 차수가 감소하기 때문에 연속으로 해 찾기를 점점 더 쉽게 해 준다. 또한 이미 발견된 해를 제거함으로써 동일한 해를

두 번 이상 계산할 가능성이 제거된다.

$$P_{n-1}(x) = b_0 + b_1x + b_2x^2 + \cdots + b_{n-1}x^{n-1}$$

위의 식을 고려하면, 식 (4.12)는 아래와 같이 된다.

$$\begin{aligned} &a_0 + a_1x + a_2x^2 + \cdots + a_{n-1}x^{n-1} + a_nx^n \\ &= (x-r)(b_0 + b_1x + b_2x^2 + \cdots + b_{n-1}x^{n-1}) \end{aligned}$$

x의 거듭 제곱과 계수를 같게 하면, 아래와 같이 된다.

$$b_{n-1} = a_n \qquad b_{n-2} = a_{n-1} + rb_{n-1} \quad \cdots \quad b_0 = a_1 + rb_1 \tag{4.13}$$

이는 Horner(호너)의 축소 알고리즘과 연결된다.

```
b[n-1] = a[n]
for i in range(n-2, -1, -1):
    b[i] = a[i+1]+r*b[i+1]
```

Laguerre 방법

Laguerre의 공식은 일반적인 다항식 $P_n(x)$에 대해 쉽게 도출되지 않는다. 그러나 다항식이 $x = r$에서 0이고 $x = q$에서 $(n-1)$개의 0인 특수한 경우를 고려한다면 도출이 크게 단순화된다. 따라서 다항식은 아래와 같이 쓸 수 있다.

$$P_n(x) = (x-r)(x-q)^{n-1} \tag{a}$$

우리의 문제는 다음과 같다. 식 (a)의 다항식이 아래 형식으로 주어질 때, r을 결정하는 것이다(q도 알려지지 않음).

$$P_n(x) = a_0 + a_1x + a_2x^2 + \cdots + a_nx^n$$

여기서 고려된 특별한 경우에 대한 정확한 결과는 다항식의 반복 공식을 적용하면 잘 작동한다. x에 대하여 식 (a)를 미분하면

$$\begin{aligned} P_n'(x) &= (x-q)^{n-1} + (n-1)(x-r)(x-q)^{n-2} \\ &= P_n(x)\left(\frac{1}{x-r} + \frac{n-1}{x-q}\right) \end{aligned}$$

따라서,

$$\frac{P_n'(x)}{P_n(x)} = \frac{1}{x-r} + \frac{n-1}{x-q} \tag{b}$$

이 미분에 따라 다음 결과를 가진다.

$$\frac{P_n''(x)}{P_n(x)} - \left[\frac{P_n'(x)}{P_n(x)}\right]^2 = -\frac{1}{(x-r)^2} - \frac{n-1}{(x-q)^2} \tag{c}$$

다음 표기법을 소개하는 것이 편리하다

$$G(x) = \frac{P_n'(x)}{P_n(x)} \qquad H(x) = G^2(x) - \frac{P_n''(x)}{P_n(x)} \tag{4.14}$$

그래서 식 (b)와 (c)는 아래와 같다.

$$G(x) = \frac{1}{x-r} + \frac{n-1}{x-q} \tag{4.15a}$$

$$H(x) = \frac{1}{(x-r)^2} + \frac{n-1}{(x-q)^2} \tag{4.15b}$$

식 (4.15a)을 $x-q$에 대해 풀고 결과를 식 (4.15b)로 대입하면 $x-r$에 대한 2차 방정식을 얻는다. 이 방정식의 해는 Laguerre의 공식이다.

$$x - r = \frac{n}{G(x) \pm \sqrt{(n-1)\left[nH(x) - G^2(x)\right]}} \tag{4.16}$$

Laguerre의 공식으로 다항식의 영점을 구하는 절차는 다음과 같다.

> Let x be a guess for the root of $P_n(x) = 0$(any value will do).
> Do until $|P_n(x)| < \varepsilon$ or $|x - r| < \varepsilon$(ε is the error tolerance):
> Evaluate $P_n(x)$, $P_n'(x)$ and $P_n''(x)$ using `evalPoly`.
> Compute $G(x)$ and $H(x)$ fromEqs. (4.14).
> Determine the improved root r from Eq. (4.16) choosing the sign that results in the largermagnitude of the denominator.
> Let $x \leftarrow r$.

Laguerre의 방법 중 하나의 좋은 속성은 거의 예외없이 x의 어떤 시작 값에서도 해로 수렴한다는 것이다.

polyRoots

이 모듈의 polyRoots 함수는 $P_n(x)=0$의 모든 해를 계산한다. 여기서 다항식 $P_n(x)$는 계수 배열은 $\mathbf{a}=[a_0, a_1, ..., a_n]$이다. 중첩 함수 laguerre에 의해 첫 번째 해가 계산된 후 deflPoly를 사용하여 다항식이 축소되고, 축소된 다항식에 laguerre를 적용하여 다음 해가 계산된다. 이 과정은 모든 n개의 해가 발견될 때까지 반복된다. 계산된 근이 매우 작은 허수 부분일 경우 반올림 오차를 나타낼 가능성이 높다. 따라서 polyRoots는 작은 허수 부분을 0으로 대체한다.

```
## module polyRoots
'''
roots = polyRoots(a).
Uses Laguerre&s method to compute all the roots of
a[0] + a[1]*x + a[2]*x^2 +...+ a[n]*x^n = 0.
The roots are returned in the array &roots&,
'''
from evalPoly import *
import numpy as np
import cmath
from random import random

def polyRoots(a,tol=1.0e-12):

    def laguerre(a,tol):
        x = random() # Starting value (random number)
        n = len(a) - 1
        for i in range(30):
            p, dp, ddp = evalPoly(a, x)
            if abs(p) < tol: return x
            g = dp / p
            h = g * g - ddp / p
            f = cmath.sqrt((n - 1) * (n * h - g * g))
            if abs(g + f) > abs(g - f): dx = n/(g + f)
            else: dx = n/(g - f)
            x = x - dx
            if abs(dx) < tol: return x
        print('Too many iterations')

    def deflPoly(a, root):  # Deflates a polynomial
        n = len(a) - 1
        b = [(0.0 + 0.0j)] * n
        b[n - 1] = a[n]
        for i in range(n - 2, -1, -1):
            b[i] = a[i + 1] + root * b[i + 1]
```

```
        return b

    n = len(a) - 1
    roots = np.zeros((n),dtype=complex)
    for i in range(n):
        x = laguerre(a,tol)
        if abs(x.imag) < tol: x = x.real
        roots[i] = x
        a = deflPoly(a,x)
    return roots
```

해는 유한한 정확도로 계산되기 때문에 각 축소는 축소된 다항식 계수에 작은 오류를 유발한다. 누적 반올림 오차는 다항식의 정도에 따라 증가하며 다항식이 잘못 조정되면 심해질 수 있다(계수의 작은 변화는 해에서 큰 변화를 생성함). 따라서 결과는 다항식을 다룰 때 주의해서 살펴야 한다. 축소되지 않은 오차는 원래 팽창되지 않은 다형성을 사용하여 각 해를 다시 계산하여 줄일 수 있다. 축소와 관련하여 이전에 얻은 해가 시작 값으로 사용된다.

예제 4.10

다항식 $P_4(x) = 3x^4 - 10x^3 - 48x^2 - 2x + 12$의 근은 $x = 6$이다. Horner의 알고리즘으로 다항식을 정의하시오. 즉, $(x-6)P_3(x) = P_4(x)$가 되도록 $P_3(x)$를 찾으시오.

풀이

$r = 6$이고 $n = 4$일 때, 식 (4.13)은

$$b_3 = a_4 = 3$$

$$b_2 = a_3 + 6b_3 = -10 + 6(3) = 8$$

$$b_1 = a_2 + 6b_2 = -48 + 6(8) = 0$$

$$b_0 = a_1 + 6b_1 = -2 + 6(0) = -2$$

그러므로,

$$P_3(x) = 3x^3 + 8x^2 - 2$$

예제 4.11

방정식 $P_3(x) = x^3 - 4.0x^2 - 4.48x + 26$의 해는 대략 $x = 3 - i$이다. Laguerre의 반복 공식을

한 번 적용하여 이 해의 정확한 값을 찾으시오.

풀이

주어진 근의 추정치를 시작 값으로 사용하시오. 그래서

$$x = 3 - i \qquad x^2 = 8 - 6i \qquad x^3 = 18 - 26i$$

이 값을 $P_3(x)$와 그 미분식에 대체하면

$$\begin{aligned}
P_3(x) &= x^3 - 4.0x^2 - 4.48x + 26.1 \\
&= (18 - 26i) - 4.0(8 - 6i) - 4.48(3 - i) + 26.1 = -1.34 + 2.48i \\
P_3'(x) &= 3.0x^2 - 8.0x - 4.48 \\
&= 3.0(8 - 6i) - 8.0(3 - i) - 4.48 = -4.48 - 10.0i \\
P_3''(x) &= 6.0x - 8.0 = 6.0(3 - i) - 8.0 = 10.0 - 6.0i
\end{aligned}$$

식 (4.14)는

$$\begin{aligned}
G(x) &= \frac{P_3'(x)}{P_3(x)} = \frac{-4.48 - 10.0i}{-1.34 + 2.48i} = -2.36557 + 3.08462i \\
H(x) &= G^2(x) - \frac{P_3''(x)}{P_3(x)} = (-2.36557 + 3.08462i)^2 - \frac{10.0 - 6.0i}{-1.34 + 2.48i} \\
&= 0.35995 - 12.48452i
\end{aligned}$$

식 (4.16)에서 분모의 제곱근 기호 아래의 항목은

$$\begin{aligned}
F(x) &= \sqrt{(n-1)\left[n\,H(x) - G^2(x)\right]} \\
&= \sqrt{2\left[3(0.35995 - 12.48452i) - (-2.36557 + 3.08462i)^2\right]} \\
&= \sqrt{5.67822 - 45.71946i} = 5.08670 - 4.49402i
\end{aligned}$$

이제 식 (4.16)의 어느 부호가 더 큰 분모를 생성하는지 찾아야 한다.

$$\begin{aligned}
|G(x) + F(x)| &= |(-2.36557 + 3.08462i) + (5.08670 - 4.49402i)| \\
&= |2.72113 - 1.40940i| = 3.06448 \\
|G(x) - F(x)| &= |(-2.36557 + 3.08462i) - (5.08670 - 4.49402i)| \\
&= |-7.45227 + 7.57864i| = 10.62884
\end{aligned}$$

빼기 부호를 사용하면 식 (4.16)은 해에 대해 다음과 같은 개선된 근사값을 얻는다.

$$r = x - \frac{n}{G(x) - F(x)} = (3 - i) - \frac{3}{-7.45227 + 7.57864i}$$
$$= 3.19790 - 0.79875i$$

좋은 시작 값 덕분에 이 근사값은 이미 정확한 값 $r = 3.20 - 0.80i$에 매우 가깝다.

예제 4.12

polyRoots를 사용하여, $x^4 - 5x^3 - 9x^2 + 155x - 250 = 0$의 모든 해를 구하라

풀이

프로그램은

```
#!/usr/bin/python
## example4_12
from polyRoots import *
import numpy as np

c = np.array([-250.0,155.0,-9.0,-5.0,1.0])
print('Roots are:',polyRoots(c))
input('Press return to exit')
```

다음의 출력 해를 만든다.

```
Roots are:
 [ 2.+0.j 4.-3.j 4.+3.j -5.+0.j]
```

연습 문제 4.2

문제 1–5 $P_n(x)$의 $x = r$일 때의 근이 주어진다. r이 실제로 근인지 확인한 다음 다항식을 축소 시키시오. 즉, $P_n(x) = (x - r)P_{n-1}(x)$가 되도록 $P_{n-1}(x)$를 찾으시오.

1. $P_3(x) = 3x^3 + 7x^2 - 36x + 20,\ r = -5.$
2. $P_4(x) = x^4 - 3x^2 + 3x - 1,\ r = 1.$
3. $P_5(x) = x^5 - 30x^4 + 361x^3 - 2178x^2 + 6588x - 7992,\ r = 6.$
4. $P_4(x) = x^4 - 5x^3 - 2x^2 - 20x - 24,\ r = 2i.$

5. $P_3(x) = 3x^3 - 19x^2 + 45x - 13,\ r = 3 - 2i.$

문제 6–9 $P_n(x)$의 근 $x = r$이 주어진다. 계산기를 사용하여 $P_n(x)$의 다른 모든 근을 결정하시오.

6. $P_3(x) = x^3 + 1.8x^2 - 9.01x - 13.398,\ r = -3.3.$
7. $P_3(x) = x^3 - 6.64x^2 + 16.84x - 8.32,\ r = 0.64.$
8. $P_3(x) = 2x^3 - 13x^2 + 32x - 13,\ r = 3 - 2i.$
9. $P_4(x) = x^4 - 3x^3 + 10x^2 - 6x - 20,\ r = 1 + 3i.$

문제 10–15 $P_n(x)$의 모든 근을 찾으시오.

10. ■ $P_4(x) = x^4 + 2.1x^3 - 2.52x^2 + 2.1x - 3.52.$
11. ■ $P_5(x) = x^5 - 156x^4 - 5x^3 + 780x^2 + 4x - 624.$
12. ■ $P_6(x) = x^6 + 4x^5 - 8x^4 - 34x^3 + 57x^2 + 130x - 150.$
13. ■ $P_7(x) = 8x^7 + 28x^6 + 34x^5 - 13x^4 - 124x^3 + 19x^2 + 220x - 100.$
14. ■ $P_3(x) = 2x^3 - 6(1 + i)x^2 + x - 6(1 - i)$
15. ■ $P_4(x) = x^4 + (5 + i)x^3 + (8 - 5i)x^2 + (30 - 14i)x - 84.$
16. ■ 질량 m의 두 블록은 각각 스프링과 대쉬 포트로 연결된다. 각 스프링의 강성은 k이고, c는 대시 팟의 감쇠 계수이다. 시스템이 변위 및 해제될 때, 후속 운동 동안 각 블록의 변위는 아래와 같다.

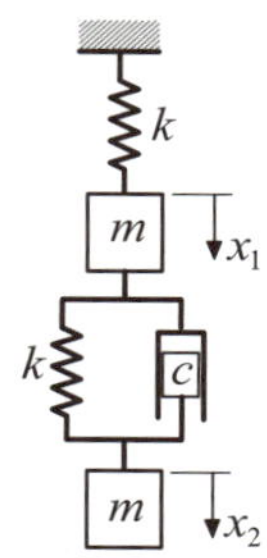

$$x_k(t) = A_k e^{\omega_r t}\cos(\omega_i t + \phi_k),\ k = 1, 2$$

여기서 A_k와 ϕ_k는 상수이고 $\omega = \omega_r \pm i\omega_i$는 아래와 같다.

$$\omega^4 + 2\frac{c}{m}\omega^3 + 3\frac{k}{m}\omega^2 + \frac{c}{m}\frac{k}{m}\omega + \left(\frac{k}{m}\right)^2 = 0$$

$c/m = 12\ \text{s}^{-1}$이고 $k/m = 1\ 500\ \text{s}^{-2}$이면 ω_r과 ω_i의 두 가지 가능한 조합을 결정하시오.

17.

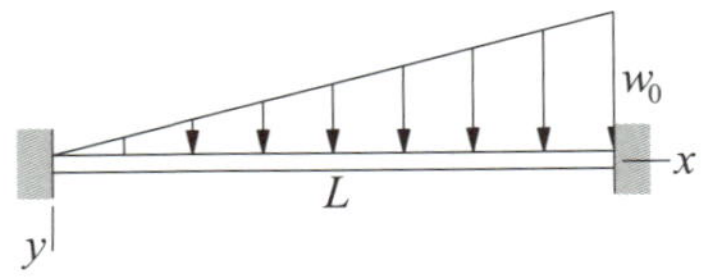

표시된 빔의 측면 처짐은 아래와 같다.

$$y = \frac{w_0}{120EI}(x^5 - 3L^2x^3 + 2L^3x^2)$$

여기서 w_0는 최대 하중 강도이고 EI는 굽힘 강성을 나타낸다. 최대 처짐이 발생하는 x/L의 값을 결정하시오.

4.8 다른 방법들

이 장에서 생략된 가장 두드러진 해 찾기 알고리즘은 이분법과 2차 보간법을 결합한 Brent 방법이다. Ridder 방법보다 잠재적으로 더 효과적이며, Ridder 방법의 두 가지 평가와 비교할 때 반복 당 하나의 기능 평가만 필요하지만 이 장점은 정교한 부기(bookkeeping)로 다소 무시된다. 다항식의 영점을 구하는 방법에는 여러 가지가 있다. 이 중에서 JenkinsTraub 알고리즘은 패키지 소프트웨어에서 강력하고 널리 사용되므로 특별히 언급 할 가치가 있다. 다항식의 영점은 $n \times n$ "결합 행렬"의 고유 값을 계산하여 얻을 수도 있다.

$$\mathbf{A} = \begin{bmatrix} -a_{n-1}/a_n & -a_2/a_n & \cdots & -a_1/a_n & -a_0/a_n \\ 1 & 0 & \cdots & 0 & 0 \\ 0 & 1 & \cdots & 0 & 0 \\ \vdots & \vdots & \ddots & \vdots & \vdots \\ 0 & 0 & \cdots & 1 & 0 \end{bmatrix}$$

여기서 a_i는 다항식의 계수이다. 이 행렬의 특성 방정식(9.1 절 참조)은 다음과 같다.

$$x^n + \frac{a_{n-1}}{a_n}x^{n-1} + \frac{a_{n-2}}{a_n}x^{n-2} + \cdots + \frac{a_1}{a_n}x + \frac{a_0}{a_n} = 0$$

이것은, $P_n(x) = 0$와 같다. 따라서 A의 고유값은 $P_n(x)$의 0이다. 고유값 방법은 강력하지만 Laguerre의 방법보다 상당히 느리다. 그러나 고유값 문제에 대한 좋은 프로그램이 있다면 고려할 가치가 있다.

5
수치 미분

주어진 함수 $f(x)$에 대해 어떤 점 x에서 미분값 $d^n f/dx^n$을 계산하시오.

5.1 서론

수치 미분은 주어진 함수 $y=f(x)$에 대해서 어떤 점 $x=x_k$에서 미분값을 얻고자 하는 문제를 다룬다. "주어진"이라는 용어는 미분값 계산을 위한 함수 계산용 알고리즘을 가지고 있거나, 이산 데이터 포인트 세트를 가지고 있다는 것을 말한다. 어느 경우든 우리는 미분값을 계산하기 위해서 유한한 수의 (x, y) 데이터 쌍을 사용할 수 있다. 수치적 미분이 보간과 관련이 있다고 생각하는 것은 타당하다. 수치적으로 미분값을 찾는다는 것은 지역적인 다항 근사함수를 만들고 그 함수를 미분하는 것이다. 이러한 방법의 효과적인 도구는 점 x_k에서 함수 $f(x)$를 Taylor 시리즈로 확장하는 것으로 근사치에 관련된 오류에 대한 정보를 우리에게 제공하는 이점이 있다. 수치 미분은 특별히 정확한 과정이 아니다. 컴퓨터의 정밀도로 인한 반올림오차가 발행하며 이러한 이유로 수치미분은 함수 자체와 동일한 정밀도로 계산할 수 없다.

5.2 유한 차분

함수 $f(x)$의 미분값에 대한 유한 차분 근사값은 전향 또는 후향 Taylor 시리즈 전개로 나타낼 수 있다.

$$f(x+h) = f(x) + hf'(x) + \frac{h^2}{2!}f''(x) + \frac{h^3}{3!}f'''(x) + \frac{h^4}{4!}f^{(4)}(x) + \cdots \qquad \text{(a)}$$

$$f(x-h) = f(x) - hf'(x) + \frac{h^2}{2!}f''(x) - \frac{h^3}{3!}f'''(x) + \frac{h^4}{4!}f^{(4)}(x) - \cdots \quad \text{(b)}$$

$$f(x+2h) = f(x) + 2hf'(x) + \frac{(2h)^2}{2!}f''(x) + \frac{(2h)^3}{3!}f'''(x) + \frac{(2h)^4}{4!}f^{(4)}(x) + \cdots \quad \text{(c)}$$

$$f(x-2h) = f(x) - 2hf'(x) + \frac{(2h)^2}{2!}f''(x) - \frac{(2h)^3}{3!}f'''(x) + \frac{(2h)^4}{4!}f^{(4)}(x) - \cdots \quad \text{(d)}$$

계산된 Taylor 시리즈를 더하거나 빼게 되면 다음과 같다.

$$f(x+h) + f(x-h) = 2f(x) + h^2 f''(x) + \frac{h^4}{12}f^{(4)}(x) + \cdots \quad \text{(e)}$$

$$f(x+h) - f(x-h) = 2hf'(x) + \frac{h^3}{3}f'''(x) + \ldots \quad \text{(f)}$$

$$f(x+2h) + f(x-2h) = 2f(x) + 4h^2 f''(x) + \frac{4h^4}{3}f^{(4)}(x) + \cdots \quad \text{(g)}$$

$$f(x+2h) - f(x-2h) = 4hf'(x) + \frac{8h^3}{3}f'''(x) + \cdots \quad \text{(h)}$$

더해진 식은 짝수의 미분항만을 가지게 되고, 뺀 식은 홀수의 미분항 만을 가지게 된다. 식 (a) – (h)를 이용하여 $f(x)$의 여러 차수의 미분값에 대해 풀 수 있고, 이 때 관련된 방정식의 수와 각 방정식에서 유지되는 항의 수는 미분의 차수 및 요구되는 정확도에 따라 달라진다.

1차 중앙 차분 근사

식 (f)를 $f'(x)$로 정리하면,

$$f'(x) = \frac{f(x+h) - f(x-h)}{2h} - \frac{h^2}{6}f'''(x) - \cdots$$

또는

$$f'(x) = \frac{f(x+h) - f(x-h)}{2h} + \mathcal{O}(h^2) \quad (5.1)$$

이 식은 $f'(x)$에 대한 1차 중앙 차분 근사식이다. $\mathcal{O}(h^2)$ 항은 절차 오차가 h^2에 비례한다는 것을 말해준다.

유사하게 식 (e)를 이용하여 $f'(x)$에 대한 1차 중앙 차분 근사식을 구하면,

$$f''(x) = \frac{f(x+h) - 2f(x) + f(x-h)}{h^2} + \frac{h^2}{12}f^{(4)}(x) + \ldots$$

또는

$$f''(x) = \frac{f(x+h) - 2f(x) + f(x-h)}{h^2} + \mathcal{O}(h^2) \tag{5.2}$$

3차 미분에 대한 중앙 차분 근사도 같은 방법으로 식 (a) – (h)를 이용하여 얻을 수 있다. 예를 들어 식 (f), 식 (h)에서 $f'(x)$를 소거하고 $f''(x)$에 대해 풀게 되면,

$$f'''(x) = \frac{f(x+2h) - 2f(x+h) + 2f(x-h) - f(x-2h)}{2h^3} + \mathcal{O}(h^2) \tag{5.3}$$

4차 미분에 대한 근사도

$$f^{(4)}(x) = \frac{f(x+2h) - 4f(x+h) + 6f(x) - 4f(x-h) + f(x-2h)}{h^4} + \mathcal{O}(h^2) \tag{5.4}$$

$f''(x)$를 소거한 다음 식 (e), 식 (g)에서 가능하다. 표 5.1은 그 결과를 요약한다.

표 5.1 Coefficients of Central Finite Difference Approximations of $\mathcal{O}(h^2)$

	$f(x-2h)$	$f(x-h)$	$f(x)$	$f(x+h)$	$f(x+2h)$
$2hf'(x)$		-1	0	1	
$h^2 f''(x)$		1	-2	1	
$2h^3 f'''(x)$	-1	2	0	-2	1
$h^4 f^{(4)}(x)$	1	-4	6	-4	1

1차 비중앙 차분 근사

중앙 차분 근사는 항상 안정적이지는 않다. 예를 들어 $x_0, x_1, \ldots, x_n$의 n개의 점으로 함수가 주어진 경우를 생각해보자. 중앙 차분은 x의 끝에서 함수값을 사용하기 때문에 x_0와 x_n에서 미분값을 계산하는데 불안정할 수 있다. 따라서 구간의 끝에서 값을 정의하는 유한 차분 표현이 필요하며 이러한 표현은 전향 또는 후향 차분 근사라고 불린다.

$$f'(x) = \frac{f(x+h) - f(x)}{h} - \frac{h}{2}f''(x) - \frac{h^2}{6}f'''(x) - \frac{h^3}{4!}f^{(4)}(x) - \cdots$$

식 (a) – (h)로부터 비중앙 유한 차분 근사를 얻을 수 있다. 식 (a)를 에 대해서 풀면 다음과 같다.

$$f'(x) = \frac{f(x+h) - f(x)}{h} + \mathcal{O}(h) \tag{5.5}$$

우변의 첫 번째 항만을 남기면 다음과 같은 1차 전향 차분 근사를 얻게 된다.

비슷하게 식 (b)를 이용하여 1차 후향 차분 근사를 얻을 수 있다.

$$f'(x) = \frac{f(x) - f(x-h)}{h} + \mathcal{O}(h) \tag{5.6}$$

이 때 반올림오차는 $\mathcal{O}(h)$로 중앙 차분 근사의 $\mathcal{O}(h^2)$보다 나쁘다.

비슷하게 고차의 미분에 대해서도 다음과 같이 근사식을 유도할 수 있다. 식 (a), (c)를 이용하면

$$f''(x) = \frac{f(x+2h) - 2f(x+h) + f(x)}{h^2} + \mathcal{O}(h) \tag{5.7}$$

3차, 4차 미분값도 유사하게 얻을 수 있고, 결과를 표 5.2a와 5.2b에 정리하였다.

표 5.2a Coefficients of Forward Finite Difference Approximations of $\mathcal{O}(h)$

	$f(x)$	$f(x+h)$	$f(x+2h)$	$f(x+3h)$	$f(x+4h)$
$hf'(x)$	−1	1			
$h^2 f''(x)$	1	−2	1		
$h^3 f'''(x)$	−1	3	−3	−1	
$h^4 f^{(4)}(x)$	1	−4	6	−4	1

표 5.2b Coefficients of Backward Finite Difference Approximations of $\mathcal{O}(h)$

	$f(x-4h)$	$f(x-3h)$	$f(x-2h)$	$f(x-h)$	$f(x)$
$hf'(x)$				−1	1
$h^2 f''(x)$			1	−2	1
$h^3 f'''(x)$		−1	3	−3	1
$h^4 f^{(4)}(x)$	1	−4	6	−4	1

2차 비중앙 차분 근사

통상 $\mathcal{O}(h^2)$의 오차를 가지는 근사를 사용하며, $\mathcal{O}(h)$의 오차를 가지는 근사는 별로 많이 사용되지 않는다. 2차의 비중앙 차분 근사식을 얻기 위해서 Taylor 전개에서 더 많은 식을 이용해야 하며, $f'(x)$에 대해서 식을 유도해 보자. 식 (a)와 (c)에서

$$f(x+h) = f(x) + hf'(x) + \frac{h^2}{2}f''(x) + \frac{h^3}{6}f'''(x) + \frac{h^4}{24}f^{(4)}(x) + \cdots$$

$$f(x+2h) = f(x) + 2hf'(x) + 2h^2 f''(x) + \frac{4h^3}{3} f'''(x) + \frac{2h^4}{3} f^{(4)}(x) + \cdots$$

첫번 째 식에 4를 곱하여 두번째 식에 빼면 $f''(x)$ 항을 소거할 수 있는데, 그 결과는 다음과 같다.

$$f(x+2h) - 4f(x+h) = -3f(x) - 2hf'(x) + \frac{2}{3}h^3 f'''(x) + \cdots$$

따라서

$$f'(x) = \frac{-f(x+2h) + 4f(x+h) - 3f(x)}{2h} + \frac{h^2}{3} f'''(x) + \cdots$$

또는

$$f'(x) = \frac{-f(x+2h) + 4f(x+h) - 3f(x)}{2h} + \mathcal{O}(h^2) \tag{5.8}$$

식 (5.8)은 2차 **전향차분 근사**라고 불린다.

차 미분에 대한 유한 차분 근사의 유도는 추가적 Taylor 전개를 필요로 한다. $f'(x)$에 대한 근사는 $f(x+h)$, $f(x+2h)$, $f(x+3h)$에 대한 전개식을 필요로 하고 $f''(x)$에 대한 근사는 $f(x+h)$, $f(x+2h)$, $f(x+3h)$, $f(x+4h)$에 대한 전개식을 필요로 하며, 이러한 고차 미분에 대한 계산은 복잡해 진다. 전향, 후향 차분 근사에 대한 결과를 표 5.3a와 5.3b에 정리하였다.

표 5.3a Coefficients of Forward Finite Difference Approximations of $\mathcal{O}(h^2)$

	$f(x)$	$f(x+h)$	$f(x+2h)$	$f(x+3h)$	$f(x+4h)$	$f(x+5h)$
$2hf'(x)$	−3	4	−1			
$h^2 f''(x)$	2	−5	4	−1		
$2h^3 f''(x)$	−5	18	−24	14	−3	
$h^4 f^{(4)}(x)$	3	−14	26	−24	11	−2

표 5.3b Coefficients of Backward Finite Difference Approximations of $\mathcal{O}(h^2)$

	$f(x-5h)$	$f(x-4h)$	$f(x-3h)$	$f(x-2h)$	$f(x-h)$	$f(x)$
$2hf'(x)$				1	−4	3
$h^2 f''(x)$			−1	4	−5	2
$2h^3 f''(x)$		3	−14	24	−18	5
$h^4 f^{(4)}(x)$	−2	11	−24	26	−14	3

유한 차분 근사의 오차

모든 유한 차분 표현에서 계수들을 더한 값은 0이 되는 것을 확인하자. 반올림 오차의 효과는 꽤 클 수 있는데, h가 매우 작은 경우 $f(x)$, $f(x \pm h)$, $f(x \pm 2h)$의 값은 거의 같을 것이다. 이 값들을 계수와 곱하여 더할 경우 중요한 값들을 고려하지 못할 수 있다. 그러나 h를 너무 크게 하면 반올림오차가 너무 크게 된다. 이러한 상황에서 특별한 해결책은 없으나 다음과 같은 예방적 방법을 사용할 수 있다.

- 배정밀도의 유효숫자 사용
- 최소 $\mathcal{O}(h^2)$의 정밀도를 가지는 유한 차분식의 사용

오차를 확인하게 위해 중앙차분식을 이용하여 $x = 1$에서 $f(x) = e^{-x}$의 2차 미분을 계산해보자. 몇가지 다른 h에 대해서 6자리와 8자리의 유효 자리를 가지고 계산을 수행하며 결과를 정해인 $f''(1) = e^{-1} = 0.367\ 879\ 44$과 비교하여 표 5.4에 정리하였다.

표 5.4 $(e^{-x})''$ at $x = 1$ fromCentral Finite Difference Approximation

h	Six-Digit Precision	Eight-Digit Precision
0.64	0.380 610	0.380 609 11
0.32	0.371 035	0.371 029 39
0.16	0.368 711	0.368 664 84
0.08	0.368 281	0.368 076 56
0.04	0.368 75	0.367 831 25
0.02	0.37	0.3679
0.01	0.38	0.3679
0.005	0.40	0.3676
0.0025	0.48	0.3680
0.00125	1.28	0.3712

6자리 유효숫자 계산에서 최적의 h는 0.08이며, 소수점 3자리까지 정확한 값을 가진다. 나머지 3자리는 절사와 반올림 오차에 의해 정확하지 않다. 최적의 h보다 큰 경우 오차는 잘림(절단)오차에 의해 지배되며, 작은 경우 반올림 오차가 지배적이게 된다. 8자리 유효숫자 계산에서 최적의 값은 4자리 까지인데, 더 많은 유효숫자가 반올림 오차를 감소시키고 최적의 h는 약 0.02로 6자리 유효숫자 계산에 비해 작은 값을 가진다.

5.3 Richardson 외삽법

Richardson 외삽법은 유한 차분 근사를 포함하여 특정 수치 계산의 정확도를 높이는 간단한 방법이며 다른 응용도 가능한다.

어떤 수량 G를 계산하는 근사적이 방법이 있다고 가정하자. 그리고 그 결과는 어떤 파라메터 h의 함수이다. $g(h)$를 근사하는 표현으로 에러에 대한 표현 $E(h)$를 추가하여 $G = g(h) + E(h)$로 쓸 수 있다. Richardson 외삽법은 상수 c, p를 정의하고 $E(h) = ch^p$, c로 가정하여 에러를 제거한다. 먼저 $h = h_1$인 경우에 대해 $g(h)$를 계산해 보자.

$$G = g(h_1) + ch_1^p \tag{i}$$

에 대해 계산을 반복하면 다음과 같다.

$$G = g(h_2) + ch_2^p \tag{j}$$

(i), (j)에서 c를 소거하고 G에 대해 풀면

$$G = \frac{(h_1/h_2)^p g(h_2) - g(h_1)}{(h_1/h_2)^p - 1} \tag{5.8}$$

이 식이 Richardson 외삽법 식이된다. $h_2 = h_1/2$로 사용하는 것이 통상적 방법이며 이 때 식 (5.8)은 다음과 같이 된다.

$$G = \frac{2^p g(h_1/2) - g(h_1)}{2^p - 1} \tag{5.9}$$

Richardson 외삽법을 $x = 1$에서 $(e^{-x})''$의 유한 차분값을 구하는데 사용해 보자. 6자리의 유효숫자를 적용하고 표 5.4의 결과를 이용한다. 외삽법은 잘림(절단)오차에만 작용하기 때문에 반올림 오차와 무관한 h를 사용하여야 한다. 표 5.4에서

$$g(0.64) = 0.380\,610 \qquad g(0.32) = 0.371\,035$$

중앙 차분근사에서 잘림(절단)오차는 $E(h) = \mathcal{O}(h^2) = c_1h^2 + c_2h^4 + c_3h^6 + \ldots$이 된다. 따라서 $p = 2$, $h_1 = 0.64$ 값을 사용하여 첫번째 유효한 오차항을 제거할 수 있다. 결과는

$$G = \frac{2^2 g(0.32) - g(0.64)}{2^2 - 1} = \frac{4(0.371\,035) - 0.380\,610}{3} = 0.367\,843$$

여기서 $(e^{-x})''$는 $\mathcal{O}(h^4)$의 오차로 근사된다. 표 5.4의 8자리 계산에서 얻어진 최고 수준의 값과 동일하게 정밀한 값을 얻게된다.

예제 5.1

등간격으로 주어진 데이터에서

x	0	0.1	0.2	0.3	0.4
$f(x)$	0.0000	0.0819	0.1341	0.1646	0.1797

$x=0,\ 0.2$에서 $f'(x)$와 $f''(x)$를 $\mathcal{O}(h^2)$의 유한차분 근사를 이용하여 계산하시오.

풀이

$\mathcal{O}(h^2)$의 오차를 가지는 유한차분 근사를 사용하며, 표 5.3a의 전향차분표에서 다음의 식을 얻는다.

$$f'(0) = \frac{-3f(0) + 4f(0.1) - f(0.2)}{2(0.1)} = \frac{-3(0) + 4(0.0819) - 0.1341}{0.2} = 0.967$$

$$f''(0) = \frac{2f(0) - 5f(0.1) + 4f(0.2) - f(0.3)}{(0.1)^2}$$

$$= \frac{2(0) - 5(0.0819) + 4(0.1341) - 0.1646}{(0.1)^2} = -3.77$$

표 5.1의 중앙유한차분 근사를 이용하면 다음과 같다.

$$f'(0.2) = \frac{-f(0.1) + f(0.3)}{2(0.1)} = \frac{-0.0819 + 0.1646}{0.2} = 0.4135$$

$$f''(0.2) = \frac{f(0.1) - 2f(0.2) + f(0.3)}{(0.1)^2} = \frac{0.0819 - 2(0.1341) + 0.1646}{(0.1)^2} = -2.17$$

예제 5.2

예제 5.1의 데이터를 이용하고 $f'(0)$를 가능한 정밀도를 높여 계산하시오.

풀이

Richardson 외삽법을 유한차분 근사에 적용해보자. $f'(0)$를 계산하기 위해 $\mathcal{O}(h^2)$을 가지는 2개의 전향차분식으로부터 시작한다. 하나는 $h=0.2$, 다른 하나는 $h=0.1$이다. 표 5.3a에서 $\mathcal{O}(h^2)$를 가지는 식을 참조하면 다음과 같이 된다.

$$g(0.2) = \frac{-3f(0) + 4f(0.2) - f(0.4)}{2(0.2)} = \frac{3(0) + 4(0.1341) - 0.1797}{0.4} = 0.8918$$

$$g(0.1) = \frac{-3f(0) + 4f(0.1) - f(0.2)}{2(0.1)} = \frac{-3(0) + 4(0.0819) - 0.1341}{0.2} = 0.9675$$

두 개의 근사에서 오차는 $E(h) = c_1h^2 + c_2h^4 + c_3h^6 + \ldots$의 형태가 되는 것을 기억하자. 이제 식 (5.9)의 Richardson 외삽법을 이용하여 주요 오차항을 소거한다. $P = 2$인 경우 다음을 얻게 된다.

$$f'(0) \approx G = \frac{2^2 g(0.1) - g(0.2)}{2^2 - 1} = \frac{4(0.9675) - 0.8918}{3} = 0.9927$$

이 식은 $\mathcal{O}(h^4)$의 유한차분 근사이다.

예제 5.3

다음의 결합기구에서 치수는 $a = 100$mm, $b = 120$mm, $c = 150$mm, $d = 180$mm이다. 각도 α에 대해 변화하는 각 β의 관계는 아래와 같다.

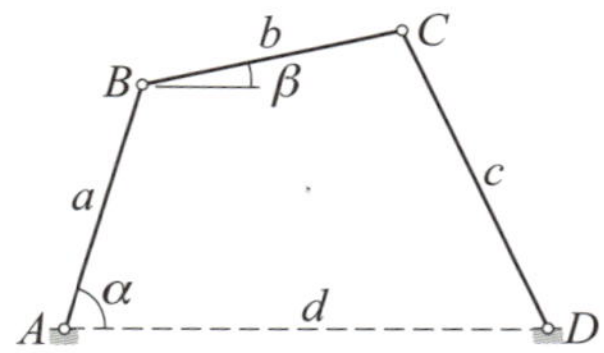

α(deg)	0	5	10	15	20	25	30
β(rad)	1.6595	1.5434	1.4186	1.2925	1.1712	1.0585	0.9561

링크 AB가 25rad/s의 속도로 회전할 때 $\mathcal{O}(h^2)$의 유한 차분식을 사용하여 링크 BC의 α에 대한 회전 각속도 $d\beta/dt$의 값을 구하시오.

풀이

BC의 각속도는 다음과 같다.

$$\frac{d\beta}{dt} = \frac{d\beta}{d\alpha}\frac{d\alpha}{dt} = 25\frac{d\beta}{d\alpha}\ \text{rad/s}$$

여기서 $d\beta/d\alpha$는 표의 데이터를 이용한 유한 차분 근사로부터 계산된다. $\mathcal{O}(h^2)$의 전향 및 후향 차분을 끝점에서 사용하고, 그 외의 점에서는 중앙차분 근사를 이용한다. α의 증가는 다음과 같다.

$$h = (5\,\text{deg})\left(\frac{\pi}{180}\text{rad / deg}\right) = 0.087\,266\,\text{rad}$$

대입하여 계산하면

$$\dot{\beta}(0°) = 25\frac{-3\beta(0°) + 4\beta(5°) - \beta(10°)}{2h} = 25\frac{-3(1.6595) + 4(1.5434) - 1.4186}{2\,(0.087\,266)}$$
$$= -32.01\,\text{rad/s.}$$
$$\dot{\beta}(5°) = 25\frac{\beta(10°) - \beta(0°)}{2h} = 25\frac{1.4186 - 1.6595}{2(0.087\,266)} = -34.51\,\text{rad/s}$$

etc.

최종 결과는 다음과 같다.

α(deg)	0	5	10	15	20	25	30
$\dot{\beta}$(rad/s)	−32.01	−34.51	−35.94	−35.44	−33.52	−30.81	−27.86

5.4 근사식을 이용한 미분

$f(x)$가 이산적 데이터로 주어질 때, 근사식은 미분값을 계산하는 효과적인 수단이 된다. 이것은 근사식을 직접 미분하여 $f(x)$의 미분값을 구하는 아이디어인데 데이터가 등간격이 아니게 위치하여 5.2절의 유한 차분 근사를 사용할 수 없을 때 특별히 유용하다.

다항식 근사

n차의 다항식을 이용하는 간단한 아이디어로서,

$$P_n(x) = a_0 + a_1 x + a_2 x^2 + \cdots + a_n x^n$$

$n+1$개의 데이터를 가지고 n차의 다항식을 근사하여 주어진 점에서 미분값을 계산한다. 3.2절에서 지적하였듯이 근사값의 과도한 진동을 없애기 위해 6차 이하의 다항식을 사용하는 것이 바람직하다. 이러한 값의 진동은 미분을 수행할 경우 커지게 된다.

이러한 한계점으로 인해, 근사식은 통상 근처의 데이터 값과 관련이 없는 지역적인 값이 된다.

등간격의 데이터에 대해서는 다항식 근사와 유한 차분은 동일한 결과를 얻게 되며, 실제로 유한 차분식은 다항식 근사와 동일하다.

몇가지 다항식 근사법이 3.2절에서 소개되었는데, 불행하게도 미분값을 계산하는데는 적합하지 않다. 필요한 방법은 다항식의 계수 $a_0, a_1, \ldots, a_n$을 결정하는 것으로 3장에서 소개된 최소자승법이 그러한 방법이다. 최소자승법은 데이터 스무딩에 주로 사용되는데 식 3.22에서 $m=n$을 사용하면 근사를 하게 된다. 여기서 m은 근사 다항식의 차수이며, $n+1$은 데이터 점의 개수를 의미한다. 만약 데이터가 노이즈를 포함하면, $m<n$인 경우 최소자승법은 스무딩을 하게 된다. 다항식의 계수를 찾게 되면 다항식과 그 미분값이 4.7의 `evalPoly` 함수를 이용하여 쉽게 계산된다.

큐빅 스플라인(cubicSpline) 근사

3차 스플라인은 강건함으로 인해서 근사로 많이 사용되고, 미분하기에도 용이하다. 첫번째 과정은 식 (3.11)을 풀어서 매듭에서의 스플라인의 이차 미분을 구하는 것이다. 이 과정은 3.3절의 `cubicSpline` 모듈의 `curvature` 함수를 이용하면 되며, 1차, 2차의 미분은 다음과 같이 계산된다.

$$f'_{i,i+1}(x) = \frac{k_i}{6}\left[\frac{3(x-x_{i+1})^2}{x_i-x_{i+1}} - (x_i - x_{i+1})\right] - \frac{k_{i+1}}{6}\left[\frac{3(x-x_i)^2}{x_i-x_{i+1}} - (x_i - x_{i+1})\right] + \frac{y_i - y_{i+1}}{x_i - x_{i+1}} \tag{5.10}$$

$$f''_{i,i+1}(x) = k_i\frac{x-x_{i+1}}{x_i-x_{i+1}} - k_{i+1}\frac{x-x_i}{x_i-x_{i+1}} \tag{5.11}$$

이 식은 식 (3.10)을 미분하여 얻은 것이다.

예제 5.4

주어진 데이터를 이용하여

x	1.5	1.9	2.1	2.4	2.6	3.1
$f(x)$	1.0628	1.3961	1.5432	1.7349	1.8423	2.0397

(1) 근처 3점을 이용한 다항식 근사 (2) 자연 3차 스플라인 근사를 이용하여 $f'(2)$와 $f''(2)$를 계산하시오.

문제 (1)에 대한 풀이

근사식은 $x=1.9$, 2.1, 2.4에서 주어진 점을 지나는 다항식 이 된다. 식 (3.22)의 최소자승법의 계수를 구하는 다음 식에

$$\begin{bmatrix} n & \sum x_i & \sum x_i^2 \\ \sum x_i & \sum x_i^2 & \sum x_i^3 \\ \sum x_i^2 & \sum x_i^3 & \sum x_i^4 \end{bmatrix} \begin{bmatrix} a_0 \\ a_1 \\ a_2 \end{bmatrix} = \begin{bmatrix} \sum y_i \\ \sum y_i x_i \\ \sum y_i x_i^2 \end{bmatrix}$$

값을 대입하면 다음의 식을 얻게 된다.

$$\begin{bmatrix} 3 & 6.4 & 13.78 \\ 6.4 & 13.78 & 29.944 \\ 13.78 & 29.944 & 65.6578 \end{bmatrix} \begin{bmatrix} a_0 \\ a_1 \\ a_2 \end{bmatrix} = \begin{bmatrix} 4.6742 \\ 10.0571 \\ 21.8385 \end{bmatrix}$$

계수를 계산하면 다음과 같다.

$$\mathbf{a} = \begin{bmatrix} -0.7714 & 1.5075 & -0.1930 \end{bmatrix}^T$$

근사식의 미분은 $P_2'(x) = a_1 + 2a_2 x$ 그리고 $P_2''(x) = a_1 + 2a_2$이며, 따라서 계산 결과는 다음과 같다.

$$f'(2) \approx P_2'(2) = 1.5075 + 2(-0.1930)(2) = 0.7355$$

$$f''(2) \approx P_2''(2) = 2(-0.1930) = -0.3860$$

문제 (2)에 대한 풀이

노트에서 스플라인의 이차 미분을 구해야 하는데 그 다음 식 (5.10)과 (5.11)에서 $f(x)$의 미분값을 계산할 수 있다. 첫번째 과정은 다음의 간단한 프로그램으로 수행할 수 있다.

```
#!/usr/bin/python
## example5_4
from cubicSpline import curvatures
from LUdecomp3 import *
import numpy as np

xData = np.array([1.5,1.9,2.1,2.4,2.6,3.1])
yData = np.array([1.0628,1.3961,1.5432,1.7349,1.8423, 2.0397])
print(curvatures(xData,yData))
input("Press return to exit")
```

k_0부터 k_5까지의 프로그램 결과는 다음과 같다.

```
[ 0.   -0.4258431   -0.37744139   -0.38796663   -0.55400477   0.   ]
```

$x = 2$가 노트 1, 2 사이에 위치하기 때문에 $i = 1$로 하고 식 (5.10)과 (5.11)을 이용한다.

$$
\begin{aligned}
f'(2) \approx f'_{1,2}(2) &= \frac{k_1}{6}\left[\frac{3(x - x_2)^2}{x_1 - x_2} - (x_1 - x_2)\right] \\
&\quad - \frac{k_2}{6}\left[\frac{3(x - x_1)^2}{x_1 - x_2} - (x_1 - x_2)\right] + \frac{y_1 - y_2}{x_1 - x_2} \\
&= \frac{(-0.4258)}{6}\left[\frac{3(2 - 2.1)^2}{(-0.2)} - (-0.2)\right] \\
&\quad - \frac{(-0.3774)}{6}\left[\frac{3(2 - 1.9)^2}{(-0.2)} - (-0.2)\right] + \frac{1.3961 - 1.5432}{(-0.2)} \\
&= 0.7351
\end{aligned}
$$

$$
\begin{aligned}
f''(2) \approx f''_{1,2}(2) &= k_1\frac{x - x_2}{x_1 - x_2} - k_2\frac{x - x_1}{x_1 - x_2} \\
&= (-0.4258)\frac{2 - 2.1}{(-0.2)} - (-0.3774)\frac{2 - 1.9}{(-0.2)} = -0.4016
\end{aligned}
$$

(1)의 해법과 (2)의 해법에서 의 값은 4자리 유효숫자에서 달라지며, $f''(2)$의 값은 훨씬 빠르게 차이가 나게 된다. 이 것은 다음과 같은 일반적 법칙을 고려할 때 예상가능한 것이다. 미분의 차수가 높아지면, 계산 정확도는 낮아진다. 이 두가지 결과 중 어떤 것이 더 정확한지 판단하는 것은 실제 함수의 형태를 모르는 경우 불가능하다. 이 문제에서는 데이터가 $f(x) = x^2e^{-x/2}$에 위치하므로 정확한 값은 $f'(2) = 0.7358$과 $f''(2) = -0.3679$이다.

예제 5.5

다음 데이터에서 $f'(0)$와 $f'(1)$을 계산하시오.

x	0	0.2	0.4	0.6	0.8	1.0	1.2	1.4
$f(x)$	1.9934	2.1465	2.2129	2.1790	2.0683	1.9448	1.7655	1.5891

풀이

예제 3.10의 최소자승법 프로그램을 이용하여 최적의 근사 다항식을 계산한다. 프로그램은 3번 실행되어 다음의 결과를 얻게 된다.

```
Degree of polynomial ==> 2
Coefficients are:
[ 2.0261875 0.64703869 -0.70239583]
```

```
Std. deviation = 0.0360968935809

Degree of polynomial ==> 3
Coefficients are:
[ 1.99215 1.09276786 -1.55333333 0.40520833]
Std. deviation = 0.0082604082973

Degree of polynomial ==> 4
Coefficients are:
[ 1.99185568 1.10282373 -1.59056108 0.44812973 -0.01532907]
Std. deviation = 0.00951925073521
```

표준 편차에서 3차 다항식이 근사식으로 가장 적절해 보이며, 그 결과를 가지고 데이터와 근사 다항식에 대한 그림을 아래에 그려 보았다. 근사식은 만족스럽게 보인다.

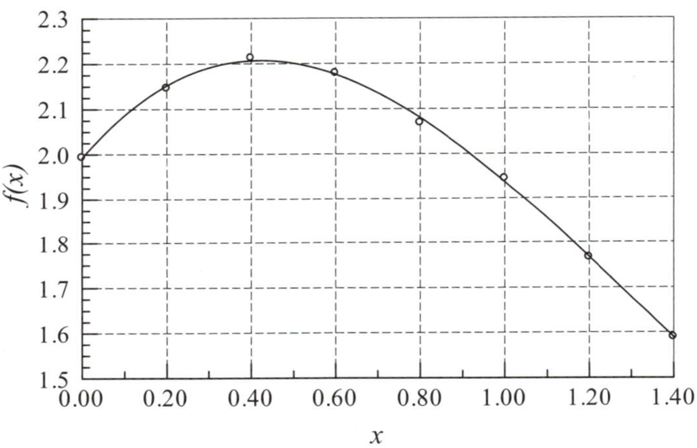

$f(x)$를 다항식으로 근사하면 다음을 얻게된다.

$$f(x) \approx a_0 + a_1 x + a_2 x^2 + a_3 x^3$$

그리고

$$f'(x) \approx a_1 + 2a_2 x + 3a_3 x^2$$

따라서

$$f'(0) \approx a_1 = 1.093$$

$$f'(1) = a_1 + 2a_2 + 3a_3 = 1.093 + 2(-1.553) + 3(0.405) = -0.798$$

일반적으로 노이즈가 많은 데이터를 미분하는 것은 근사식을 사용하는 것이 바람직하다. 이 문제에서는 $f(x) = (x+2)/\cosh x$에 임의의 노이즈가 더해진 데이터가 사용되었으며 따라서 $f'(x) = [1-(x+2)\tanh x]\cosh x$이며, 정확한 미분값은 $f'(0) = 1.000$과 $f'(1) = -0.833$이 된다.

연습 문제 5.1

1. 점 x, $x-h_1$, $x-h_2$에서 $f(x)$ 값을 이용하여 $f'(x)$를 계산하시오. 반올림오차의 차수는 얼마인가?
2. $f'(x)$과 $f''(x)$에 대한 1차 후향차분 근사가 주어졌을 때 $f'''(x)$에 대한 1차 후향차분 근사를 계산하시오. 단 $f'''(x) = [f''(x)]'$이다.
3. Richardson 외삽법을 $\mathcal{O}(h^2)$의 중앙차분 근사에 적용하여 $f'(x)$에 대한 $\mathcal{O}(h^4)$의 중앙차분 근사를 구하시오.
4. Taylor 전개에서 $f''(x)$의 2차 전향차분 근사를 구하시오.
5. Taylor 전개에서 $f^{(4)}(x)$의 1차 중앙차분 근사를 구하시오.
6. $\mathcal{O}(h^2)$의 유한차분 근사를 이용하여 주어진 데이터로부터 $f'(2.36)$과 $f''(2.36)$을 계산하시오.

x	2.36	2.37	2.38	2.39
$f(x)$	0.85866	0.86289	0.86710	0.87129

7. 다음 데이터에서 $f'(1)$과 $f''(1)$을 계산하시오.

x	0.97	1.00	1.05
$f(x)$	0.85040	0.84147	0.82612

8. 주어진 데이터에서 $f''(1)$을 최대한 정확하게 계산하시오.

x	0.84	0.92	1.00	1.08	1.16
$f(x)$	0.431711	0.398519	0.367879	0.339596	0.313486

9. 주어진 데이터에서 $f'(0.2)$을 최대한 정확하게 계산하시오.

x	0	0.1	0.2	0.3	0.4
$f(x)$	0.000 000	0.078 348	0.138 910	0.192 916	0.244 981

10. 5자리의 유효숫자를 사용하여 $x=0.8$에서 $d(\sin x)/dx$를 다음 방법으로 계산하시오.

(a) 1차 전향차분 근사 (b) 1차 중앙차분 근사

각각의 경우에서 가능한 정확한 값을 가지는 h를 사용하시오.

11. ■ 다항식 근사를 이용하여 $x=0$에서 f'과 f''를 계산하시오.

x	−2.2	−0.3	0.8	1.9
$f(x)$	15.180	10.962	1.920	−2.040

$f(x)=x^3-0.3x^2-8.56x+8.448$일 때 결과의 정확도를 판단하시오.

12. ■ 90mm 길이 크랭크 AB가 $d\theta/dt=5000$ rev/min의 속도로 회전하고 있다. 피스톤 C의 위치가 다음과 같이 이동한다.

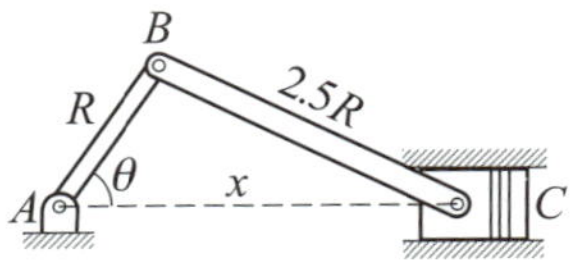

$$x=R\left(\cos\theta+\sqrt{2.5^2-\sin^2\theta}\right)$$

가 0도, 5도, 10도,..180도 일 때 피스톤의 가속도를 구하는 프로그램을 작성하시오. 가속도를 계살할 때 수치적 미분법을 이용하시오.

13. ■ 레이다 관측소 A, B가 500m 떨어져서 비행기 C에 대해 1초 간격으로 α, β 각도를 측정하고 있다. 3개의 연속 측정값으로부터 $t=10$초 일 때 비행기의 속도와 지면과의 각도를 계산하시오. 비행기의 좌표는 다음과 같이 계산된다.

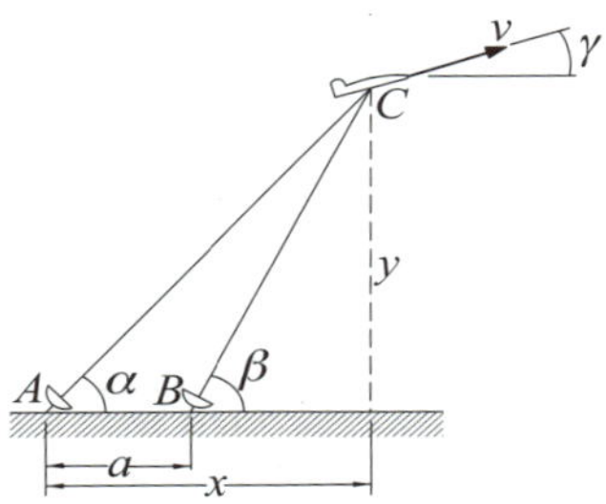

t(s)	9	10	11
α	54.80°	54.06°	53.34°
β	65.59°	64.59°	63.62°

$$x=a\frac{\tan\beta}{\tan\beta-\tan\alpha}\qquad y=a\frac{\tan\alpha\tan\beta}{\tan\beta-\tan\alpha}$$

14. ■ 아래 표에서 주어진 θ와 β의 관계에서 해석을 수행해보자.

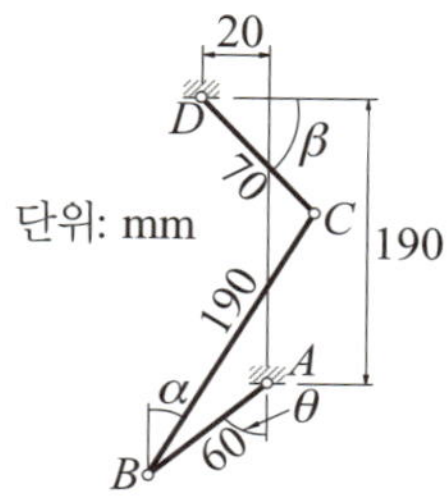

θ(deg)	0	30	60	90	120	150
β(deg)	59.96	56.42	44.10	25.72	−0.27	−34.29

멤버 AB가 $d\theta/dt = 1$ rad/s로 회전할 때 표에서 주어진 값 θ에 대해 $d\beta/dt$를 계산하시오. 3차 스플라인 근사식을 이용한다.

15. ■ 단축 인장상태에서 생체물질의 응력 와 변형률 의 관계가 다음과 같이 주어진다.

$$\frac{d\sigma}{d\varepsilon} = a + b\sigma$$

여기서 a, b는 상수이다.($d\sigma/d\varepsilon$은 접선 계수로 불린다.) 인장실험에서 다음과 같은 데이터를 얻을 수 있다.

Strain ε	Stress σ(MPa)
0	0
0.05	0.252
0.10	0.531
0.15	0.840
0.20	1.184
0.25	1.558
0.30	1.975
0.35	2.444
0.40	2.943
0.45	3.500
0.50	4.115

이 때 선형 최소자승법을 이용하여 a, b를 결정하시오.

6

수치적분

함수 $f(x)$가 주어졌을 때 $\int_a^b f(x)dx$ 계산하기

6.1 서론

구적법이라고도 불리는 수치적분은 수치 미분에 비해서 본질적으로 정확한 계산이 가능하다. 수치적분은 다음의 정적분

$$\int_a^b f(x)\,dx$$

를 다음과 같은 합으로 근사화한다.

$$I = \sum_{i=0}^{n} A_i f(x_i)$$

이때 절점 가로좌표 x_i와 가중치 A_i는 수치적분을 위한 적분 법칙에 따라 결정된다. 수치적분을 위한 모든 적분 법칙은 적분함수에 대한 다항식 보간으로부터 유도된다. 그러므로 적분함수 $f(x)$가 다항식으로 근사화 되면 수치적분도 수행할 수 있다.

수치적분 방법들은 Newton-Cotes 적분공식과 Gaussian 구적법의 두 그룹으로 구분할 수 있다. Newton-Cotes 적분공식의 특징은 x 좌표를 등간격으로 나눈다는 것이며 사다리꼴 적분공식, Simpson 적분공식과 같은 잘 알려진 방법들이 이에 속한다. Newton-Cotes 적분공식은 국부적 보간을 기반으로 하며 구간별 다항식 보간 만이 필요하기 때문에 등간격 x 좌표에 대한 적분함수 $f(x)$의 값이 이미 구해져 있거나 쉽게 구할 수 있다면 Newton-Cotes 적분공식이 매우 유용할 것이다.

Gaussian 구적법에서는 최대한의 적분 정확도를 갖기 위한 x 좌표의 위치를 선택한다. Gaussian 구적법에서는 주어진 정확도에 따라 적은 횟수의 적분함수 계산 만을 요구하므로 적분함수 $f(x)$의 값을 구하기에 시간이 많이 소요되는 경우에 유용하다. Gaussian 구적법의 또 다른 장점은 적분 특이점을 갖는 문제도 처리할 수 있다는 점이다. 즉 $g(x)$가 임의의 x에서 계산하기에 문제가 없다면 다음과 같은 적분도 수행할 수 있다.

$$\int_0^1 \frac{g(x)}{\sqrt{1-x^2}}dx$$

6.2 Newton-Cotes 적분공식

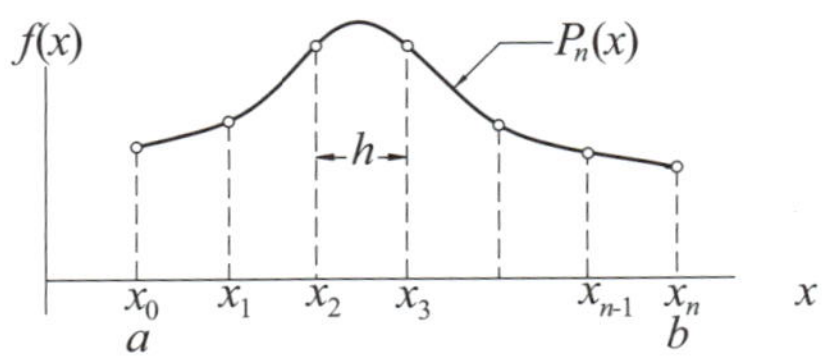

그림 6.1 Polynomial approximation of $f(x)$.

다음의 정적분을 고려한다.

$$\int_a^b f(x)\,dx \tag{6.1}$$

그림 6.1에서와 같이 적분 범위 (a, b)를 길이 $h=(b-a)/n$의 n개의 등간격으로 나눈 점의 x좌표를 $x_0, x_1, ..., x_n$이라고 하자. 적분함수 $f(x)$를 모든 $f(x_i)$를 통과하는 n차 다항식으로 근사화한다. 식 (3.1a)에서 이 식을 다음과 같이 나타낸 바 있다.

$$P_n(x) = \sum_{i=0}^{n} f(x_i)\ell_i(x)$$

이때 $\ell_i(x)$는 식 (3.1b)에서 정의된 기수함수이다. 따라서 정적분 (6.1)에 대한 근사식은 다음과 같다.

$$I = \int_a^b P_n(x)dx = \sum_{i=0}^{n}\left[f(x_i)\int_a^b \ell_i(x)dx\right] = \sum_{i=0}^{n} A_i f(x_i) \tag{6.2a}$$

이 식에서 A_i는 다음과 같다.

$$A_i = \int_a^b \ell_i(x)dx, \quad i = 0, 1, \ldots, n \tag{6.2b}$$

식 (6.2)를 Newton-Cotes 적분공식이라고 부른다. 이 적분공식의 예는 사다리꼴 적분공식($n=1$), Simpson 적분공식($n=2$) 및 3/8 Simpson 적분공식($n=3$)이다. 이 중에서 가장 중요한 것은 사다리꼴 적분공식이다. 사다리꼴 적분공식을 Richardson 외삽법과 결합하여 Romberg 적분으로 알려진 효율적인 알고리즘을 만들 수 있다. 이 알고리즘은 다른 적분공식을 불필요하게 만든다.

사다리꼴 적분공식

$n=1$이면 그림 6.2에서 보인 바와 같이 $\ell_0 = (x-x_1)/(x_0-x_1) = -(x-b)/h$이다. 따라서는 다음과 같다.

$$A_0 = \frac{1}{h}\int_a^b (b-x)\,dx = \frac{1}{2h}(b-a)^2 = \frac{h}{2}$$

또 $\ell_1 = (x-x_0)/(x_1-x_0) = (x-a)/h$이므로 A_1은 다음과 같다.

$$A_1 = \frac{1}{h}\int_a^b (x-a)\,dx = \frac{1}{2h}(b-a)^2 = \frac{h}{2}$$

이 결과를 식 (6.2a)에 대입하면 사다리꼴 적분공식이라고 불리는 다음 식을 얻을 수 있다.

$$I = \left[f(a) + f(b)\right]\frac{h}{2} \tag{6.3}$$

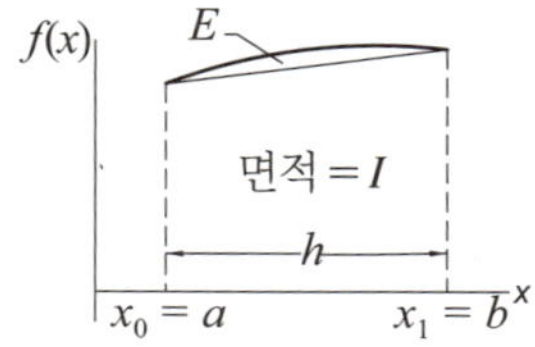

그림 6.2 Trapezoidal rule.

사다리꼴 적분공식의 오차는 그림 (6.2)의 $f(x)$와 보간 직선 사이의 면적이며 다음의 식으로 표시할 수 있다.

$$E = \int_a^b f(x)dx - I$$

오차 E는 식 (3.3)의 오차식을 적분하여 다음과 같이 구할 수 있다.

$$E = \frac{1}{2!}\int_a^b (x-x_0)(x-x_1)f''(\xi)dx = \frac{1}{2}f''(\xi)\int_a^b (x-a)(x-b)dx$$

$$= -\frac{1}{12}(b-a)^3 f''(\xi) = -\frac{h^3}{12}f''(\xi) \tag{6.4}$$

복합 사다리꼴 적분공식

사다리꼴 적분공식을 사용할 때 이 공식은 적분 면적의 각 조각에 적용된다. 그림 6.3은 영역(a, b)을 너비가 각각 h인 n개의 조각으로 분할한 것을 보여준다. 적분함수 $f(x)$는 각 조각 패널에서 직선으로 근사화되어있다. i번째 패널의 근사 면적에 대해 얻은 사다리꼴 적분공식은 다음과 같다.

$$I_i = \left[f(x_i) + f(x_{i+1})\right]\frac{h}{2}$$

그러므로 $\int_a^b f(x)dx$에 대한 전체 면적은 다음의 복합 사다리꼴 적분공식으로 구할 수 있다.

$$I = \sum_{i=0}^{n-1} I_i = \left[f(x_0) + 2f(x_1) + 2f(x_2) + \ldots + 2f(x_{n-1}) + f(x_n)\right]\frac{h}{2} \tag{6.5}$$

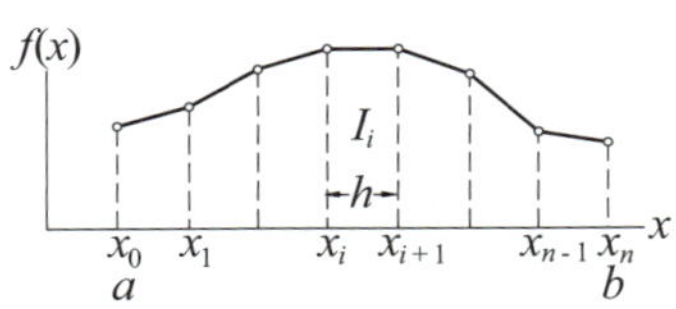

그림 6.3 Composite trapezoidal rule.

패널의 면적으로 계산한 오차는 식 (6.4)를 참조하면 다음과 같다. 이때 ξ_i는 (x_i, x_{i+1})의 값이다.

$$E_i = -\frac{h^3}{12}f''(\xi_i)$$

그러므로 식 (6.5)의 오차는 다음과 같다.

$$E = \sum_{i=0}^{n-1} E_i = -\frac{h^3}{12}\sum_{i=0}^{n-1} f''(\xi_i) \tag{a}$$

이때 다음 식이 성립한다. 여기서 $\bar{f}''$는 2차 미분의 산술평균이다.

$$\sum_{i=0}^{n-1} f''(\xi_i) = n\bar{f}''$$

$f(x)$의 2차 미분 $f''(x)$이 연속이라면 구간 (a, b) 사이에서 $f''(\xi) = \bar{f}''$를 만족하는 ξ가 존재하므로 위 식을 다음과 같이 다시 쓸 수 있다.

$$\sum_{i=0}^{n-1} f''(\xi_i) = nf''(\xi) = \frac{b-a}{h} f''(\xi)$$

따라서 식 (a)를 다음과 같이 다시 쓸 수 있다.

$$E = -\frac{(b-a)h^2}{12} f''(\xi) \tag{6.6}$$

$f''(\xi)$가 h에 완전히 무관하지 않으므로 식 (6.6)으로부터 $E = ch^2$(c는 상수)라고 결론을 내릴 수는 없다. $f(x)$와 $f(x)$의 미분이 구간 (a, b)에서 유한하다는 전제하에, 오차에 대한 더 깊은 분석[1]에 의하면 오차 E는 다음과 같다.

$$E = c_1 h^2 + c_2 h^4 + c_3 h^6 + \dots \tag{6.7}$$

재귀 사다리꼴 적분공식

복합 사다리꼴 적분공식을 사용하여 2^{k-1}개의 패널 면적으로 구한 적분을 I_k라고 하자. k가 1 증가하면 패널의 개수는 2배가 된다. $H = b - a$라고 하면 식 (6.5)는 $k = 1,2$ 및 3에 대하여 다음의 결과를 산출한다.

$k = 1$(1개 패널)

$$I_1 = [f(a) + f(b)]\frac{H}{2} \tag{6.8}$$

$k = 2$(2개 패널)

$$I_2 = \left[f(a) + 2f\left(a + \frac{H}{2}\right) + f(b)\right]\frac{H}{4} = \frac{1}{2}I_1 + f\left(a + \frac{H}{2}\right)\frac{H}{2}$$

---

1 해석을 위해서는 Euler-Maclaurin 합산 공식을 숙지해야 한다. 이 공식은 고급 수준의 도서에서 다루어진다.

$k = 3$(4개 패널)

$$I_3 = \left[f(a) + 2f\left(a + \frac{H}{4}\right) + 2f\left(a + \frac{H}{2}\right) + 2f\left(a + \frac{3H}{4}\right) + f(b)\right]\frac{H}{8}$$
$$= \frac{1}{2}I_2 + \left[f\left(a + \frac{H}{4}\right) + f\left(a + \frac{3H}{4}\right)\right]\frac{H}{4}$$

이제 1 보다 큰 임의의 k에 대해서 재귀 사다리꼴 공식이라고 하는 다음의 식을 얻을 수 있다.

$$I_k = \frac{1}{2}I_{k-1} + \frac{H}{2^{k-1}}\sum_{i=1}^{2^{k-2}} f\left[a + \frac{(2i-1)H}{2^{k-1}}\right], \quad k = 2, 3, \ldots \tag{6.9a}$$

이 식에서는 패널 수가 두 배가되었을 때 새롭게 생성된 새 노드에서의 값만을 추가하면 된다는 것을 알 수 있다. 따라서, 식 (6.8), (6.9)의 I_1, I_2, I_3, ..., I_k의 계산은 식 (6.5)에서 I_k를 계산할 때와 같은 양의 계산 만을 추가해 나가면 된다. 재귀 사다리꼴 적분공식을 사용하면 I_{k-1}과 I_k의 차이가 충분히 작아졌을 때 적분이 수렴했음을 확인하고 프로세스를 종료할 수 있다는 장점이 있다. 식 (6.9)를 기억하기 좋게 간단히 하면 다음과 같다.

$$I(h) = \frac{1}{2}I(2h) + h\sum f(x_{\text{new}}) \tag{6.9b}$$

이때 $h = H/n$인 각 패널의 폭이다.

trapezoid

함수 trapezoid는 식 (6.8)과 (6.9)를 사용하여 주어진 I_{k-1}(Iold)로부터 I_k(Inew)를 계산한다. 원하는 정밀도에 도달할 때 까지 $k = 1, 2, \ldots$에 대하여 함수 trapezoid를 호출하여 $\int_a^b f(x)\,dx$를 계산할 수 있다.

```
## module trapezoid
''' Inew = trapezoid(f,a,b,Iold,k).
    Recursive trapezoidal rule:
    old = Integral of f(x) from x = a to b computed by
    trapezoidal rule with 2^(k-1) panels.
    Inew = Same integral computed with 2^k panels.
'''
def trapezoid(f,a,b,Iold,k):
    if k == 1:Inew = (f(a) + f(b)) (b - a)/2.0
    else:
        n = 2**(k  -2  )     # Number of new points
```

```
    h = (b - a)/n      # Spacing of new points
    x = a + h/2.0
    sum = 0.0
    for i in range(n):
        sum = sum + f(x) x = x + h
    Inew = (Iold + h sum)/2.0
return Inew
```

Simpson 적분공식

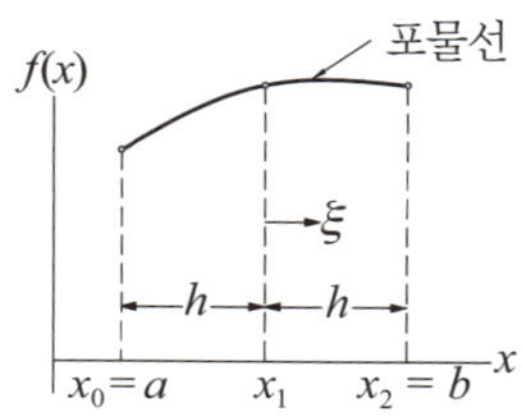

그림 6.4 Simpson's 1/3 rule.

Simpson의 1/3 적분공식은 $n = 2$인 Newton-Cotes 수식에서 얻을 수 있다. 즉, 그림 6.4와 같이 3개의 인접한 노드를 사용한 포물선 보간식을 이용한다. $\int_a^b f(x)dx$의 근사값이 되는 포물선 아래의 면적을 구하면 다음과 같다. (예제 6.1의 유도 참조).

$$I = \left[f(a) + 4f\left(\frac{a+b}{2}\right) + f(b) \right] \frac{h}{3} \tag{a}$$

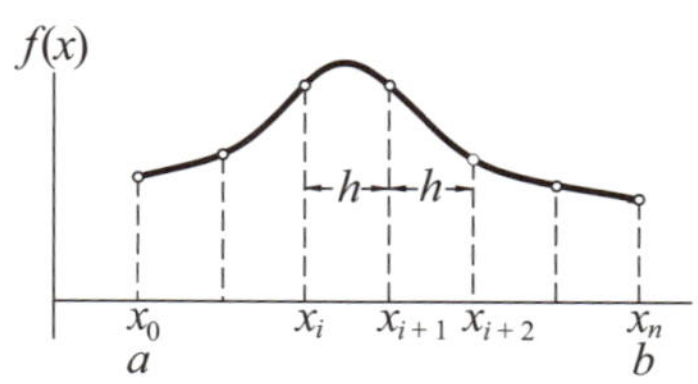

그림 6.5 Composite Simpson's 1/3 rule.

복합 Simpson의 적분공식을 구하기 위하여 적분 구간 (a, b)를 그림 6.5에 보인 것과 같이 폭이 $h = (b - a)/n$인 n개의 패널로 나눈다(n은 짝수). 식 (a)를 연이은 두 개의 패널에 적용하면 다음과 같다.

$$\int_{x_i}^{x_{i+2}} f(x)\,dx \approx \left[f(x_i) + 4f(x_{i+1}) + f(x_{i+2}) \right] \frac{h}{3} \tag{b}$$

식 (b)를 다음 식에 대입하면 식 (6.10)을 구할 수 있다.

$$\int_a^b f(x)dx = \int_{x_0}^{x_m} f(x)\,dx = \sum_{i=0,2,\ldots}^{n} \left[\int_{x_i}^{x_{i+2}} f(x)dx\right]$$

$$\int_a^b f(x)\,dx \approx I = [f(x_0) + 4f(x_1) + 2f(x_2) + 4f(x_3) + \ldots$$

$$\cdots + 2f(x_{n-2}) + 4f(x_{n-1}) + f(x_n)]\frac{h}{3} \tag{6.10}$$

식 (6.10)의 복합 Simpson의 1/3 적분공식이 수치적분 방법 중 가장 많이 알려진 방법이다. 그러나 사다리꼴 적분공식이 더 강력하고 Romberg 적분공식이 더 효율적이기 때문에 그 명성은 다소 부적절하다.

복합 Simpson의 적분공식의 오차는 다음과 같다.

$$E = \frac{(b-a)h^4}{180} f^{(4)}(\xi) \tag{6.11}$$

만약 $f(x)$가 3차 이하의 다항식이면 식 (6.10)은 오차 없이 정확하다는 것을 식 (6.11)로부터 알 수 있다.

Simpson의 1/3 적분공식을 적용하기 위해서는 패널의 개수 n이 짝수이어야 한다. 이 조건이 만족 되지 않는다면 처음 또는 마지막 3개의 패널을 다음과 같은 Simpson의 3/8 적분공식을 적용하고 나머지 패널에 대해서는 Simpson의 1/3 적분공식을 적용하면 된다.

$$I = \left[f(x_0) + 3f(x_1) + 3f(x_2) + f(x_3)\right]\frac{3h}{8} \tag{6.12}$$

식 (6.12)의 오차는 식 (6.10)의 오차의 크기와 같다.

예제 6.1

Newton-Cotes 적분공식으로부터 Simpson의 1/3 적분공식을 유도하시오.

풀이

그림 6.4를 참조하면, Simpson의 1/3 적분공식은 $x_0 = a$, $x_1 = (a+b)/2$, $x_2 = b$의 세 점을 사용한다. 세점의 간격은 $h = (b-a)/2$이다. Lagrange의 세 점으로 보간하는 기초다항식은 3.2절에서 보인 바와 같이 다음과 같다.

$$\ell_0(x) = \frac{(x-x_1)(x-x_2)}{(x_0-x_1)(x_0-x_2)} \qquad \ell_1(x) = \frac{(x-x_0)(x-x_2)}{(x_1-x_0)(x_1-x_2)}$$

$$\ell_2(x) = \frac{(x-x_0)(x-x_1)}{(x_2-x_0)(x_2-x_1)}$$

x_1에서 원점을 가진 변수 ξ를 도입하면 절점의 좌표는 $\xi_0 = -h$, $\xi_1 = 0$, $\xi_2 = h$가 되며 식 (6.2b)는 다음과 같이 된다. $A_i = \int_a^b \ell_i(x)dx = \int_{-h}^h \ell_i(x)dx$. 따라서

$$A_0 = \int_{-h}^{h} \frac{(\xi-0)(\xi-h)}{(-h)(-2h)} d\xi = \frac{1}{2h^2}\int_{-h}^{h}(\xi^2 - h\xi)d\xi = \frac{h}{3}$$

$$A_1 = \int_{-h}^{h} \frac{(\xi+h)(\xi-h)}{(h)(-h)} d\xi = -\frac{1}{h^2}\int_{-h}^{h}(\xi^2 - h^2)d\xi = \frac{4h}{3}$$

$$A_2 = \int_{-h}^{h} \frac{(\xi+h)(\xi-0)}{(2h)(h)} d\xi = \frac{1}{2h^2}\int_{-h}^{h}(\xi^2 + h\xi)d\xi = \frac{h}{3}$$

식 (6.2a)는 다음과 같이 표현되는 Simpson의 1/3 적분공식이 된다.

$$I = \sum_{i=0}^{2} A_i f(x_i) = \left[f(a) + 4f\left(\frac{a+b}{2}\right) + f(b) \right] \frac{h}{3}$$

예제 6.2

복합 사다리꼴 적분공식을 사용하여 (1) 8개 패널로, (2) 16개 패널로 각각 $\int_0^\pi \sin(x)\, dx$의 상하한값을 구하시오.

문제 (1)에 대한 풀이

8개의 패널을 사용하면 간격이 $h = \pi/8$인 9개의 절점이 생긴다. 이 절점들의 가로좌표 값은 $x_i = i\pi/8$, $i = 0, 1, \ldots, 8$이다. 식 (6.5)로부터 다음의 식을 구할 수 있다.

$$I = \left[\sin 0 + 2\sum_{i=1}^{7} \sin\frac{i\pi}{8} + \sin\pi \right] \frac{\pi}{16} = 1.97423$$

오차는 식 (6.6)으로부터 $0 \le \xi \le \pi$에 대하여 다음과 같이 구할 수 있다.

$$E = -\frac{(b-a)h^2}{12} f''(\xi) = -\frac{(\pi-0)(\pi/8)^2}{12}(-\sin\xi) = \frac{\pi^3}{768}\sin\xi$$

이 식에서 ξ의 값을 모르므로 오차 E를 계산할 수는 없지만 상하한값은 구할 수 있다.

$$E_{\min} = \frac{\pi^3}{768}\sin(0) = 0 \qquad E_{\max} = \frac{\pi^3}{768}\sin\frac{\pi}{2} = 0.040\,37$$

따라서 $I + E_{\min} < \int_0^\pi \sin(x)dx < I + E_{\max}$ 또는 다음과 같이 상하한값을 구할 수 있다.

$$1.974\,23 < \int_0^\pi \sin(x)\,dx < 2.014\,60$$

이 예제의 정확한 적분값은 2이다.

문제 (2)에 대한 풀이

패널의 수를 2배로 하여 생성된 새로운 노드는 이전 패널의 중간 점에 위치한다. 새로운 노드의 가로좌표 값은 다음과 같다.

$$x_j = \pi/16 + j\pi/8 = (1+2j)\pi/16, \quad j = 0, 1, \ldots, 7$$

식 (6.9b)의 재귀 사다리꼴 적분공식을 사용하면 다음 식을 얻을 수 있다.

$$I = \frac{1.974\,23}{2} + \frac{\pi}{16}\sum_{j=0}^{7}\sin\frac{(1+2j)\pi}{16} = 1.993\,58$$

오차의 상하한값은 $E_{\min} = 0$, $E_{\max} = 0.040\,37/4 = 0.010\,09$이다. 따라서 다음 식을 구할 수 있다.

$$1.993\,58 < \int_0^\pi \sin(x)\,dx < 2.003\,67$$

예제 6.3

다음 데이터를 사용하여 $\int_0^{2.5} f(x)dx$를 계산하시오.

x	0	0.5	1.0	1.5	2.0	2.5
$f(x)$	1.5000	2.0000	2.0000	1.6364	1.2500	0.9565

풀이

이 문제에서 사다리꼴 적분공식보다 더 정확한 Simpson의 적분공식을 사용하고자 한다. 패널 수가 홀수이므로 Simpson의 3/8 적분공식에 따라 처음 세 패널에 대해 적분을 계산하고 마지막 두 패널에 1/3 적분공식을 사용한다.

$$I = \left[f(0) + 3f(0.5) + 3f(1.0) + f(1.5)\right]\frac{3(0.5)}{8}$$
$$+\left[f(1.5) + 4f(2.0) + f(2.5)\right]\frac{0.5}{3}$$
$$= 2.8381 + 1.2655 = 4.1036$$

예제 6.4

재귀 사다리꼴 적분공식을 사용하여 $\int_0^{\pi}\sqrt{x}\cos x\, dx$를 소수점 6자리까지 구하시오. 이 결과를 얻기 위해서는 몇 개의 패널이 필요한가?

풀이

이 문제의 해를 구하는 python 프로그램과 그 결과는 다음과 같다.

```
#!/usr/bin/python
## example6_4
import math
from trapezoid import *

def f(x): return math.sqrt(x)*math.cos(x)

Iold = 0.0
for k in range(1,21):
    Inew = trapezoid(f,0.0,math.pi,Iold,k)
    if (k > 1) and (abs(Inew - Iold)) < 1.0e-6: break
    Iold = Inew
print("Integral =",Inew)
print("nPanels =",2**(k-1))
input("\nPress return to exit")
```

프로그램 결과의 출력은 다음과 같다.

```
Integral = -0.8948316648532865
nPanels = 32768
```

그러므로 $\int_0^{\pi}\sqrt{x}\cos x\, dx = -0.894\ 832$이고 32768개의 패널이 필요하다. 이 문제의 소수점 6자리까지의 정확성을 확보하기 위한 수렴이 상당히 늦다. 이는 $f(x)$의 미분이 $x=0$에서 특이점을 갖기 때문이다. 따라서 오차도 식 (6.7)에 표시한 것과 같은 $E = c_1h^2 + c_2h^4$

$+ \ldots$의 값을 갖지 않고 예측 불가능하게 된다. 이와 같은 성질의 어려움은 종종 변수 변환에 의해 해결될 수 있다. 본 문제의 경우 $t = \sqrt{x}$로 변수 변환을 하면 $dt = dx/(2\sqrt{x}) = dx/(2t)$ 또는 $dx = 2t\,dt$가 된다. 그러면 다음식으로 변환된다.

$$\int_0^{\pi} \sqrt{x}\cos x\,dx = \int_0^{\sqrt{\pi}} 2t^2 \cos t^2\,dt$$

상기 식의 우변을 같은 방법으로 적분하면 4096개의 패널로 수렴이 이루어진다.

6.3 Romberg 적분공식

Romberg 적분공식은 사다리꼴 적분공식과 Richardson 외삽법(5.3절 참조)을 결합한 것이다. 우선 다음의 표기를 도입한다.

$$R_{i,1} = I_i$$

이때 I_i는 2^{i-1}개의 패널로 재귀 사다리꼴 적분공식을 사용하여 구한 $\int_a^b f(x)dx$에 대한 근사값을 나타낸다. 이 근사값의 오차는 $E = c_1h^2 + c_2h^4 + \ldots$이다. 이때 h는 다음과 같다.

$$h = \frac{b-a}{2^{i-1}}$$

Romberg 적분공식은 사다리꼴 적분공식으로 $R_{1,1} = I_1$(1개 패널)과 $R_{2,1} = I_2$(2개 패널)를 계산하는 것으로 시작한다. 그리고 오차식의 첫 번째 항인 c_1h^2을 Richardson 외삽법으로 제거한다. $p = 2$(첫번째 오차항의 지수)를 식 (5.9)에 대입하고 그 결과를 $R_{2,2}$로 나타내면 다음의 식으로 구할 수 있다.

$$R_{2,2} = \frac{2^2 R_{2,1} - R_{1,1}}{2^{2-1}} = \frac{4}{3}R_{2,1} - \frac{1}{3}R_{1,1} \tag{a}$$

계산 결과를 다음과 같은 형태의 행렬식으로 표현하는 것이 편리하다.

$$\begin{bmatrix} R_{1,1} & \\ R_{2,1} & R_{2,2} \end{bmatrix}$$

다음 단계는 $R_{3,1} = I_3$(4개 패널)를 계산하고 $R_{2,1}$과 $R_{3,1}$로 Richardson 외삽법을 다시 적용하여 그 결과를 $R_{3,2}$에 저장한다.

$$R_{3,2} = \frac{4}{3} R_{3,1} - \frac{1}{3} R_{2,1} \tag{b}$$

현재까지의 결과를 행렬 **R**로 표시하면 다음과 같다.

$$\begin{bmatrix} R_{1,1} & \\ R_{2,1} & R_{2,2} \\ R_{3,1} & R_{3,2}, \end{bmatrix}$$

두 번째 열의 두 요소 모두 $c_2 h^4$ 형태의 오차가 있으며 이들 역시 Richardson 외삽 법으로 제거할 수 있다. $p = 4$를 식 (5.9)에 대입하면 다음의 결과를 구할 수 있다.

$$R_{3,3} = \frac{2^4 R_{3,2} - R_{2,2}}{2^{4-1}} = \frac{16}{15} R_{3,2} - \frac{1}{15} R_{2,2} \tag{c}$$

이때 $R_{3,3}$은 $\mathcal{O}(h^6)$의 오차를 가지며 행렬 **R**은 다음과 같이 확장된다.

$$\begin{bmatrix} R_{1,1} & & \\ R_{2,1} & R_{2,2} & \\ R_{3,1} & R_{3,2} & R_{3,3} \end{bmatrix}$$

한차례의 계산을 추가하고 나면 다음을 얻을 수 있다.

$$\begin{bmatrix} R_{1,1} & & & \\ R_{2,1} & R_{2,2} & & \\ R_{3,1} & R_{3.2} & R_{3,3} & \\ R_{4,1} & R_{4,2} & R_{4,3} & R_{4,4} \end{bmatrix}$$

이때 $R_{4,4}$은 $\mathcal{O}(h^8)$의 오차를 갖는다. 가장 정확한 적분 추정은 항상 배열의 마지막 대각선 항이다. 따라서 확장 과정은 두 개의 연속된 마지막 대각선 항의 차가 충분히 작아질 때까지 계속 수행한다. 이 방법에서 사용하는 일반적인 외삽식은 다음과 같다.

$$R_{i,j} = \frac{4^{j-1} R_{i,j-1} - R_{i-1,j-1}}{4^{j-1} - 1}, \quad i > 1, \quad j = 2, 3, \ldots, i \tag{6.13a}$$

식 (6.13a)을 그림으로 표현하면 다음과 같다.

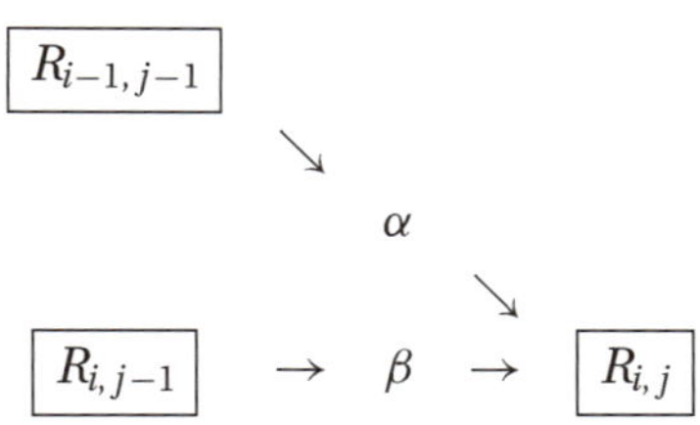

(6.13b)

이 그림에서 승수 α와 β는 j에 따라 변하며 다음 표에 의해 적용된다.

j	2	3	4	5	6
α	$-1/3$	$-1/15$	$-1/63$	$-1/255$	$-1/1023$
β	$4/3$	$16/15$	$64/63$	$256/255$	$1024/1023$

(6.13c)

삼각형 형태의 배열은 수계산에 편리하지만, Romberg 알고리즘의 컴퓨터 구현은 1차원 배열 $\mathbf{R}'$만으로 수행될 수 있다. 첫 번째 식 (a)에 의한 외삽 후에 $R_{1,1}$은 다시 사용되지 않는다. 그러므로 $R_{1,1}$은 $R_{2,2}$로 치환된다. 결론적으로 다음의 행렬을 갖게 된다.

$$\begin{bmatrix} R'_1 = R_{2,2} \\ R'_2 = R_{2,1} \end{bmatrix}$$

두 번째 식 (b)와 식 (c)에 의한 외삽 후에는 $R_{2,1}$은 $R_{3,2}$로, $R_{2,2}$은 $R_{3,3}$로 치환되고 행렬은 다음과 같이 변한다.

$$\begin{bmatrix} R'_1 = R_{3,3} \\ R'_2 = R_{3,2} \\ R'_3 = R_{3,1} \end{bmatrix}$$

이와 같은 방법으로 $\mathbf{R}'_1$은 언제나 최선의 결과값을 갖게 된다. 반복 계산 회수가 k차가 되면 다음의 결과를 갖는다.

$$R'_j = \frac{4^{k-j} R'_{j+1} - R'_j}{4^{k-j} - 1}, \quad j = k-1, k-2, \ldots, 1 \tag{6.14}$$

romberg

Romberg 적분 알고리즘은 `romberg`라는 이름의 함수로 구현되고 적분값과 사용된 패널의 수를 반환한다. Richardson의 외삽법은 `richardson`이라는 이름의 하위 함수에 의해 수행된다.

```
## module romberg
''' I,nPanels = romberg(f, a, b, tol=1.0e-6).
    Romberg integration of f(x) from x = a to b.
    Returns the integral and the number of panels used.
'''
import numpy as np
from trapezoid import *
```

```
def romberg(f, a, b, tol=1.0e-6):

    def richardson(r,k):
        for j in range(k-1,0,-1):
            const = 4.0**(k-j)
            r[j] = (const* r[j+1] - r[j])/(const - 1.0)
        return r

    r = np.zeros(21)
    r[1] = trapezoid(f,a,b,0.0,1)
    r_old = r[1]
    for k in range(2,21):
        r[k] = trapezoid(f,a,b,r[k-1],k)
        r = richardson(r,k)
        if abs(r[1]-r_old) < tol*max(abs(r[1]),1.0): r
            eturn r[1], 2**(k-1)
        r_old = r[1]
    print("Romberg quadrature did not converge")
```

예제 6.5

Romberg 적분에서 $R_{k,2}$는 식 (6.10)의 복합 Simpson의 1/3 적분공식에서 2^{k-1}개의 패널로 적분한 값과 같음을 보이시오.

풀이

Romberg 적분에서 $R_{k,1} = I_k$는 $n = 2^{k-1}$개의 패널을 갖는 경우 복합 사다리꼴 적분공식으로 구한 적분의 근사치를 나타낸다. 노드의 가로좌표 값을 x_0, x_1, ..., x_n이라고 할 때 식 (6.5)의 복합 사다리꼴 적분공식으로부터 다음의 식을 얻을 수 있다.

$$R_{k,1} = I_k = \left[f(x_0) + 2\sum_{i=1}^{n-1} f(x_i) + f(x_n), \right] \frac{h}{2}$$

패널 수 를 반으로 줄이면 (패널 폭 $2h$) 짝수 번째 가로좌표만 복합 사다리꼴 적분공식에 반영되어 다음의 식을 구할 수 있다.

$$R_{k-1,1} = I_{k-1} = \left[f(x_0) + 2\sum_{i=2,4,\ldots}^{n-2} f(x_i) + f(x_n) \right] h$$

Richardson의 외삽법을 적용하면 다음 식을 구할 수 있다.

$$R_{k,2} = \frac{4}{3}R_{k,1} - \frac{1}{3}R_{k-1,1}$$
$$= \left[\frac{1}{3}f(x_0) + \frac{4}{3}\sum_{i=1,3,\ldots}^{n-1} f(x_i) + \frac{2}{3}\sum_{i=2,4,\ldots}^{n-2} f(x_i) + \frac{1}{3}f(x_n)\right]h$$

이 식은 식 (6.10)과 같다.

예제 6.6

Romberg 적분을 사용하여 $f(x) = \sin x$에 대하여 적분 $\int_0^\pi f(x)dx$를 계산하고자 한다. 소수 4자리 까지의 정확도로 계산하시오.

풀이

식 (6.9b)의 재귀 사다리꼴 적분공식을 사용하면 다음의 식들을 얻을 수 있다.

$$R_{1,1} = I(\pi) = \frac{\pi}{2}\left[f(0) + f(\pi)\right] = 0$$
$$R_{2,1} = I(\pi/2) = \frac{1}{2}I(\pi) + \frac{\pi}{2}f(\pi/2) = 1.5708$$
$$R_{3,1} = I(\pi/4) = \frac{1}{2}I(\pi/2) + \frac{\pi}{4}\left[f(\pi/4) + f(3\pi/4)\right] = 1.8961$$
$$R_{4,1} = I(\pi/8) = \frac{1}{2}I(\pi/4) + \frac{\pi}{8}\left[f(\pi/8) + f(3\pi/8) + f(5\pi/8) + f(7\pi/8)\right]$$
$$= 1.9742$$

이제 식 (6.13)의 외삽식을 사용하면 다음 표를 구성할 수 있다

$$\begin{bmatrix} R_{1,1} & & & \\ R_{2,1} & R_{2,2} & & \\ R_{3,1} & R_{3,2} & R_{3,3} & \\ R_{4,1} & R_{4,2} & R_{4,3} & R_{4,4} \end{bmatrix} = \begin{bmatrix} 0 & & & \\ 1.5708 & 2.0944 & & \\ 1.8961 & 2.0046 & 1.9986 & \\ 1.9742 & 2.0003 & 2.0000 & 2.0000 \end{bmatrix}$$

계산 과정이 수렴된 것으로 판단되며 따라서, $\int_0^\pi \sin x\, dx = R_{4,4} = 2.0000$이다. 이 값은 정확한 적분 값이다.

예제 6.7

Romberg 적분을 사용하여 $\int_0^{\sqrt{\pi}} 2x^2 \cos x^2 dx$를 구하고 그 결과를 예제 6.4의 결과와 비교하시오.

풀이

```
#!usr/bin/python
## example6_7
import math
from romberg import *

def f(x): return 2.0*(x**2)*math.cos(x**2)

I,n = romberg(f,0,math.sqrt(math.pi))
print("Integral =",I)
print("numEvals =",n)
input("\nPress return to exit")
```

프로그램 결과는 다음과 같다.

```
Integral = -0.894831469504
nPanels = 64
```

Romberg 적분이 사다리꼴 적분보다 훨씬 효율적이라는 것은 분명하다. 예제 6.4에서 사다리꼴 적분공식을 사용했을 때는 4096개의 패널이 필요하지만 Romberg 적분의 경우 64개의 패널만 필요하다.

연습 문제 6.1

1. 재귀 사다리꼴 적분공식을 사용하여 $\int_0^{\pi/4} \ln(1+\tan x)dx$를 구하고 그 결과를 설명하시오.
2. 다음 표는 속도 v의 함수로서 자동차의 구동 휠에 공급된 동력 P를 보여준다. 차량의 질량이 $m=2000\text{kg}$인 경우, 자동차가 1m/s에서 6m/s로 가속하는 데 걸리는 시간 Δt를 구하시오. 적분을 위하여 사다리꼴 적분공식을 사용하시오. 힌트: Newton의 운동법칙 $F=m(dv/dt)$와 동력 $P=Fv$라는 식을 사용하면 $\Delta t = m\int_{1\text{s}}^{6\text{s}} (v/P)dv$를 유도할 수 있다.

v(m/s)	0	1.0	1.8	2.4	3.5	4.4	5.1	6.0
P(kW)	0	4.7	12.2	19.0	31.8	40.1	43.8	43.2

3. Simpson의 1/3적분공식을 사용하여 패널이 2개, 4개, 6개일 때의 $\int_{-1}^{1} \cos(2\cos^{-1} x)dx$ 를 구하고 그 결과를 설명하시오.
4. 사다리꼴 적분공식으로 5개의 패널을 사용하여 $\int_{1}^{\infty} (1+x^4)^{-1}dx$를 구하고 그 결과를 정확한 적분값 0.24375와 비교하시오. 힌트: 변환식 $x^3 = 1/t$를 사용하시오.
5.

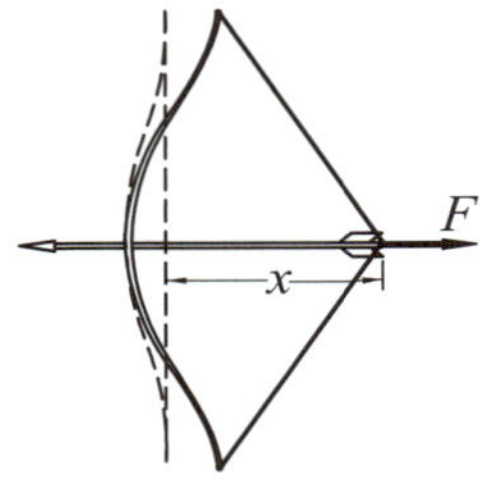

다음 표는 활의 당김 길이 x와 활의 당김 힘 F의 관계를 나타낸다. 활이 0.5m 당겨지면 0.075kg의 화살이 활을 벗어날 때의 속도를 결정하시오. 힌트: 화살의 운동 에너지는 활을 당기는 에너지의 크기와 같다, 즉 $mv^2/2 = \int_{0}^{0.5\text{m}} F\,dx$.

x(m)	0.00	0.05	0.10	0.15	0.20	0.25	0.30	0.35	0.40	0.45	0.50
F(N)	0	37	71	104	134	161	185	207	225	239	250

6. Romberg 적분으로 $\int_{0}^{2} (x^5 + 3x^3 + 2)dx$를 구하시오.
7. 다음의 표로 주어지는 함수 $f(x)$에 대하여 $\int_{0}^{\pi} f(x)dx$의 가능한 한 정확한 값을 구하시오.

x	0	$\pi/4$	$\pi/2$	$3\pi/4$	π
$f(x)$	1.0000	0.3431	0.2500	0.3431	1.0000

8. Romberg 적분으로

$$\int_{0}^{1} \frac{\sin x}{\sqrt{x}}\, dx$$

를 구하시오. 힌트: $x = 0$에서의 특이점을 제거하기 위해서 변수 변환을 사용하시오.
9. Newton-Cotes 공식을 이용하여 $\int_{a}^{b} f(x)dx$를 계산하는 것은 $f(x)$를 다항식으로 근사화하는 것에 기초한다. $y = f(x)$를 등간격으로 배치된 절점 $x_0, x_1, \ldots, x_n$에 대하여 3차 스프라인 식으로 근사화하면 구적법 식은 다음과 같음을 보이시오.

$$I = \frac{h}{2}\left(y_0 + 2y_1 + 2y_2 + \cdots + 2y_{n-1} + y_n\right)$$
$$-\frac{h^3}{24}\left(k_0 + 2k_1 + k_2 + \cdots + 2k_{n-1} + k_n\right)$$

이 식에서 h는 절점 사이의 간격이고 $k_i = y_i''$이다. 이 식의 첫 번째 부분은 복합 사다리꼴 공식이고, 두 번째 부분은 곡률에 대한 "보정"으로 간주 될 수 있다.

10. ■ Romberg 적분으로

$$\int_0^{\pi/4} \frac{dx}{\sqrt{\sin x}}$$

를 구하시오. 힌트: 변수 변환 $\sin x = t^2$을 사용하시오.

11. ■ 길이가 L인 단순 진자의 주기는 $\tau = 4\sqrt{L/g}h(\theta_0)$이다. 이 식에서 g는 중력가속도 이고, θ_0는 각 진폭, $h(\theta_0)$는 다음 식을 의미한다.

$$h(\theta_0) = \int_0^{\pi/2} \frac{d\theta}{\sqrt{1 - \sin^2(\theta_0/2)\sin^2\theta}}$$

$h(15°)$, $h(30°)$, $h(45°)$를 구하고 이 값들을 $h(0) = \pi/2$(작은 진폭에 사용되는 근사값)와 비교하시오.

12. ■

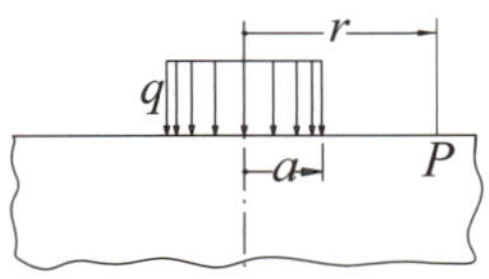

이 그림은 반경 a의 원형 영역에 대해 강도 q의 균일한 하중을 전달하는 탄성체의 절반을 나타낸다. 점 P에서의 수직 변위는 다음의 식으로 나타낼 수 있다.

$$w(r) = w_0 \int_0^{\pi/2} \frac{\cos^2\theta}{\sqrt{(r/a)^2 - \sin^2\theta}} d\theta \qquad r \geq a$$

이 식에서 w_0는 $r = a$에서의 변위이다. 수치적분을 사용하여 $r = 2a$에서의 w/w_0를 구하시오.

13. ■

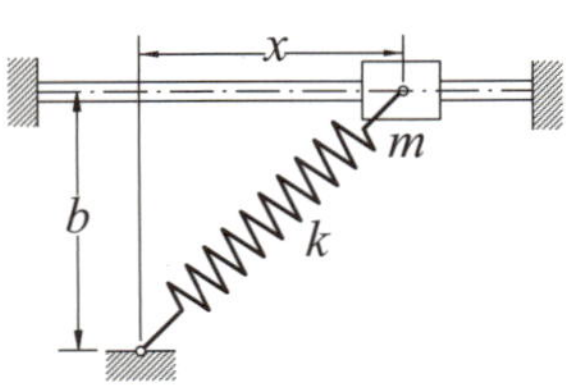

질량 m인 물체가 자유 길이 b와 강성 k인 스프링에 부착되어있다. 질량과 수평 막대 사이의 마찰 계수는 μ이다. 질량 m인 물체의 가속도는 $\ddot{x} = -f(x)$임을 보일 수 있다(각자 증명해 보기 바란다). 이때 $f(x)$는 다음과 같다.

$$f(x) = \mu g + \frac{k}{m}(\mu b + x)\left(1 - \frac{b}{\sqrt{b^2 + x^2}}\right)$$

질량 m인 물체가 $x = b$인 정지상태에서 해제되면 $x = 0$에서의 속도는 다음과 같다.

$$v_0 = \sqrt{2\int_0^b f(x)dx}$$

$m = 0.8\text{kg}$, $b = 0.4\text{m}$, $\mu = 0.3$, $k = 80\text{N/m}$와 $g = 9.81\text{m/s}^2$을 사용하여 수치 적분으로 v_0를 계산하시오.

14. ■ 고체에 대한 열용량 C_V에 대한 Debye의 공식은 $C_V = 9Nkg(u)$이다. 이때 $g(u)$는 다음과 같다.

$$g(u) = u^3 \int_0^{1/u} \frac{x^4 e^x}{(e^x - 1)^2} dx$$

이 식에서 사용된 변수들은 다음과 같다.

$$\begin{aligned} N &= \text{고체 내의 입자 수} \\ k &= \text{Boltzmann 상수} \\ u &= T/\Theta_D \\ T &= \text{절대온도} \\ \Theta_D &= \text{Debye 온도} \end{aligned}$$

$u = 0$에서 1.0까지 0.05의 간격으로 $g(u)$를 계산하고 결과를 그림으로 나타내시오.

15. ■ 전기 회로의 전력 스파이크는 저항을 가로지르는 다음 식의 전류 $i(t)$를 발생시킨다.

$$i(t) = i_0 e^{-t/t_0} \sin(2t/t_0)$$

저항에 의해 소실되는 에너지 E는 다음과 같다.

$$E = \int_0^{\infty} R\left[i(t)\right]^2 dt$$

$i_0 = 100$ A, $R = 0.5\Omega$, $t_0 = 0.01$ s를 사용하여 에너지 E를 계산하시오.

16. ■ 교류 전류는 $i(t)$는 다음의 식으로 표현된다.

$$i(t) = i_0 \left(\sin \frac{\pi t}{t_0} - \beta \sin \frac{2\pi t}{t_0} \right)$$

이때 $i_0 = 1$ A, $t_0 = 0.05$ s, $\beta = 0.2$이다. 다음식으로 주어지는 제곱평균제곱근(root mean square)을 계산하시오.

$$i_{\text{rms}} = \sqrt{\frac{1}{t_0} \int_0^{t_0} i^2(t)\, dt}$$

17. ■ (a) 불균일한 간격의 데이터에 대한 복합사다리꼴 적분공식을 도출하시오. (b) 단축 인장 시험에서 얻은 다음의 응력–변형률 선도를 고려한다.

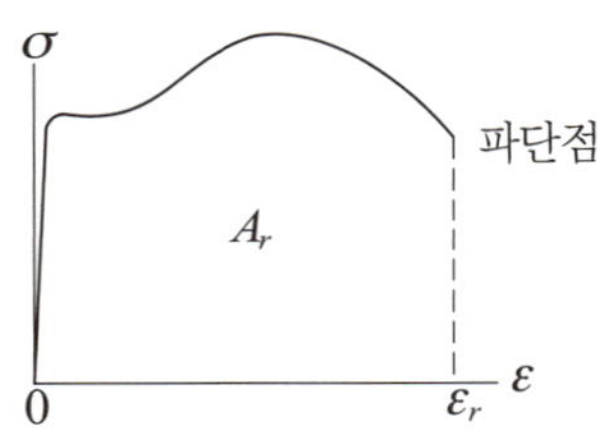

선도 아래의 면적은 다음의 식으로 주어진다.

$$A_r = \int_{\varepsilon=0}^{\varepsilon_r} \sigma\, d\varepsilon$$

이 식에서 ε_r은 파단점에서의 변형률을 나타낸다. 이 면적 A_r은 파단을 일으키기 위해 시험편의 단위 부피에 작용해야 하는 일량을 나타내며 인성계수라고 한다. 다음 시험 데이터를 사용한 (a)의 결과를 이용하여 니켈강의 인성 계수를 추정하시오. 데이터 간격이 불균일한 것에 주의하시오.

σ(MPa)	ε
586	0.001
662	0.025
765	0.045
841	0.068
814	0.089
122	0.122
150	0.150

18. ■ 주어진 값 x에 대하여 다음의 사인 적분을 수행하는 함수 프로그램을 작성하시오.

$$\mathrm{Si}(x) = \int_0^x t^{-1} \sin t \, dt$$

si(1.0)을 계산하여 프로그램을 테스트하고 결과를 테이블값 0.94608과 비교하시오.

6.4 Gauss 적분

Gaussian 적분공식

적분함수 $f(x)$가 다항식과 같이 부드러운 함수인 경우 Newton-Cotes 적분공식이 $\int_a^b f(x)dx$를 근사화하기 위한 가장 효과적인 방법이다. 가우스 구적법에 대해서도 마찬가지이다. 그러나 가우스 구적법은 다음과 같은 형태의 적분을 계산하는 경우도 효과적이다.

$$\int_a^b w(x) f(x) dx \tag{6.15}$$

여기서 가중치 함수라고 하는 $w(x)$는 적분이 가능하기만 하면 특이점을 포함할 수도 있다. 이 같은 경우의 예제는 $\int_0^1 (1+x^2) \ln x \, dx$이다. 경우에 따라서는 $\int_0^\infty e^{-x} \sin x \, dx$와 같은 무한 적분 구간을 갖는 문제도 처리할 수 있다.

Gauss 적분공식은 Newton-Cotes 적분공식과 동일하게 다음의 형태를 갖는다.

$$I = \sum_{i=0}^{n} A_i f(x_i) \tag{6.16}$$

여기서 전과 같이 I는 (6.15)식의 적분에 대한 근사값을 나타낸다. Gauss 적분공식과 Newton-Cotes 적분공식의 차이는 가중치 A_i와 적분점 x_i가 결정되는 방식에 있다.

Newton-Cotes 적분공식에서 적분점은 적분구간 (a, b)에서 균등한 간격으로 배치된다(즉, 위치가 미리 결정된다). 가우스 구적법에서 적분점과 가중치는 식 (6.16)에서 $f(x)$가 $2n+1$ 이하 차수의 다항식인 경우 식 (6.16)이 정확한 적분을 산출하도록 결정된다. 즉, 다음식이 성립한다.

$$\int_a^b w(x) P_m(x) dx = \sum_{i=0}^{n} A_i P_m(x_i), \quad m \le 2n+1 \tag{6.17}$$

가중치와 적분점 좌표를 결정하는 한 가지 방법은 식 (6.17)에서 $P_0(x)=1$, $P_1(x)=x$, ...,

$P_{2n+1}(x) = x^{2n+1}$를 대입하여 생긴 다음의 $2n+2$개의 연립방정식을 풀어서 A_i와 x_i를 결정하는 것이다.

$$\int_a^b w(x)x^j\,dx = \sum_{i=0}^{n} A_i x_i^j, \quad j = 0, 1, \ldots, 2n+1$$

실예로, $w(x) = e^{-x}$, $a = 0$, $b = \infty$, $n = 1$로 하면 다음의 4개의 식을 얻을 수 있다.

$$\int_0^\infty e^{-x}dx = A_0 + A_1$$

$$\int_0^1 e^{-x}x\,dx = A_0x_0 + A_1x_1$$

$$\int_0^1 e^{-x}x^2dx = A_0x_0^2 + A_1x_1^2$$

$$\int_0^1 e^{-x}x^3dx = A_0x_0^3 + A_1x_1^3$$

이 4개의 식에 대한 적분을 수행하면 다음의 식을 얻을 수 있다.

$$\begin{aligned} A_0 + A_1 &= 1 \\ A_0x_0 + A_1x_1 &= 1 \\ A_0x_0^2 + A_1x_1^2 &= 2 \\ A_0x_0^3 + A_1x_1^3 &= 6 \end{aligned}$$

이 식에 대한 해는 다음과 같다.

$$x_0 = 2 - \sqrt{2} \qquad A_0 = \frac{\sqrt{2}+1}{2\sqrt{2}}$$

$$x_1 = 2 + \sqrt{2} \qquad A_1 = \frac{\sqrt{2}-1}{2\sqrt{2}}$$

따라서 적분식은 다음과 같이 된다.

$$\int_0^\infty e^{-x}f(x)dx \approx \frac{1}{2\sqrt{2}}\left[(\sqrt{2}+1)\,f\left(2-\sqrt{2}\right) + (\sqrt{2}-1)\,f\left(2+\sqrt{2}\right)\right]$$

방정식의 비선형성으로 인해 이 방법은 큰 n에는 적합하지 않다. A_i와 x_i를 찾기 위한 실질적인 방법을 위해서는 직교 다항식과 가우스 구적법과의 관계에 대한 지식이 필요하다. 그러나 적분점 좌표와 가중치를 매우 정밀하게 계산하여 표로 작성한 몇 가지 고전적인 Gauss 적분공식을 사용할 수 있다. Gauss 적분공식에 필요한 모든 것은 A_i와 x_i 값이기 때문에 이러한 공식은 배후의 이론을 알지 않고도 사용할 수 있다. 고전적인 공식 외의 식을 사용할 의도가 없다면 다음 두 주제를 건너뛸 수 있다.

* 직교다항식

직교 다항식은 수학 및 수치 해석의 많은 영역에서 사용된다. 직교다항식은 철저히 연구되었으며 많은 속성이 알려져 있다. 다음에 소개되는 내용은 직교다항식에 대한 많은 내용 중에서 매우 작은 부분에 대한 개요이다.

다항식 $\varphi_n(x)$, $n = 0, 1, 2, \ldots$(n은 다항식의 차수) 은 다음의 식이 성립할 경우 구간 (a, b)에서 가중 함수 $w(x)$에 대해 직교다항식 세트라고 말한다.

$$\int_a^b w(x)\varphi_m(x)\varphi_n(x)dx = 0, \quad m \neq n \tag{6.18}$$

상수 계수를 제외하고, 가중 함수 $w(x)$의 선택 및 적분 구간 (a, b)에 의해 직교다항식 세트가 결정된다. 즉, 직교다항식의 각 세트는 특정 $w(x)$, a 및 b와 연관된다. 상수 계수는 표준화에 의해 지정된다. 잘 알려진 수학자의 이름을 딴 전통적인 직교다항식 중 일부가 표 6.1에 나열되어 있다. 표의 마지막 열은 사용된 표준화를 나타낸다.

표 6.1 Classical orthogonal polynomials

이름	기호	a	b	$w(x)$	$\int_a^b w(x)[\varphi_n(x)]^2\,dx$
Legendre	$p_n(x)$	-1	1	1	$2/(2n+1)$
Chebyshev	$T_n(x)$	-1	1	$(1-x^2)^{-1/2}$	$\pi/2\ (n>0)$
Laguerre	$L_n(x)$	0	∞	e^{-x}	1
Hermite	$H_n(x)$	$-\infty$	∞	e^{-x^2}	$\sqrt{\pi}2^n n!$

직교 다항식은 다음 형식의 재귀식(recurrence relations)을 만족한다.

$$a_n\varphi_{n+1}(x) = (b_n + c_n x)\varphi_n(x) - d_n\varphi_{n-1}(x) \tag{6.19}$$

처음 두 개의 다항식이 알려져 있으면 집합의 다른 다항식은 식 (6.19)에서 구할 수 있다. 재귀식 (6.9)의 계수들, 와 는 표 6.2에 주어져 있다.

표 6.2 Recurrence coefficients

이름	$\varphi_0(x)$	$\varphi_1(x)$	a_n	b_n	c_n	d_n
Legendre	1	x	$n+1$	0	$2n+1$	n
Chebyshev	1	x	1	0	2	1
Laguerre	1	$1-x$	$n+1$	$2n+1$	-1	n
Hermite	1	$2x$	1	0	2	2

전통적인 직교 다항식도 이러한 공식으로부터 다음과 같이 구할 수 있다.

$$
\begin{aligned}
p_n(x) &= \frac{(-1)^n}{2^n n!}\frac{d^n}{dx^n}\left[\left(1-x^2\right)^n\right] \\
T_n(x) &= \cos(n\cos^{-1}x), \quad n>0 \\
L_n(x) &= \frac{e^x}{n!}\frac{d^n}{dx^n}\left(x^n e^{-x}\right) \\
H_n(x) &= (-1)^n e^{x^2}\frac{d^n}{dx^n}(e^{-x^2})
\end{aligned}
\tag{6.20}
$$

이와 같은 직교 다항식들의 미분도 다음과 같이 구할 수 있다.

$$
\begin{aligned}
(1-x^2)\,p_n'(x) &= n\left[-xp_n(x)+p_{n-1}(x)\right] \\
(1-x^2)\,T_n'(x) &= n\left[-xT_n(x)+nT_{n-1}(x)\right] \\
xL_n'(x) &= n\left[L_n(x)-L_{n-1}(x)\right] \\
H_n'(x) &= 2nH_{n-1}(x)
\end{aligned}
\tag{6.21}
$$

가우스 적분과 관련된 직교다항식의 다른 속성은 다음과 같다.

- $\varphi_n(x)$는 구간 (a, b)에서 n개의 별개의 실수 근으로 구성된 근집합을 갖는다. (다항식 함수의 값이 0을 만족하는 변수의 값의 집합을 근집합이라고 부른다.)
- $\varphi_n(x)$의 근들은 $\varphi_{n+1}(x)$ 근들 사이에 있다.
- 차수 n의 임의의 다항식 $P_n(x)$는 다음 형식으로 표현할 수 있다.

$$P_n(x) = \sum_{i=0}^{n} c_i\varphi_i(x) \tag{6.22}$$

- 식 (6.22)와 식 직교다항식의 성질인 식 (6.18)로부터 다음 식이 성립한다.

$$\int_a^b w(x)\,P_n(x)\varphi_{n+m}(x)\,dx = 0, \quad m \geq 0 \tag{6.23}$$

* 적분점의 위치 및 가중치 결정

정리 적분점 위치 $x_0, x_1, ..., x_n$은 식 (6.18)에 정의된 직교다항식에 속하는 다항식 $\varphi_{n+1}(x)$의 근이다.

증명 함수 $f(x)$를 $2n+1$차의 다항식 즉 $f(x) = P_{2n+1}(x)$으로 하여 증명을 시작한다. $n+1$개의 적분점을 사용하여 Gauss 적분을 수행하면 이 다항식에 대해 정확한 적분값을 구할 수 있기 때문에 다음의 식을 구할 수 있다.

$$\int_a^b w(x)\,P_{2n+1}(x)dx = \sum_{i=0}^{n} A_i\,P_{2n+1}(x_i) \tag{a}$$

$2n+1$차의 다항식은 항상 다음 형식으로 쓸 수 있다.

$$P_{2n+1}(x) = Q_n(x) + R_n(x)\varphi_{n+1}(x) \tag{b}$$

이 식에서 $Q_n(x)$, $R_n(x)$, $\varphi_{n+1}(x)$는 하첨자로 표시된 차수의 다항식이다.[2] 따라서 다음 식이 성립한다.

$$\int_a^b w(x)\,P_{2n+1}(x)dx = \int_a^b w(x)\,Q_n(x)dx + \int_a^b w(x)\,R_n(x)\varphi_{n+1}(x)dx$$

이 식에서 우변의 두 번째 적분은 식 (6.23)에 의해 영이다. 따라서 다음식이 성립한다.

$$\int_a^b w(x)\,P_{2n+1}(x)dx = \int_a^b w(x)\,Q_n(x)dx \tag{c}$$

차수 n의 다항식은 $n+1$개의 점으로 고유하게 정의되므로 항상 다음과 같이 A_i를 찾을 수 있다.

$$\int_a^b w(x)\,Q_n(x)dx = \sum_{i=0}^{n} A_i\,Q_n(x_i) \tag{d}$$

식 (a)에 도달하기 위해서 우리는 적분점 위치로 $\varphi_{n+1}(x) = 0$의 근을 선택해야한다. 식 (b)로 인해 다음의 식이 성립한다.

$$P_{2n+1}(x_i) = Q_n(x_i), \quad i = 0, 1, \ldots, n \tag{e}$$

식 (c), (d), (e)로부터 다음의 식을 구할 수 있다.

---

2 주어진 $P_{2n+1}(x)$와 $\varphi_{n+1}(x)$에 대하여 $Q_n(x)$과 $R_n(x)$는 유일함을 보일 수 있다.

$$\int_a^b w(x)\,P_{2n+1}(x)dx = \int_a^b w(x)\,Q_n(x)dx = \sum_{i=0}^{n} A_i\,P_{2n+1}(x_i)$$

이로써 증명이 완료되었다.

정리

$$A_i = \int_a^b w(x)\ell_i(x)dx, \quad i = 0, 1, \ldots, n \tag{6.24}$$

이 식에서 $\ell_i(x)$는 x_0, x_1, ..., x_n에서의 Lagrange 함수를 뜻한다. Lagrange 함수는 식 (3.2)에서 정의된 바 있다.

증명 식 (3.1)의 Lagrange 식을 $Q_n(x)$에 적용하면 다음 식을 구할 수 있다.

$$Q_n(x) = \sum_{i=0}^{n} Q_n(x_i)\ell_i(x)$$

이 식을 식 (d)에 대입하면 다음 식을 얻을 수 있다.

$$\sum_{i=0}^{n}\left[Q_n(x_i)\int_a^b w(x)\ell_i(x)dx\right] = \sum_{i=0}^{n} A_i\,Q_n(x_i)$$

이 식은 다음의 조건을 만족한다면 임의의 n차 함수 $Q(x)$에 대하여 성립한다.

$$\sum_{i=0}^{n} Q_n(x_i)\left[A_i - \int_a^b w(x)\ell_i(x)dx\right] = 0$$

이 식은 식 (6.24)와 같다.

$$A_i - \int_a^b w(x)\ell_i(x)dx = 0, \quad i = 0, 1, \ldots, n$$

4장에서 논의 된 방법 중 하나로 직교 집합에 속하는 다항식 $\varphi_{n+1}(x)$의 근 x_i, $i = 0$, 1, ..., n을 구하는 것은 어렵지 않다. 근이 구해지면 가중치 A_i, $i = 0$, 1, ..., n은 식 (6.24)에서 구할 수 있다.

다음의 식들도 쉽게 구할 수 있다. (증명 생략)

$$\begin{aligned} &\text{Gauss-Legendre} \quad A_i = \frac{2}{(1-x_i^2)\left[p'_{n+1}(x_i)\right]^2} \\ &\text{Gauss-Laguerre} \quad A_i = \frac{1}{x_i\left[L'_{n+1}(x_i)\right]^2} \\ &\text{Gauss-Hermite} \quad A_i = \frac{2^{n+2}(n+1)!\sqrt{\pi}}{\left[H'_{n+1}(x_i)\right]^2} \end{aligned} \tag{6.25}$$

Gauss 구적법에 대한 적분점의 위치 및 가중치

가우스적분에 대한 식들을 다음과 같이 정리하였다. 적분점의 위치 및 가중치 값을 정리한 표는 적분점의 개수 $n=1\sim5$에 대하여 작성되었으며 소수점 이하 6자리로 반올림 되었다. 이 표는 수작업 계산에 사용될 수 있지만 컴퓨터 프로그래밍을 이용할 때는 더 정밀하거나 더 많은 수의 노드가 필요할 수 있다. 이 경우에는 다른 참조물들을[3] 참조하거나 적분 프로그램 내에서 적분점 좌표 및 가중치를 계산하는 서브루틴을 사용해야한다.[4]

Gauss 적분의 절단오차 E는 다음 식으로 표현된다.

$$E = \int_a^b w(x)f(x)dx - \sum_{i=0}^{n} A_i f(x_i)$$

절단오차 $E = K(n)f^{(2n+2)}(c)$의 형태를 갖는다. 이때 $a < c < b$이고 양단 a와 b는 주어져 있고 c는 미지의 값이다. $K(n)$은 사용하는 적분법에 따라 다르게 표현된다. $f(x)$의 미분을 계산할 수 있으면 오차 공식을 사용하여 오차 한계를 추정할 수 있다.

Gauss-Legendre 구적법

$$\int_{-1}^{1} f(\xi)d\xi \approx \sum_{i=0}^{n} A_i f(\xi_i) \tag{6.26}$$

Gauss-Legendre 적분공식은 가장 자주 사용되는 Gauss 적분공식이다.

표 6.3에서 볼 수 있듯이 적분점은 $\xi=0$에 대칭으로 배열되며 대칭 쌍의 적분점과 관련된 가중치는 동일하다. 예를 들어 $n=1$인 경우 $\xi_0 = -\xi_1$이고 $A_0 = A_1$이다. 식 (6.26)의 절

3 Abramowitz, M. and Stegun, I.A, Handbook of Mathematical Functions, Dover Publications, 1965; Stroud, A.H.and Secrest, D., Gaussian Quadrature Formulas, Prentice-Hall, 1966.

4 Several such subroutines are listed in W.H. Press et al, Numerical Recipes in Fortran 90, Cambridge University Press, 1996.

단오차는 다음과 같다.

$$E = \frac{2^{2n+3}\left[(n+1)!\right]^4}{(2n+3)\left[(2n+2)!\right]^3} f^{(2n+2)}(c), \quad -1 < c < 1 \tag{6.27}$$

표 6.3 Nodes and weights for Gauss–Legendre quadrature.

$\pm\xi_i$	A_i	$\pm\xi_i$	A_i
$n=1$		$n=4$	
0.577 350	1.000 000	0.000 000	0.568 889
$n=2$		0.538 469	0.478 629
0.000 000	0.888 889	0.906 180	0.236 927
0.774 597	0.555 556	$n=5$	
$n=3$		0.238 619	0.467 914
0.339 981	0.652 145	0.661 209	0.360 762
0.861 136	0.347 855	0.932 470	0.171 324

Gauss-Legendre 적분을 적분 $\int_a^b f(x)dx$에 적용하려면 먼저 적분 범위 (a, b)를 표준범위 $(-1, 1)$에 매핑해야 한다. 다음의 변환식을 통해 매핑을 수행할 수 있다.

$$x = \frac{b+a}{2} + \frac{b-a}{2}\xi \tag{6.28}$$

식 (6.28)에서 $dx = d\xi(b-a)/2$이고 적분식은 다음과 같이 변환된다.

$$\int_a^b f(x)dx \approx \frac{b-a}{2}\sum_{i=0}^{n} A_i f(x_i) \tag{6.29}$$

식 (6.29)에서 x는 식 (6.28)로 계산되어야 한다. 이때 절단오차는 다음과 같다.

$$E = \frac{(b-a)^{2n+3}\left[(n+1)!\right]^4}{(2n+3)\left[(2n+2)!\right]^3} f^{(2n+2)}(c), \quad a < c < b \tag{6.30}$$

Gauss-Chebyshev 구적법

$$\int_{-1}^{1} \left(1-x^2\right)^{-1/2} f(x)dx \approx \frac{\pi}{n+1}\sum_{i=0}^{n} f(x_i) \tag{6.31}$$

이 식에서 모든 가중치는 $A_i = \pi/(n+1)$로 동일하다. 적분점은 $x=0$에 대해 대칭이며 다음

식으로 주어진다.

$$x_i = \cos\frac{(2i+1)\pi}{2n+2} \tag{6.32}$$

절단오차는 다음과 같다.

$$E = \frac{2\pi}{2^{2n+2}(2n+2)!}f^{(2n+2)}(c), \quad -1 < c < 1 \tag{6.33}$$

Gauss-Laguerre 구적법

$$\int_0^\infty e^{-x}f(x)dx \approx \sum_{i=0}^{n} A_i f(x_i) \tag{6.34}$$

표 6.4 Nodes and weights for Gauss-Laguerre quadrature(Multiply numbers by 10^k, where k is given in parentheses.)

x_i	A_i	x_i	A_i
$n=1$		$n=4$	
0.585 786	0.853 554	0.263 560	0.521 756
3.414 214	0.146 447	1.413 403	0.398 667
$n=2$		3.596 426	(−1)0.759 424
0.415 775	0.711 093	7.085 810	(−2)0.361 175
2.294 280	0.278 517	12.640 801	(−4)0.233 670
6.289 945	(−1)0.103 892	$n=5$	0.467 914
$n=3$		0.222 847	0.458 964
0.322 548	0.603 154	1.188 932	0.417 000
1.745 761	0.357 418	2.992 736	0.113 373
4.536 620	(−1)0.388 791	5.775 144	(−1)0.103 992
9.395 071	(−3)0.539 295	9.837 467	(−3)0.261 017
		15.982 874	(−6)0.898 548

$$E = \frac{[(n+1)!]^2}{(2n+2)!}f^{(2n+2)}(c), \quad 0 < c < \infty \tag{6.35}$$

Gauss-Hermite 구적법

$$\int_{-\infty}^{\infty} e^{-x^2}f(x)dx \approx \sum_{i=0}^{n} A_i f(x_i) \tag{6.36}$$

표 6.5 Nodes and weights for Gauss–Hermite quadrature(Multiply numbers by 10^k, where k is given in parentheses.)

$\pm x_i$	A_i	$\pm x_i$	A_i
$n=1$		$n=4$	
0.707 107	0.886 227	0.000 000	0.945 308
$n=2$		0.958 572	0.393 619
0.000 000	1.181 636	2.020 183	(−1) 0.199 532
1.224745	0.295 409	$n=5$	
$n=3$		0.436 077	0.724 629
0.524 648	0.804 914	1.335 849	0.157 067
1.650 680	(−1)0.813 128	2.350 605	(−2)0.453 001

이 표에서 적분점은 에 대해 대칭이다.

$$E = \frac{\sqrt{\pi}(n+1)!}{2^2(2n+2)!} f^{(2n+2)}(c), \quad 0 < c < \infty \tag{6.37}$$

Log함수의 특이점이 있는 경우의 Gauss 구적법

$$\int_0^1 f(x)\ln(x)dx \approx -\sum_{i=0}^{n} A_i f(x_i) \tag{6.38}$$

표 6.6 Nodes and weights for quadrature with logarithmic singularity(Multiply numbers by 10^k, where k is given in parentheses.)

x_i	A_i	x_i	A_i
$n=1$		$n=4$	
0.112 009	0.718 539	(−1)0.291 345	0.297 893
0.602 277	0.281 461	0.173 977	0.349 776
$n=2$		0.411 703	0.234 488
(−1)0.638 907	0.513 405	0.677314	(−1)0.989 305
0.368 997	0.391 980	0.894 771	(−1)0.189 116
0.766 880	(−1)0.946 154	$n=5$	
$n=3$		(−1)0.216 344	0.238 764
(−1)0.414 485	0.383 464	0.129 583	0.308 287
0.245 275	0.386 875	0.314 020	0.245 317
0.556 165	0.190 435	0.538 657	0.142 009
0.848 982	(−1)0.392 255	0.756 916	(−1)0.554 546
		0.922 669	(−1)0.101 690

$$E = \frac{k(n)}{(2n+1)!} f^{(2n+1)}(c), \quad 0 < c < 1 \tag{6.39}$$

이때 $k(1) = 0.00\ 285$, $k(2) = 0.000\ 17$, $k(3) = 0.000\ 01$이다.

gaussNodes

다음에 열거된 gaussNodes라는 이름의 함수[5]는 적분 구간인 $(-1, 1)$에 대해서 Gauss-Legendre 구적법에 대한 적분점 위치 x_i와 해당 적분점에서의 가중치 A_i를 계산하는 프로그램이다. 적분점 위치의 근사값이 다음 식과 같음을 알 수 있다.

$$x_i = \cos\frac{\pi(i+0.75)}{m+0.5}$$

이때 $m = n+1$은 적분차수라고 불리기도 하는 적분점의 개수이다. 적분점 좌표는 이러한 근사값을 시작 값으로 사용하여 newton의 방법으로 Legendre 다항식 $p_m(x)$의 음수가 아닌 근을 찾아서 결정한다. 음수인 근은 $x = 0$에 대해 대칭으로 결정한다. 프로그램 gaussNodes는 하위 함수 legendre를 호출하며 $p_m(t)$와 미분값을 튜플(p, dp)로 반환한다.

```
## module gaussNodes
''' x,A = gaussNodes(m,tol=10e-9)
Returns nodal abscissas {x} and weights {A} of Gauss-Legendre m-point quadrature.
'''
import math
import numpy as np

def gaussNodes(m,tol=10e-9):

    def legendre(t,m):
        p0 = 1.0; p1 = t
        for k in range(1,m):
            p = ((2.0*k + 1.0)*t*p1 - k*p0)/(1.0 + k )
            p0 = p1; p1 = p
        dp = m*(p0 - t*p1)/(1.0 - t**2)
        return p,dp

A = np.zeros(m)
x = np.zeros(m)
nRoots = int((m + 1)/2)                    # Number of non-neg. roots
for i in range(nRoots):
    t = math.cos(math.pi*(i + 0.75)/(m + 0.5))  # Approx. root
```

5 이 함수는 W.H et al., Numerical Recipes in Fortran 90, Cambridge University Press, 1996에서 인용되었음.

```
    for j in range(30):
        p,dp = legendre(t,m)                    # Newton-Raphson
        dt = -p/dp;  t = t + dt                 # method
        if abs(dt) < tol:
            x[i] = t; x[m-i-1] = -t
            A[i]   =   2.0/(1.0 - t2)/(dp2)     # Eq.(6.25)
            A[m-i-1] = A[i]
            break
    return x, A
```

■ gaussQuad

다음의 함수 gaussQuad는 m개의 적분점을 사용한 Gauss- Legendre 구적법으로 $\int_a^b f(x)dx$를 계산한다. 적분 함수 $f(x)$는 사용자가 공급해 주어야 한다.

```
## module gaussQuad
''' I = gaussQuad(f,a,b,m).
    Computes the integral of f(x) from x = a  to  b
    with Gauss-Legendre quadrature using m nodes.
'''
from gaussNodes import *

def gaussQuad(f,a,b,m):
    c1 = (b + a)/2.0
    c2 = (b - a)/2.0
    x,A = gaussNodes(m)
    sum = 0.0
    for i in range(len(x)):
        sum = sum + A[i] f(c1 + c2*x[i])
    return c2*sum
```

예제 6.8

Gauss 구적법으로 $\int_{-1}^{1} (1 - x^2)^{3/2} dx$를 가능한 한 정확하게 계산하시오.

풀이

피적분함수는 매끄럽고(무한히 미분 가능)하고 특이점이 없기 때문에 Gauss- Legendre 구적법을 사용할 수 있다. 그러나 Gauss-Chebyshev 구적법으로도 정확한 적분을 수행할 수 있다.

$$\int_{-1}^{1}(1-x^2)^{3/2}\,dx = \int_{-1}^{1}\frac{(1-x^2)^2}{\sqrt{1-x^2}}dx$$

분자 $f(x)=(1-x^2)^2$는 4차 다항식이므로 Gauss-Chebyshev 적분은 3개의 적분점으로 정확히 계산할 수 있다. 적분점의 좌표는 식 (6.32)로 구할 수 있다. 이 식에서 $n=2$로 하면 다음을 얻을 수 있다.

$$x_i = \cos\frac{(2i+1)\pi}{6}, \quad i=0,1,2$$

$$x_0 = \cos\frac{\pi}{6} = \frac{\sqrt{3}}{2}$$
$$x_1 = \cos\frac{\pi}{2} = 0$$
$$x_2 = \cos\frac{5\pi}{6} = \frac{\sqrt{3}}{2}$$

식 (6.31)은 다음과 같이 계산된다.

$$\int_{-1}^{1}(1-x^2)^{3/2}\,dx \approx \frac{\pi}{3}\sum_{i=0}^{2}(1-x_i^2)^2$$
$$= \frac{\pi}{3}\left[\left(1-\frac{3}{4}\right)^2 + (1-0)^2 + \left(1-\frac{3}{4}\right)^2\right] = \frac{3\pi}{8}$$

예제 6.9

Gauss 구적법으로 $\int_0^{0.5}\cos\pi x\,\ln x\,dx$를 계산하시오.

풀이

적분 구간을 다음과 같이 2개의 구간으로 나누고자 한다.

$$\int_0^{0.5}\cos\pi x\ln x\,dx = \int_0^1\cos\pi x\ln x\,dx - \int_{0.5}^1\cos\pi x\ln x\,dx$$

$x=0$의 로그 함수의 특이점을 포함하는 오른쪽의 첫 번째 적분은 식 (6.38)의 특수 Gauss 구적법으로 계산할 수 있다. 이 식에서 $n=3$으로 하면 다음을 얻을 수 있다.

$$\int_0^1\cos\pi x\ln x\,dx \approx -\sum_{i=0}^{3}A_i\cos\pi x_i$$

합계는 다음 표로 계산할 수 있다.

xi	$\cos \pi x_i$	A_i	$A_i \cos \pi x_i$
0.041 448	0.991 534	0.383 464	0.380 218
0.245 275	0.717 525	0.386 875	0.277 592
0.556 165	−0.175 533	0.190 435	−0.033 428
0.848 982	−0.889 550	0.039 225	−0.034 892

$\sum = 0.589\,490$

$$\int_0^1 \cos \pi x \ln x \, dx \approx -0.589\,490$$

두 번째 적분에는 특이점이 없으므로 Gauss-Legendre 적분식으로 계산할 수 있다. $n = 3$으로 하면 다음을 얻을 수 있다.

$$\int_{0.5}^1 \cos \pi x \ln x \, dx \approx 0.25 \sum_{i=0}^{3} A_i \cos \pi x_i \ln x_i$$

이 식에서 적분점 좌표는 식 (6.28)로부터 다음과 같이 구할 수 있다.

$$x_i = \frac{1+0.5}{2} + \frac{1-0.5}{2} \xi_i = 0.75 + 0.25\xi_i$$

표 (6.3)의 ξ_i와 A_i를 사용하면 다음의 계산이 가능하다.

ξ_i	xi	$\cos \pi x_i \ln x_i$	A_i	$A_i \cos \pi x_i \ln x_i$
−0.861 136	0.534 716	0.068 141	0.347 855	0.023 703
−0.339 981	0.665 005	0.202 133	0.652 145	0.131 820
0.339 981	0.834 995	0.156 638	0.652 145	0.102 151
0.861 136	0.965 284	0.035 123	0.347 855	0.012 218

$\sum = 0.269\,892$

$$\int_{0.5}^1 \cos \pi x \ln x \, dx \approx 0.25(0.269\,892) = 0.067\,473$$

따라서 전체 적분 결과는 다음과 같다.

$$\int_0^1 \cos \pi x \ln x \, dx \approx -0.\,589\,490 - 0.067\,473 = -0.\,656\,96\,3$$

이 결과는 소숫점 아래 6자리까지 정확하다.

예제 6.10

다음 적분을 가능한 한 정확히 계산하시오.

$$F = \int_0^{\infty} \frac{x+3}{\sqrt{x}} e^{-x} dx$$

풀이

본 문제의 적분 형태는 기존에 나열된 Gauss 적분법에 적합하지 않다. 그러나 $x = t^2$, $dx = 2t\,dt$를 이용하면 다음과 같이 변형된다.

$$F = 2\int_0^{\infty} (t^2+3)e^{-t^2} dt = \int_{-\infty}^{\infty} (t^2+3)e^{-t^2} dt$$

이 식은 두 개의 적분점($n = 1$)만 사용하여 Gauss-Hermite 적분공식으로 정확하게 계산할 수 있다.

$$\begin{aligned} F &= A_0(t_0^2+3) + A_1(t_1^2+3) \\ &= 0.886\,227\left[(0.707\,107)^2+3\right] + 0.886\,227\left[(-0.707\,107)^2+3\right] \\ &= 6.203\,59 \end{aligned}$$

예제 6.11

다음 적분을 Gauss-Legendre 적분법으로 소숫점 아래 6자리까지 정확하게 계산하기 위해서 몇 개의 적분점이 필요한지 판단하시오. 소숫점 아래 6자리까지 반올림한 정확한 적분값은 1.418 15이다.

$$\int_0^{\pi} \left(\frac{\sin x}{x}\right)^2 dx$$

풀이

피적분함수는 매끄러운(무한히 미분 가능한) 함수이므로 Gauss-Legendre 적분식의 사용이 적합하다. $x = 0$에서 부정이지만, 그 점에서 함수 계산이 필요 없으므로 적분식을 사용할 수 있다. 다음 프로그램을 사용하여 적분점의 수를 2, 3,...로 증가시키며 원하는 정확도에 도달하도록 하였다.

```
## example 6_11 import math
from gaussQuad import *

def f(x): return (math.sin(x)/x)**2

a = 0.0; b = math.pi;
Iexact = 1.41815
for m in range(2,12):
    I = gaussQuad(f,a,b,m)
    if abs(I - Iexact) < 0.00001:
        print("Number of nodes =",m)
        print("Integral =", gaussQuad(f,a,b,m))
        break
input("\nPress return to exit")
```

프로그램출력은 다음과 같다.

```
Number of nodes = 5
Integral = 1.41815026778
```

예제 6.12

적분 $\int_{1.5}^{3} f(x)dx$를 계산하시오. 이때 $f(x)$는 아래 표와 같이 간격이 불균일한 값으로 표현된다.

x	1.2	1.7	2.0	2.4	2.9	3.3
$f(x)$	−0.362 36	0.128 84	0.416 15	0.737 39	0.970 96	0.987 48

이 값들이 $f(x) = -\cos x$에 의해서 주어진 값이라는 것을 알고 답의 정확도를 판단하시오.

풀이

모든 데이터 포인트를 지나는 다항식 $P_5(x)$로 $f(x)$를 근사한 다음 Gauss-Legendre 구적법을 사용하여 $\int_{1.5}^{3} f(x)dx \approx \int_{1.5}^{3} P_5(x)dx$를 계산하였다. 다항식은 차수가 5이므로 적분에는 3개의 적분점 $(n=2)$만 필요하다.

식 (6.28)과 표 6.6으로부터 적분점의 좌표를 다음과 같이 구할 수 있다.

$$x_0 = \frac{3+1.5}{2} + \frac{3-1.5}{2}(-0.774597) = 1.6691$$

$$x_1 = \frac{3+1.5}{2} = 2.25$$

$$x_2 = \frac{3+1.5}{2} + \frac{3-1.5}{2}(0.774597) = 2.8309$$

다음에 적분점에서의 보간함수 $P_5(x)$의 값을 계산한다. 이 값은 섹션 3.2에 나열된 `newtonPoly` 또는 `neville` 기능을 사용하여 수행할 수 있다. 계산 결과는 가음과 같다.

$$P_5(x_0) = 0.098\,08 \qquad P_5(x_1) = 0.628\,16 \qquad P_5(x_2) = 0.952\,16$$

Gauss-Legendre 적분식은 다음과 같이 된다.

$$I = \int_{1.5}^{3} P_5(x)dx = \frac{3-1.5}{2}\sum_{i=0}^{2} A_i P_5(x_i)$$

이 식으로 적분을 계산하면 다음과 같다.

$$\begin{aligned} I &= 0.75\,[0.555\,556(0.098\,08) + 0.888\,889(0.628\,16) + 0.555\,556(0.952\,16)] \\ &= 0.856\,37 \end{aligned}$$

정확한 적분값 $\int_{1.5}^{3} P_5(x)dx = 0.\,856\,38$과 비교하면 차이는 반올림 오차 범위 내에 있음을 알 수 있다.

연습 문제 6.2

1. Gauss-Legendre 구적법을 사용하여 다음 함수의 적분을 계산하고자 한다.

$$\int_{1}^{\pi} \frac{\ln(x)}{x^2 - 2x + 2}dx$$

(a) 2개의 적분점을 사용하여 적분을 계산하시오.

(b) 4개의 적분점을 사용하여 적분을 계산하시오.

2. Gauss-Legendre 구적법을 사용하여 $\int_0^{\infty} (1-x^2)^3 e^{-x}\,dx$를 계산하시오.

3. 적분점 6개를 사용하는 Gauss-Chebyshev 구적법을 사용하여 다음 적분을 계산하시오. 결과를 정확한 값 2.62206과 비교하시오. 힌트 : $\sin x = t^2$으로 치환 하시오.

$$\int_{0}^{\pi/2} \frac{dx}{\sqrt{\sin x}}$$

4. 적분점 4개를 사용하는 Gauss-Legendre 구적법을 사용하여 다음의 적분을 계산하고자 한다. 적분의 절단오차의 한계는 얼마인가?

5. 적분 $\int_0^{\pi}\sin x\,dx$을 Gauss-Laguerre 구적법으로 계산할 때 소수점 이하 6자리 까지 계산하기 위해서는 몇 개의 적분점을 사용해야 하는가?

6. 다음 적분을 최대한 정확하게 계산 하시오. 힌트 : $x = (1+t)/2$로 치환 하시오.

$$\int_0^1 \frac{2x+1}{\sqrt{x(1-x)}}dx$$

7. 적분 $\int_0^{\pi}\sin x \ln x\,dx$를 소수점 이하 4자리까지 계산하시오.

8. 적분 $\int_0^{\pi}\sin x\,dx$를 적분점 3개를 사용한 Gauss-Legendre 구적법으로 계산할 때 절단오차의 범위는 얼마인가. 실제 오차는 얼마인가.

9. 적분 $\int_0^2(\sin x/x)\,dx$를 소수점 이하 4자리까지 계산하시오.

10. 다음의 적분을 Gauss-Legendre 구적법을 사용하여 소수점 이하 6자리까지 계산하시오. 힌트: $e^x = \ln(1/t)$로 치환 하시오.

$$\int_0^{\infty} \frac{x\,dx}{e^x+1}$$

11. ■ 타원의 방정식은 $x^2/a^2 + y^2/b^2 = 1$이다. 주어진 a와 b에 대해 타원의 원주 길이를 소수점 다섯 자리까지 계산하는 프로그램을 작성하시오. $a = 2$, $b = 1$인 경우에 대해 작성된 프로그램으로 타원의 원주 길이를 구하시오.

$$S = 2\int_{-a}^{a}\sqrt{1+(dy/dx)^2}\,dx$$

12. ■ 통계에서 중요한 오류 함수는 다음과 같이 정의된다.

$$\mathrm{erf}(x) = \frac{2}{\sqrt{\pi}}\int_0^x e^{-t^2}\,dt$$

Gauss-Legendre 구적법을 사용하여 주어진 x에 대해서 소숫점 아래 여섯 자리까지 erf(x)를 계산하는 프로그램을 작성하시오. $x > 5$일 때 $\mathrm{erf}(x) = 1.000\,000$이다(소수점 6자리까지 정확함). 프로그램을 통해 $\mathrm{erf}(1.0) = 0.842\,701$임을 확인하시오.

13. ■

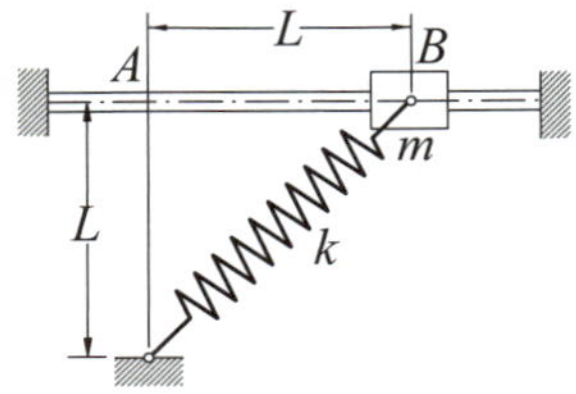

질량 m의 슬라이딩 추는 변형되지 않은 길이 L을 갖는 강성 k의 스프링에 부착되어있다. 질량 m이 B에서 고정되어 있다가 풀려서 A에 도달하는 시간은 $t = C\sqrt{m/k}$이다. 이때 C는 다음과 같다.

$$C = \int_0^1 \left[\left(\sqrt{2}-1\right)^2 - \left(\sqrt{1+z^2}-1\right)^2\right]^{-1/2} dz$$

C를 소수점 아래 6자리까지 계산하시오. 힌트: 피적분함수는 $z = 1$에서 특이점을 갖으며 $(1-z^2)^{-1/2}$로 동작한다.

14. ■

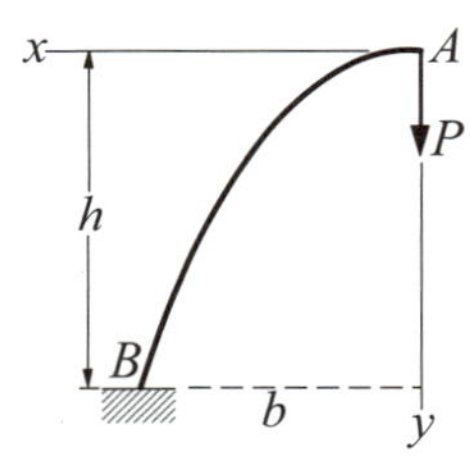

단면적이 균일한 외팔보가 포물선 형태의 아치 AB를 형성하고 있다. 힘 P로 인한 A점의 수직 변위는 다음식으로 나타난다.

$$\delta_A = \frac{Pb^3}{EI} C\left(\frac{h}{b}\right)$$

이 식에서 EI는 보의 굽힘강성이고, $C(h/b)$는 다음과 같다.

$$C\left(\frac{h}{b}\right) = \int_0^1 z^2\sqrt{1+\left(\frac{2h}{b}z\right)^2}\,dz$$

주어진 h/b에 대하여 소수점 이하 4자리까지 $C(h/b)$를 계산하는 프로그램을 작성하시오. 프로그램을 사용하여 $C(0.5)$, $C(1.0)$, $C(2.0)$을 계산하시오.

15. ■ $I = \int_0^{\pi/2} \ln(\sin x)dx$를 계산하는 세련된 방법은 없다. 사용할 수 있는 거친 방법(brute force method)은 적분을 여러 부분으로 나누는 것이다. $x = 0$에서 0.01, 0.01에서 0.02, 0.02에서 $\pi/2$. 첫 번째 부분에서는 근사 $\sin x \approx x$를 사용하여 적분을 해석적 방법으로 구할 수 있다. 다른 두 부분은 Gauss-Legendre 구적법으로 계산할 수 있다. 이 방법을 사용하여 적분 I를 소수점 이하 6자리까지 계산하시오.

16. ■

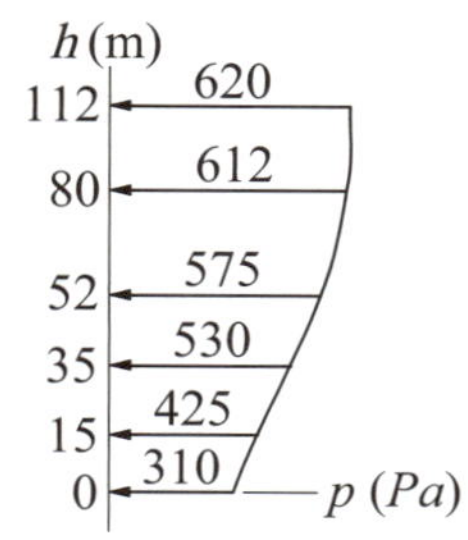

그림과 같이 수직 벽의 다양한 높이에서 바람의 압력을 측정했다. 다음과 같이 정의된 압력 중심의 높이를 찾으시오. 힌트: 주어진 데이터에 대해 3 차 다항식으로 회귀식을 구한 다음 Gauss-Legendre 구적법을 적용하시오.

$$\bar{h} = \frac{\int_0^{112\text{ m}} h\, p(h)\, dh}{\int_0^{112\text{ m}} p(h)\, dh}$$

17. ■ 다음과 같은 형태로 주어진 데이터를 사용하여 $\int_{x1}^{xn} y(x)\, dx$를 계산하는 함수를 작성하시오.

x_1	x_2	x_3	$\cdots$	x_n
y_1	y_2	y_3	$\cdots$	y_n

이 함수는 간격이 일정하지 않은 값에 대해 작동해야 한다. 연습 문제 6.1의 문제 17의 데이터로 정상 작동 여부를 테스트하시오. 힌트: 주어진 데이터에 대해 3차 스플라인으로 회귀식을 구한 다음 스플라인의 각 구간에 대해 Gauss-Legendre 구적법을 적용하시오.

6.5 다중 적분

적분식 $\iint_A f(x, y)\, dx\, dy$같은 다중 적분도 구적법으로 계산할 수 있다. 적분 영역이 삼각형 또는 사변형과 같은 간단한 기하학적 모양을 갖을 경우는 계산이 간단하다. 불규칙 영역에 대한 적분을 수행할 때는 적분 한계를 지정하기가 복잡하므로 구적법을 적용하기가 쉽지 않다. 그러나 불규칙한 형상의 영역 A는 항상 그림 6.6에 설명 된바와 같이 유한 요소라고 하는 삼각형 또는 사각형의 하위 영역 $A_1, A_2, ...$의 조합으로 근사화 될 수 있다. 그런 다음 유한 요소에 대한 적분을 합산하여 A에 대한 적분을 계산할 수 있다.

$$\int\int_A f(x, y)\,dx\,dy \approx \sum_i \int\int_{A_i} f(x, y)\,dx\,dy$$

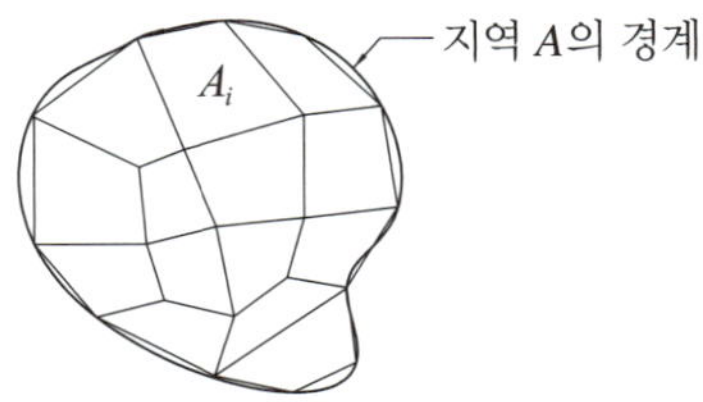

그림 6.6 Finite element model of an irregular region.

사변형 요소에 대한 Gauss-Legendre 적분

그림 6.7(a)에 나타낸 것과 같은 사변형요소에 대한 다음의 이중적분을 고려한다.

$$I = \int_{-1}^{1}\int_{-1}^{1} f(\xi, \eta)\,d\eta\,d\xi$$

각 좌표 방향으로 $n+1$개의 적분점을 사용하여 Gauss-Legendre 적분을 계산하면 다음의 식을 구할 수 있다.

$$I = \int_{-1}^{1} \sum_{i=0}^{n} A_i f(\xi_i, \eta)\,d\eta = \sum_{j=0}^{n} A_j \left[\sum_{i=0}^{n} A_i f(\xi_i, \eta_j)\right]$$

또는,

$$I = \sum_{i=0}^{n}\sum_{j=0}^{n} A_i A_j f(\xi_i, \eta_j) \tag{6.40}$$

앞에서 언급했듯이 각 좌표 방향의 적분점 수 $m = n + 1$을 적분 차수라고 한다. 그림 6.7 (a)는 3차 적분 ($m = 3$)에 사용된 적분점의 위치를 보여준다. 적분 한계는 Gauss-Legendre 구적법의 표준 한계 $(-1, 1)$이므로 적분점의 가중치와 좌표는 표 6.3에 있는 값들을 사용한다. 그림 6.7(b)의 사변형 요소에 적분을 적용하려면 먼저 사변형을 그림 6.7(a)의 표준 사각형에 매핑해야 한다. 매핑은 좌표 변환 $x = x(\xi, \eta)$, $y = y(\xi, \eta)$를 의미하여 사변형과 직사각형의 점 사이의 일대일 대응을 가능하게 해준다.

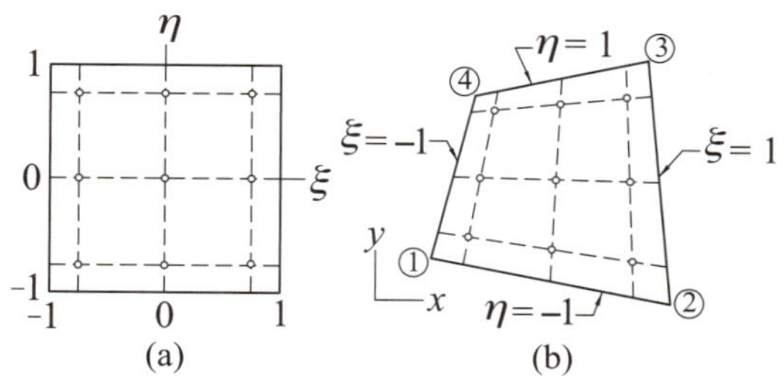

그림 6.7 Mapping of quadrilateral into a rectangle.

좌표변환 식은 다음과 같다.

$$x(\xi, \eta) = \sum_{k=1}^{4} N_k(\xi, \eta) x_k \qquad y(\xi, \eta) = \sum_{k=1}^{4} N_k(\xi, \eta) y_k \tag{6.41}$$

이 식에서 (x_k, y_k)는 사각형의 모서리 k의 좌표이고 N_k는 다음과 같다.

$$\begin{aligned} N_1(\xi, \eta) &= \frac{1}{4}(1-\xi)(1-\eta) \\ N_2(\xi, \eta) &= \frac{1}{4}(1+\xi)(1-\eta) \\ N_3(\xi, \eta) &= \frac{1}{4}(1+\xi)(1+\eta) \\ N_4(\xi, \eta) &= \frac{1}{4}(1-\xi)(1+\eta) \end{aligned} \tag{6.42}$$

형상함수로 알려진 함수 $N_k(\xi, \eta)$는 이중선형(각 좌표에 대해서 선형)이다. 따라서 직선은 매핑 후에도 직선으로 유지된다. 사변형의 변은 선 $\xi = \pm 1$ 및 $\eta = \pm 1$에 매핑된다. 매핑이 영역을 왜곡하기 때문에 사변형의 미소한 영역 요소 $dA = dx\, dy$는 사각형의 대응 $dA' = d\xi\, d\eta$와 같지 않다. 영역 사이의 관계가 다음과 같음을 보일 수 있다.

$$dx\, dy = |J(\xi, \eta)|\, d\xi\, d\eta \tag{6.43}$$

이 식에서 다음과 같이 표현되는 J는 Jacobian 행렬이라고 불린다.

$$J(\xi, \eta) = \begin{bmatrix} \dfrac{\partial x}{\partial \xi} & \dfrac{\partial y}{\partial \xi} \\[2ex] \dfrac{\partial x}{\partial \eta} & \dfrac{\partial y}{\partial \eta} \end{bmatrix} \tag{6.44a}$$

식 (6.41)과 (6.42)의 를 위 식에 치환하면 다음의 식을 얻는다

$$\begin{aligned} J_{11} &= \frac{1}{4}\left[-(1-\eta)x_1 + (1-\eta)x_2 + (1+\eta)x_3 - (1-\eta)x_4\right] \\ J_{12} &= \frac{1}{4}\left[-(1-\eta)y_1 + (1-\eta)y_2 + (1+\eta)y_3 - (1-\eta)y_4\right] \\ J_{21} &= \frac{1}{4}\left[-(1-\xi)x_1 - (1+\xi)x_2 + (1+\xi)x_3 + (1-\xi)x_4\right] \\ J_{22} &= \frac{1}{4}\left[-(1-\xi)y_1 - (1+\xi)y_2 + (1+\xi)y_3 + (1-\xi)y_4\right] \end{aligned} \tag{6.44b}$$

이제 적분식은 다음과 같이 치환된다.

$$\int\int_A f(x, y)\, dx\, dy = \int_{-1}^{1}\int_{-1}^{1} f\left[x(\xi,\eta), y(\xi,\eta)\right]\, |J(\xi,\eta)|\, d\xi\, d\eta \tag{6.45}$$

식 (6.45)의 오른쪽 적분은 표준 사각형에 대한 적분이므로 식 (6.40)을 사용하여 계산할 수 있다. 식 (6.40)의 f(ξ, η)를 식(6.45)의 피적분함수로 대신하면 다음과 같은 사변형 적분 영역에 대한 Gauss-Legendre 구적법에 의한 식을 얻을 수 있다.

$$I = \sum_{i=0}^{n}\sum_{j=0}^{n} A_i A_j\, f\left[x(\xi_i,\eta_j), y(\xi_i,\eta_j)\right]\, \left|J(\xi_i,\eta_j)\right| \tag{6.46}$$

ξ, η 좌표축에 대한 적분점의 위치와 가중치 값은 표 6.3에서 얻을 수 있다.

■ gaussQuad2

이 모듈의 gaussQuad2 함수는 m차의 Gauss-Legendre 적분을 사용하여 사변형 요소에 대해 $\iint_A f(x, y)dx\, dy$를 계산한다. 사변형은 요소 주위의 반 시계 방향으로 정렬된 네 개의 모서리 좌표를 나타내는 배열 x와 y에 의해 정의된다. Jacobian 행렬의 행렬식(determinant)은 jac 함수를 호출하여 얻어지며, 매핑은 map 함수에 의해 수행된다. 가중치와 ξ와 η 값은 이전 절에서 나열된 gaussNodes에 의해 계산된다. (프로그램에서 ξ와 η는 s 및 t로 나타내었다).

```
## module gaussQuad2
''' I = gaussQuad2(f,xc,yc,m).
    Gauss-Legendre integration of f(x,y) over a quadrilateral using
    integration order m.
    {xc},{yc} are the corner coordinates of the quadrilateral.
'''
from gaussNodes import *
```

```
import numpy as np
def gaussQuad2(f,x,y,m):

    def jac(x,y,s,t):
        J = np.zeros((2,2))
        J[0,0] = -(1.0 - t)*x[0] + (1.0 - t)*x[1] \
              + (1.0 + t)*x[2] - (1.0 + t)*x[3]
        J[0,1] = -(1.0 - t)*y[0] + (1.0 - t)*y[1] \
              + (1.0 + t)*y[2] - (1.0 + t)*y[3]
        J[1,0] = -(1.0 - s)*x[0] - (1.0 + s)*x[1] \
              + (1.0 + s)*x[2] + (1.0 - s)*x[3]
        J[1,1] = -(1.0 - s)*y[0] - (1.0 + s)*y[1] \
              + (1.0 + s)*y[2] + (1.0 - s)*y[3]
        return (J[0,0] J[1,1] - J[0,1] J[1,0])/16.0

    def map(x,y,s,t):
        N = np.zeros(4)
        N[0] = (1.0 - s) * (1.0 - t)/4.0
        N[1] = (1.0 + s) * (1.0 - t)/4.0
        N[2] = (1.0 + s) * (1.0 + t)/4.0
        N[3] = (1.0 - s) * (1.0 + t)/4.0
        xCoord = np.dot(N,x)
        yCoord = np.dot(N,y)
        return xCoord,yCoord

    s,A = gaussNodes(m)
    sum = 0.0
    for i in range(m):
        for j in range(m):
            xCoord,yCoord = map(x,y,s[i],s[j])
            sum = sum + A[i]*A[j]*jac(x, y, s[i], s[j]) \
                                   * f(xCoord, yCoord)
    return sum
```

예제 6.13

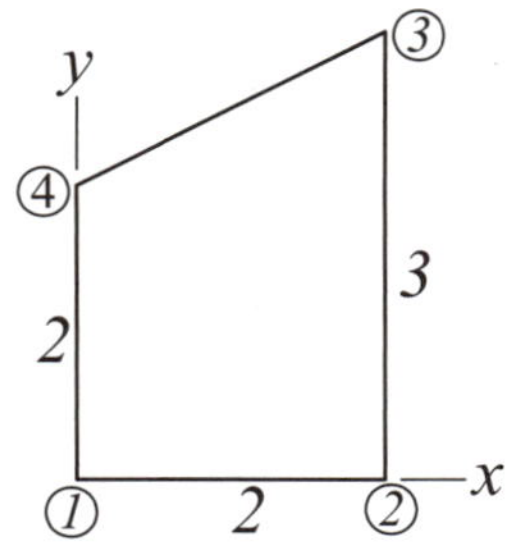

다음의 적분을 사변형 적분영역 A를 표준 적분영역으로 변환한 뒤 해석적 방법으로 계산하시오.

$$I = \int\int_A (x^2 + y)\, dx\, dy$$

풀이

사변형의 모서리 좌표는 다음과 같다.

$$\mathbf{x}^T = \begin{bmatrix} 0 & 2 & 2 & 0 \end{bmatrix} \qquad \mathbf{y}^T = \begin{bmatrix} 0 & 0 & 3 & 2 \end{bmatrix}$$

매핑 식은 다음과 같다.

$$\begin{aligned} x(\xi, \eta) &= \sum_{k=1}^{4} N_k(\xi, \eta) x_k \\ &= 0 + \frac{(1+\xi)(1-\eta)}{4}(2) + \frac{(1+\xi)(1+\eta)}{4}(2) + 0 \\ &= 1 + \xi \\ y(\xi, \eta) &= \sum_{k=1}^{4} N_k(\xi, \eta) y_k \\ &= 0 + 0 + \frac{(1+\xi)(1+\eta)}{4}(3) + \frac{(1-\xi)(1+\eta)}{4}(2) \\ &= \frac{(5+\xi)(1+\eta)}{4} \end{aligned}$$

Jacobian matrix는 다음과 같다.

$$J(\xi, \eta) = \begin{bmatrix} \dfrac{\partial x}{\partial \xi} & \dfrac{\partial y}{\partial \xi} \\ \dfrac{\partial x}{\partial \eta} & \dfrac{\partial y}{\partial \eta} \end{bmatrix} = \begin{bmatrix} 1 & \dfrac{1+\eta}{4} \\ 0 & \dfrac{5+\xi}{4} \end{bmatrix}$$

면적에 대한 스케일 팩터는 다음과 같다.

$$|J(\xi, \eta)| = \frac{5+\xi}{4}$$

적분 영역을 사변형에서 표준 사각형으로 매핑할 수 있다. 식 (6.45)를 참조하면 다음의 식을 얻을 수 있다.

$$I = \int_{-1}^{1}\int_{-1}^{1}\left[(1+\xi)^2 + \frac{(5+\xi)(1+\eta)}{4}\right]\frac{5+\xi}{4}d\xi\, d\eta$$

$$= \int_{-1}^{1}\int_{-1}^{1}\left(\frac{15}{8}+\frac{21}{16}\xi+\frac{1}{2}\xi^2+\frac{1}{16}\xi^3+\frac{25}{16}\eta+\frac{5}{8}\xi\eta+\frac{1}{16}\xi^2\eta\right)d\xi\, d\eta$$

ξ과 η의 짝수 제곱 만 적분에 기여한다는 점에 주목하면 적분은 다음과 같이 된다.

$$I = \int_{-1}^{1}\int_{-1}^{1}\left(\frac{15}{8}+\frac{1}{2}\xi^2\right)d\xi\, d\eta = \frac{49}{6}$$

예제 6.14

3차 Gauss-Legendre 구적법으로 다음 적분을 계산하시오.

$$\int_{-1}^{1}\int_{-1}^{1}\cos\frac{\pi x}{2}\cos\frac{\pi y}{2}\,dx\,dy$$

풀이

식 (6.40)의 구적법 식으로부터 다음 식을 구할 수 있다.

$$I = \sum_{i=0}^{2}\sum_{j=0}^{2}A_iA_j\cos\frac{\pi x_i}{2}\cos\frac{\pi y_j}{2}$$

적분점은 그림에 나타나 있으며 그 위치와 해당점의 가중치는 표 6.3에 있다. 이 예제의 경우 적분함수, 적분점, 가중치 모두 축에 대하여 대칭이다. 따라서 그림에 a라고 표시된 점들은 적분에 기여 하는 정도가 모두 같다. b라고 표시된 점들도 마찬가지이다. 따라서 다음과 같이 계산할 수 있다.

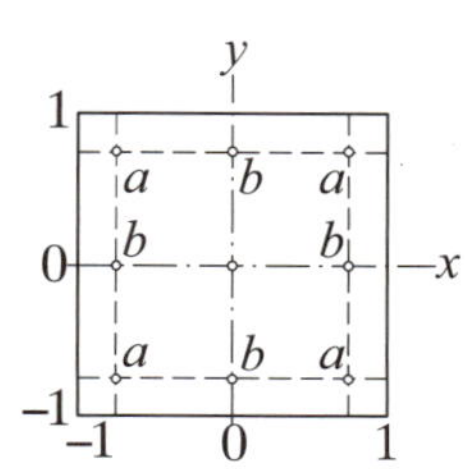

$$I = 4(0.555\,556)^2 \cos^2 \frac{\pi(0.774\,597)}{2}$$
$$+4(0.555\,556)(0.888\,889) \cos \frac{\pi(0.774\,597)}{2} \cos \frac{\pi(0)}{2}$$
$$+(0.888\,889)^2 \cos^2 \frac{\pi(0)}{2}$$
$$= 1.623\,391$$

적분의 정확한 값은 $16/\pi^2 \approx 1.621139$이다.

예제 6.15

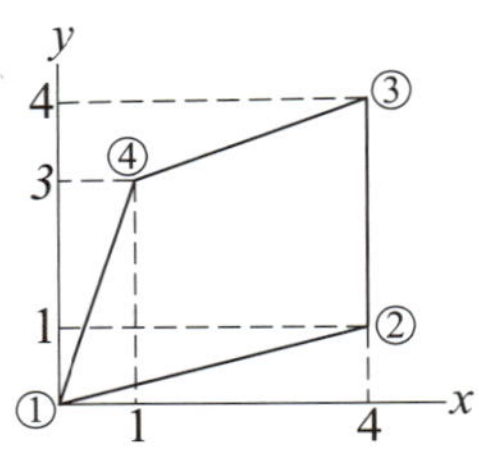

프로그램 모듈 gaussQuad2를 $\iint_A f(x, y)\, dx\, dy$ 사용해서 그림에 보인 적분 영역에 대한 다음 적분을 계산하시오.

$$f(x, y) = (x-2)^2(y-2)^2$$

정확한 답을 위해서 충분한 수의 적분점을 사용하시오.

풀이

필요한 적분점의 수는 다음의 식 (6.45)의 피적분함수에 의해 결정된다.

$$I = \int_{-1}^{1} \int_{-1}^{1} f\,[x(\xi, \eta), y(\xi, \eta)]\; |J(\xi, \eta)|\, d\xi\, d\eta \tag{a}$$

식 (6.44)에 정의된 $|J(\xi, \eta)|$는 ξ, η에 대해 각각 2차식이다. 정의된 식 $f(x, y)$도 2차식이므로 식 (a)의 피적분함수는 ξ, η에 대해 각각 4차식이다. 따라서 정확한 결과를 얻기 위해서 3개의 적분점이면 충분하다.

```
#!/usr/bin/python
## example 6_15
```

```
from gaussQuad2 import *
import numpy as np
def f(x,y): return ((x - 2.0)**2)* ((y - 2.0)**2)

x  =  np.array([0.0,  4.0,  4.0,  1.0])
y  =  np.array([0.0,  1.0,  4.0,  3.0])
m = eval(input("Integration order ==> "))
print("Integral =", gaussQuad2(f,x,y,m))
input("\nPress return to exit")
```

프로그램 결과의 출력은 다음과 같다.

```
Integration order ==> 3
Integral = 11.3777777778
```

삼각형 요소에 대한 구적법

삼각형은 그림 6.8에 표시된 것처럼 두 모서리가 동일한 위치를 차지하는 퇴화된 사변형으로 볼 수 있다. 따라서 사변형 영역에 대한 적분 공식을 삼각 요소에도 사용할 수 있다. 그러나 삼각형 요소를 위해 특별히 개발된 적분 공식을 사용하는 것이 계산 상 유리하다. 삼각형 요소에 대한 적분공식을 유도 없이 소개한다.[6]

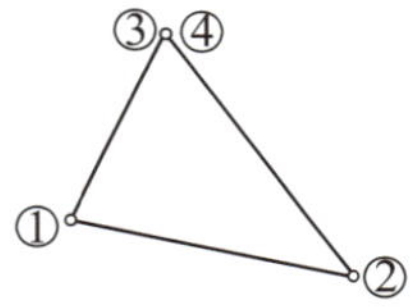

그림 6.8 Degenerate quadrilateral.

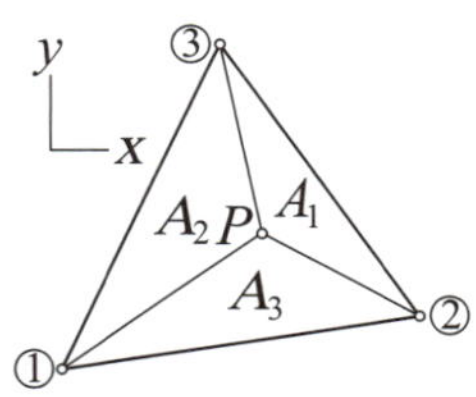

그림 6.9 Triangular element.

6 The triangle formulas are extensively used in the finite method analysis. See, for example, Zienkiewicz, O.C. and Taylor, R.L., The Finite ElementMethod, Vol. 1, 4th ed.,McGraw-Hill, 1989.

그림 6.9의 삼각형 요소를 고려한다. 삼각형의 점 P에서 각 모서리로 직선을 그리면서 삼각형을 면적 A_1, A_2 및 A_3을 가진 세 부분으로 나눈다. 소위 점 P의 면적좌표라고 불리는 는 다음과 같이 정의된다.

$$\alpha_i = \frac{A_i}{A}, \quad i = 1, 2, 3 \tag{6.47}$$

이 식에서 A는 삼각형요소의 면적이다. $A_1 + A_2 + A_3 = A$이므로 면적좌표는 다음 식을 만족한다.

$$\alpha_1 + \alpha_2 + \alpha_3 = 1 \tag{6.48}$$

α_i의 범위는 0(P가 모서리 i의 반대쪽 변에 있을 때)에서 1(P가 모서리 i에 있을 때)이다.

모서리 좌표 (x_i, y_i)로부터 A를 계산하는 편리한 공식은 다음과 같다.

$$A = \frac{1}{2}\begin{vmatrix} 1 & 1 & 1 \\ x_1 & x_2 & x_3 \\ y_1 & y_2 & y_3 \end{vmatrix} \tag{6.49}$$

면적 좌표는 다음의 식으로 직교 좌표에 매핑된다.

$$x(\alpha_1, \alpha_2, \alpha_3) = \sum_{i=1}^{3} \alpha_i x_i \qquad y(\alpha_1, \alpha_2, \alpha_3) = \sum_{i=1}^{3} \alpha_i y_i \tag{6.50}$$

삼각형요소에 대한 적분식은 다음과 같다.

$$\int\int_A f[x(\boldsymbol{\alpha}), y(\boldsymbol{\alpha})]\, dA = A \sum_k W_k f[x(\boldsymbol{\alpha}_k), y(\boldsymbol{\alpha}_k)] \tag{6.51}$$

이 식에서 α_k는 적분점 k에 대한 면적좌표이고, W_k는 가중치이다. 적분점의 위치는 그림 6.10에 나와 있으며, 해당하는 α_k 및 W_k 값은 표 6.7에 나와 있다.

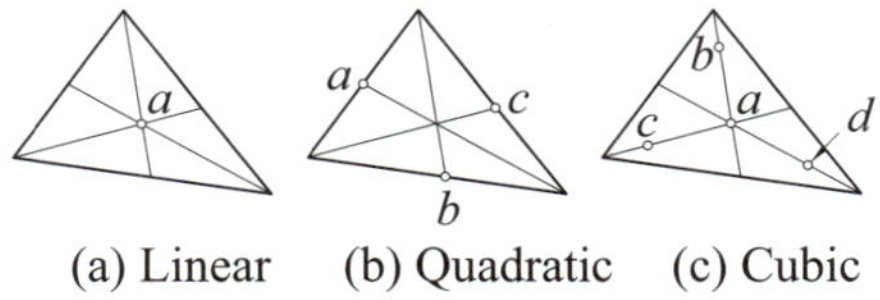

그림 6.10 Integration points for triangular elements.

표 6.7 Nodes and weights for quadrature over a triangle.

Degree of $f(x, y)$	Point	α_k	W_k
(a) Linear	a	1/3, 1/3, 1/3	1
(b) Quadratic	a	1/2, 0, 1/2	1/3
	b	1/2, 1/2, 0	1/3
	c	0, 1/2, 1/2	1/3
(c) Cubic	a	1/3, 1/3, 1/3	−27/48
	b	1/5, 1/5, 3/5	25/48
	c	3/5. 1/5, 1/5	25/48
	d	1/5, 3/5, 1/5	25/48

■ triangleQuad

함수 triangleQuad는 그림 6.10의 (c) Cubic 을 사용하여 삼각형 영역에서 $\int\int_A f(x, y)\, dx\, dy$ 를 계산한다. 삼각형은 요소 주위의 반시계 방향으로 정렬된 3개의 모서리 좌표를 나타내는 배열 x_c와 y_k에 의해 정의된다

```
## module triangleQuad
''' integral = triangleQuad(f,xc,yc).
    Integration of f(x,y) over a triangle using
    the cubic formula.
    {xc},{yc} are the corner coordinates of the triangle.
'''

import numpy as np

def triangleQuad(f,xc,yc):
    alpha  =  np.array([[1/3,  1/3.0,  1/3], \
                        [0.2, 0.2, 0.6],        \
                        [0.6,  0.2,  0.2],      \
                        [0.2,  0.6, 0.2]])
    W = np.array([-27/48, 25/48, 25/48, 25/48])
    x  =   np.dot(alpha, xc)
    y = np.dot(alpha, yc)
    A = (xc[1]*yc[2] - xc[2]*yc[1]          \
       - xc[0]*yc[2] + xc[2]* yc[0]         \
       + xc[0]* yc[1] - xc[1]*yc[0])/2.0
    sum = 0.0
    for i in range(4):
        sum = sum + W[i]*f(x[i],y[i])
    return A*sum
```

예제 6.16

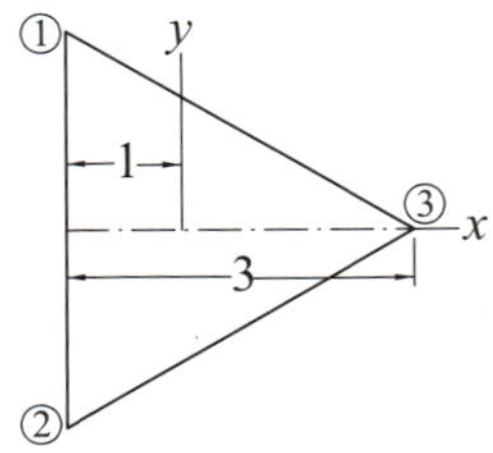

위 그림에서 보인 삼각형요소에 대하여 $I = \iint_A f(x, y)\, dx\, dy$를 계산하시오. 이때 함수 $f(x, y)$[7]는 다음과 같다.

$$f(x, y) = \frac{1}{2}(x^2 + y^2) - \frac{1}{6}(x^3 - 3xy^2) - \frac{2}{3}$$

(1) 사변형요소에 대한 적분식을 사용하시오.

(2) 삼각형요소에 대한 적분식을 사용하시오.

문제 (1)에 대한 풀이

사각형의 모서리 3과 4를 겹쳐서 삼각형을 만든다. 사변형의 꼭지점 좌표는 $x = [-1, -1, 2, 2]^T$, $y = [\sqrt{3}, -\sqrt{3}, 0, 0]^T$이다. 정확한 결과를 얻기 위해 필요한 최소 적분점의 수를 결정하려면 식 (6.44)의 피적분함수 $f[x(\xi, \eta), y(\xi, \eta)]\ |J(\xi, \eta)|$를 살펴야한다. $|J(\xi, \eta)|$는 ξ, η에 대해 각각 2차식이고 정의된 식 $f(x, y)$는 x에 대하여 3차식이므로 피적분함수는 x에 대해 5차식이다. 따라서 정확한 결과를 얻기 위해서 3개의 적분점이면 충분하다. 계산에 사용 된 프로그램은 예제 6.15의 프로그램과 유사하다.

```
#!/usr/bin/python
## example6_16a
from gaussQuad2 import *
import numpy as np
import math

def f(x,y):
    return (x**2 + y**2)/2.0            \
           - (x**3 - 3.0* x* y**2)/6.0  \
           - 2.0/3.0
```

7 This function is identical to the Prandtl stress function for torsion of a bar with the cross section shown; the integral is related to the torsional stiffness of the bar. See, for example Timoshenko, S.P and Goodier, J.N.,Theory of Elasticity, 3rd ed., McGraw-Hill, 1970.

```
x = np.array([-1.0, -1.0, 2.0, 2.0])
y = np.array([math.sqrt(3.0), -math.sqrt(3.0), 0.0, 0.0])
m = eval(input("Integration order ==> "))
print("Integral  =",  gaussQuad2(f,x,y,m))
input("\nPress return to exit")
```

결과에 대한 출력은 다음과 같다.

```
Integration order ==> 3
Integral = -1.55884572681
```

문제 (2)에 대한 풀이

다음 프로그램은 triangleQuad를 사용한다.

```
#!/usr/bin/python
## example6_16b
import numpy as np
import math
from triangleQuad import *

def f(x,y):
    return (x**2 + y**2)/2.0          \
           -(x**3 - 3.0* x* y**2)/6.0  \
           -2.0/3.0

xCorner = np.array([-1.0, -1.0, 2.0])
yCorner = np.array([math.sqrt(3.0), -math.sqrt(3.0), 0.0])
print("Integral =",triangleQuad(f,xCorner,yCorner))
input("Press return toexit")
```

피적분함수가 3차식이므로 적분값은 정확하다. 적분 결과는 다음과 같다.

```
Integral = -1.55884572681
```

삼각형요소를 사용할 때는 4번의 함수값 계산이 필요했지만 대조적으로 문제 (1)에서는 9번의 함수값 계산이 필요하다.

예제 6.17

삼각형의 모서리 좌표는 (0, 0), (16, 10) 및 (12, 20)이다. 삼각형요소에 대하여 $\iint_A f(x^2 - y^2)$ $dx\,dy$를 계산하시오.

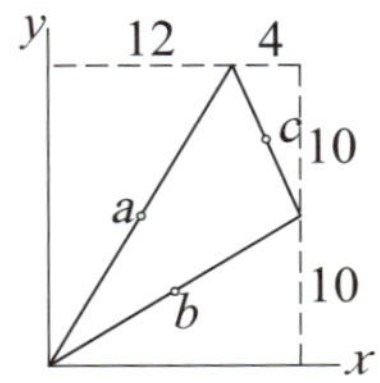

풀이

함수 $f(x, y)$가 이차식이므로 정확한 계산을 위해서는 그림 6.10(b)에 보인 3개의 적분점으로 충분하다. 적분점은 각 변의 중심에 위치하며 그 좌표는 (6, 10), (8, 5), (14, 15)이다. 식 (6.49)로부터 삼각형의 넓이를 계산하면 다음과 같다.

$$A = \frac{1}{2}\begin{vmatrix} 1 & 1 & 1 \\ x_1 & x_2 & x_3 \\ y_1 & y_2 & y_3 \end{vmatrix} = \frac{1}{2}\begin{vmatrix} 1 & 1 & 1 \\ 0 & 16 & 12 \\ 0 & 10 & 20 \end{vmatrix} = 100$$

식 (6.51)로부터 다음의 적분값을 구할 수 있다.

$$\begin{aligned} I &= A\sum_{k=a}^{c} W_k f(x_k, y_k) \\ &= 100\left[\frac{1}{3}f(6, 10) + \frac{1}{3}f(8, 5) + \frac{1}{3}f(14, 15)\right] \\ &= \frac{100}{3}\left[(6^2 - 10^2) + (8^2 - 5^2) + (14^2 - 15^2)\right] = 1800 \end{aligned}$$

연습 문제 6.3

1. Gauss-Legendre 구적법을 사용하여 다음 적분을 계산하시오.

$$\int_{-1}^{1}\int_{-1}^{1}(1 - x^2)(1 - y^2)\,dx\,dy$$

2. Gauss-Legendre 구적법을 사용하여 다음 적분을 계산하시오.

$$\int_{y=0}^{2} \int_{x=0}^{3} x^2 y^2 \, dx \, dy$$

3. Gauss-Legendre 구적법을 사용하여 다음 적분의 근사치를 계산하시오. 적분점의 개수를 (a) 2개, (b) 3개를 사용하여 각각 계산하시오. (정확한 적분값은 2.230 985이다.)

$$\int_{-1}^{1} \int_{-1}^{1} e^{-(x^2+y^2)} \, dx \, dy$$

4. Gauss-Legendre 구적법으로 적분점의 개수를 3개를 사용하여 다음 적분의 근사치를 계산하시오. (정확한 적분값은 1.621 139이다.)

$$\int_{-1}^{1} \int_{-1}^{1} \cos \frac{\pi (x-y)}{2} \, dx \, dy$$

5.

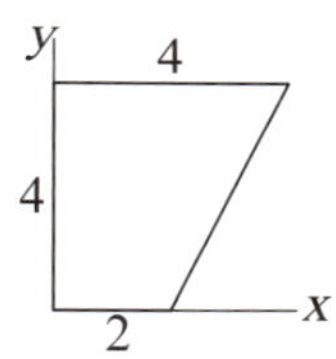

적분 $\iint_A xy \, dx \, dy$를 사변형 영역에서 정규 직사각형 구역으로 맵핑하고 적분을 해석적 방법으로 계산하시오.

6.

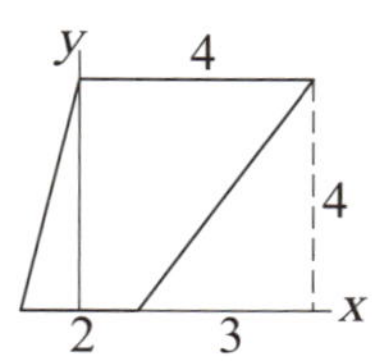

적분 $\iint_A x \, dx \, dy$를 사변형 영역에서 정규 직사각형 영역으로 맵핑하고 적분을 해석적 방법으로 계산하시오.

7.

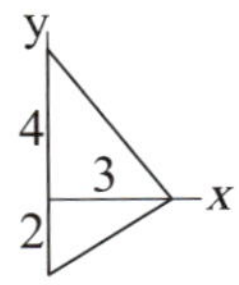

삼각형 상에서의 적분 $\iint_A x^2\,dx\,dy$를 구적법으로 계산하시오.

8. 문제 7의 삼각형 상에서의 적분 $\iint_A x^3\,dx\,dy$를 구적법으로 계산하시오.

9.

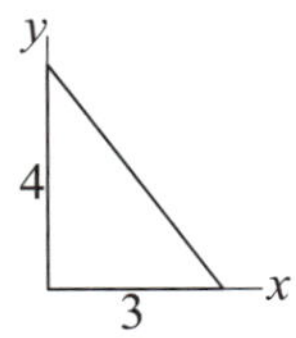

적분 $\iint_A (3-x)y\,dx\,dy$를 그림에서 나타낸 영역에 대해 계산하시오. 영역을 (a) 삼각형 요소로 (b) 퇴화 사변형 요소로 계산하시오.

10. 문제 9의 삼각형 상에서의 적분 $\iint_A x^2\,dx\,dy$를 구적법으로 계산하시오.

11. ■

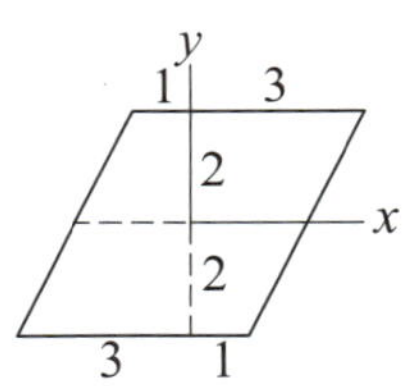

적분 $\iint_A xy(2-x^2)(2-xy)\,dx\,dy$를 그림에서 나타낸 영역에 대해 계산하시오.

12. ■ 문제 11의 적분 영역에 대하여 $\iint_A xy\exp(-x^2)\,dx\,dy$를 소수점 아래 4자리까지 정확하게 계산하시오.

13. ■

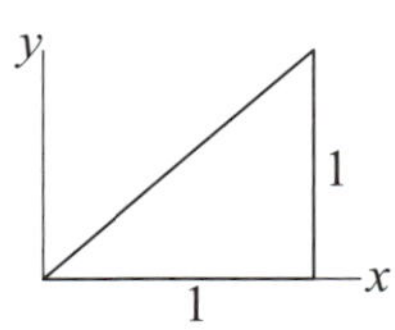

적분 $\iint_A xy(1-x)(y-x)y\,dx\,dy$를 그림에서 나타낸 삼각형 영역에 대해 계산하시오.

14. ■ 문제 13의 적분 영역에 대하여 $\iint_A \sin \pi x \, dx \, dy$를 계산하시오. 삼각형 요소에 대한 3차 적분식을 사용하시오. (정확한 적분값은 $1/\pi$이다.)

15. ■ 문제 13의 적분 영역에 대하여 $\iint_A \sin \pi x \sin \pi(y-x) dx \, dy$를 소수점 아래 6자리까지 정확하게 계산하시오. 삼각형 적분 영역을 퇴화 사변형 요소로 계산하시오.

16. ■

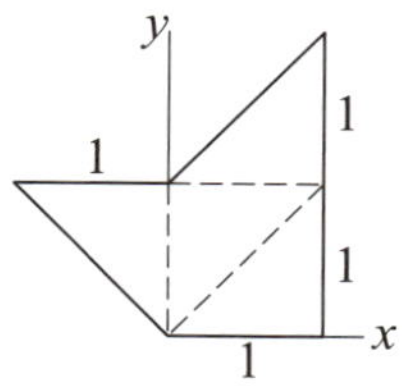

불규칙적인 형상의 적분 영역을 다수의 삼각형 요소로 나누어서 $\iint_A f(x, y) \, dx \, dy$를 계산하는 프로그램을 작성하시오. 그림에서 나타낸 영역에 대해 $\iint_A xy(y-x) \, dx \, dy$를 프로그램을 사용하여 계산하시오.

7
초기값 문제

미분방정식 $\mathbf{y}' = \mathbf{F}(x, \mathbf{y})$를 보조조건 $\mathbf{y}(a) = \boldsymbol{\alpha}$와 같이 풀기

7.1 서론

1차 미분방정식은 일반적인 형태는 다음과 같다.

$$y' = f(x, y) \tag{7.1a}$$

이 식에서 y'은 dy/dx를 의미하며 $f(x, y)$는 주어진 함수이다. 이 방정식의 해는 임의의 상수(적분 상수)를 포함한다. 이 상수를 찾으려면 해곡선 상의 한 점을 알아야 한다. 즉, 특정한 위치 x에서 (예 : $x = a$) y의 값이 지정되어야 한다. 이와 같은 보조조건을 다음과 같이 표현한다.

$$y(a) = \alpha \tag{7.1b}$$

차수 n의 상미분방정식은 다음과 같이 표현된다.

$$y^{(n)} = f\left(x, y, y', \ldots, y^{(n-1)}\right) \tag{7.2}$$

이 미분방정식은 언제나 다음과 같은 n개의 1차 방정식 세트로 변환될 수 있다. 다음의 표기법을 사용하면

$$y_0 = y \qquad y_1 = y' \qquad y_2 = y'' \quad \ldots \quad y_{n-1} = y^{(n-1)} \tag{7.3}$$

해당하는 연립1차방정식은 다음과 같다.

$$y_0' = y_1 \qquad y_1' = y_2 \qquad y_2' = y_3 \quad \ldots \quad y_n' = f(x, y_0, y_1, \ldots, y_{n-1}) \tag{7.4a}$$

이 방정식들의 해를 구하기 위해서는 n개의 보조조건이 필요하다. 이 n개의 보조조건들이 모두 같은 x에 대하여 주어지면 이 미분방정식은 초기값문제라고 한다. 초기값라고 불리는 보조조건들은 다음의 형태를 갖는다.

$$y_0(a) = \alpha_0 \qquad y_1(a) = \alpha_1 \quad \ldots \quad y_{n-1}(a) = \alpha_{n-1} \tag{7.4b}$$

만약 y_i가 다른 x에 대하여 주어지면 이 경우의 미분방정식은 경계값문제라고 한다.

예를 들면 다음 미분방정식은 보조조건들이 모두 같은 $x=0$에 대하여 주어져 있으므로 초기값 문제이다.

$$y'' = -y \qquad y(0) = 1 \qquad y'(0) = 0$$

대조적으로 다음 미분방정식은 보조조건들이 다른 x에 대하여 주어져 있으므로 경계값 문제이다.

$$y'' = -y \qquad y(0) = 1 \qquad y(\pi) = 0$$

본 장에서는 초기값 문제를 다룬다. 보다 풀기가 쉽지 않은 경계값 문제는 다음 장에서 다룬다. 본 장에서는 벡터 표기를 광범위하게 사용하여 연립1차방정식을 간결한 형태로 표현한다. 예를 들면 식 (7.4)는 다음과 같이 표현한다.

$$\mathbf{y}' = \mathbf{F}(x, \mathbf{y}) \qquad \mathbf{y}(a) = \boldsymbol{\alpha} \tag{7.5a}$$

이 식에서 사용된 벡터 표기는 다음과 같다.

$$\mathbf{F}(x, \mathbf{y}) = \begin{bmatrix} y_1 \\ y_2 \\ \vdots \\ f(x, \mathbf{y}) \end{bmatrix}$$

본질적으로 미분방정식의 수치 해는 이산 간격으로 나열된 x값에 대한 y값의 표이다.

7.2 Euler 법

미분방정식의 해를 구하는 Euler법은 개념적으로 간단하다. 방법의 기초는 다음과 같은 x에 대한 y의 절단된 Taylor 급수이다.

$$\mathbf{y}(x+h) \approx \mathbf{y}(x) + \mathbf{y}'(x)h \tag{7.6}$$

식 (7.6)은 x에서 이용 가능한 정보로부터 $x+h$에서 $\mathbf{y}$를 예측하므로 주어진 초기값 x 및 y로 부터 시작하여 해를 앞으로 h 만큼 이동시키는데 사용될 수 있다.

식 (7.6)에서 절단된 Taylor 급수로부터 발생하는 오차는 식 (A4)로 주어지며 다음과 같다.

$$\mathbf{E} = \frac{1}{2}\mathbf{y}''(\xi)h^2 = \mathcal{O}(h^2), \quad x < \xi < x+h \tag{7.7}$$

누적 오차 $\mathbf{E}_{acc}$는 적분 각 단계 당 오차가 일정하다고 가정하면 x_0부터 x_n까지 n개의 적분 단계 후에 다음의 식을 얻을 수 있다.

$$\mathbf{E}_{acc} = n\mathbf{E} = \frac{x_n - x_0}{h}\mathbf{E} = \mathcal{O}(h) \tag{7.8}$$

따라서 누적 오차의 차수는 단계별 오차 차수보다 1 적다.

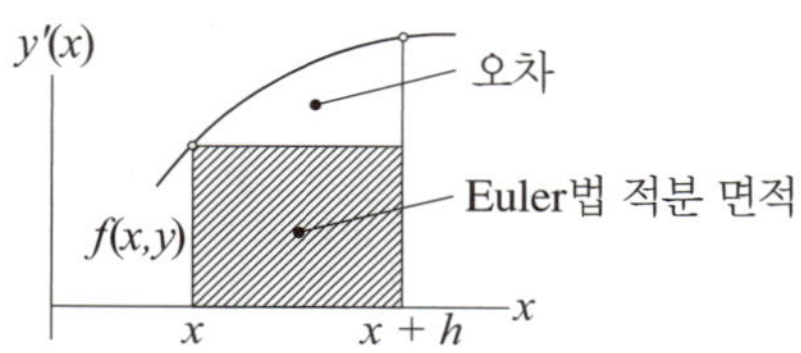

그림 7.1 Graphical representation of Euler's formula.

이제 Euler법에 대한 그래픽 해석을 살펴보자. 문제를 간단히 하기 위해, 단일 종속 변수 y가 있다고 가정하면 미분방정식은 $y' = f(x, y)$가 된다. x와 $x+h$ 사이에서의 해 y의 변화는 다음과 같다.

$$y(x+h) - y(x) = \int_x^{x+h} y'\,dx = \int_x^{x+h} f(x, y)dx$$

이 적분 값은 그림 7.1에 보인 $y'(x)$의 밑에 있는 영역의 넓이이다. Euler법의 식은 이 영역을 빗금친 사각형의 면적으로 근사한다. 사각형과 $y'(x)$ 사이의 영역은 절단오차를 나타낸다. 절단오차의 크기는 $y'(x)$의 기울기, 즉 $(y')' = y''(x)$에 비례한다. Euler법은 계산상의 비효율성으로 인해 실제로는 잘 사용되지 않는다. 절단오차를 허용 가능한 수준으로 줄이려면 매우 작은 h가 필요하므로 절단오차가 증가하면 할수록 이를 줄이기 위해 많은 적분 단계가 필요하다. 이 방법의 가치는 주로 단순성에 있으며 안정성과 같은 특정 중요한 주제에 대한 검토를 용이하게 한다.

euler

본 모듈은 Euler의 적분법을 프로그램화 한 것이다. 이 프로그램은 임의의 개수의 1차 미분방정식 세트의 해를 구할 수 있다. 사용자는 미분방정식을 구성하는 다음 형태의 함수 F(x,y)를 제공해야한다.

$$\mathbf{F}(x, \mathbf{y}) = \begin{bmatrix} y'_0 \\ y'_1 \\ y'_2 \\ \vdots \end{bmatrix}$$

본 모듈은 간격 h 마다의 x 값과 $\mathbf{y}$ 값을 갖고있는 행렬 X와 Y를 돌려준다.

```
## module euler
''' X,Y = integrate(F,x,y,xStop,h).
    Euler's method for solving the
    initial value problem {y}' = {F(x,{y})}, where
    {y} = { y[0] , y[1] , ... y[n-1] }.
    x,y = initial conditions
    xStop = terminal value of x
    h = increment of x used in integration
    F = user-supplied function that returns the
    array F(x,y) = {y'[0],y'[1],...,y'[n-1]}.
'''
import numpy as np
def integrate(F,x,y,xStop,h):
    X = [ ]
    Y = [ ]
    X.append(x)
    Y.append(y)
    while x < xStop:
        h = min(h,xStop  - x)
        y = y + h F(x,y)
        x = x + h
        X.append(x)
        Y.append(y)
    return np.array(X), np.array(Y)
```

printSoln

본 모듈은 수치적분으로 구한 X와 Y를 프린트한다. 데이터 양은 매개 변수 freq에 의해 제어된다. 예를 들어 freq = 5인 경우 5 번째 적분 단계마다 프린트된다. freq = 0인 경우는 시작점과 마지막점의 값만 프린트된다.

```
## module printSoln
''' printSoln(X,Y,freq).
    Prints X and Y returned from the differential
    equation solvers using printout frequency 'freq'.
    freq = n prints every nth step.
    freq = 0 prints initial and final values only.
'''
def printSoln(X,Y,freq):

    def printHead(n):
        print("\n         x",end=" ")
        for i in range (n):
            print("         y[", i," ] ",end=" ")
        print( )

    def printLine(x, y, n):
        print("{:13.4e}".format(x),end=" ")
        for i in range (n):
            print("{:13.4e}".format(y[i]), end=" ")
        print()
m = len(Y)
try: n = len(Y[0]) except TypeError: n = 1
if freq == 0: freq = m
printHead(n)
for i in range(0,m,freq):
    printLine(X[i],Y[i],n)
if i != m - 1: printLine(X[m - 1],Y[m - 1],n)
```

예제 7.1

다음 초기값문제를 $x = 0$부터 $x = 0.03$까지 $h = 0.01$의 간격으로 적분하시오.

$$y' + 4y = x^2 \qquad y(0) = 1$$

또한 다음의 해석해의 값도 계산하고 적분의 각 단계에서의 절단오차를 계산하시오.

$$y = \frac{31}{32}e^{-4x} + \frac{1}{4}x^2 - \frac{1}{8}x + \frac{1}{32}$$

풀이

Euler식을 $y_{i+1} = y_i + y_i' h$ 형태로 표현하기 위해 $x_i = ih$, $y_i = y(x_i)$의 표기법을 사용하는 것이 편리하다. 이때 $y_i' = x_i^2 - 4y_i$이다.

1 단계

($x_0 = 0$에서 $x_1 = 0.01$까지) :

$$\begin{aligned} y_0 &= 1 \\ y_0' &= x_0^2 - 4y_0 = 0^2 - 4(1) = -4 \\ y_1 &= y_0 + y_0' h = 1 + (-4)(0.01) = 0.96 \\ (y_1)_{\text{exact}} &= \frac{31}{32}e^{-4(0.01)} + \frac{1}{4}0.01^2 - \frac{1}{8}0.01 + \frac{1}{32} = 0.9608 \\ E_{\text{acc}} &= 0.96 - 0.9608 = -0.0008 \end{aligned}$$

2 단계

($x_1 = 0.01$에서 $x_2 = 0.02$까지) :

$$\begin{aligned} y_1' &= x_1^2 - 4y_1 = 0.01^2 - 4(0.96) = -3.840 \\ y_2 &= y_1 + y_1' h = 0.96 + (-3.840)(0.01) = 0.9216 \\ (y_2)_{\text{exact}} &= \frac{31}{32}e^{-4(0.02)} + \frac{1}{4}0.02^2 - \frac{1}{8}0.02 + \frac{1}{32} = 0.9231 \\ E_{\text{acc}} &= 0.9216 - 0.9231 = -0.0015 \end{aligned}$$

3 단계

($x_2 = 0.02$에서 $x_3 = 0.03$까지) :

$$\begin{aligned} y_2' &= x_2^2 - 4y_2 = 0.02^2 - 4(0.9216) = -3.686 \\ y_3 &= y_2 + y_2' h = 0.9216 + (-3.686)(0.01) = 0.8847 \\ (y_3)_{\text{exact}} &= \frac{31}{32}e^{-4(0.03)} + \frac{1}{4}0.03^2 - \frac{1}{8}0.03 + \frac{1}{32} = 0.8869 \\ E_{\text{acc}} &= 0.8847 - 0.8869 = -0.0022 \end{aligned}$$

각 단계 마다의 오차는 약 0.0008로 동일하다. 10단계의 적분 과정 후에는 누적 오차는 0.008 정도가 되어서 유효숫자 정확도가 한자리 줄어들 것이다. 100단계 적분 후에는 모든 유효숫자가 없어질 것이다.

예제 7.2

다음 초기값문제를 $x = 0$부터 $x = 2$까지 $h = 0.05$의 간격으로 적분하시오.

$$y'' = -0.1y' - x \qquad y(0) = 0 \qquad y'(0) = 1$$

구해진 해 y를 다음식으로 주어지는 해석해와 같이 그림으로 표현하시오.

$$y = 100x - 5x^2 + 990(e^{-0.1x} - 1)$$

풀이

표기법 $y_0 = \mathrm{y}$와 $y_1 = y'$ 사용하면 해당하는 1차미분방정식과 초기조건은 다음과 같다.

$$\mathbf{F}(x, \mathbf{y}) = \begin{bmatrix} y_0' \\ y_1' \end{bmatrix} = \begin{bmatrix} y_1 \\ -0.1y_1 - x \end{bmatrix} \qquad \mathbf{y}(0) = \begin{bmatrix} 0 \\ 1 \end{bmatrix}$$

다음의 모듈 euler를 사용하는 프로그램을 실행하여 해를 구할 수 있다.

```
#!/usr/bin/python
## example7_2
import numpy as np
from euler import *
import matplotlib.pyplot as plt

def F(x,y):
    F = np.zeros(2)
    F[0] = y[1]
    F[1] = -0.1 y[1] - x
    return F

x = 0.0                      # Start of integration
xStop = 2.0                  # End of integration
y = np.array([0.0, 1.0])     # Initial values of {y}
h = 0.05                     # Step size

X,Y = integrate(F, x, y, xStop, h)
yExact  = 100.0* X  - 5.0*X**2 + 990.0* (np.exp(-0.1 X) - 1.0)
plt.plot(X,Y[:,0],'o',X,yExact,'-')
plt.grid(True)
plt.xlabel('x'); plt.ylabel('y')
plt.legend(('Numerical','Exact'),loc=0)
plt.show()
input("Press return to exit")
```

프로그램 결과는 다음과 같다.

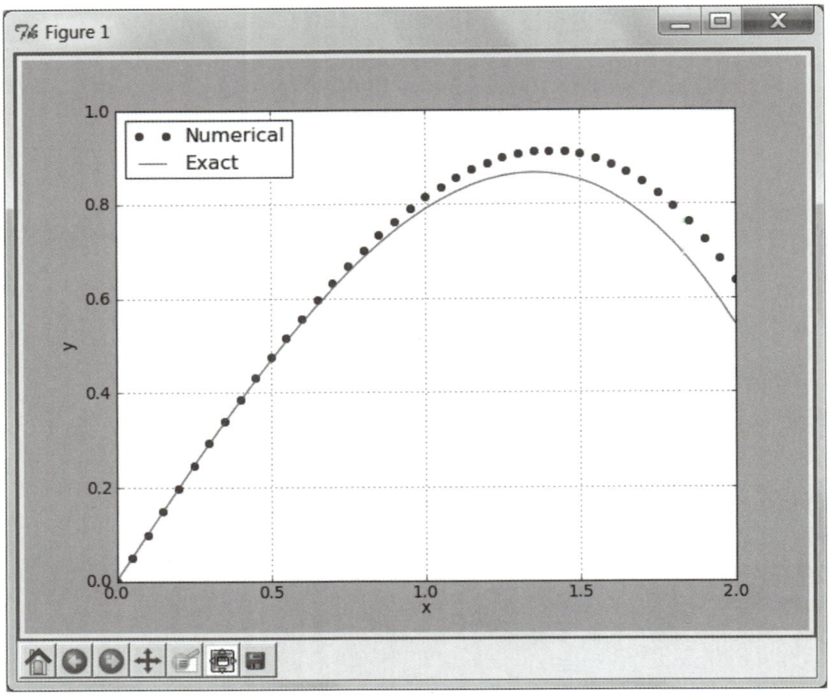

그림의 초기 부분은 거의 직선이다. 절단오차의 크기는 y''에 비례하므로 두 해의 차이는 크지 않다. 그림의 곡률이 증가함에 따라 절단오차도 증가한다.

적분 간격을 절반으로 줄여서 $h=0.025$로 프로그램을 다시 실행하면 절단오차가 줄어드는 것을 확인할 수 있다.

7.3 Runge-Kutta 법

Euler 법은 누적 절단오차가 $\mathcal{O}(h)$로 h에 대해 선형으로 비례하여 발생하므로 1차방법(first-order method)으로 분류된다. Euler 법은 다음과 같은 절단된 Taylor 급수에 기초한다.

$$\mathbf{y}(x+h)=\mathbf{y}(x)+\mathbf{y}'(x)h$$

Taylor 급수의 더 많은 항을 사용하면 수치적분은 정확도는 크게 개선될 수 있다. n차방법은 다음과 같이 절단된 Taylor 급수를 사용한다.

$$\mathbf{y}(x+h)=\mathbf{y}(x)+\mathbf{y}'(x)h+\frac{1}{2!}\mathbf{y}''(x)h^2+\cdots+\frac{1}{n!}\mathbf{y}^{(n)}(x)h^n$$

이제 $\mathbf{y}' = \mathbf{F}(x, \mathbf{y})$를 반복적으로 미분하여 $\mathbf{y}''$ $\mathbf{y}'''$,... $\mathbf{y}^{(n)}$에 대한 식을 유도하고 이 값들을 계산할 수 있는 서브루틴들을 작성해야 한다. Runge-Kutta법을 사용하면 이와 같은 추가적인 작업이 필요 없다. Runge-Kutta법은 절단된 Taylor 급수를 사용하지만 $y(x)$에 대한 높은 차수의 미분을 계산할 필요가 없다.

2차 Runge-Kutta 법

2차 Runge-Kutta 법의 식을 유도하기 위해 다음과 같은 형식의 식 (a)를 가정한다.

$$\mathbf{y}(x+h) = \mathbf{y}(x) + c_0\mathbf{F}(x, \mathbf{y})h + c_1\mathbf{F}\left[x + ph, \mathbf{y} + qh\mathbf{F}(x, \mathbf{y})\right] h \tag{a}$$

이 식을 다음의 Taylor 급수와 일치시켜 파라미터 c_0, c_1, p, q를 구하고자 한다.

$$\begin{aligned}\mathbf{y}(x+h) &= \mathbf{y}(x) + \mathbf{y}'(x)h + \frac{1}{2!}\mathbf{y}''(x)h^2 \\ &= \mathbf{y}(x) + \mathbf{F}(x, \mathbf{y})h + \frac{1}{2}\mathbf{F}'(x, \mathbf{y})h^2\end{aligned} \tag{b}$$

이때 다음의 식이 성립한다.

$$\mathbf{F}'(x, \mathbf{y}) = \frac{\partial \mathbf{F}}{\partial x} + \sum_{i=0}^{n-1}\frac{\partial \mathbf{F}}{\partial y_i}y_i' = \frac{\partial \mathbf{F}}{\partial x} + \sum_{i=0}^{n-1}\frac{\partial \mathbf{F}}{\partial y_i}F_i(x, \mathbf{y})$$

이 식에서 n은 1차식의 차수이다. 식 (b)는 다음과 같이 다시 쓸 수 있다.

$$\mathbf{y}(x+h) = \mathbf{y}(x) + \mathbf{F}(x, \mathbf{y})h + \frac{1}{2}\left(\frac{\partial \mathbf{F}}{\partial x} + \sum_{i=0}^{n-1}\frac{\partial \mathbf{F}}{\partial y_i}F_i(x, \mathbf{y})\right)h^2 \tag{c}$$

식 (a)로 되돌아가서 마지막 항을 다음과 같이 여러개의 변수에 대한 Taylor 급수를 적용하면 다음의 식을 얻을 수 있다.

$$\mathbf{F}\left[x + ph, \mathbf{y} + qh\mathbf{F}(x, \mathbf{y})\right] = \mathbf{F}(x, \mathbf{y}) + \frac{\partial \mathbf{F}}{\partial x}ph + qh\sum_{i=0}^{n-1}\frac{\partial \mathbf{F}}{\partial y_i}F_i(x, \mathbf{y})$$

따라서 식 (a)는 다음과 같이 된다.

$$\mathbf{y}(x+h) = \mathbf{y}(x) + (c_0 + c_1)\,\mathbf{F}(x, \mathbf{y})h + c_1\left[\frac{\partial \mathbf{F}}{\partial x}ph + qh\sum_{i=0}^{n-1}\frac{\partial \mathbf{F}}{\partial y_i}F_i(x, \mathbf{y})\right]h \tag{d}$$

식 (c)와 식 (a)를 비교하면 다음의 조건이 만족되면 두 식이 같아짐을 알 수 있다.

$$c_0 + c_1 = 1 \qquad c_1 p = \frac{1}{2} \qquad c_1 q = \frac{1}{2} \tag{e}$$

식 (e)는 방정식의 수는 3개이고 미지수 파라미터는 4개 이므로 파라미터 중 하나의 값을 임의로 선택할 수 있다. 많이 사용되는 파라미터 선택과 관련된 이름은 다음과 같다.

$c_0 = 0$	$c_1 = 1$	$p = 1/2$	$q = 1/2$	Modified Euler's method
$c_0 = 1/2$	$c_1 = 1/2$	$p = 1$	$q = 1$	Heun's method
$c_0 = 1/3$	$c_1 = 2/3$	$p = 3/4$	$q = 3/4$	Ralston's method

이 모든 공식은 2차 Runge-Kutta 법으로 분류되며 이 식들의 효율성은 모두 동일하다. 이 식들 중에서 Modified Euler's method를 선택하고 해당 파라미터 값을 식 (a)에 넣으면 다음과 같은 식이된다.

$$\mathbf{y}(x+h) = \mathbf{y}(x) + \mathbf{F}\left[x + \frac{h}{2}, \mathbf{y} + \frac{h}{2}\mathbf{F}(x, \mathbf{y})\right]h \tag{f}$$

이 적분 공식은 다음 순서로 계산하면 편리하다.

$$\begin{aligned}\mathbf{K}_0 &= h\mathbf{F}(x, \mathbf{y}) \\ \mathbf{K}_1 &= h\mathbf{F}\left(x + \frac{h}{2}, \mathbf{y} + \frac{1}{2}\mathbf{K}_0\right) \\ \mathbf{y}(x+h) &= \mathbf{y}(x) + \mathbf{K}_1\end{aligned} \tag{7.9}$$

2차 Runge-Kutta 법은 수치해석에서 실용적으로 잘 사용되지 않는다. 대부분의 프로그래머들은 계산 시간은 오히려 적게 소요되고도 원하는 정확도를 확보할 수 있는 4차법을 사용한다.

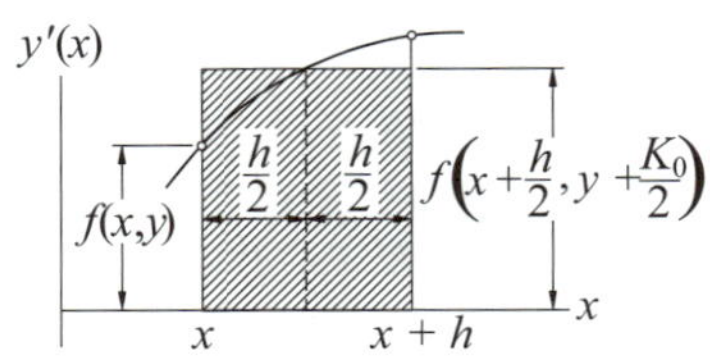

그림 7.2 Graphical representation of modified Euler's formula.

그림 7.2는 단일 미분방정식 $y' = f(x, y)$에 대한 Modified Euler's method의 그래픽 해석을 보여준다. 식 (7.9)의 첫번째 식으로 Euler 법의 공식에 의해 패널의 중간 지점에서 y의 추정값을 산출할 수 있다.

$$y(x+h/2) = y(x) + f(x,\ y)h/2 = y(x) + K_0/2$$

두번째 식은 그림 7.2의 빗금친 부분의 넓이를 의미하며 이 식으로 계산할 때의 오차는 곡률 $(y')'' = y'''$에 비례한다.

4차 Runge-Kutta 법

4차 Runge-Kutta법은 Taylor 급수를 이용하는 2차 Runge-Kutta법과 동일한 방법으로 구한다. 유도 과정은 다소 길고 유익하지 않기 때문에 생략한다. 적분식의 최종 형태는 역시 파라미터의 선택에 따라 다르다, 즉 고유 한 4차 Runge-Kutta식은 존재하지 않는다. Runge-Kutta 방법으로 알려진 가장 많이 사용되는 식은 다음과 같은 일련의 과정으로 계산된다.

$$\begin{aligned}
\mathbf{K}_0 &= h\mathbf{F}(x, \mathbf{y}) \\
\mathbf{K}_1 &= h\mathbf{F}\left(x + \frac{h}{2}, \mathbf{y} + \frac{\mathbf{K}_0}{2}\right) \\
\mathbf{K}_2 &= h\mathbf{F}\left(x + \frac{h}{2}, y + \frac{\mathbf{K}_1}{2}\right) \\
\mathbf{K}_3 &= h\mathbf{F}(x + h, \mathbf{y} + \mathbf{K}_2) \\
\mathbf{y}(x+h) &= \mathbf{y}(x) + \frac{1}{6}(\mathbf{K}_0 + 2\mathbf{K}_1 + 2\mathbf{K}_2 + \mathbf{K}_3)
\end{aligned} \tag{7.10}$$

이 방법의 가장 큰 단점은 절단오차의 추정이 불가능하다는 것이다. 따라서 적분 간격 h를 추측하거나 시행 착오에 의해 결정해야 한다. 대조적으로, 소위 "adaptive method"라고 불리는 방법은 각 적분 단계에서 절단오차를 평가하고 그에 따라 h의 값을 조정할 수 있다(계산 시간이 많이 소요됨). 이러한 "adaptive method" 중 하나를 다음 절에서 소개한다.

■ run_kut4

본 모듈에 사용된 함수 `integrate`은 4차 Runge-Kutta법을 실행한다. 사용자는 함수 `integrate`에 1차 미분방정식 $\mathbf{y}' = \mathbf{F}(x, \mathbf{y})$를 정의하는 함수 `F(x, y)`를 공급해 주어야 한다.

```
## module run_kut4
''' X,Y = integrate(F,x,y,xStop,h).
    4th-order Runge-Kutta method for solving the
    initial value problem {y}' = {F(x,{y})}, where
    {y} = {y[0],y[1],...y[n-1]}.
    x, y = initial conditions
    xStop = terminal value of x
```

```
    h = increment of x used in integration
    F = user-supplied function that returns the
        array F(x,y) = {y'[0],y'[1],...,y'[n-1]}.
'''
import numpy as np
def integrate(F,x,y,xStop,h):

    def run_kut4(F,x,y,h):
        K0 = h*F(x,y)
        K1 = h*F(x +  h/2.0,  y  +  K0/2.0)
        K2 = h*F(x + h/2.0, y + K1/2.0)
        K3 = h* F(x + h, y + K2)
        return (K0 + 2.0 K1 + 2.0 K2 + K3)/6.0
    X = [ ]
    Y = [ ]
    X.append(x)
    Y.append(y)
    while x < xStop:
        h = min(h,xStop - x)
        y = y + run_kut4(F,x,y,h)
        x = x + h
        X.append(x)
        Y.append(y)
    return np.array(X),np.array(Y)
```

예제 7.3

다음 초기값문제를 $x=0$부터 $x=0.5$까지 $h=0.1$의 간격으로 2차 Runge-Kutta 법을 사용하여 적분하시오. 계산에서 소수점 이하 네 자리를 유지하시오.

$$y' = \sin y \qquad y(0) = 1$$

풀이

이 문제에서 $F(x, y) = \sin y$이다. 따라서 적분 식 (7.9)는 다음과 같이 된다.

$$K_0 = hF(x, y) = 0.1 \sin y$$

$$K_1 = hF\left(x + \frac{h}{2}, y + \frac{1}{2}K_0\right) = 0.1 \sin\left(y + \frac{1}{2}K_0\right)$$

$$y(x+h) = y(x) + K_1$$

$y(0) = 1$인 것을 감안하면 적분 과정은 다음과 같이 된다.

$$
\begin{aligned}
K_0 &= 0.1\sin 1.0000 = 0.0841 \\
K_1 &= 0.1\sin\left(1.0000 + \frac{0.0841}{2}\right) = 0.0863 \\
y(0.1) &= 1.0 + 0.0863 = 1.0863
\end{aligned}
$$

$$
\begin{aligned}
K_0 &= 0.1\sin 1.0863 = 0.0885 \\
K_1 &= 0.1\sin\left(1.0863 + \frac{0.0885}{2}\right) = 0.0905 \\
y(0.2) &= 1.0863 + 0.0905 = 1.1768
\end{aligned}
$$

이 과정을 반복하면 다음의 표와 같은 결과를 얻을 수 있다.

x	y	K_0	K_1
0.0	1.0000	0.0841	0.0863
0.1	1.0863	0.0885	0.0905
0.2	1.1768	0.0923	0.0940
0.3	1.2708	0.0955	0.0968
0.4	1.3676	0.0979	0.0988
0.5	1.4664		

해석해는 다음과 같고 $x(1.4664) = 0.5000$이다.

$$x(y) = \ln(\csc y - \cot y) + 0.604582$$

따라서 이 지점까지 수치해는 소수점 이하 4 자리 까지 정확하다. 그러나 적분을 계속해 나가면 정확도가 계속 유지되지는 않는다. 절단오차와 반올림오차가 누적됨으로 인해 적분 구간이 긴 경우에는 더 나은 적분식이 필요하다.

예제 7.4

다음 초기값문제를 $x = 0$부터 $x = 2$까지 $h = 0.2$의 간격으로 4차 Runge-Kutta 법을 사용하여 적분하시오.

$$y'' = -0.1y' - x \qquad y(0) = 0 \qquad y'(0) = 1$$

계산된 y를 다음의 해석해와 같이 그림으로 표현하시오.

$$y = 100x - 5x^2 + 990(e^{-0.1x} - 1)$$

(이 문제는 예제 7.2에서 Euler 법으로 수치해를 구한 바 있다)

풀이

표기법 $y_0 = y$, $y_1 = y'$을 사용하면 해당하는 1차 미분방정식은 다음과 같이 된다.

$$\mathbf{F}(x, \mathbf{y}) = \begin{bmatrix} y_0' \\ y_1' \end{bmatrix} = \begin{bmatrix} y_1 \\ -0.1y_1 - x \end{bmatrix}$$

다음의 프로그램은 2개의 문장 외에는 예제 7.2에서 사용된 프로그램과 동일하다.

```
#!/usr/bin/python
## example7_4
import numpy as np
from printSoln import *
from run_kut4 import *
import matplotlib.pyplot as plt

def F(x,y):
    F = np.zeros(2)
    F[0] = y[1]
    F[1] = -0.1 y[1] - x
    return F

x = 0.0                      # Start of integration
xStop = 2.0                  # End of integration
y = np.array([0.0, 1.0])     # Initial  values  of  {y}
h = 0.2                      # Step size

X,Y = integrate(F, x, y, xStop, h)
yExact = 100.0* X - 5.0* X**2 + 990.0 *(np.exp(-0.1 X) - 1.0)
plt.plot(X,Y[:,0],'o',X,yExact,'-')
plt.grid(True)
plt.xlabel('x'); plt.ylabel('y')
plt.legend(('Numerical','Exact'),loc=0)
plt.show()
input("Press return to exit"))
```

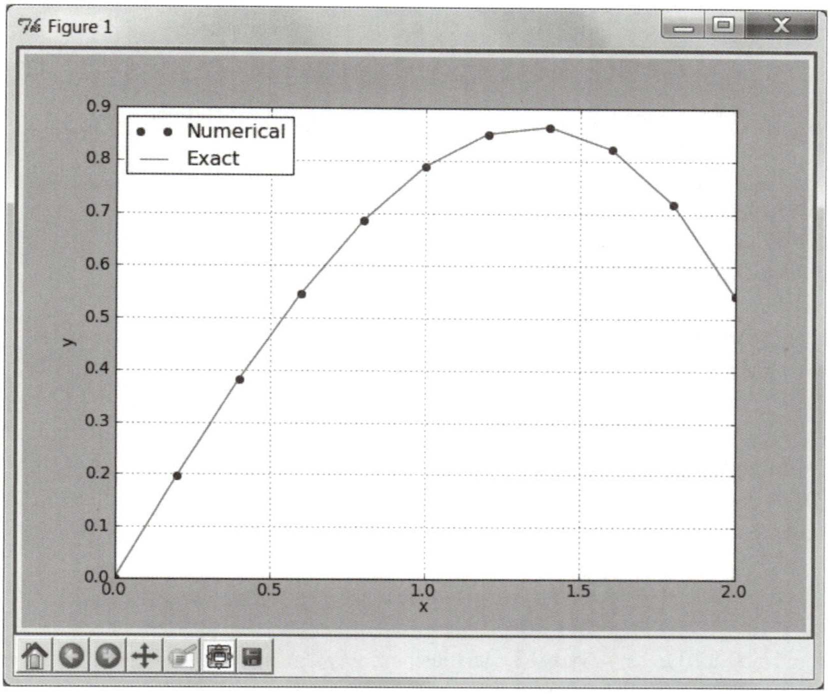

이 그림을 예제 7.2의 그림과 비교하면 Euler의 방법에 비해 4차 Runge-Kutta 방법의 명백한 우수성을 알 수 있다. 이 문제에서 두 방법은 거의 동일한 양의 계산을 수행한다. Euler법은 단계 당 한번의 $\mathbf{F}(x, \mathbf{y})$의 계산이 필요한 반면, 4차 Runge-Kutta 법은 4가지 계산이 필요하다. 그러나 Euler법은 4배나 많은 계산 단계가 필요하다. 결과의 정확도에 대한 큰 차이를 고려할 때, 4차 Runge-Kuta법이 같은 비용에 비해 훨씬 더 좋은 결과를 준다고 결론지을 수 있다.

예제 7.5

다음 초기값문제를 $x = 0$부터 $x = 10$까지 $h = 0.1$의 간격으로 4차 Runge-Kutta 법을 사용하여 적분하시오.

$$y' = 3y - 4e^{-x} \qquad y(0) = 1$$

계산된 y를 해석해 $y = e^{-x}$과 비교하시오.

풀이

다음의 프로그램을 사용한다. run_kut4를 실행할 때 프로그램은 y가 배열 일 것으로 예상하므로 초기값을 y = 1.0이 아니라 y = np.array ([1.0])로 지정했다.

```
#!/usr/bin/python
## example7_5
import numpy as np
from run_kut4 import *
from printSoln import *
from math import exp

def F(x,y):
    F = np.zeros(1)
    F[0] = 3.0 y[0] - 4.0 exp(-x)
    return F

x = 0.0               # Start of integration
xStop = 10.0          # End of integration
y = np.array([1.0])   # Initial  values  of  {y}
h = 0.1               # Step size
freq = 20             # Printout frequency

X,Y = integrate(F, x, y, xStop, h)
printSoln(X,Y,freq)
input("\nPress return to exit")
```

이 프로그램을 구동하면 다음의 결과를 얻을 수 있다. (20번째 단계마다 결과값을 프린트 함).

```
      x             y[ 0 ]
0.0000e+000     1.0000e+000
2.0000e+000     1.3250e-001
4.0000e+000    -1.1237e+000
6.0000e+000    -4.6056e+002
8.0000e+000    -1.8575e+005
1.0000e+001    -7.4912e+007
```

이 결과에 문제가 있음이 분명하다. 해석해는 x가 증가함에 따라 y는 0에 접근해야 하지만 수치해의 결과는 반대 경향을 나타낸다. y는 초기에 감소하다가 이후 절대값이 극적으로 증가한다. 이에 대한 설명은 해석해를 자세히 살펴보면 찾을 수 있다. 주어진 미분방정식의 일반해는 다음과 같다.

$$y = Ce^{3x} + e^{-x}$$

초기값 $y(0) = 1$을 고려하면 $C = 0$이 된다. 따라서 본 문제에 대한 해석해는 $y = e^{-x}$이다. 수치해 문제의 원인은 지배적인 항 Ce^{3x}이다. 초기 조건에 작은 오차 ε이 포함되어 $y(0) = 1+\varepsilon$이라고 가정하면 해석해는 다음과 같이 된다.

$$y = Ce^{3x} + e^{-x}$$

이 경우는 x가 증가함에 따라 에러 ε을 포함하는 항이 지배적임을 알 수 있다. 수치해에 내재된 오류는 초기 조건의 작은 변화와 동일한 효과를 갖기 때문에 수치해의 문제는 초기 조건에 대한 수치해의 민감도로 인한 수치적 불안정 때문이라고 결론 내릴 수 있다. 이 결과는 수치해의 결과를 맹목적으로 신뢰하면 안된다는 것을 보여준다.

예제 7.6

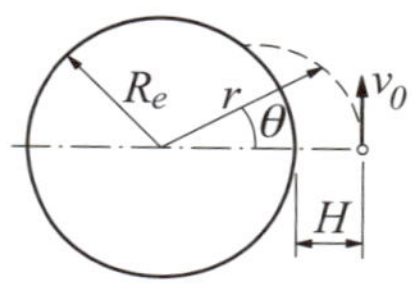

우주선이 해발 고도 $H = 772$ km에서 속도 $v_0 = 6700$ m/s로 그림에서 표시된 방향으로 발사된다. 우주선의 운동을 나타내는 미분방정식은 다음과 같다.

$$\ddot{r} = r\dot{\theta}^2 - \frac{GM_e}{r^2} \qquad \ddot{\theta} = -\frac{2\dot{r}\dot{\theta}}{r}$$

이때 r과 θ는 우주선의 극좌표이다. 운동에 관련되는 상수는 다음과 같다.

$$G = 6.672 \times 10^{-11}\ \text{m}^3\,\text{kg}^{-1}\text{s}^{-2} = \text{중력상수}$$

$$M_e = 5.9742 \times 10^{24}\ \text{kg} = \text{지구의 질량}$$

$$R_e = 6378.14\ \text{km} = \text{해면에서의 지구 반경}$$

(1) 다음과 같은 형태의 1차 미분방정식과 초기값을 유도하시오.

$$\dot{\mathbf{y}} = \mathbf{F}(t, \mathbf{y}),\ \mathbf{y}(0) = \mathbf{b}$$

(2) 발사 시점부터 우주선이 지구에 부딪칠 때까지 4차 Runge-Kutta 법을 사용하여 미분방정식을 적분하시오. 지구와 부딪치는 충격 지점에서의 θ를 구하시오.

문제 (1)에 대한 풀이

GM_e는 다음과 같다.

$$GM_e = \left(6.672 \times 10^{-11}\right)\left(5.9742 \times 10^{24}\right) = 3.9860 \times 10^{14}\ \mathrm{m^3\ s^{-2}}$$

다음의 표기법을 사용한다.

$$\mathbf{y} = \begin{bmatrix} y_0 \\ y_1 \\ y_2 \\ y_3 \end{bmatrix} = \begin{bmatrix} r \\ \dot{r} \\ \theta \\ \dot{\theta} \end{bmatrix}$$

해당하는 1차 미분방정식은 다음과 같다.

$$\mathbf{F}(t, \mathbf{y}) = \begin{bmatrix} \dot{y}_0 \\ \dot{y}_1 \\ \dot{y}_2 \\ \dot{y}_3 \end{bmatrix} = \begin{bmatrix} y_1 \\ y_0 y_3^2 - 3.9860 \times 10^{14}/y_0^2 \\ y_3 \\ -2y_1 y_3/y_0 \end{bmatrix}$$

해당하는 초기값은 다음과 같다.

$$r(0) = R_e + H = (6378.14 + 772) \times 10^3 = 7.15014 \times 10^6\ \mathrm{m}$$

$$\dot{r}(0) = 0$$

$$\theta(0) = 0$$

$$\dot{\theta}(0) = v_0/r(0) = (6700)/(7.15014 \times 10^6) = 0.937045 \times 10^{-3}\ \mathrm{rad/s}$$

따라서 다음과 같이 표현된다.

$$\mathbf{y}(0) = \begin{bmatrix} 7.15014 \times 10^6 \\ 0 \\ 0 \\ 0.937045 \times 10^{-3} \end{bmatrix}$$

문제 (2)에 대한 풀이

다음의 프로그램을 사용한다. 독립 변수 t는 x로 표시된다. 적분 기간 xStop(우주선이 지구와 충돌할 때 까지의 시간)은 프로그램을 사전에 실행하여 추정한다.

```
#!/usr/bin/python
## example7_6
```

```
import numpy as np
from run_kut4 import *
from printSoln import *

def F(x,y):
    F = np.zeros(4)
    F[0] = y[1]
    F[1]=y[0]*(y[3]**2) - 3.9860e14/(y[0]**2)
    F[2] = y[3]
    F[3] = -2.0 y[1] y[3]/y[0]
    return F

x = 0.0
xStop = 1200.0
y = np.array([7.15014e6, 0.0, 0.0, 0.937045e-3])
h = 50.0
freq = 2

X,Y=integrate(F, x, y, xStop, h)
printSoln(X,Y,freq)
input("\nPress return to exit")
```

실행 결과는 다음과 같다.

```
      x          y[ 0 ]        y[ 1 ]        y[ 2 ]        y[ 3 ]
0.0000e+000  7.1501e+006   0.0000e+000  0.0000e+000  9.3704e-004
1.0000e+002  7.1426e+006  -1.5173e+002  9.3771e-002  9.3904e-004
2.0000e+002  7.1198e+006  -3.0276e+002  1.8794e-001  9.4504e-004
3.0000e+002  7.0820e+006  -4.5236e+002  2.8292e-001  9.5515e-004
4.0000e+002  7.0294e+006  -5.9973e+002  3.7911e-001  9.6951e-004
5.0000e+002  6.9622e+006  -7.4393e+002  4.7697e-001  9.8832e-004
6.0000e+002  6.8808e+006  -8.8389e+002  5.7693e-001  1.0118e-003
7.0000e+002  6.7856e+006  -1.0183e+003  6.7950e-001  1.0404e-003
8.0000e+002  6.6773e+006  -1.1456e+003  7.8520e-001  1.0744e-003
9.0000e+002  6.5568e+006  -1.2639e+003  8.9459e-001  1.1143e-003
1.0000e+003  6.4250e+006  -1.3708e+003  1.0083e+000  1.1605e-003
1.1000e+003  6.2831e+006  -1.4634e+003  1.1269e+000  1.2135e-003
1.2000e+003  6.1329e+006  -1.5384e+003  1.2512e+000  1.2737e-003
```

우주선이 지구에 충돌할 때는 r이 $R_e = 6.37814 \times 10^6$ m일 때이다. 이것은 $t = 1000$과 $t = 1100$ 사이에서 발생한다. 다항식 보간을 사용하면 보다 정확한 값을 얻을 수 있다. 큰 정밀도가 필요하지 않으면 선형 보간으로 계산할 수 있다. 충격 시간이 $1000 + \Delta t$라면 다음과 같이 쓸 수 있다.

$$r(1000 + \Delta t) = R_e$$

Taylor 급수의 2개의 항을 사용하면 다음의 식이 된다.

$$r(1000) + r'(1000)\Delta t = R_e$$

$$6.4250 \times 10^6 + \left(-1.3708 \times 10^3\right) x = 6378.14 \times 10^3$$

이 식으로부터 Δt를 구할 수 있다.

$$\Delta t = 34.184 \text{ s}$$

충격 부위의 좌표 θ도 유사한 방법으로 예측될 수 있다. 다시 Taylor 급수의 2개의 항을 사용하면 다음의 식이 된다.

$$\begin{aligned}\theta(1000 + \Delta t) &= \theta(1000) + \theta'(1000)\Delta t \\ &= 1.0083 + \left(1.1605 \times 10^{-3}\right)(34.184) \\ &= 1.0480 \text{ rad} = 60.00^\circ\end{aligned}$$

연습 문제 7.1

1. 다음 미분방정식에 대해서 두 단계의 2차 Runge-Kutta법을 사용하여 $y(0.03)$을 구하시오. 수치해를 예제 7.1에서 주어진 해석해와 비교하시오.

$$y' + 4y = x^2 \qquad y(0) = 1$$

2. 문제 1의 해를 한 단계의 4차 Runge-Kutta법을 사용하여 구하시오.
3. 다음 초기값문제를 $x = 0$부터 $x = 5$까지 $h = 0.1$의 간격으로 Euler 법을 사용하여 적분하시오.

$$y' = \sin y \qquad y(0) = 1$$

계산된 y를 예제 7.3과 비교하시오.

4. ■ 다음의 문제는 두 개의 해 $y = 0$과 $y = (2x/3)^{3/2}$를 갖음을 보이시오.

$$y' = y^{1/3} \qquad y(0) = 0$$

초기 조건이 (a) $y = 0$ 및 (b) $y = 10^{-16}$으로 주어지면 수치적분으로 어떤 해를 재현 할 수 있습니까? 임의의 수치 방법을 사용하여 결론을 확인하시오.

5. 다음의 미분방정식들을 $\mathbf{y}' = \mathbf{F}(x, \mathbf{y})$과 같은 형태의 1차 미분방정식으로 변환하시오.

(a) $\ln y' + y = \sin x$
(b) $y''y - xy' - 2y^2 = 0$
(c) $y^{(4)} - 4y''\sqrt{1 - y^2} = 0$
(d) $(y'')^2 = |32y'x - y^2|$

6. 다음의 연립 미분방정식에서 t는 독립 변수이다. 이 미분방정식들을 $\dot{\mathbf{y}} = \mathbf{F}(t, \mathbf{y})$과 같은 형태의 1차 미분방정식으로 변환하시오.

(a) $\ddot{y} = x - 2y \qquad \ddot{x} = y - x$
(b) $\ddot{y} = -y\left(\dot{y}^2 + \dot{x}^2\right)^{1/4} \qquad \ddot{x} = -x\left(\dot{y}^2 + \dot{x}\right)^{1/4} - 32$
(c) $\ddot{y}^2 + t\sin y = 4\dot{x} \qquad x\ddot{x} + t\cos y = 4\dot{y}$

7. ■ 단순 진자운동에 대한 운동방정식은 다음과 같다.

$$\frac{d^2\theta}{dt^2} = -\frac{g}{L}\sin\theta$$

이때 부호의 의미는 다음과 같다.

θ = 수직선으로 부터의 각도 변위

g = 중력가속도

L = 진자의 길이

식 $\tau = t\sqrt{g/L}$을 사용하여 미분방정식을 변환시키면 다음과 같은 식을 얻을 수 있다.

$$\frac{d^2\theta}{d\tau^2} = -\sin\theta$$

초기 각도가 $\theta_0 = 1\text{rad}$일 때 진자 주기를 결정하기 위해 수치적분을 사용하시오. 각도 θ가 작을 때($\sin\theta \approx \theta$) 진자 주기는 $2\pi\sqrt{L/g}$이다.

8. ■ 질량 m의 스카이다이버가 수직 자유낙하 할 때 공기역학적 항력 $F_D = c_D\dot{y}^2$을 경험하며, 여기서 y는 낙하 시작부터 아래쪽으로 측정된다. 이 운동을 설명하는 미분방정식은 다음과 같다.

$$\ddot{y} = g - \frac{c_D}{m}\dot{y}^2$$

5000 m를 낙하할 때 까지의 시간을 계산하시오. 계산을 위하여 $g = 9.80665\ \text{m/s}^2$, $C_D = 0.2028\ \text{kg/m}$, $m = 80\ \text{kg}$을 사용하시오.

9. ■

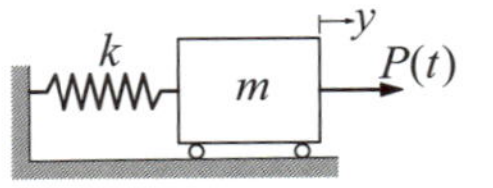

그림과 같은 스프링-질량 시스템이 힘 $P(t)$가 적용할 때 정지 상태에 있다. 이때 작용하는 힘 $P(t)$는 다음과 같다.

$$P(t) = \begin{cases} 10t \text{ N}, & t < 2 \text{ s} \\ 20 \text{ N}, & t \geq 2 \text{ s} \end{cases}$$

이 운동에 대한 미분방정식은 다음과 같다.

$$\ddot{y} = \frac{P(t)}{m} - \frac{k}{m}y$$

이 질량의 최대 변위를 결정하시오. 계산을 위하여 $m = 2.5$ kg, $k = 75$ N/m을 사용하시오.

10. ■

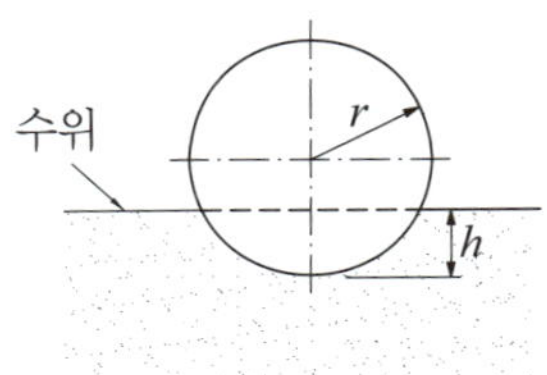

그림과 같이 물 위에 떠있는 실린더의 평형 위치는 $h = r$이다. 실린더를 $h = 1.5r$ 위치로 눌렀다가 해제한 경우 이 운동에 대한 미분방정식은 다음과 같다.

$$\ddot{y} = \frac{2}{\pi}\left[\tan^{-1}\frac{1-y}{\sqrt{2y-y^2}} + (1-y)\sqrt{2y-y^2}\right]$$

이 식에서 $y = h/r$이다. 시간 $t = 0$에서부터 $t = 6$sec까지에 대한 h/r의 변화를 그림으로 나타내시오. 그림을 통해 동작 주기를 추정하시오.

11. ■ 초기 조건 $y(0) = 2.0, 2.5, 3.0, 3.5$.에 대하여 다음 미분방정식의 해를 구하시오.

$$y' = \sin xy$$

구간 $0 \leq x \leq 10$에 대한 해를 그림으로 나타내시오.

12. ■

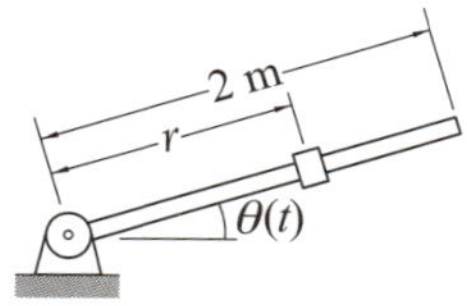

미끄러지는 질량과 가이드로드로 구성된 시스템이 $r = 0.75$m에서 정지 상태에 있다. 시간 $t = 0$에서 모터가 켜지고 로드에 움직임 $\theta(t) = (\pi/12)\cos \pi t$를 가한다. 이 운동에 대한 미분방정식은 다음과 같다.

$$\ddot{r} = \left(\frac{\pi^2}{12}\right)^2 r \sin^2 \pi t - g \sin\left(\frac{\pi}{12} \cos \pi t\right)$$

미끄러지는 질량이 막대 끝에 도달하는 시간을 구하시오. 계산을 위하여 $g = 9.80665$ m/s^{2}을 사용하시오.

13. ■

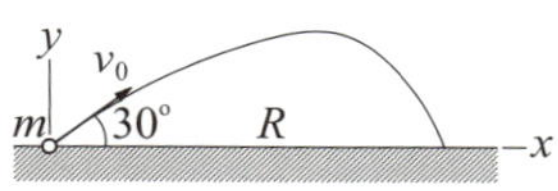

질량 $m = 0.25$ kg의 공이 그림에서 보인 방향으로 속도 $v_0 = 50$ m/s로 발사된다. 공에 작용하는 공기역학적 항력이 $F_D = C_D v^{3/2}$라고 가정하면 이 운동에 대한 미분방정식은 다음과 같다.

$$\ddot{x} = -\frac{C_D}{m}\dot{x}v^{1/2} \qquad \ddot{y} = -\frac{C_D}{m}\dot{y}v^{1/2} - g$$

이 때 $v = \sqrt{\dot{x}^2 + \dot{y}^2}$이다. 비행 시간과 비행 거리 을 결정하시오. 계산을 위하여 $C_D =$ 0.03kg/(m·s)$^{1/2}$을 사용하시오.

14. ■ 기계장치의 암의 각도 위치 θ를 설명하는 미분방정식은 다음과 같다.

$$\ddot{\theta} = \frac{a(b-\theta) - \theta\dot{\theta}^2}{1+\theta^2}$$

이 때 $a = 100$ s^{-2}, $b = 15$이다. 초기값 $\theta(0) = 2\pi$, $\dot{\theta}(0) = 0$일 때 $t = 0.5$s에서의 θ와 $\dot{\theta}$을 구하시오.

15. ■

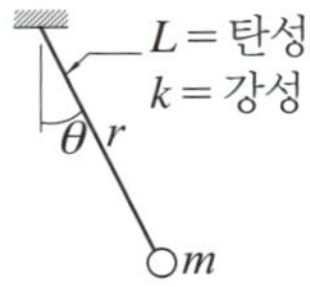

질량 m이 변형전 길이 L, 인장 강성 k를 갖는 탄성 줄에 매달려 있다. 탄성 줄이 당겨지지 않은 상태에서 질량이 $\theta = 60°$에서 해제될 때 위치 $\theta = 0°$에 처음 도달할 때의 코드 길이 r을 찾으시오. 질량 의 운동에 대한 미분방정식은 다음과 같다.

$$\ddot{r} = r\dot{\theta}^2 + g\cos\theta - \frac{k}{m}(r - L)$$

$$\ddot{\theta} = \frac{-2\dot{r}\dot{\theta} - g\sin\theta}{r}$$

계산을 위하여 $g = 9.806\ 65\ \mathrm{m/s^2}$, $k = 40\ \mathrm{N/m}$, $L = 0.5\mathrm{m}$, $m = 0.25\ \mathrm{kg}$을 사용하시오.

16. ■ 문제 15를 줄이 0.075m 늘어난 상태에서 질량이 $\theta = 60°$에서 해제될 때의 경우에 대하여 다시 푸시오.

17. ■

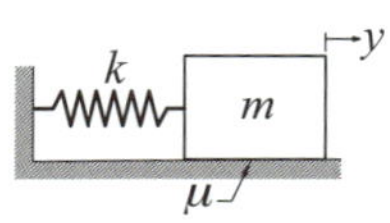

블록과 수평면 사이에 마찰이 존재하는 질량 스프링 시스템을 고려한다. 마찰력은 일정한 크기 μmg(μ는 마찰 계수)를 가지며 항상 운동 방향에 반대로 작용한다. 블록의 운동에 대한 미분방정식은 다음과 같다.

$$\ddot{y} = -\frac{k}{m}y - \mu g\frac{\dot{y}}{|\dot{y}|}$$

이 식에서 y는 스프링의 인장이 없는 위치에서부터 측정된 값이다. 블록이 $y = y_0$에서 정지 상태로부터 해제되면 y의 다음 양의 피크 값이 $y_0 - 4\mu mg/k$(이 문제에 대한 해석해로 이 식을 구할 수 있다) 임을 수치적분으로 확인하시오.

18. ■ 다음 문제에 대해 $x = 0$에서부터 $x = 20$까지 적분하고 x에 대한 y의 그림을 그리시오.

(a) $y'' + 0.5(y^2 - 1) + y = 0 \qquad y(0) = 1 \qquad y'(0) = 0$

(b) $y'' = y\cos 2x \qquad y(0) = 0 \qquad y'(0) = 1$

이러한 형태의 미분방정식은 비선형 진동 분석에서 발생한다.

19. ■ 다음 문제의 해는 Bessel 함수 이다.

$$y'' + \frac{1}{x}y' + \left(1 - \frac{1}{x^2}\right)y \qquad y(0) = 0 \qquad y'(0) = 1$$

수치적분을 사용하여 $J_1(5)$를 계산하고 결과를 수학조견표에 나열된 값인 $-0.327\,579$와 비교하시오. 힌트: 특이점 $x = 0$를 피하기 위하여 $x = 10^{-12}$에서 적분을 시작하시오.

20. ■ 다음의 초기값 문제를 고려한다.

$$y'' = 16.81y \qquad y(0) = 1.0 \qquad y'(0) = -4.1$$

(a) 해석해를 구하시오.

(b) 이 문제의 수치해를 구하는데 어려움이 예상되는가?

(c) 수치해를 구하는데 어려움을 확인하기 위하여 $x = 0$에서 $x = 8$까지의 수치적분을 시도하시오.

21. ■

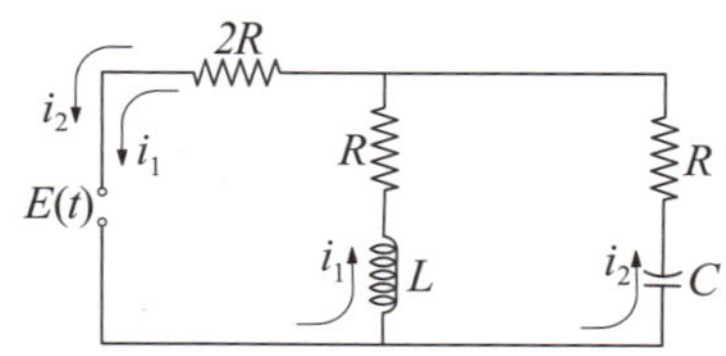

표시된 회로에 대한 Kirchoff의 방정식은 다음과 같다.

$$L\frac{di_1}{dt} + Ri_1 + 2R(i_1 + i_2) = E(t) \tag{a}$$

$$\frac{q_2}{C} + Ri_2 + 2R(i_2 + i_1) = E(t) \tag{b}$$

이 식에서 i_1과 i_2는 회로에 흐르는 전류이고 q_2는 콘덴서의 전하이다. 식 (b)를 미분하고 전하와 전류 사이의 관계식 $dq_2/dt = i_2$를 사용하여 치환하면 다음의 식을 얻을 수 있다.

$$\frac{di_1}{dt} = \frac{-3Ri_1 - 2Ri_2 + E(t)}{L} \tag{c}$$

$$\frac{di_2}{dt} = -\frac{2}{3}\frac{di_1}{dt} - \frac{i_2}{3RC} + \frac{1}{3R}\frac{dE}{dt} \tag{d}$$

식 (c)에서 di_1/dt를 식 (d)에 치환하여 식 (d)를 $di_2/dt = f(t, i_1, i_2)$의 형태로 만들 수 있

다. 그러나 치환하지 않고 식 (d)를 그대로 두는 것이 더 편리하다. 전압원이 시간 $t = 0$에서 켜졌다고 가정하고, 전류 i_1과 i_2를 $t = 0$에서 $t = 0.05$s까지 그림으로 나타내시오. 계산을 위하여 $E(t) = 240 \sin(120\pi t)$ V, $R = 1.0\Omega$, $L = 0.2 \times 10^{-3}$ H, $C = 3.5 \times 10^{-3}$ F를 사용하시오.

22. ■

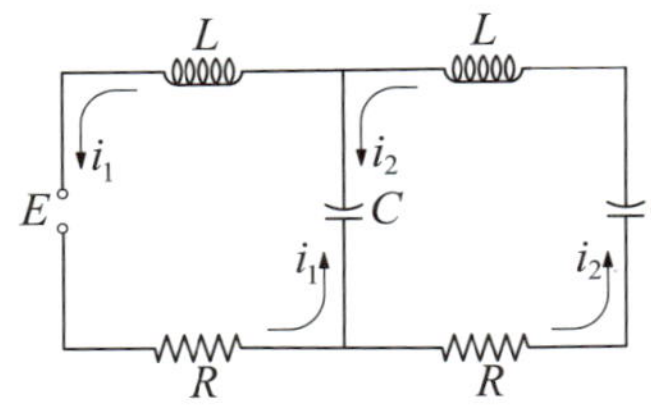

그림에 표시된 회로의 정전압원이 $t = 0$에서 켜져서 약 0.05초 동안 지속되어 2개의 회로 루프에서 과도 전류 i_1과 i_2를 발생시킨다. 전류 i_1과 i_2를 $t = 0$에서 $t = 0.05$s까지 그림으로 나타내시오. 계산을 위하여 $E = 9$ V, $R = 0.25\Omega$, $L = 1.2 \times 10^{-3}$ H, $C = 5 \times 10^{-3}$ F를 사용하시오. 2개의 회로 루프에 대한 Kirchoff의 방정식은 다음과 같다.

$$L\frac{di_1}{dt} + Ri_1 + \frac{q_1 - q_2}{C} = E$$

$$L\frac{di_2}{dt} + Ri_2 + \frac{q_2 - q_1}{C} + \frac{q_2}{C} = 0$$

2개의 추가적인 방정식은 다음과 같은 전류와 충전 관계식이다.

$$\frac{dq_1}{dt} = i_1 \qquad \frac{dq_2}{dt} = i_2$$

23. 다음의 sine 적분값을 $x = 0$에서 $x = 3.6$까지 0.2 간격으로 표로 작성하시오.

$$\mathrm{Si}(x) = \int_0^x \frac{\sin t}{t} dt$$

7.4 안정성과 경직성

대략적으로 말해서, 수치적 방법은 국소 오차의 영향이 치명적으로 누적되지 않으면 안정성이 있다고 한다. 즉, 전역 오차가 누적되어 커지지 않고 제한적인 경우이다. 적분법이 불안정하면 전역 오차가 기하급수적으로 증가하여 결국 수치적으로 표현할 수 있는 유효숫자를 넘어서는 에러가 발생한다. 안정성은 정확성과 관련이 없다. 실제로 부정확한 방법이 매우 안정적 일 수 있다. 안정성은 미분방정식 자체, 수치적 방법, 증분값 h의 세 가지 요소에 의해 결정된다. 불행하게도 미분방정식이 선형이 아닌 경우를 제외하면 미리 안정성을 결정하는 것은 쉽지 않다.

Euler 법의 안정성

안정성에 대해서 간단히 설명하기 위하여 다음의 선형 문제를 고려한다.

$$y' = -\lambda y \qquad y(0) = \beta \tag{7.11}$$

이 식에서 λ는 양의 상수이다. 이 문제의 해석해는 다음과 같다.

$$y(x) = \beta e^{-\lambda x}$$

이제 다음과 같은 Euler 식을 사용하여 식 (7.11)의 해를 수치적으로 구하고자 할 때 어떤 일이 발생하는지 살펴보고자 한다.

$$y(x+h) = y(x) + hy'(x) \tag{7.12}$$

미분방정식 $y'(x) = -\lambda y(x)$으로 치환하면 다음의 식을 얻는다.

$$y(x+h) = (1-\lambda h)y(x)$$

이 식에서 $|1-\lambda h| > 1$인 경우는 모든 적분 단계에서 $|y|$가 증가하므로 Euler 법은 불안정하다. Euler 법은 $|1-\lambda h| \leq 1$을 만족하거나 또는 다음 식을 만족할 때 안정하다.

$$h \leq 2/\lambda \tag{7.13}$$

이 결과는 다음과 같은 형태의 n개의 연립 미분방정식으로 확장될 수 있다.

$$\mathbf{y}' = -\mathbf{\Lambda y} \tag{7.14}$$

이 식에서 Λ는 양의 고유값 λ_i, $i = 1, 2, ..., n$를 요소로 갖는 상수 행렬이다. 이 경우 Euler 법은 다음과 같은 경우 안정적임을 보일 수 있다.

$$h < 2/\lambda_{\max} \tag{7.15}$$

여기서 λ_{max}는 고유값의 최대치이다.

경직성

미분방정식의 해 $y(x)$의 일부 항이 x가 변함에 따라 다른 것보다 훨씬 더 빠르게 변하면 그 초기값 문제를 경직성 문제라고 한다. 상수 계수 행렬을갖는 미분방정식 $\mathbf{y}' = -\mathbf{\Lambda}\mathbf{y}$에 대해서 경직성을 쉽게 예측할 수 있다. 이 방정식의 해는 $\mathbf{y}(x) = \sum_i C_i \mathbf{v}_i \exp(-\lambda_i x)$이다. 여기서 λ_i는 고유값이고 $\mathbf{v}_i$는 해당 고유 벡터이다. 이 해에서 양의 고유값의 크기에 큰 차이가 있으면 문제가 경직성을 갖는 것이 분명하다.

경직성 미분방정식의 수치적분에는 특별한 주의가 필요하다. 안정성에 필요한 적분 간격 h는, x가 원점에서 멀어짐에 따라 $\exp(-\lambda_{max}x)$ 항의 크기가 매우 빠르게 작아져서 중요하지 않은 경우에도, 가장 큰 고유값 λ_{max}에 의해 결정된다.

예제로 다음의 미분방정식을 고려한다.[1]

$$y'' + 1001y' + 1000y = 0 \tag{7.16}$$

표기법 $y_0 = y$, $y_1 = y'$을 사용하면 해당하는 1차 미분방정식은 다음과 같이 된다.

$$\mathbf{y}' = \begin{bmatrix} y_1 \\ -1000y_0 - 1001y_1 \end{bmatrix}$$

이 경우 $\mathbf{\Lambda}$는 다음과 같다.

$$\mathbf{\Lambda} = \begin{bmatrix} 0 & -1 \\ 1000 & 1001 \end{bmatrix}$$

행렬 $\mathbf{\Lambda}$의 고유치는 다음 특성방정식의 근이다.

$$|\mathbf{\Lambda} - \lambda\mathbf{I}| = \begin{vmatrix} -\lambda & -1 \\ 1000 & 1001 - \lambda \end{vmatrix} = 0$$

행렬식을 전개하면 다음의 식을 얻는다.

$$-\lambda(1001 - \lambda) + 1000 = 0$$

이 식의 해는 $\lambda_1 = 1$과 $\lambda_2 = 1000$이다. 이 미분방정식은 분명히 경직성을 갖는다. 식 (7.15)에 따르면 Euler 법이 안정 되려면 $h \le 2/\lambda_2 = 0.002$의 조건을 만족시키는 h가 필요하다. Runge-Kutta 법도 적분 간격의 크기에 대해 거의 동일한 제한을 갖는다.

---

1 이 예제는 다음의 책 C.E. Pearson, Numerical Methods in Engineering and Science, van Nostrand and Reinhold, 1986에서 인용하였음.

문제의 경직성이 매우 큰 경우, Runge-Kutta 법과 같은 일반적인 방법은 안정성을 위하여 매우 작은 h를 요구하므로 비실용적이다. 이러한 문제들은 경직성을 갖는 미분방정식을 위해 특별히 고안된 방법으로 잘 해결될 수 있다. 이 책의 범위를 벗어난 경직성을 갖는 문제를 위한 방법은 안정성 특성이 훨씬 뛰어나며 이 방법들 중 일부는 무조건적 안정성을 제공한다. 그러나 높은 수준의 안정성은 비용이 든다. 안정성을 증가시키는 일반적인 방법은 차수를 줄이는 것이다. (이 경우 절단오차가 증가한다).

예제 7.7

(1) 다음의 문제가 어느 정도 경직성을 갖고 있음을 보이고, Runge-Kutta 법이 안정성을 갖을 수 있는 h의 최대값 h_{max}를 추정하시오.

$$y'' = -\frac{19}{4}y - 10y' \qquad y(0) = -9 \qquad y'(0) = 0$$

(2) $h \approx h_{max}/2$와 $h \approx 2h_{max}$를 사용하여 y(10)을 계산하고 그 결과로 추정값을 확인하시오.

문제 (1)에 대한 풀이

표기법 $y_0 = y$, $y_1 = y'$을 사용하면 해당하는 1차 미분방정식은 다음과 같이 된다.

$$\mathbf{y}' = \begin{bmatrix} y_1 \\ -\frac{19}{4}y_0 - 10y_1 \end{bmatrix} = -\mathbf{\Lambda}\begin{bmatrix} y_0 \\ y_1 \end{bmatrix}$$

이 경우 $\mathbf{\Lambda}$는 다음과 같다.

$$\mathbf{\Lambda} = \begin{bmatrix} 0 & -1 \\ \frac{19}{4} & 10 \end{bmatrix}$$

행렬 $\mathbf{\Lambda}$의 고유치는 다음 특성방정식의 근이다.

$$|\mathbf{\Lambda} - \lambda\mathbf{I}| = \begin{vmatrix} -\lambda & -1 \\ \frac{19}{4} & 10-\lambda \end{vmatrix} = 0$$

이 식의 해는 $\lambda_1 = 1/2$과 $\lambda_2 = 19/2$이다. λ_2가 λ_1보다 약간 크기 때문에 방정식은 어느 정도 경직성을 갖고 있다.

문제 (2)에 대한 풀이

안정성을 갖기 위한 h의 범위에 대한 상한값에 대한 추정값은 식 (7.15)로 부터 얻을 수 있다.

$$h_{\max} = \frac{2}{\lambda_{\max}} = \frac{2}{19/2} = 0.2153$$

이 식은 Euler 법에 대해서만 유효하지만 일반적으로 고차 적분 공식에 대해서도 크게 다르지 않다.

다음은 $h = 0.1$인 경우에 대한 Runge-Kutta 법의 결과이다. (printSoln에서 freq = 0으로 지정하면 초기값과 최종값만 인쇄됨).

```
     x            y[ 0 ]          y[ 1 ]
0.0000e+000   -9.0000e+000    0.0000e+000
1.0000e+001   -6.4011e-002    3.2005e-002
```

해석해는 다음과 같으며 $y(10) = -0.064011$이다. 이 값은 수치적으로 구한 값과 잘 일치한다.

$$y(x) = -\frac{19}{2}e^{-x/2} + \frac{1}{2}e^{-19x/2}$$

다음은 $h = 0.5$인 경우에 대한 Runge-Kutta 법의 결과이다.

```
      x            y[ 0 ]          y[ 1 ]
0.0000e+000   -9.0000e+000     0.0000e+000
1.0000e+001    2.7030e+020   -2.5678e+021
```

7.5 적응적 Runge-Kutta 법

적절한 적분 구간의 크기 h의 결정은 수치적분의 가장 큰 문제 중 하나이다. h가 너무 크면 절단오차가 허용 범위보다 클 수 있다. h가 너무 작으면 컴퓨터 자원이 낭비된다. 또한, 전체 적분 구간에 대해서 일정한 적분 구간 크기 h로 계산하는 것은 부적절하다. 예를 들어, 해 곡선이 완만한 기울기를 갖기 전에 급격한 기울기로 시작한다면 시작 부분에 작은 h를 사용하고 완만한 기울기 영역에 도달할 때 를 증가시켜야 한다. 이것이 적응적 방법의 적용 이유이다. 각 적분 단계에서 절단오차를 추정하고 오차를 규정된 한계 내에 유지하도록 적분 구간의 크기를 자동으로 조정한다. 적응적 Runge-Kutta 법은 소위 임베디드 적분식이다. 이 식은 쌍으로 제공된다. 하나의 식은 m차 적분식이며 다른 하나는 $m+1$차 적분식이다. 계산 방법은 두 식을 모두 사용하여 x에서 해로부터 $x+h$에서의 해를 구한다. 계산 결과를 $\mathbf{y}_m(x+h)$와 $\mathbf{y}_{m+1}(x+h)$라고 부른다. m차 적분식의 절단오차에 대한 예측은 다음식으로 가능하다.

$$\mathbf{E}(h) = \mathbf{y}_{m+1}(x+h) - \mathbf{y}_m(x+h) \tag{7.17}$$

임베디드 적분식을 매력적으로 만드는 것은 $\mathbf{F}(x, \mathbf{y})$가 평가되는 지점을 공유한다는 것이다. 이것은 일단 $\mathbf{y}_{m+1}(x+h)$가 계산되면 $\mathbf{y}_m(x+h)$를 계산하기 위해 상대적으로 작은 추가적인 노력만이 필요하다는 것을 의미한다.

다음은 5차 Runge-Kutta 법이다.

$$\mathbf{K}_0 = h\mathbf{F}(x, y)$$

$$\mathbf{K}_i = h\mathbf{F}\left(x + A_i h, \mathbf{y} + \sum_{j=0}^{i-1} B_{ij}\mathbf{K}_j\right), \quad i = 1, 2, \ldots, 6 \tag{7.18}$$

$$\mathbf{y}_5(x+h) = \mathbf{y}(x) + \sum_{i=0}^{6} C_i\mathbf{K}_i \tag{7.19a}$$

다음은 임베디드 4차 적분식이다.

$$\mathbf{y}_4(x+h) = \mathbf{y}(x) + \sum_{i=0}^{6} D_i\mathbf{K}_i \tag{7.19b}$$

이 식에 나타나는 계수는 여러 가지가 존재한다. 표 7.1은 Dormand와 Prince가 제안한 계수를 보여준다.[2] 이들은 이들이 제안한 계수 값들이 다른 값보다 우수한 오차 예측을 제공한다고 주장한다. 이 해는 우선 식 (7.19a)로 5차식의 값을 계산하고 4차식은 절단오차를 계산하기 위해 사용한다.

$$\mathbf{E}(h) = \mathbf{y}_5(x+h) - \mathbf{y}_4(x+h) = \sum_{i=0}^{6}(C_i - D_i)\mathbf{K}_i \tag{7.20}$$

식 (7.20)은 실제로 4차 공식에 적용되며 5차 공식의 오차를 과대 평가하는 경향이 있다.

2 Dormand, R.R. and Prince, P.J., Journal of Computational and AppliedMathematics, Vol. 6, p. 1980.

이 식에서 $\mathbf{E}(h)$는 벡터이며, 그 성분 $E_i(h)$는 종속 변수 y_i의 오차를 나타낸다. 이것은 다음과 같은 질문을 제기한다. 우리가 통제하고자 하는 오차 기준 $e(h)$는 무엇인가? 모든 문제에서 잘 작동하는 $e(h)$의 단일한 선택은 없다. $e(h)$의 가장 큰 요소를 제어하려는 경우 오차 기준은 다음과 같다.

$$e(h) = \max_i |E_i(h)| \tag{7.21}$$

우리는 또한 다음과 같이 정의된 평균 제곱 오차와 같은 오류의 총 측정을 오차 기준으로 선정할 수도 있다.

$$\bar{E}(h) = \sqrt{\frac{1}{n}\sum_{i=0}^{n-1} E_i^2(h)} \tag{7.22}$$

표 7.1 Dormand-Prince 계수.

i	A_i	B_{ij}						C_i	D_i
0	–	–	–	–	–	–		$\frac{35}{384}$	$\frac{5179}{57600}$
1	$\frac{1}{5}$	$\frac{1}{5}$	–	–	–	–		0	0
2	$\frac{3}{10}$	$\frac{3}{40}$	$\frac{9}{40}$	–	–	–		$\frac{500}{1113}$	$\frac{7571}{16695}$
3	$\frac{4}{5}$	$\frac{44}{45}$	$-\frac{56}{15}$	$\frac{32}{9}$	–	–		$\frac{125}{192}$	$\frac{393}{640}$
4	8/9	$\frac{19372}{6561}$	$-\frac{25360}{2187}$	$\frac{64448}{6561}$	$-\frac{212}{729}$	–		$-\frac{2187}{6784}$	$-\frac{92097}{339200}$
5	1	$\frac{9017}{3168}$	$-\frac{355}{33}$	$\frac{46732}{5247}$	$\frac{49}{176}$	$-\frac{5103}{18656}$		$\frac{11}{84}$	$\frac{187}{2100}$
6	1	$\frac{35}{384}$	0	$\frac{500}{1113}$	$\frac{125}{192}$	$-\frac{2187}{6784}$	$\frac{11}{84}$	0	$\frac{1}{40}$

이 때 n은 1차 방정식의 개수이고 다음 식을 오차 기준으로 삼을 수 있다.

$$e(h) = \bar{E}(h) \tag{7.23}$$

평균 제곱 오차가 다루기가 용이하기 때문에 본 프로그램에 적용한다. 단계별 오차 $e(h)$가 규정된 공차 ε과 대략 같도록 증분 h를 조절하여 오차를 제어한다. 4차식에서 절단오차가

$\mathcal{O}(h^5)$라는 점에 주목하여 다음과 같이 결론 내릴 수 있다.

$$\frac{e(h_1)}{e(h_2)} \approx \left(\frac{h_1}{h_2}\right)^5 \tag{a}$$

적분 구간의 크기를 h_1으로 적분을 수행하여 오차 $e(h_1)$가 발생했다고 가정한다. 우리가 사용해야 하는 적분 구간의 크기 h_2는 $e(h_2) = \varepsilon$으로 설정하여 식 (a)로부터 얻을 수 있다.

$$h_2 = h_1 \left[\frac{\varepsilon}{e(h_1)}\right]^{1/5} \tag{b}$$

만약 $h_2 \geq h_1$라면 간격을 h_2로 하여 다시 적분할 수 있지만 오차가 허용 오차보다 작기 때문에 더 좋은 결과를 얻지 못하게 된다. 그래서 현재 단계를 받아들이고 다음 단계에서 h_2를 시도한다. 그러나 $h_2 \leq h_1$이면 현재 단계를 폐기하고 h_2로 다시 반복 계산해야 한다. 식 (b)는 대략적인 근사값을 제공하므로 작은 안전 여유를 감안하는 것이 좋다. 이 책의 프로그램에서는 다음의 식을 사용하였다.

$$h_2 = 0.9h_1 \left[\frac{\varepsilon}{e(h_1)}\right]^{1/5} \tag{7.24}$$

또한 다음의 구속 조건식을 적용하여 h의 과도하게 큰 변화를 방지한다.

$$0.1 \leq h_2/h_1 \leq 10$$

$e(h)$는 단일 적분 단계에 적용된다, 즉 $e(h)$는 국소 절단오차이다. 가장 중요한 전역 절단오차는 국소 절단오차가 누적되어 발생한다. 전역 허용 오차 $\varepsilon_{\text{global}}$을 달성하기 위해 ε를 설정해야 하는 $e(h)$은 얼마인가? $e(h)$는 실제 오차의 보수적인 추정값이므로 일반적으로 $\varepsilon = \varepsilon_{\text{global}}$로 설정하는 것이 적합하다. 적분 단계의 수가 매우 많은 경우에는 ε를 적절히 줄여주는 것이 필요하다.

비 적응적 방법을 사용해야 할 이유가 있는가? 일반적으로는 없다. 그러나 적응적 방법이 작동하지 않는 특수한 경우가 있다. 예를 들어 $\mathbf{F}(x, \mathbf{y})$에 불연속 점이 포함된 경우에는 일반적으로 적응적 방법이 작동하지 않는다. 불연속 지점에서 오류가 비정상적으로 작동하기 때문에 프로그램은 적절한 h값을 찾기위해 무한 루프에 빠질 수 있다. 일정한 간격의 x에 대한 해를 구하고자 할 때는 비적응적 방법도 편리하다.

■ run_kut5

이 모듈은 이전 절에 나열된 run_kut4 실행과 호환된다. 적분을 호출하는 모든 프로그램은

run_kut5 또는 run_kut4를 불러옴으로써 적응적 또는 비적응적 방법을 선택할 수 있다. 입력 인수 h는 첫 번째 적분 단계에서 적분 간격으로 사용되는 값이다.

$\mathbf{K}_0$는 첫 번째 적분 단계에서만 계산된다. 이후에는 m번째 단계가 받아들여지면 다음 식을 사용한다.

$$(\mathbf{K}_0)_{m+1} = \frac{h_{m+1}}{h_m}(\mathbf{K}_6)_m \tag{c}$$

m번째 단계가 받아들여지지 않는다면 다음 식을 사용한다.

$$(\mathbf{K}_0)_{m+1} = \frac{h_{m+1}}{h_m}(\mathbf{K}_0)_m \tag{d}$$

식 (c)를 증명하기 위해 식 (7.18)에서 $i = 6$으로 하면 다음 식을 얻는다.

$$(\mathbf{K}_6)_m = h_m\mathbf{F}\left[x_m + A_6 h_m, \mathbf{y}_m + \sum_{i=0}^{5} B_{6i}(\mathbf{K}_i)_m\right]$$

표 6.1은 B 계수의 마지막 행이 C 계수와 동일함을 나타낸다, 즉 $B_{6i} = C_i$.

또한 $A_6 = 1$이므로 다음 식이 성립한다.

$$(\mathbf{K}_6)_m = h_m\mathbf{F}\left[x_m + h_m, \ \mathbf{y}_m + \sum_{i=0}^{5} C_i(\mathbf{K}_i)_m\right] \tag{e}$$

그러나 식 (7.19a)에 의해서 5차식은 다음과 같다.

$$\mathbf{y}_{m+1} = \mathbf{y}_m + \sum_{i=0}^{6} C_i(\mathbf{K}_i)_m$$

$C_6 = 0$(표 7.1 참조)이므로 합의 상한을 6에서 5로 바꿀 수 있다. 따라서 식 (e)는 다음과 같이 되며 이로써 증명이 완료된다.

$$(\mathbf{K}_6)_m = h_m\mathbf{F}(x_{m+1}, \mathbf{y}_{m+1}) = \frac{h_m}{h_{m+1}}(\mathbf{K}_0)_{m+1}$$

식 (d)의 유효성은 식 (7.18)의 첫 번째 식을 조사함으로써 명백하다. 단계 $m+1$은 다른 값 h 값으로 단계 m을 반복하기 때문에 다음의 식을 얻을 수 있고 이로써 식 (d)가 구해진다.

$$(\mathbf{K}_6)_m = h_m\mathbf{F}(x_{m+1}, \mathbf{y}_{m+1}) = \frac{h_m}{h_{m+1}}(\mathbf{K}_0)_{m+1}$$

```
## module run_kut5
''' X,Y = integrate(F,x,y,xStop,h,tol=1.0e-6).
    Adaptive Runge-Kutta method with Dormand-Prince
    coefficients for solving the
    initial value problem {y}' = {F(x,{y})}, where
    {y} = {y[0],y[1],...y[n-1]}.

    x,y   = initial conditions
    xStop = terminal value of x
    h     = initial increment of x used in  integration
    tol   = per-step error tolerance
    F     = user-supplied function that returns the
            array F(x,y) = {y'[0],y'[1],...,y'[n-1]}.
'''
import math
import numpy as np

def integrate(F,x,y,xStop,h,tol=1.0e-6):

    a1 = 0.2; a2 = 0.3; a3 = 0.8; a4 = 8/9; a5 = 1.0
    a6 = 1.0

    c0 = 35/384; c2 = 500/1113; c3 = 125/192
    c4 = -2187/6784; c5 = 11/84

    d0 = 5179/57600; d2 = 7571/16695; d3 = 393/640
    d4 = -92097/339200; d5 = 187/2100; d6 = 1/40

    b10 = 0.2
    b20 = 0.075; b21 = 0.225
    b30 = 44/45; b31 = -56/15; b32 = 32/9
    b40 = 19372/6561; b41 = -25360/2187; b42 = 64448/6561
    b43 = -212/729
    b50 = 9017/3168; b51 =-355/33; b52 = 46732/5247
    b53 = 49/176; b54 = -5103/18656
    b60 = 35/384; b62 = 500/1113; b63 = 125/192;
    b64 = -2187/6784; b65 = 11/84

    X = [ ]
    Y = [ ]
    X.append(x)
    Y.append(y)
    stopper = 0    # Integration stopper(0 = off,  1 = on)
    k0 = h*F(x,y)

    for i in range(500):
        k1 = h* F(x + a1*h, y + b10*k0)
```

```
  k2 = h* F(x + a2*h, y + b20*k0 + b21*k1)
  k3 = h* F(x + a3*h, y + b30*k0 + b31*k1 + b32*k2)
  k4 = h* F(x + a4*h, y + b40*k0 + b41*k1 + b42*k2 + b43*k3)
  k5 = h* F(x + a5*h, y + b50*k0 + b51*k1 + b52*k2 + b53*k3 \
          + b54*k4)
  k6 = h* F(x + a6*h, y + b60*k0 + b62*k2 + b63*k3 + b64*k4 \
          + b65*k5)

  dy = c0*k0 + c2*k2 + c3*k3 + c4*k4 + c5*k5
  E = (c0 - d0)*k0 + (c2 - d2)*k2 + (c3 - d3)*k3\
         +(c4 -d4)*k4 + (c5 - d5)*k5 - d6*k6
  e = math.sqrt(np.sum(E**2)/len(y))
  hNext = 0.9*h*(tol/e)**0.2

 # Accept integration step if error e is within tolerance
  if e <= tol:
    y = y + dy
    x = x + h
    X.append(x)
    Y.append(y)
    if stopper == 1: break# Reached end of x-range
    if abs(hNext) > 10.0*abs(h): hNext = 10.0* h

   # Check if next step is the last one; if so, adjust h
    if (h > 0.0) == ((x + hNext) >= xStop):
      hNext = xStop - x
      stopper = 1
    k0 = k6*hNext/h
  else:
    if abs(hNext) < 0.1*abs(h):  hNext = 0.1*h
    k0 = k0 hNext/h

  h = hNext
return np.array(X), np.array(Y)
```

예제 7.8

자유 낙하에서 특정 물체에 작용하는 공기 역학적 항력은 다음과 같은 식으로 근사 할 수 있다.

$$F_D = av^2 e^{-by}$$

이 식에서

$$v = \text{물체의 속도}$$
$$y = \text{물체의 고도}$$
$$a = 7.45 \text{ kg/m}$$
$$b = 10.53 \times 10^{-5} \text{ m}^{-1}$$

지수 항은 고도에 따른 공기 밀도의 변화를 설명한다. 자유 낙하를 설명하는 미분방정식은 다음과 같다.

$$m\ddot{y} = -mg + F_D$$

이 때 중력가속도 $g = 9.806\ 65 \text{ m/s}^2$이고, $m = 114$ kg은 물체의 질량이다. 물체가 의 고도에서 자유낙하를 시작할 때, 적응적 Runge-Kutta 법으로 10초 후의 높이와 속도를 결정하시오.

풀이

물체의 운동에 대한 미분방정식과 초기값은 다음과 같다.

$$\begin{aligned}\ddot{y} &= -g + \frac{a}{m}\dot{y}^2 \exp(-by) \\ &= -9.80665 + \frac{7.45}{114}\dot{y}^2 \exp(-10.53 \times 10^{-5} y)\end{aligned}$$

$$y(0) = 9000 \text{ m} \qquad \dot{y}(0) = 0$$

표기법 $y_0 = y$, $y_1 = \dot{y}$을 사용하면 해당하는 1차 미분방정식은 다음과 같이 된다.

$$\dot{\mathbf{y}} = \begin{bmatrix} \dot{y}_0 \\ \dot{y}_1 \end{bmatrix} = \begin{bmatrix} y_1 \\ -9.80665 + \left(65.351 \times 10^{-3}\right) y_1^2 \exp(-10.53 \times 10^{-5} y_0) \end{bmatrix}$$

$$\mathbf{y}(0) = \begin{bmatrix} 9000 \text{ m} \\ 0 \end{bmatrix}$$

run_kut5를 실행하기 위한 프로그램은 다음과 같다. 함수 integrate에서 적분 시 단계별 허용 오차를 10^{-2}로 지정했다. y의 크기를 고려하면 허용오차는 수치해가 소수점 다섯 자리 정확도를 확보할 수 있어야 한다.

```
#!/usr/bin/python
## example7_8
import numpy as np
import math
```

```
from run_kut5 import *
from printSoln import *

def F(x,y):
    F = np.zeros(2)
    F[0] = y[1]
    F[1] = -9.80665 + 65.351e-3*y[1]**2
    math.exp(-10.53e-5 y[0])
    return F

x = 0.0
xStop = 10.0
y = np.array([9000, 0.0])
h = 0.5
freq = 1
X,Y = integrate(F,x,y,xStop,h,1.0e-2)
printSoln(X,Y,freq)
input("\nPress return to exit")
```

프로그램을 실행하면 다음과 같은 결과를 얻을 수 있다.

```
     x          y[ 0 ]       y[ 1 ]
0.0000e+00   9.0000e+03   0.0000e+00
5.0000e-01   8.9988e+03  -4.8043e+00
2.4229e+00   8.9763e+03  -1.6440e+01
3.4146e+00   8.9589e+03  -1.8388e+01
4.6318e+00   8.9359e+03  -1.9245e+01
5.9739e+00   8.9098e+03  -1.9501e+01
7.6199e+00   8.8777e+03  -1.9549e+01
9.7063e+00   8.8369e+03  -1.9524e+01
1.0000e+01   8.8312e+03  -1.9519e+01
```

첫 번째 단계는 선정된 시험값 $h = 0.5$s로 수행되었다. 오차가 허용 오차 범위 내에 있으므로 단계가 승인되었다. 후속 단계 크기는 식 (7.24)에서 결정되었으며 상대적으로 크기가 크다. 결과를 살펴보면, $t = 10$s에서 물체가 $y = 8831$ m의 고도에서 속도 $v = -\dot{y} = 19.52$ m/s로 움직이고 있음을 알 수 있다.

예제 7.9

다소 경직성을 갖고 있는 다음의 미분방정식을 $x = 0$에서부터 $x = 10$까지 적응적 Runge-Kutta 법으로 적분하고 결과를 그림으로 나타내시오. (이 문제는 예제 7.7에서도 다루어졌다).

$$y'' = -\frac{19}{4}y - 10y' \qquad y(0) = -9 \qquad y'(0) = 0$$

풀이

적응적 방법을 사용하기 때문에 예제 7.7 에서와 같이 h의 안정적인 범위에 대해 걱정할 필요가 없다. 단계별 오차에 대해 합리적인 허용 오차를 지정하면 (이 경우 기본값 10^{-6}은 괜찮음) 알고리즘이 적절한 단계 크기를 찾는다. 문제의 해를 구하기 위한 프로그램과 실행 결과는 다음과 같다.

```
## example7_9
import numpy as np
import matplotlib.pyplot as plt
from run_kut5 import *
from printSoln import *

def F(x,y):
    F = np.zeros(2)
    F[0] = y[1]
    F[1] = -4.75 y[0] - 10.0 y[1]
    return F

x = 0.0
xStop = 10.0
y = np.array([-9.0,   0.0])
h = 0.1
freq = 4
X,Y = integrate(F,x,y,xStop,h)
printSoln(X,Y,freq)
plt.plot(X,Y[:,0],'o-',X,Y[:,1],'^-')
plt.xlabel('x')
plt.legend(('y','dy/dx'),loc=0)
plt.grid(True)
plt.show()
input("\nPress return to exit")
```

다음 결과는 네번째 적분 단계 마다 표시 되었다.

```
     x          y[ 0 ]        y[ 1 ]
0.0000e+00   -9.0000e+00   0.0000e+00
7.7774e-02   -8.8988e+00   2.2999e+00
1.6855e-01   -8.6314e+00   3.4083e+00
2.7656e-01   -8.2370e+00   3.7933e+00
```

```
4.0945e-01   -7.7311e+00   3.7735e+00
5.8108e-01   -7.1027e+00   3.5333e+00
8.2045e-01   -6.3030e+00   3.1497e+00
1.2036e+00   -5.2043e+00   2.6021e+00
2.0486e+00   -3.4110e+00   1.7055e+00
3.5357e+00   -1.6216e+00   8.1081e-01
4.9062e+00   -8.1724e-01   4.0862e-01
6.3008e+00   -4.0694e-01   2.0347e-01
7.7202e+00   -2.0012e-01   1.0006e-01
9.1023e+00   -1.0028e-01   5.0137e-02
1.0000e+01   -6.4010e-02   3.2005e-02
```

수치해의 결과는 해석해와 잘 일치한다. y와 y'의 그림은 다음과 같다. y가 급격히 변하는 $x=0$ 근처에서 점의 밀도가 높다. y' 곡선이 매끄러워질수록 점 사이의 거리는 증가한다.

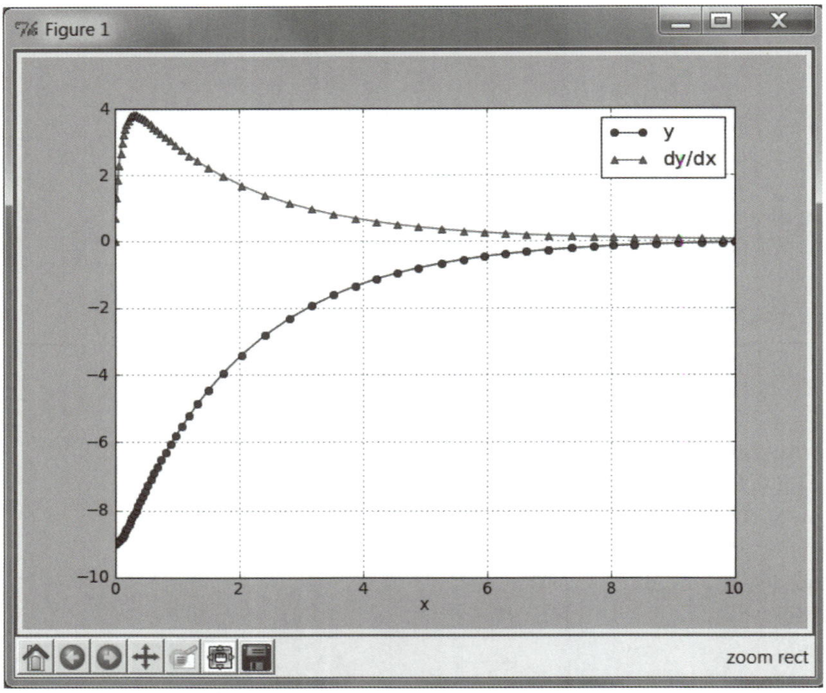

7.6 Bulirsch-Stoer법

중앙점법

미분방정식 $\mathbf{y}' = \mathbf{F}(x, \mathbf{y})$에 대한 중앙점법을 사용한 적분식은 다음과 같다.

$$\mathbf{y}(x+h) = \mathbf{y}(x-h) + 2h\mathbf{F}\left[x, \mathbf{y}(x)\right] \tag{7.25}$$

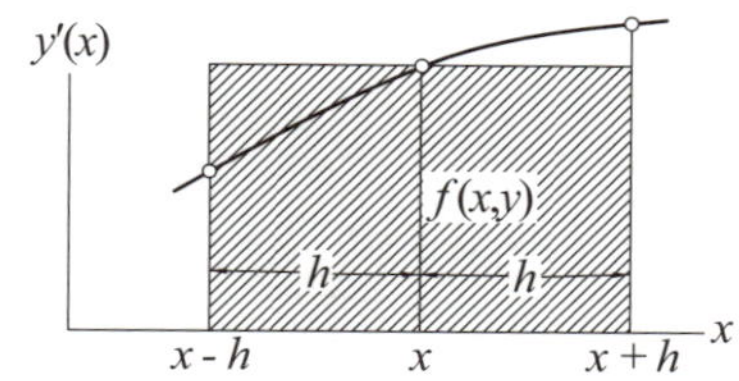

그림. 7.3 Graphical representation of the midpoint formula.

이 식은 수정된 Euler 식과 같은 2차식이다. 중앙점법은 Bulirsch-Stoer 법의 기초이기 때문에 여기서 설명한다. Bulirsch-Stoer 법은 높은 정확도가 요구되는 문제에서 선택하는 방법이다. 그림 7.3은 미분방정식 $y' = F(x, y)$에 대한 중앙점법의 식을 보여준다. 표시된 두 패널에서 y의 변화는 다음과 같으며 이것은 y' 곡선 밑의 면적과 같다.

$$y(x+h) - y(x-h) = \int_{x-h}^{x+h} y'(x)dx$$

중앙점법은 이 영역을 빗금친 사각형의 면적 $2hf(x, y)$로 근사화한다.

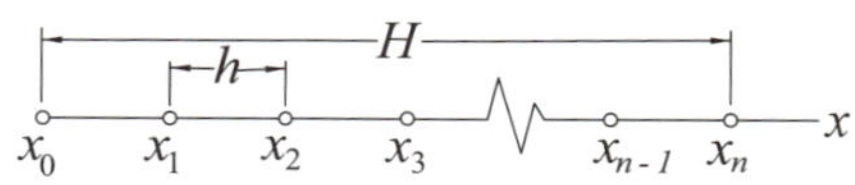

그림. 7.4 Mesh used in themidpointmethod.

중앙점법 공식을 사용하여 $y' = F(x, y)$의 해를 $x = x_0$에서 $x_0 + h$로 진전시키는 것을 고려한다. 그림 7.4와 같이 적분 구간을 길이 $h = H/n$의 n개의 구간으로 나누고 다음의 계산을 수행한다.

$$\begin{aligned}
\mathbf{y}_1 &= \mathbf{y}_0 + h\mathbf{F}_0 \\
\mathbf{y}_2 &= \mathbf{y}_0 + 2h\mathbf{F}_1 \\
\mathbf{y}_3 &= \mathbf{y}_1 + 2h\mathbf{F}_2 \\
&\vdots \\
\mathbf{y}_n &= \mathbf{y}_{n-2} + 2h\mathbf{F}_{n-1}
\end{aligned} \tag{7.26}$$

이 식에서 표기법 $\mathbf{y}_i = \mathbf{y}(x_i)$, $\mathbf{F}_i = \mathbf{F}(x_i, y_i)$를 사용하였다. 식 (7.26)의 첫 번째 식은 중앙점법의 시작을 위해 Euler의 식을 사용한 것이고 다른 식들은 중앙점법 식이다. 최종 결과는 식 (7.26)에서의 $\mathbf{y}_n$과 Euler 식에서 구할 수 있는 $\mathbf{y}_n \approx \mathbf{y}_{n-1} + h\mathbf{F}_n$의 평균을 구함으로써 얻

어진다. 그 결과는 다음과 같다.

$$\mathbf{y}(x_0 + H) = \frac{1}{2}\left[\mathbf{y}_n + \left(\mathbf{y}_{n-1} + h\mathbf{F}_n\right)\right] \tag{7.27}$$

Richardson 외삽법

식 (7.27)에서의 오차는 다음과 같음을 보일 수 있다.

$$\mathbf{E} = \mathbf{c}_1 h^2 + \mathbf{c}_2 h^4 + \mathbf{c}_3 h^6 + \cdots$$

Richarson의 외삽법을 사용해서 원하는대로 주요 오차항을 제거할 수 있다. 이것이 중간점법의 가장 큰 유용성이다. 예를 들어 $\mathbf{y}(x_0 + H)$를 특정값 h를 사용하여 계산하고 $h/2$로 같은 과정을 반복하여 계산할 수 있다. 각각의 결과를 $g(h)$와 $g(h/2)$로 표시하면 Richarson의 외삽법(식 (5.9) 참조)을 사용하면 4차의 정확도로 다음의 더 나은 결과를 얻을 수 있다.

$$\mathbf{y}_{\text{better}}(x_0 + H) = \frac{4\mathbf{g}(h/2) - \mathbf{g}(h)}{3}$$

같은 과정의 적분을 $h/2$를 사용하여 수행하고 그 결과를 사용하여 Richarson의 외삽법을 적용하면 6차 정확도를 얻을 수 있다. 연속적인 적분에서 구간을 절반으로 줄이지 않고 $h/2$, $h/4$, $h/6$, $h/8$, $h/10$, ...의 순서로 적분하는 것이 더 경제적인 것으로 밝혀졌다.

■ midpoint

이 모듈에서 함수 integrate은 중앙점법과 Richarson의 외삽법을 연결해준다. 중앙점법의 첫 번째 적용은 두 개의 적분 단계를 사용한다. 단계별 적분 횟수는 이후의 적분에서 2씩 증가하며 각 적분 다음에 Richardson 외삽법이 적용된다. 2개의 연속적인 해가 규정된 허용 오차 미만으로 차이(평균 제곱의 의미에서)가 나면 절차가 중단된다.

```
## module midpoint
''' yStop = integrate (F, x, y, xStop, tol=1.0e-6)
    Modified midpoint method for solving the
    initial value problem y' = F(x, y).
    x,y   = initial conditions
    xStop = terminal value of x
    yStop = y(xStop)
    F     = user-supplied function that returns the
            array F(x, y) = {y'[0], y'[1], ..., y'[n-1]}.
'''
```

```
import numpy as np
import math
def integrate(F,x,y,xStop,tol):

    def midpoint(F,x,y,xStop,nSteps):

  # Midpoint formulas
        h = (xStop - x)/nSteps
        y0 = y
        y1 = y0 + h* F(x,y0)
        for I in range(nSteps-1):
            x = x + h
            y2 = y0 + 2.0*h*F(x,y1)
            y0 = y1
            y1 = y2
    return 0.5* (y1 + y0 + h*F(x, y2))

    def richardson(r,k):
  # Richardson's extrapolation
        for j in range(k-1,0,-1):
            const = (k/(k - 1.0))**(2.0 (k-j))
            r[j] = (const r[j+1] - r[j])/(const - 1.0)
        return

    kMax = 51
    n = len(y)
    r = np.zeros((kMax,n))
  # Start with two integration steps
    nSteps = 2
    r[1] = midpoint(F,x,y,xStop,nSteps)
    r_old = r[1].copy()
  # Increase  the  number  of  integration  points  by  2
  # and refine result by Richardson extrapolation
    for k in range(2,kMax):
        nSteps = 2*k
        r[k] = midpoint(F,x,y,xStop,nSteps)
        richardson(r,k)
      # Compute RMS change in solution
        e = math.sqrt(np.sum((r[1] - r_old)2)/n)
      # Check for convergence
        if e < tol: return r[1]
        r_old = r[1].copy()
    print("Midpoint method did not converge")
```

Bulirsch-Stoer 알고리즘

Bulirsch-Stroer 법의 기본 개념은 간단하다, 즉 중앙점법을 단계별로 적용하는 것이다. 길이 H의 각 단계에서 적분을 수행하기 위해 Richardson 외삽법과 함께 중앙점법을 사용하여 해를 구한다. 해의 정밀도는 H가 아닌 중앙점법에서 단계 길이 h에 의해 결정되므로 H의 값은 상당히 클 수 있다. 그러나 H가 너무 크면 중앙점법이 수렴되지 않을 수 있다. 이런 경우에는 더 작은 H값 또는 더 큰 오차 허용을 시도해야 한다. 당초의 Bulirsch-Stoer 법[3]은 최적의 값을 결정하는 것과 같은 세부적인 절차들을 포함하는 복잡한 프로그램이나 본 알고리즘에서는 세부적 절차들은 제외하였다. 그러나 다음에 표시된 bulStoer의 기능은 Bulirsch-Stoer 법의 필수적인 방법들을 포함하고있다.

적응적 Runge-Kutta 법 및 Bulirsch-Stoer 법의 상대적인 장점은 무엇인가? Runge-Kutta 방법은 더욱 강건하며, 매끄럽지 않고 경직성을 갖는 문제에 대해서도 비교적 잘 작동한다. Bulirsch-Stoer 알고리즘 (원래 형식)은 주로 높은 정확도가 가장 중요시되는 문제에 사용된다. 이 책의 단순화 된 버전은 적응적 Runge-Kutta 방법보다 정확하지 않지만 동일한 간격의 x 값에 대한 출력이 요구되는 경우 유용하다.

■ bulStoer

이 `bulStoer` 함수에는 단순화된 Bulirsch-Stoer 법의 알고리즘이 프로그램화 되어 있다.

```
## module bulStoer
''' X,Y = bulStoer(F,x,y,xStop,H,tol=1.0e-6).
    Simplified Bulirsch-Stoer method for solving the
    initial value problem {y}' = {F(x,{y})}, where
    {y} = {y[0],y[1],...y[n-1]}.
    x, y = initial conditions
    xStop = terminal value of x
    H = increment of x at which results are stored
    F = user-supplied function that returns the
    array F(x,y) = {y'[0],y'[1],...,y'[n-1]}.
'''
import numpy as np
from midpoint import *

def bulStoer(F,x,y,xStop,H,tol=1.0e-6):
    X = [ ]
    Y = [ ]
    X.append(x)
```

3 Stoer, J. and Bulirsch, R., Introduction to Numerical Analysis, Springer, 1980.

```
    Y.append(y)
    while x < xStop:
        H = min(H,xStop - x)
        y = integrate(F,x,y,x + H, tol)      # Midpoint method
        x = x + H
        X.append(x)
        Y.append(y)
    return np.array(X), np.array(Y)
```

예제 7.10

ekamd 초기값 문제의 에서의 해를 와 를 사용한 중간 점식과 Richardson 외삽법을 사용하여 구하시오. (이 문제는 예제 7.3에서 2차 Runge-Kutta법으로 해를 구하였다)

$$y' = \sin y \qquad y(0) = 1$$

풀이

$H = 0.5$, $n = 2$이므로 이다. 식 (7.26), 식 (7.27)의 중간점 식은 다음과 같이 된다.

$$\begin{aligned}
y_1 &= y_0 + hf_0 = 1 + 0.25 \sin 1.0 = 1.210\,368 \\
y_2 &= y_0 + 2hf_1 = 1 + 2(0.25) \sin 1.210\,368 = 1.467\,87\,3 \\
y_h(0.5) &= \frac{1}{2}(y_1 + y_0 + hf_2) \\
&= \frac{1}{2}(1.210\,368 + 1.467\,87\,3 + 0.25 \sin 1.467\,87\,3) \\
&= 1.463\,459
\end{aligned}$$

$n = 4$이면 $h = 0.125$이고 중간점 식은 다음과 같이 된다.

$$\begin{aligned}
y_1 &= y_0 + hf_0 = 1 + 0.125 \sin 1.0 = 1.105\,184 \\
y_2 &= y_0 + 2hf_1 = 1 + 2(0.125) \sin 1.105\,184 = 1.223\,387 \\
y_3 &= y_1 + 2hf_2 = 1.105\,184 + 2(0.125) \sin 1.223\,387 = 1.340\,248 \\
y_4 &= y_2 + 2hf_3 = 1.223\,387 + 2(0.125) \sin 1.340\,248 = 1.466\,772 \\
y_{h/2}(0.5) &= \frac{1}{2}(y_4 + y_3 + hf_4) \\
&= \frac{1}{2}(1.466\,772 + 1.340\,248 + 0.125 \sin 1.466\,772) \\
&= 1.465\,672
\end{aligned}$$

Richardson 외삽법의 결과는 다음과 같다.

$$y(0.5) = \frac{4y_{h/2}(0.5) - y_h(0.5)}{3} = \frac{4(1.465\,672) - 1.463\,459}{3} = 1.466\,410$$

이 결과는 해석해 $y(0.5) = 1.466404$과 잘 일치한다.

예제 7.11

도시된 전기 회로의 축전기(capacitor)의 순환전류 i와 전하 q의 관계를 나타내는 미분방정식은 다음과 같다.

$$L\frac{di}{dt} + Ri + \frac{q}{C} = E(t) \qquad \frac{dq}{dt} = i$$

작용된 전압 E가 갑자기 0V에서 9V로 증가할 때 처음 10초 동안 순환전류의 변화를 그림으로 나타내시오. $R = 1.0\Omega$, $L = 2\text{H}$, $C = 0.45\text{F}$를 사용하시오.

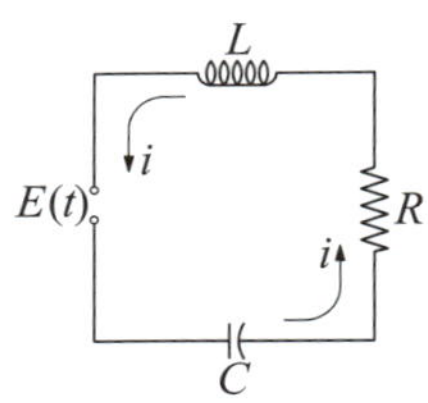

풀이

다음의 표기법을 사용한다.

$$\mathbf{y} = \begin{bmatrix} y_0 \\ y_1 \end{bmatrix} = \begin{bmatrix} q \\ i \end{bmatrix}$$

이 표기법을 미분방정식에 대입하면 다음과 같이 표현된다.

$$\dot{\mathbf{y}} = \begin{bmatrix} \dot{y}_0 \\ \dot{y}_1 \end{bmatrix} = \begin{bmatrix} y_1 \\ (-Ry_1 - y_0/C + E)/L \end{bmatrix}$$

초기값은 다음과 같다.

$$\mathbf{y}(0) = \begin{bmatrix} 0 \\ 0 \end{bmatrix}$$

이 문제를 증분 $H = 0.25$s로 함수 bul_stoer를 사용하여 문제의 해를 구한다.

```
#!/usr/bin/python
## example7_11
from bulStoer import *
import numpy as np
import matplotlib.pyplot as plt

def F(x,y):
    F = np.zeros(2)
    F[0] = y[1]
    F[1] =(-y[1] - y[0]/0.45 + 9.0)/2.0
    return F

H = 0.25
xStop = 10.0
x = 0.0
y = np.array([0.0, 0.0])
X,Y = bulStoer(F,x,y,xStop,H)
plt.plot(X,Y[:,1],'o-')
plt.xlabel('Time (s)')
plt.ylabel('Current (A)')
plt.grid(True)
plt.show( )
input("\nPress return to exit")
```

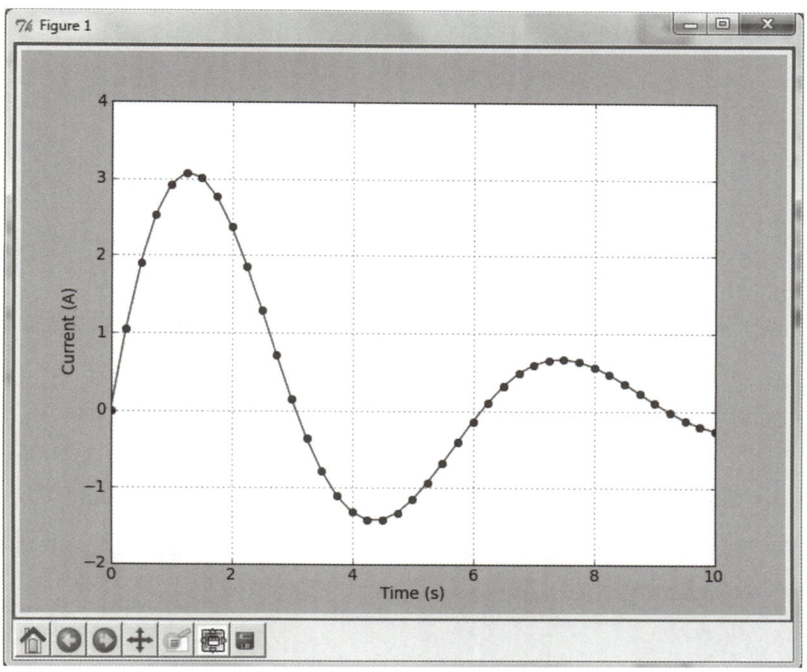

각 구간 H(그림에서 점 간격)에서 적분은 수정된 중간점법으로 수행 되었으며 Richardson 외삽법으로 개선되었다.

연습 문제 7.2

1. 다음 미분방정식의 해석해를 구하시오.

$$y'' + y' - 380y = 0 \qquad y(0) = 1 \qquad y'(0) = -20$$

이 문제를 수치적으로 해결하는 데 어려움이 예상되는가?

2. 다음의 문제를 풀고자한다.

$$y' = x - 10y \qquad y(0) = 10$$

(a) 해석해가 $y(x) = 0.1x - 0.001 + 10.01e^{-10x}$임을 보이시오.

(b) (비적응적) Runge-Kutta 방법을 사용하여 수치해를 구할 때 사용할 단계 크기 를 결정하시오.

3. ■ 문제 2의 초기값 문제를 $x = 0$부터 $x = 5$까지 Runge-Kutta법을 사용하고 (a) $h = 0.1$, (b) $h = 0.25$, (c) $h = 0.5$를 사용하여 각각 적분하시오. 각 결과를 비교하시오.

4. ■ 문제 2의 초기값 문제를 $x = 0$부터 $x = 10$까지 적응적 Runge-Kutta법을 사용하여 적분하고 그 결과를 그림으로 나타내시오.

5. ■

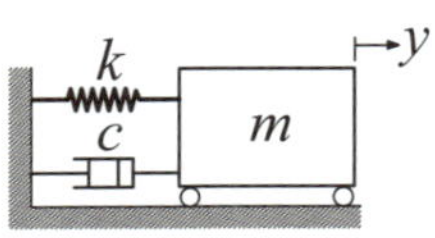

그림에서 나타낸 질량-스프린-댐퍼 시스템을 나타내는 미분방정식은 다음과 같다.

$$\ddot{y} + \frac{c}{m}\dot{y} + \frac{k}{m}y = 0$$

이때 $m = 2$kg, $c = 460$N·s/m, $k = 450$N/m이다. 초기값은 $y(0) = 0.01$m, $\dot{y}(0) = 0$이다.

(a) 이 문제는 강직성을 갖는 문제 임을 보이고 비적응적 Runge-Kutta 법으로 수치 적분할 때 사용할 값을 결정하시오.

(b) 결정한 h로 $t=0$에서 0.2s까지 적분을 수행하고 t에 대한 $\dot{y}$의 변화를 그림으로 나타내시오.

6. ■ 문제 5를 적응적 Runge-Kutta 법으로 $t=0$에서 0.2s까지 적분을 수행하고 t에 대한 $\dot{y}$의 변화를 그림으로 나타내시오.

7. ■ 다음의 미분방정식을 적응적 Runge-Kutta 법으로 $x=0$에서 2까지 적분을 수행하고 결과를 그림으로 나타내시오.

$$y'' = 16.81y$$

초기값은 (a) $y(0)=1.0$, $y'(0)=-4.1$ (b) $y(0)=1.0$, $y'(0)=-4.11$을 사용하시오. 두가지 문제에 대한 해의 가장큰 차이를 설명하시오. 힌트: 해석해를 구하고 그림으로 나타내시오.

8. ■ 다음의 미분방정식을 $x=0$에서 3.5까지 적분을 수행하시오.

$$y'' + y' - y^2 = 0 \qquad y(0) = 1 \qquad y'(0) = 0$$

상한 근방에서 y의 갑작스런 증가가 실제인가 또는 불안정성으로 인한 인위적 결과인가?

9. ■ 다음의 강직성을 갖는 미분방정식(식 7.16 참조)을 적응적 Runge-Kutta 법으로 $x=0$에서 5까지 적분을 수행하고 x에 대한 y'의 변화를 그림으로 나타내시오.

$$y'' + 1001y' + 1000y = 0 \qquad y(0) = 1 \qquad y'(0) = 0$$

10. ■ 다음의 미분방정식을 적응적 Runge-Kutta 법으로 에서 까지 적분을 수행하시오. (이 문제의 해석해는 $y=e-x\ \sin\sqrt{2}x$이다.)

$$y'' + 2y' + 3y = 0 \qquad y(0) = 0 \qquad y'(0) = \sqrt{2}$$

11. ■ 다음의 미분방정식의 해를 $x=0$에서 10까지 구하고 x에 대한 y의 변화를 그림으로 나타내시오.

$$y'' = 2yy'$$

12. ■ 문제 11을 초기값을 $y(0)=1$, $y'(0)=1$로 하여 $x=0$에서 4까지의 해를 다시 구하시오.

13. ■ 다음의 미분방정식을 적응적 Runge-Kutta 법으로 $x=0$에서 4까지 적분을 수행하고 x에 대한 y의 변화를 그림으로 나타내시오.

$$y' = \left(\frac{9}{y} - y\right)x \qquad y(0) = 5$$

14. ■ 문제 13을 Bulirsch-Stoer 법으로 $H=0.25$를 사용하여 해를 구하시오.

15. ■ 다음의 미분방정식을 적응적 Bulirsch-Stoer 법으로 $x=1$에서 20까지 적분을 수행하고 x에 대한 y와 y'의 변화를 그림으로 나타내시오.

$$x^2y'' + xy' + y = 0 \qquad y(1) = 0 \qquad y'(1) = -2$$

16. ■

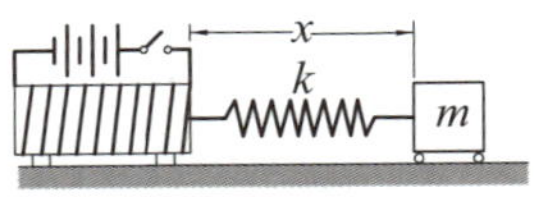

질량 m의 자화된 철 블록이 스프링상수 k와 자유 길이 L인 스프링에 부착되어있다. 블록은 $x=L$의 정지 상태에서 전자석이 켜지고 블록에 반발력 $F=c/x^2$을 가하기 시작한다. 이로 인한 운동방정식은 다음과 같다.

$$m\ddot{x} = \frac{c}{x^2} - k(x - L)$$

적응적 Runge-Kutta 법으로 수치 적분하여 결과로 나타나는 움직임의 주기를 구하시오. $c=5\ \text{N}\cdot\text{m}^2$, $k=120$ N/m, $L=0.2$ m, $m=1.0$ kg을 사용하시오.

17. ■

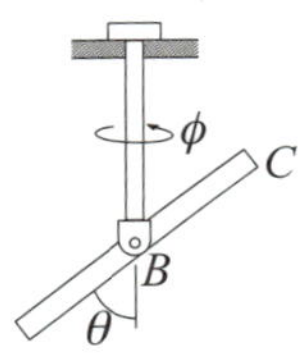

바 ABC가 수평 핀으로 수직 막대에 부착되어있다. 바 ABC는 수직 막대의 축을 중심으로 자유롭게 회전한다. 회전 마찰을 무시하면 이 시스템의 운동방정식은 다음과 같다.

$$\ddot{\theta} = \dot{\phi}^2 \sin\theta\cos\theta \qquad \ddot{\phi} = -2\dot{\theta}\dot{\phi}\cot\theta$$

이 시스템은 $\theta(0)=\pi/12$ rad, $\dot{\theta}(0)=0$, $\phi(0)=0$, $\dot{\phi}(0)=20$ rad/s를 초기값으로하여 운동을 시작한다. 적응적 Runge-Kutta 법으로 $t=0$에서 1.5s까지 적분을 수행하여 수치해를 구하고 t에 대한 $\dot{\phi}$의 변화를 그림으로 나타내시오.

18. ■ 예제 7.11의 회로문제에서 $R=0$이고 E는 다음과 같을 때 해를 구하시오.

$$E(t) = \begin{cases} 0, & t < 0 \\ 9\sin \pi t, & t \geq 0 \end{cases}$$

19. ■ 연습 문제 1의 문제 21에서 $E = 240$ V로 일정할 때 해를 구하시오.

20. ■

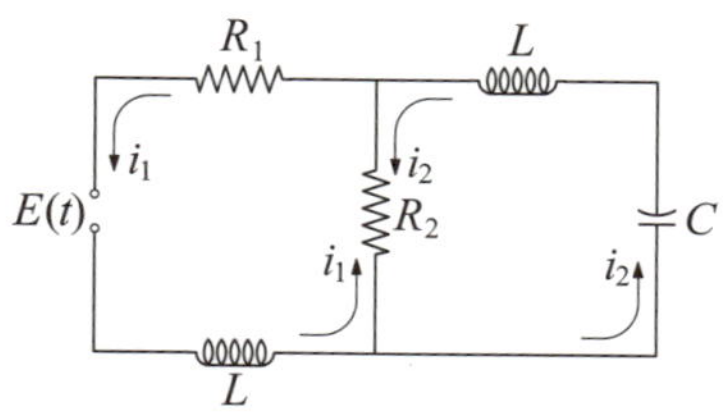

그림과 같은 회로에 대한 Kirchoff의 식은 다음과 같다.

$$L\frac{di_1}{dt} + R_1 i_1 + R_2(i_1 - i_2) = E(t)$$

$$L\frac{di_2}{dt} + R_2(i_2 - i_1) + \frac{q_2}{C} = 0$$

이 식에서 다음의 관계를 만족한다.

$$\frac{dq_2}{dt} = i_2$$

$R_1 = 4$, $R_2 = 10$, $L = 0.032$ H, $C = 0.53$ F는 다음의 값을 사용하여 해를 구하시오.

$$E(t) = \begin{cases} 20\,\text{V if } 0 < t < 0.005\text{ s} \\ 0 \text{ otherwise} \end{cases}$$

$t = 0$에서 0.05s까지의 과도 전류 i_1, i_2를 구하고 에 대한 변화를 그림으로 나타내시오.

21. ■ 먹이 수 M과 포식자 수 N으로 채워진 닫힌 생물학적 시스템을 고려한다. Volterra는 두 집단이 다음의 미분방정식에 의해 지배된다고 가정했다. 이 식에서 a, b, c, d는 상수이다.

$$\dot{M} = aM - bMN$$

$$\dot{N} = -cN + dMN$$

정상상태의 해는 $M_0 = c/d$, $N_0 = a/b$이다. 이 이외의 숫자가 시스템에 도입되면 모집단이 주기적으로 변동한다. 표기법 $y_0 = M/M_0$, $y_1 = N/N_0$를 사용하면 미분방정식을 다음과 같이 다시 쓸 수 있다.

$$\dot{y}_0 = a(y_0 - y_0 y_1)$$

$$\dot{y}_1 = b(-y_1 + y_0 y_1)$$

$a = 1.0$/year, $b = 0.2$/year, $y_0(0) = 0.1$, $y_1(0) = 1.0$을 사용하여 $t = 0$에서 5년까지 먹이 수와 포식자 수의 변화를 그림으로 나타내시오.

22. ■ Lorenz 방정식이라고 불리는 다음의 미분방정식은 유체역학에 등장한다.

$$\dot{u} = -au + av$$

$$\dot{v} = cu - v - uw$$

$$\dot{w} = -bw + uv$$

$a = 5.0$, $b = 0.9$, $c = 8.2$를 사용하여 $t = 0$에서 10까지 초기값을 $u(0) = 0$, $v(0) = 1.0$, $w(0) = 2.0$을 사용하여 해를 구하고 $u(t)$를 그림으로 나타내시오. $c = 8.3$일 경우 해를 다시 구하시오. 결과로부터 얻을 수 있는 결론을 도출하시오.

23. ■

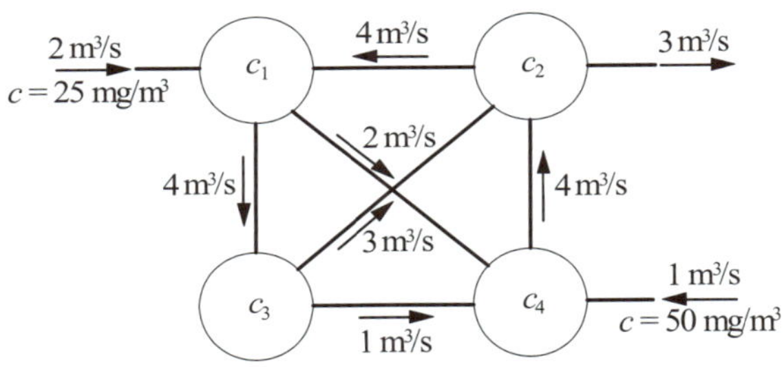

4개의 믹싱 탱크가 파이프로 연결되어있다. 시스템 내의 유체는 그림에 표시된 속도로 파이프를 통해 퍼 올려진다. 시스템에 유입되는 유체에는 표시된 농도 c의 화학 물질이 포함되어 있다. 탱크 i에서 화학 물질의 질량이 변하는 속도는 다음과 같다.

$$V_i \frac{dc_i}{dt} = \Sigma\,(Qc)_{\text{in}} - \Sigma\,(Qc)_{\text{out}}$$

이 식에서 V_i는 탱크의 부피를 나타내며 Q는 파이프를 통해 흐르는 유체의 유량이다. 이 식을 각 탱크에 대해 적용하면 다음의 식을 얻을 수 있다.

$$V_1\frac{dc_i}{dt} = -6c_1 + 4c_2 + 2(25)$$
$$V_2\frac{dc_2}{dt} = -7c_2 + 3c_3 + 4c_4$$
$$V_3\frac{dc_3}{dt} = 4c_1 - 4c_3$$
$$V_4\frac{dc_4}{dt} = 2c_1 + c_3 - 4c_4 + 50$$

$t = 0$에서 100s까지의 시간 t에 대한 탱크 1 및 2의 화학 물질 농도를 그림으로 나타내시오. $V_1 = V_2 = V_3 = V_4 = 10\ \text{m}^3$이고, 시간 $t = 0$에서 각 탱크의 화학 물질 농도는 영(zero)이라고 가정하시오. 정적 상태에 대한 해는 연습 문제 2.2의 문제 21에서 구한 바 있다.

7.7 기타 방법

지금까지 설명한 방법은 "단일 단계 방법"으로 알려진 그룹에 속한다. "단일 단계 방법"이라는 이름은 해 곡선의 단일 지점에 있는 정보가 다음 지점을 계산하기에 충분하다는 사실에서 비롯된다. 곡선에서 여러 점을 사용하여 다음 단계에서 솔루션을 추정하는 "다단계 방법"도 있다. 이 그룹의 잘 알려진 방법에는 Adams, Milne, Hamming 및 Gere 법 들이다. 이 방법들은 한 때 인기가 있었지만 지난 몇 년 동안 명성이 사라졌다. 다단계 방법에는 구현을 복잡하게 만드는 다음의 두 가지 단점이 있다.

1. 이 방법들은 자체 시작되지 않고 처음 몇 단계에서 단일 단계 방법으로 해를 제공해야 한다.
2. 적분식은 동일한 간격의 단계를 가정하므로 단계 크기를 변경하기가 어렵다.

이 두 가지 장애물들을 모두 극복할 수 있지만 알고리즘의 복잡성은 방법의 정교함과 함께 증가한다. 다단계 방법의 이점은 적다. 특정 문제에서 단일 단계 방법보다 성능이 우수할 수 있지만 이러한 경우는 드물다.

8

2점 경계값 문제

미분방정식 $y'' = f(x, y, y')$를 보조조건 $y(a) = \alpha$, $y(b) = \beta$와 함께 풀기

8.1 서론

2점 경계값 문제에서 경계조건이라고 하는 미분방정식과 관련된 보조조건은 두 개의 서로 다른 x 값에서 지정된다. 초기값 문제와 보조 조건이 조금 다른 것이 해를 구하는데 큰 영향을 미친다. 일반적으로 초기값 문제 보다 경계값 문제의 해를 구하기가 더 어렵다. 초기값 문제에서 우리는 초기값이 주어진 시점에서 시작하여 필요한 만큼 해를 진전시킬 수 있었다. 경계값 문제에서는 시작 조건이 충분하지 않아 고유한 해를 생성할 수 없기 때문에 이 방법은 경계값 문제에는 사용할 수 없다.

시작 조건의 부족을 극복하는 한 가지 방법은 누락된 값을 추측하는 것이다. 추측을 통해 구한 해는 다른 쪽 끝에서 경계 조건을 만족시킬 가능성이 거의 없지만 일치하지 않는 정도를 검사하여 다시 적분하기 전에 초기 조건에 어떤 변경 사항을 주어야 하는지 추정할 수 있다. 이 반복 절차를 사격법(shooting method)이라고 한다. 이 이름은 목표물을 사격하는 것과의 유사성에서 비롯되었다. 사격하고 총알이 목표물과 충돌하는 곳을 관찰하여 조준을 수정하고 다시 사격한다.

2점 경계값 문제를 해결하는 또 다른 방법은 유한차분법으로, 미분방정식은 균일한 간격의 격자점에서 유한 차분에 의해 근사된다. 결과적으로 미분방정식은 일련의 연립 대수 방정식으로 변환된다.

두 가지 방법에는 공통적인 문제가 있다. 미분방정식이 선형이 아닌 경우 연립 비선형 방정식을 생성한다. 2장에서 언급했듯이, 비선형 방정식을 해결하는 모든 방법은 많은 계

산 시간을 필요로하는 반복 절차이다. 따라서 비선형 경계값 문제를 해결하는 것은 계산 시간을 많이 필요로 한다. 또 다른 문제는 반복적인 방법이 수렴하기 위해 합리적으로 좋은 시작 값이 필요하다는 것이다. 이러한 시작 값을 결정하기 위한 정해진 공식이 없기 때문에 비선형 경계값 문제를 해결하기 위한 알고리즘에는 적절한 시작 값 입력이 필요하며 아무 문제에나 적용할 수 있는 블랙 박스처럼 취급 될 수 없다.

8.2 사격법

2차 미분방정식

가장 간단한 2점 경계값 문제는 $x=a$에 지정된 조건 하나와 $x=b$에 지정된 조건을 가진 2차 미분방정식이다. 대표적인 예제는 다음과 같다.

$$y'' = f(x, y, y'), \quad y(a) = \alpha, \quad y(b) = \beta \tag{8.1}$$

이 문제를 다음과 같은 초기값 문제로 바꾸려고 한다.

$$y'' = f(x, y, y'), \quad y(a) = \alpha, \quad y'(a) = u \tag{8.2}$$

성공의 열쇠는 정확한 u값을 찾는 것이다. 이것은 시행 착오에 의해 이루어질 수 있다, 즉 u를 추측하고 $x=a$에서 b까지 진행하여 초기값 문제의 해를 구한다. 구한 해가 규정된 경계 조건 $y(b)=\beta$에 잘 일치하면 해가 구해진 것이다. 그렇지 않으면 u를 조정하고 다시 시도해야 한다. 분명히 이것은 매우 지루한 절차이다.

u의 결정이 근을 구하는 문제라는 것을 깨달으면 더 체계적인 방법을 사용할 수 있게 된다. 초기값 문제의 해는 u에 의존하기 때문에 계산 된 $y(b)$ 값은 u의 함수이다. 즉 다음과 같이 표현할 수 있다.

$$y(b) = \theta(u)$$

따라서 u는 다음 식의 근이다.

$$r(u) = \theta(u) - \beta = 0 \tag{8.3}$$

이 식에서 $r(u)$는 경계값 잔차(boundary residual), 즉 $x=\mathrm{b}$에서 주어진 경계값과 계산된 값과의 차이이다. 식 (8.3)은 4장에서 논의된 근 구하는 방법 중 하나로 해를 구할 수 있다. 이분법의 겨우는 $\theta(u)$에 대한 계산이 너무 많기 때문에 사용하지 않는다. Newton-Raphson

법에서는 $d\theta/du$를 계산해야 하는 문제에 부딪친다. $d\theta/du$의 계산은 가능하지만 쉽지는 않다. 따라서 여기서는 Ridder의 알고리즘을 사용한다.

비선형 경계값 문제를 해결하는데 사용하는 절차는 다음과 같다.

> 식 (8.3)의 근을 포함하는 상한과 하한 r_1과 r_2를 지정한다.
> 식 (8.3)의 해인 r를 구하기 위하여 Ridder 법을 적용한다. 각 반복에는 미분방정식을 초기값 문제로 해결한 후 θ(u)의 계산이 필요하다.
> r 값을 결정한 후 미분방정식을 다시 한 번 풀고 결과를 기록한다.

미분방정식이 선형인 경우, 모든 근 찾기 방법은 u를 결정하기 위해 단 한번의 보간으로 충분하다. Ridder 법은 3점(u_1, u_2 및 u_3)을 사용하기 때문에 2점(u_1, u_2)만 사용하는 선형 보간과 비교하여 낭비이다. 따라서 미분방정식이 선형일 때마다 Ridder의 방법을 선형 보간으로 대체한다.

■ linInterp

선형 보간에 사용하는 알고리즘은 다음과 같다.

```
## module linInterp
''' root = linInterp(f,x1,x2).
    Finds the zero of the linear function f(x) by straight
    line interpolation based on x = x1 and x2.
'''
def linInterp(f,x1,x2):
    f1 = f(x1)
    f2 = f(x2)
    return x2 - f2*(x2 - x1)/(f2 - f1)
```

예제 8.1

다음 경계값 문제의 해를 구하시오

$$y'' + 3yy' = 0 \qquad y(0) = 0 \qquad y(2) = 1$$

풀이

변환된 1차 방정식과 경계값은 다음과 같다.

$$\mathbf{y}' = \begin{bmatrix} y_0' \\ y_1' \end{bmatrix} = \begin{bmatrix} y_1 \\ -3y_0y_1 \end{bmatrix}$$

$$y_0(0) = 0 \qquad y_0(2) = 1$$

이제 $y'(0)$의 시험값을 정해야 한다. 우리는 항상 무작위로 두 개의 숫자를 고르고 최선의 결과를 기대한다. 그러나 약간의 조사로 우연의 요소를 줄일 수 있다. 우리는 $0 \le x \le 2$ 구간에서 y가 매끄럽다는 (흔들리지 않음) 합리적인 가정으로 시작한다. 다음으로 y는 0에서부터 1로 증가해야하며 따라서 $y' > 0$이다. y와 y'이 모두 양수이므로 미분방정식을 만족시키려면 y''가 음수여야 한다. 이제 y의 대략적인 그림을 그릴 수 있다.

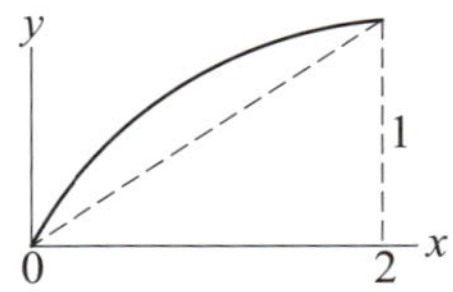

그림을 보면 $y'(0) > 0.5$이므로 $y'(0) = 1$과 2가 $y'(0)$의 하한과 상한에 대해 합리적인 값으로 나타난다. 그렇지 않은 경우 Ridder 법은 오류 메시지를 표시한다.

다음에 나열된 프로그램에서는 적분을 위해 4차 Runge-Kutta 법을 선택했다. `import` 문에서 `run_kut4`를 `run_kut5`로 대체하여 적응적 방법으로 대체 할 수 있다. 풀고자하는 문제를 기술하기 위해서 3가지 함수가 제공되어야한다. 미분방정식을 정의하는 함수 `F(x,y)` 외에도 적분의 초기 조건을 지정하는 `initCond(u)` 함수와 경계조건 잔차를 Ridder 법에 제공하려면 `r(u)` 함수가 필요하다. 이 함수에서 몇 가지 문장을 변경하면 프로그램을 임의의 2차 경계값 문제에 적용할 수 있다. 또한 이 프로그램은 3개의 경계 조건 중 2개가 지정된 점에서 적분이 시작되면 3차 방미분정식에도 사용할 수 있다.

```
#!/usr/bin/python
## example8_1
import numpy as np
from run_kut4 import *
from ridder import *
from printSoln import *

def initCond(u):  # Init. values of [y,y']; use 'u' if unknown
    return np.array([0.0, u])

def r(u):         # Boundary condition residual-see Eq. (8.3)
    X,Y = integrate(F,xStart,initCond(u),xStop,h)
    y = Y[len(Y) - 1]
    r = y[0] - 1.0
    return r
```

```
def  F(x,y):         # First-order differential  equations
     F = np.zeros(2)
     F[0] = y[1]
     F[1] = -3.0*y[0]*y[1]
     return F

xStart = 0.0         # Start of integration
xStop = 2.0          # End of integration
u1 = 1.0             # 1st trial value of unknown init. cond.
u2 = 2.0             # 2nd trial value of unknown init. cond.
h = 0.1              # Step size
freq = 2             # Printout frequency
u = ridder(r,u1,u2) # Compute the correct initial condition
X,Y = integrate(F, xStart, initCond(u), xStop, h)
printSoln(X, Y, freq)
input("\nPress return to exit")
```

수치해는 다음과 같다.

```
     x           y[ 0 ]        y[ 1 ]
0.0000e+00   0.0000e+00   1.5145e+00
2.0000e-01   2.9404e-01   1.3848e+00
4.0000e-01   5.4170e-01   1.0743e+00
6.0000e-01   7.2187e-01   7.3287e-01
8.0000e-01   8.3944e-01   4.5752e-01
1.0000e+00   9.1082e-01   2.7013e-01
1.2000e+00   9.5227e-01   1.5429e-01
1.4000e+00   9.7572e-01   8.6471e-02
1.6000e+00   9.8880e-01   4.7948e-02
1.8000e+00   9.9602e-01   2.6430e-02
2.0000e+00   1.0000e+00   1.4522e-02
```

수치해에서 $y'(0) = 1.5145$이고 시작점의 하한과 상한은 1.0과 2.0이었으므로 예측이 잘 되었음을 알 수 있다.

예제 8.2

다음 초기값 문제의 $x = 2$에서의 해 $y'(2) = 1.65364$이다. 이 정보를 사용하여 $y'(2) = 0$이 되는 $y'(0)$을 구하시오.

$$y'' + 4y = 4x \qquad y(0) = 0 \qquad y'(0) = 0$$

풀이

이 경우 표기법 $u = y'(0)$, $\theta(u) = y'(2)$를 사용하면 선형보간식은 다음과 같다.

$$u = u_2 - \theta(u_2)\frac{u_2 - u_1}{\theta(u_2) - \theta(u_1)}$$

지금까지 $u_1 = 0$이고 $\theta(u_1) = 1.65364$이다. 두 번째 점을 얻으려면 초기값 문제에 대한 또 다른 해가 필요하다. 확실한 해는 $y = x$이며, 이 경우 $y(0) = 0$이고 $y'(0) = y'(2) = 1$이다. 따라서 두 번째 점은 $u_2 = 1$이고 $\theta(u_2) = 1$이다. 선형 보간으로 부터 다음의 결과를 얻을 수 있다.

$$y'(0) = u = 1 - (1)\frac{1 - 0}{1 - 1.653\,64} = 2.529\,89$$

예제 8.3

다음 3차 경계값 문제의 해를 구하고 x에 대한 y와 y'의 값을 그림으로 나타내시오.

$$y''' = 2y'' + 6xy \qquad y(0) = 2 \qquad y(5) = y'(5) = 0$$

풀이

변환된 1차 방정식과 경계값은 다음과 같다.

$$\mathbf{y}' = \begin{bmatrix} y_0' \\ y_1' \\ y_2' \end{bmatrix} = \begin{bmatrix} y_1 \\ y_2 \\ 2y_2 + 6xy_0 \end{bmatrix}$$

$$y_0(0) = 2 \qquad y_0(5) = y_1(5) = 0$$

다음에 나열된 프로그램은 예제 8.1을 기반으로 한다. 3개의 경계 조건 중 2개가 오른쪽 끝에 지정되었으므로 $x = 5$에서 적분을 시작하고 음수의 h를 사용하여 $x = 0$을 향하여 진행한다. 3개의 초기 조건 중 2가지가 $x = 5$에서 $y_0(5) = y_1(5) = 0$로 주어져 있고 3번째 조건 $y_2(5)$는 주어져있지 않다. 미분방정식이 선형이므로 ridder를 linInterp로 대체했다. 선형 보간에서 $y_2(5)$(u_1과 u_2)에 대한 두 가지 추측은 중요하지 않으므로 예제 8.1에서와 같이 그대로 두었다. 적분을 위해 적응적 Runge-Kutta 법(run_kut5)이 선택되었다.

```
#!/usr/bin/python
## example8_3
import matplotlib.pyplot as plt
import numpy as np
from run_kut5 import *
from linInterp import *

def initCond(u):          # Initial values of [y,y',y"];
                          # use 'u' if unknown
    return np.array([0.0, 0.0, u])

def r(u):                 # Boundary condition residual-see Eq. (8.3)
    X,Y = integrate(F,xStart,initCond(u),xStop,h)
    y = Y[len(Y) - 1]
    r = y[0] - 2.0
    return r

def F(x,y):# First-order differential  equations
    F = np.zeros(3)
    F[0] = y[1]
    F[1] = y[2]
    F[2] = 2.0 y[2] + 6.0 x y[0]
    return F

xStart = 5.0      # Start of integration
xStop = 0.0       # End of integration
u1 = 1.0          # 1st trial value of unknown init. cond.
u2 = 2.0          # 2nd trial value of unknown init. cond.
h = -0.1          # initial step size
freq = 2          # printout frequency
u = linInterp(r,u1,u2)
X,Y = integrate(F,xStart,initCond(u),xStop,h)

plt.plot(X,Y[:,0],'o-',X,Y[:,1],'^-')
plt.xlabel('x')
plt.legend(('y','dy/dx'),loc = 3)
plt.grid(True)
plt.show()
input("\nPress return to exit")
```

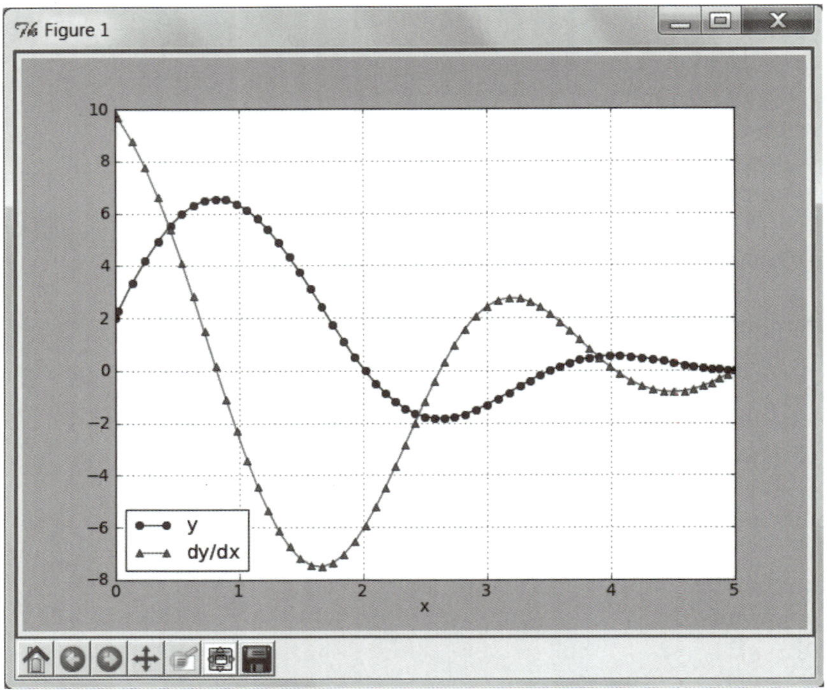

고차 미분방정식

다음의 4차 미분방정식과 경계 조건을 고려하고자 한다.

$$y^{(4)} = f(x, y, y', y'', y''') \tag{8.4a}$$

$$y(a) = \alpha_1 \qquad y''(a) = \alpha_2 \qquad y(b) = \beta_1 \qquad y''(b) = \beta_2 \tag{8.4b}$$

식 (8.4)를 사격법을 사용하려면 $x = a$에서 4개의 초기값이 필요하나 이 문제에서는 2개만 주어져있다. 주어지지 않은 2개의 초기값을 u_1과 u_2라 하면 초기값은 다음과 같이 된다.

$$y(a) = \alpha_1 \qquad y'(a) = u_1 \qquad y''(a) = \alpha_2 \qquad y'''(a) = u_2 \tag{8.5}$$

식 (8.4a)의 해가 식 (8.5)의 초기값을 사용하여 사격법으로 구해진다면 $x = b$에서의 경계값은 u_1과 u_2의 선택에 따라 달라진다. 이 관계를 다음 식으로 나타낸다.

$$y(b) = \theta_1(u_1, u_2) \qquad y''(b) = \theta_2(u_1, u_2) \tag{8.6}$$

u_1과 u_2의 값이 정확하다면 $x = b$에서 다음과 같이 주어진 경계값을 만족한다.

$$\theta_1(u_1, u_2) = \beta_1 \qquad \theta_2(u_1, u_2) = \beta_2$$

이 식을 벡터식으로 표현하면 다음과 같다.

$$\boldsymbol{\theta}(\mathbf{u}) = \boldsymbol{\beta} \tag{8.7}$$

이 식은 4장에서 논의된 Newton-Raphson 법으로 해결할 수 있는 연립 (일반적으로 비선형) 방정식이다. 미분방정식이 선형이 아닌 경우 적절한 u_1과 u_2의 선택이 필요함을 다시 강조한다.

예제 8.4

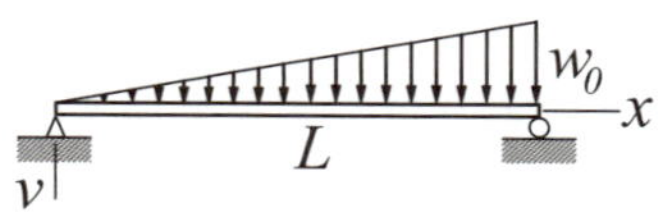

다음의 미분방정식의 해를 구함으로써 그림과 같은 단순지지보의 변위 v를 구할 수 있다.

$$\frac{d^4 v}{dx^4} = \frac{w_0}{EI}\frac{x}{L} \qquad v = \frac{d^2 v}{dx^2} = 0 \text{ at } x = 0 \text{ and } x = L$$

이 식에서 EI는 굽힘강성(bending rigidity)이다. 양 끝점의 기울기와 중간점의 변위를 수치 적분으로 구하시오.

풀이

다음과 같은 무차원수를 도입한다.

$$\xi = \frac{x}{L} \qquad y = \frac{EI}{w_0 L^4} v$$

그러면 식은 다음과 같이 변환된다.

$$\frac{d^4 y}{d\xi^4} = \xi \qquad y = \frac{d^2 y}{d\xi^2} = 0 \text{ at } \xi = 0 \text{ and } 1$$

변환된 해당 1차 방정식과 경계값은 다음과 같다.

$$\mathbf{y}' = \begin{bmatrix} y_0' \\ y_1' \\ y_2' \\ y_3' \end{bmatrix} = \begin{bmatrix} y_1 \\ y_2 \\ y_3 \\ \xi \end{bmatrix}$$

$$y_0(0) = y_2(0) = y_0(1) = y_2(1) = 0$$

다음에 나열된 프로그램은 예제 8.1의 프로그램과 유사하다. 본 프로그램은 함수 F(x,y), initCond(u) 및 r(u)를 적절히 변경하면 3차 이상의 경계값 문제를 해결할 수 있다. 예제 8.4의 적분을 수행하기 위해 Bulirsch-Stoer 알고리즘을 선택했다. 이는 출력을 제어하여 스팬 중간의 정확한 y를 구하기 위함이다. 비적응적 Runge-Kutta 방법도 사용할 수 있지만 이를 위해서는 적절한 적분 구간 크기 h를 추측해야 한다. 본 예제의 미분방정식은 선형이므로 해를 구하기 위해 Newton-Raphson 법을 사용하여 한 번만 계산하면 된다. 이 경우 초기 값 $u_1 = dy/d\xi|_{x=0}$, $u_2 = d^3y/d\xi^3|_{x=0}$은 관련이 없고 한 번의 반복 계산으로 수렴한다.

```
#!/usr/bin/python
## example8_4
import numpy as np
from bulStoer import *
from newtonRaphson2 import *
from printSoln import *

def initCond(u):            # Initial values of [y,y',y",y"'];
                            # use 'u' if unknown
    return np.array([0.0, u[0], 0.0, u[1]])

def r(u):           # Boundary condition residuals-see Eq.(8.7)
    r = np.zeros(len(u))
    X,Y = bulStoer(F,xStart,initCond(u),xStop,H)
    y = Y[len(Y) - 1]
    r[0] = y[0]
    r[1] = y[2]
    return r

def F(x,y):           # First-order differential  equations
    F = np.zeros(4)
    F[0] = y[1]
    F[1] = y[2]
    F[2] = y[3]
    F[3] = x
    return  F

xStart = 0.0                   # Start of integration
xStop = 1.0                    # End of integration
u = np.array([0.0,  1.0])      # Initial guess for {u}
H = 0.5                        # Printout increment
freq = 1                       # Printout frequency
u = newtonRaphson2(r,u,1.0e-4)
X,Y = bulStoer(F,xStart,initCond(u),xStop,H)
printSoln(X,Y,freq)
```

```
input("\nPress return to exit")
```

출력은 다음과 같다.

```
     x          y[ 0 ]       y[ 1 ]       y[ 2 ]       y[ 3 ]
0.0000e+00   0.0000e+00   1.9444e-02   0.0000e+00  -1.6667e-01
5.0000e-01   6.5104e-03   1.2150e-03  -6.2500e-02  -4.1667e-02
1.0000e+00   7.6881e-12  -2.2222e-02   7.5002e-11   3.3333e-01
```

다음의 관계식

$$\frac{dv}{dx} = \frac{dv}{d\xi}\frac{d\xi}{dx} = \left(\frac{w_0 L^4}{EI}\frac{dy}{d\xi}\right)\frac{1}{L} = \frac{w_0 L^3}{EI}\frac{dy}{d\xi}$$

을 참조하면 다음 결과를 얻을 수 있다.

$$\left.\frac{dv}{dx}\right|_{x=0} = 19.444 \times 10^{-3}\frac{w_0 L^3}{EI}$$

$$\left.\frac{dv}{dx}\right|_{x=L} = -22.222 \times 10^{-3}\frac{w_0 L^3}{EI}$$

$$v|_{x=0.5L} = 6.5104 \times 10^{-3}\frac{w_0 L^4}{EI}$$

이 결과는 해석해와 일치한다(해석해는 미분방정식의 직접 적분하여 쉽게 얻을 수 있음).

예제 8.5

다음의 미분방정식과 경계 조건을 고려하고자 한다.

$$y^{(4)} + \frac{4}{x}y^3 = 0$$

$$y(0) = y'(0) = 0 \qquad y''(1) = 0 \qquad y'''(1) = 1$$

수치 적분을 사용하여 $y(1)$을 구하시오.

풀이

첫 번째 작업은 $x = y = 0$인 원점에서 미분방정식의 부정형을 처리하는 것이다. L' Hospital의 규칙을 적용하면 문제가 해결된다, 즉 $x \to 0$일 때 $4y^3/x \to 12y^2y'$이다. 변환된 해당 1차

방정식과 경계값은 다음과 같다.

$$\mathbf{y}' = \begin{bmatrix} y_0' \\ y_1' \\ y_2' \\ y_3' \end{bmatrix} = \begin{bmatrix} y_1 \\ y_2 \\ y_3 \\ \begin{cases} -12y_0^2 y_1 & \text{if } x = 0 \\ -4y_0^3/x & \text{otherwise} \end{cases} \end{bmatrix}$$

$$y_0(0) = y_1(0) = 0 \qquad y_2(1) = 0 \qquad y_3(1) = 1$$

문제가 비선형이므로 $y''(0)$와 $y'''(0)$에 대한 합리적인 추정값이 필요하다. 경계 조건 $y''(1) = 0$과 $y'''(1) = 1$을 기준하면 y''의 그림은 다음과 같다.

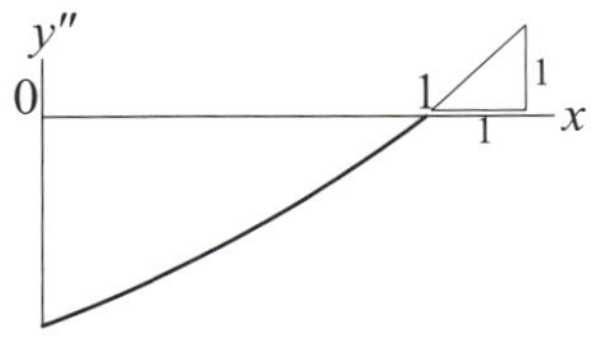

이 가정이 옳다면 $y''(0) < 0$ 및 $y'''(0) > 0$이 성립한다. 이 불충분한 정보를 바탕으로 $y''(0) = -1$, $y'''(0) = 1$로 시도한다. 다음 프로그램은 적분에 적응적 Runge-Kuta 법을 사용한다.

```
#!/usr/bin/python
## example8_5
import numpy as np
from run_kut5 import *
from newtonRaphson2 import *
from printSoln import *

def initCond(u):          # Initial values of [y,y',y",y"'];
                          # use 'u' if unknown
    return np.array([0.0, 0.0, u[0], u[1]])

def r(u):          # Boundary condition residuals-see Eq. (8.7)
    r = np.zeros(len(u))
    X,Y = integrate(F,x,initCond(u),xStop,h)
    y = Y[len(Y) - 1]
    r[0] = y[2]
    r[1] = y[3] - 1.0
    return r

def F(x,y):     # First-order differential  equations
```

```
    F = np.zeros(4)
    F[0] = y[1]
    F[1] = y[2]
    F[2] = y[3]
    if x == 0.0:  F[3] = -12.0*y[1]*y[0]**2
    else:         F[3] = -4.0*(y[0]**3)/x
    return F

x = 0.0                       # Start of integration
xStop = 1.0                   # End of integration
u = np.array([-1.0, 1.0])     # Initial guess for u
h = 0.1                       # Initial step size
freq = 0                      # Printout frequency
u = newtonRaphson2(r,u,1.0e-5)

X,Y = integrate(F,x,initCond(u),xStop,h)
printSoln(X,Y,freq)
input("\nPress return to exit")
```

출력은 다음과 같다.

```
     x          y[ 0 ]       y[ 1 ]       y[ 2 ]       y[ 3 ]
0.0000e+00   0.0000e+00   0.0000e+00  -9.7607e-01   9.7132e-01
1.0000e+00  -3.2607e-01  -4.8975e-01  -6.7408e-11   1.0000e+00
```

출력 결과에 의하면 $y(1) = -0.326\ 07$이다. 운 좋게도 초기 추정값 $y''(0) = -1$, $y'''(0) = 1$은 최종값에 매우 가깝다.

연습 문제 8.1

1. 다음 초기값 문제의 $x = 1$에서의 해는 $y(1) = 0.741028$이다. 이 정보를 사용하여 $y(1) = 1$이 되는 $y(0)$을 구하시오.

$$y'' + y' - y = 0 \qquad y(0) = 0 \qquad y'(0) = 1$$

2. 다음 미분방정식에 대하여 초기값 $y(0) = 2$, $y'(0) = 0$, $y''(0) = 1$을 사용하면 $y(1) = 3.03765$를 구할 수 있다. $y''(0) = 0$(다른 초기값은 그대로 사용)으로 다시 해를 구하면 $y(1) = 2.72318$를 구할 수 있다. $y(1) = 0$이 되는 $y''(0)$를 구하시오.

$$y''' + y'' + 2y' = 6$$

3. 다음 경계값 문제의 해에 대한 대략적인 그림을 그리시오.

(a) $y'' = -e^{-y} \qquad y(0) = 1 \qquad y(1) = 0.5$

(b) $y'' = 4y^2 \qquad y(0) = 10 \qquad y'(1) = 0$

(c) $y'' = \cos(xy) \qquad y(0) = 0 \qquad y(1) = 2$

4. 다음 경계값 문제의 해의 대략적인 그림을 사용하여 $y(0)$를 구하시오.

(a) $y'' = y^2 + xy \qquad y'(0) = 0 \qquad y(1) = 2$

(b) $y'' = -\dfrac{2}{x}y' - y^2 \qquad y'(0) = 0 \qquad y(1) = 2$

(c) $y'' = -x(y')^2 \qquad y'(0) = 2 \qquad y(1) = 1$

5. 다음 경계값 문제에 대해 $y''(0)$의 대략적인 추정값을 구하시오.

$$y''' + 5y''y^2 = 0$$

$$y(0) = 0 \qquad y'(0) = 1 \qquad y(1) = 0$$

6. 다음 경계값 문제에 대해 $y''(0)$과 $y'''(0)$의 대략적인 추정값을 구하시오.

$$y^{(4)} + 2y'' + y' \sin y = 0$$

$$y(0) = y'(0) = 0 \qquad y(1) = 5 \qquad y'(1) = 0$$

7. 다음 경계값 문제에 대해 $\dot{x}(0)$과 $\dot{y}(0)$의 대략적인 추정값을 구하시오.

$$\ddot{x} + 2x^2 - y = 0 \qquad x(0) = 1 \qquad x(1) = 0$$

$$\ddot{y} + y^2 - 2x = 1 \qquad y(0) = 0 \qquad y(1) = 1$$

8. ■ 다음 경계값 문제의 해를 구하시오.

$$y'' + (1 - 0.2x)\, y^2 = 0 \qquad y(0) = 0 \qquad y(\pi/2) = 1$$

9. ■ 다음 경계값 문제의 해를 구하시오.

$$y'' + 2y' + 3y^2 = 0 \qquad y(0) = 0 \qquad y(2) = -1$$

10. ■ 다음 경계값 문제의 해를 구하시오.

$$y'' + \sin y + 1 = 0 \qquad y(0) = 0 \qquad y(\pi) = 0$$

11. ■ 다음 경계값 문제의 해를 구하고 x에 대한 y의 그림을 그리시오. 경고: $x = 0$ 근처에

서 y가 급격히 변함.

$$y'' + \frac{1}{x}y' + y = 0 \qquad y(0) = 1 \qquad y'(2) = 0$$

12. ■ 다음 경계값 문제의 해를 구하고 x에 대한 y의 그림을 그리시오. 힌트: 무한대 값을 유한한 값 β로 바꾸시오. 1.5β로 해를 다시 구하여 β 값의 적절성을 판단하시오. 만약 1.5β로 다시 구한 해의 값이 바뀌면 β 값을 증가시켜야 한다.

$$y'' - \left(1 - e^{-x}\right)y = 0 \qquad y(0) = 1 \qquad y(\infty) = 0$$

13. ■ 다음 경계값 문제의 해를 구하시오.

$$y''' = -\frac{1}{x}y'' + \frac{1}{x^2}y' + 0.1(y')^3$$

$$y(1) = 0 \qquad y''(1) = 0 \qquad y(2) = 1$$

14. ■ 다음 경계값 문제의 해를 구하시오.

$$y''' + 4y'' + 6y' = 10$$

$$y(0) = y''(0) = 0 \qquad y(3) - y'(3) = 5$$

15. ■ 다음 경계값 문제의 해를 구하시오.

$$y''' + 2y'' + \sin y = 0$$

$$y(-1) = 0 \qquad y'(-1) = -1 \qquad y'(1) = 1$$

16. ■ 문제 15의 미분방정식을 다음의 경계 조건으로 해를 구하시오. (이 문제는 3점 경계값 문제이다.)

$$y(-1) = 0 \qquad y(0) = 0 \qquad y(1) = 1$$

17. ■ 다음 경계값 문제의 해를 구하시오.

$$y^{(4)} = -xy^2$$

$$y(0) = 5 \qquad y''(0) = 0 \qquad y'(1) = 0 \qquad y'''(1) = 2$$

18. ■ 다음 경계값 문제의 해를 구하시오.

$$y^{(4)} = -2yy''$$

$$y(0) = y'(0) = 0 \qquad y(4) = 0 \qquad y'(4) = 1$$

19. ■

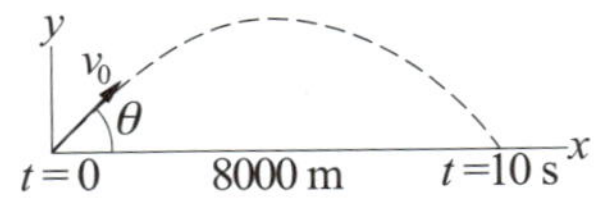

자유 비행하고 있는 질량 m의 발사체가 공기역학적 항력 $F_d = cv^2$을 받고 있다, 여기서 v는 속도이다. 이 물체의 운동방정식은 다음과 같다.

$$\ddot{x} = -\frac{c}{m} v\dot{x} \qquad \ddot{y} = -\frac{c}{m} v\dot{y} - g$$

$$v = \sqrt{\dot{x}^2 + \dot{y}^2}$$

발사체가 10초 비행 후 8 km 떨어진 목표물에 명중하기 위한 발사 속도 v_0와 경사각 θ를 결정하시오. $m = 20$ kg, $c = 3.2 \times 10^{-4}$ kg/m, $g = 9.80665$ m/s^{2}을 사용하시오.

20. ■

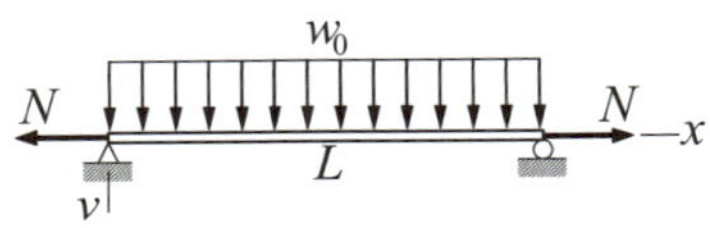

$$\frac{d^4 v}{dx^4} - \frac{N}{EI}\frac{d^2 v}{dx^2} = \frac{w_0}{EI}$$

그림과 같은 단순지지보가 균일 하중 w_0와 인장력 N을 받고 있다. 수직 변위 v에 대한 미분방정식은 다음과 같이 나타낼 수 있다. 이때 EI는 굽힘강성이다. 경계값은 $x = 0$, L에서 $v = d^2v/dx^2 = 0$이다. 변수를 $\xi = \frac{x}{L}$, $y = \frac{EI}{w_0 L^4} v$로 변환하면 미분방정식은 다음과 같이 무차원식으로 변환된다.

$$\frac{d^4 y}{d\xi^4} - \beta \frac{d^2 y}{d\xi^2} = 1 \qquad \beta = \frac{NL^2}{EI}$$

$$y|_{\xi=0} = \left.\frac{d^2 y}{d\xi^2}\right|_{\xi=0} = y|_{\xi=0} = \left.\frac{d^2 y}{d\xi^2}\right|_{x=1} = 0$$

다음 조건에 대한 최대 변위를 구하시오. (a) $\beta = 1.65929$일 때, (b) $\beta = -1.65929$일 때(N이 압축력일 때)

21. ■ 다음 경계값 문제의 해를 구하고 x에 대한 y의 그림을 그리시오.

$$y''' + yy'' = 0 \qquad y(0) = y'(0) = 0,\ y'(\infty) = 2$$

이 문제는 비압축유동에서 경계층의 속도분포(Blasius 해)를 결정할 때 발생한다.

22. ■

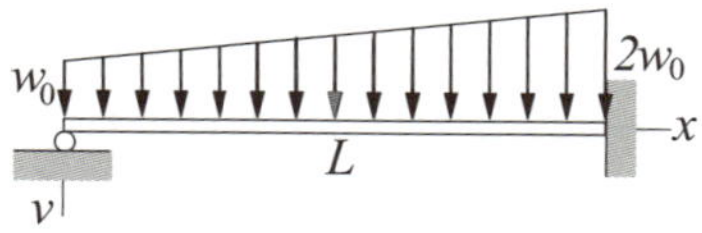

수직 변위 v에 대한 미분방정식은 다음과 같이 나타낼 수 있다.

$$\frac{d^4 v}{dx^4} = \frac{w_0}{EI}\left(1 + \frac{x}{L}\right)$$

이 문제의 경계값은 다음과 같다.

$$v = \frac{d^2 v}{dx^2} = 0 \text{ at } x = 0 \qquad v = \frac{dv}{dx} = 0 \text{ at } x = L$$

미분방정식을 수치적으로 적분하고 변위를 그림으로 나타내시오. 유사한 문제인 예제 8.4에서 사용한 과정들을 따라 해를 구하시오.

8.3 유한차분법

유한차분법(Finite Difference Method)에서는 그림 8.1에 표시된 것처럼 적분 범위 (a, b)를 각각 길이 h의 등 간격 하위 구간으로 나눈다. 절점에서의 수치해는 y_i, $i = 0, 1, ..., m$으로 표시한다. y_{-1}과 y_{m+1}의 사용 목적은 나중에 설명 예정이다. 이제 다음과 같은 2개의 가정을 한다.

1. 미분방정식에서 y의 미분값은 유한차분식으로 대체된다. 5장에서 설명한 다음의 중심차분을 사용하는 것이 일반적이다.

$$y_i' = \frac{y_{i+1} - y_{i-1}}{2h} \qquad y_i'' = \frac{y_{i-1} - 2y_i + y_{i+1}}{h^2} \qquad \text{etc.} \tag{8.8}$$

2. 미분방정식은 절점에서만 적용한다.

결과적으로 미분방정식은 $m + 1$개의 연립대수방정식으로 대체되며, 미지수는 y_i, $i = 0, 1, ..., m$이다. 미분방정식이 비선형인 경우 대수방정식도 비선형이므로 Newton-Raphson 법으로 해결해야 한다.

중심차분 근사에서 절단오차는 $\mathcal{O}(h^2)$이므로 유한차분법은 사격법만큼 정확하지 않다.

Runge-Kutta 방법은 $\mathcal{O}(h^5)$의 절단오차를 갖는다. 따라서 Newton-Raphson 법에 지정된 수렴 기준이 너무 심하지 않아야 한다.

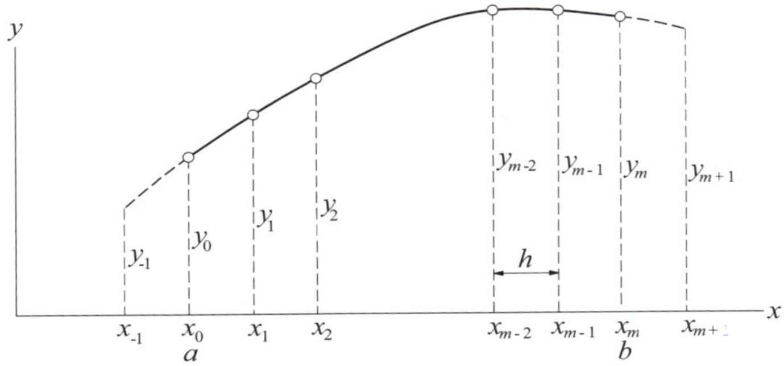

그림 8.1 Finite difference mesh.

2차 미분방정식

다음의 2차 미분방정식과 경계 조건을 고려한다.

$$y'' = f(x, y, y')$$

$$y(a) = \alpha \quad \text{또는} \quad y'(a) = \alpha$$

$$y(b) = \beta \quad \text{또는} \quad y'(b) = \beta$$

유한차분으로 절점에서의 미분을 근사하면 문제는 다음과 같이 된다.

$$\frac{y_{i-1} - 2y_i + y_{i+1}}{h^2} = f\left(x_i, y_i, \frac{y_{i+1} - y_{i-1}}{2h}\right), \quad i = 0, 1, \ldots, m \tag{8.9}$$

$$y_0 = \alpha \quad \text{또는} \quad \frac{y_1 - y_{-1}}{2h} = \alpha \tag{8.10a}$$

$$y_m = \beta \quad \text{또는} \quad \frac{y_{m+1} - y_{m-1}}{2h} = \beta \tag{8.10b}$$

해석 영역 (a, b)의 외부 점에 해당하는 해 y_{-1}과 y_{m+1}이 식에 존재한다. 경계 조건을 사용하여 이 외부 점을 제거할 수 있다. 이것을 하기 전에 식 (8.9)를 다음과 같이 다시 쓴다.

$$y_{-1} - 2y_0 + y_1 - h^2 f\left(x_0, y_0, \frac{y_1 - y_{-1}}{2h}\right) = 0 \tag{a}$$

$$y_{i-1} - 2y_i + y_{i+1} - h^2 f\left(x_i, y_i, \frac{y_{i+1} - y_{i-1}}{2h}\right) = 0, \quad i = 1, 2, \ldots, m-1 \tag{b}$$

$$y_{m-1} - 2y_m + y_{m+1} - h^2 f\left(x_m, y_m, \frac{y_{m+1} - y_{m-1}}{2h}\right) = 0 \tag{c}$$

y에 대한 경계 조건은 다음과 같이 쉽게 처리된다. 식 (a)는 단순히 $y_0 - \alpha = 0$로 대체되고 식 (c)에서는 $y_m - \beta = 0$으로 대체된다. 경계조건이 y'에 대해 주어져 있으면 식 (8.10)으로부터 $y_{-1} = y_1 - 2h\alpha$과 $y_{m+1} = y_{m-1} + 2h\beta$을 얻을 수 있으며 이를 식 (a)와 식 (c)에 대입하면 된다. 그러면 다음과 같은 미지수 $y_0, y_1, \ldots, y_m$에 대한 $m+1$개의 식이 된다.

$$\left.\begin{array}{ll} y_0 - \alpha = 0 & \text{if } y(a) = \alpha \\ -2y_0 + 2y_1 - h^2 f(x_0, y_0, \alpha) - 2h\alpha = 0 & \text{if } y'(a) = \alpha \end{array}\right\} \tag{8.11a}$$

$$y_{i-1} - 2y_i + y_{i+1} - h^2 f\left(x_i, y_i, \frac{y_{i+1} - y_{i-1}}{2h}\right) = 0 \quad i = 1, 2, \ldots, m-1 \tag{8.11b}$$

$$\left.\begin{array}{ll} y_m - \beta = 0 & \text{if } y(b) = \beta \\ 2y_{m-1} - 2y_m - h^2 f(x_m, y_m, \beta) + 2h\beta = 0 & \text{if } y'(b) = \beta \end{array}\right\} \tag{8.11c}$$

예제 8.6

다음의 선형 미분방정식에 대하여 $m = 10$으로 식 (8.11)을 다시 쓰시오.

$$y'' = -4y + 4x \qquad y(0) = 0 \qquad y'(\pi/2) = 0$$

프로그램을 사용하여 이 연립방정식의 해를 구하시오.

풀이

이 경우는 $\alpha = y(0) = 0$, $\beta = y'(\pi/2) = 0$, $f(x, y, y') = -4y + 4x$이다. 따라서 식 (8.11)은 다음과 같이 된다.

$$\begin{aligned} y_0 &= 0 \\ y_{i-1} - 2y_i + y_{i+1} - h^2(-4y_i + 4x_i) &= 0, \quad i = 1, 2, \ldots, m-1 \\ 2y_9 - 2y_{10} - h^2(-4y_{10} + 4x_{10}) &= 0 \end{aligned}$$

행렬식으로 표현하면 다음과 같다.

$$\begin{bmatrix} 1 & 0 & & & \\ 1 & -2+4h^2 & 1 & & \\ & \ddots & \ddots & \ddots & \\ & & 1 & -2+4h^2 & 1 \\ & & & 2 & -2+4h^2 \end{bmatrix} \begin{bmatrix} y_0 \\ y_1 \\ \vdots \\ y_{m-1} \\ y_m \end{bmatrix} = \begin{bmatrix} 0 \\ 4h^2 x_1 \\ \vdots \\ 4h^2 x_{m-1} \\ 4h^2 x_m \end{bmatrix}$$

계수 행렬은 3중대각형이므로 2.4절에 설명된 모듈 LUdecomp3의 분해 및 후진대입법으로 방정식을 효율적으로 풀 수 있습니다. LUdecomp3에서 계수 행렬의 대각선이 벡터 **c**, **d** 및 **e**에 저장되어 있음을 상기하면 다음 프로그램에 도달한다.

```
#!/usr/bin/python
## example8_6
import numpy as np
from LUdecomp3 import *
import math

def equations(x,h,m):      # Set up finite difference eqs.
    h2 = h*h
    d = np.ones(m + 1)* (-2.0 + 4.0*h2)
    c = np.ones(m)
    e = np.ones(m)
    b = np.ones(m+1)*4.0*h2*x
    d[0] = 1.0
    e[0]   = 0.0
    b[0]  =  0.0
    c[m-1] = 2.0
    return c,d,e,b

xStart = 0.0              # x at left end
xStop = math.pi/2.0       # x at right end
m =10                     # Number of mesh spaces
h = (xStop - xStart)/m
x = np.arange(xStart,xStop + h,h)
c,d,e,b = equations(x,h,m)
c,d,e = LUdecomp3(c,d,e)
y = LUsolve3(c,d,e,b)
print("\nxy")
for i in range(m+1):
    print('{:14.5e} {:14.5e}'.format(x[i],y[i]))
input("\nPress return to exit")
```

출력은 다음과 같다.

```
      x             y
0.00000e+00   0.00000e+00
1.57080e-01   3.14173e-01
3.14159e-01   6.12841e-01
4.71239e-01   8.82030e-01
6.28319e-01   1.11068e+00
7.85398e-01   1.29172e+00
9.42478e-01   1.42278e+00
```

```
1.09956e+00   1.50645e+00
1.25664e+00   1.54995e+00
1.41372e+00   1.56451e+00
1.57080e+00   1.56418e+00
```

문제에 대한 해석해는 다음과 같으며 $y(\pi/2) = \pi/2 = 1.57080$이다.

$$y = x - \sin 2x$$

따라서 이 경우 오차는 약 0.4%이다. 더 정확한 결과는 m을 증가시킴으로써 얻을 수 있다. 예를 들어 $m = 100$ 경우 $y(\pi/2) = 1.57073$을 얻을 수 있으며 이 때의 오차는 0.0002%이다.

예제 8.7

다음의 미분방정식의 해를 유한차분법으로 구하시오. $m = 10$을 사용하고 예제 8.1의 사격법의 결과와 비교하시오.

$$y'' = -3yy' \qquad y(0) = 0 \qquad y(2) = 1$$

풀이

이 문제는 비선형이기 때문에 식 (8.11)은 Newton-Raphson 법으로 해결해야한다. 다음에 나열된 프로그램은 다른 2차 경계값 문제에 대한 모델로 사용될 수 있다. 함수 `residual(y)`는 유한차분식의 잔차를 반환하며 이는 식 (8.11)의 좌변에 해당한다. 미분방정식 $y'' = f(x, y, y')$는 함수 `F(x,y,yPrime)`에 정의된다. 이 문제에서 초기해로 $y_i = 0.5x_i$를 선택했는데, 이는예제 8.1에서 y에 대한 대략의 그림에 표시된 점선에 해당한다. $y_0, y_1, \ldots, y_m$의 시작값은 `startSoln(x)` 함수로 지정된다. Newton-Raphson 법의 수렴 기준은 유한차분법의 절단오차를 감안하여 1.0×10^{-5}로 완화했다.

```
#!/usr/bin/python
## example8_7
import numpy as np
from newtonRaphson2 import *

def residual(y):      # Residuals of finite diff. Eqs. (8.11)
    r = np.zeros(m + 1)
    r[0] = y[0]
    r[m] = y[m] - 1.0
    for i in range(1,m):
```

```
        r[i] = y[i-1] - 2.0  y[i] + y[i+1]\
             - h*h*F(x[i], y[i], (y[i+1] - y[i-1])/(2.0*h))
    return r

def F(x,y,yPrime):    # Differential eqn. y" = F(x,y,y')
    F = -3.0*y*yPrime
    return F

def startSoln(x):     # Starting solution y(x)
    y = np.zeros(m + 1)
    for i in range(m + 1):   y[i] = 0.5* x[i]
    return y

xStart = 0.0          # x at left end
xStop = 2.0           # x at right end
m = 10                # Number of mesh intervals
h = (xStop - xStart)/m
x = np.arange(xStart,xStop + h,h)
y = newtonRaphson2(residual, startSoln(x), 1.0e-5)
print("\n        x              y")
for i in range(m + 1):
    print(f"{x[i]:14.5e} {y[i]:14.5e}")
input("\nPress return to exit")
```

본 프로그램의 결과에 대한 출력과 예제 8.1의 결과를 비교하면 다음과 같다.

```
       x             y          y from Ex. 8.1
0.00000e+000   0.00000e+000   0.00000e+000
2.00000e-001   3.02404e-001   2.94050e-001
4.00000e-001   5.54503e-001   5.41710e-001
6.00000e-001   7.34691e-001   7.21875e-001
8.00000e-001   8.49794e-001   8.39446e-001
1.00000e+000   9.18132e-001   9.10824e-001
1.20000e+000   9.56953e-001   9.52274e-001
1.40000e+000   9.78457e-001   9.75724e-001
1.60000e+000   9.90201e-001   9.88796e-001
1.80000e+000   9.96566e-001   9.96023e-001
2.00000e+000   1.00000e+000   1.00000e+000
```

두 가지 해의 최대 불일치는 $x = 0.6$에서 발생하는 1.8%이다. 예제 8.1에 사용된 사격법이 유한차분법보다 훨씬 정확하기 때문에 이 불일치는 유한차분법의 절단오차로 인함일 수 있다. 이 오차는 많은 엔지니어링에서 허용되는 정도이다. 더 미세한 절점을 사용하면 정확도를 높일 수 있다. $m = 100$을 사용하면 오차를 0.07%로 줄일 수 있지만 계산 시간이

10배 증가하므로 이 시간 증가가 추가 정밀도 확보를 위해 가치가 있는지 판단해야 한다.

4차 미분방정식

간결하게 4차 미분방정식을 설명하기 위해 y'와 y'''이 미분방정식에 명시적으로 나타나지 않는 다음과 같은 특별한 경우로 제한한다.

$$y^{(4)} = f(x, y, y'')$$

두 개의 경계 조건이 해석 영역 (a, b)의 각 끝에 규정되어 있다고 가정한다. 이와 같은 형식의 문제는 일반적으로 보 이론에서 발생한다.

해석 영역을 각각 길이가 h의 m개의 등간격으로 나눈다. 절점에서 유한 차분으로 y의 미분값을 대치하면 다음과 같은 유한차분식을 얻는다.

$$\frac{y_{i-2} - 4y_{i-1} + 6y_i - 4y_{i+1} + y_{i+2}}{h^4} = f\left(x_i, y_i, \frac{y_{i-1} - 2y_i + y_{i+1}}{h^2}\right) \tag{8.12}$$

이 식에서 $i = 0, 1, ..., m$이다. 이 방정식을 더 분명하게 하면 다음과 같다.

$$y_{-2} - 4y_{-1} + 6y_0 - 4y_1 + y_2 - h^4 f\left(x_0, y_0, \frac{y_{-1} - 2y_0 + y_1}{h^2}\right) = 0 \tag{8.13a}$$

$$y_{-1} - 4y_0 + 6y_1 - 4y_2 + y_3 - h^4 f\left(x_1, y_1, \frac{y_0 - 2y_1 + y_2}{h^2}\right) = 0 \tag{8.13b}$$

$$y_0 - 4y_1 + 6y_2 - 4y_3 + y_4 - h^4 f\left(x_2, y_2, \frac{y_1 - 2y_2 + y_3}{h^2}\right) = 0 \tag{8.13c}$$

$$\vdots$$

$$y_{m-3} - 4y_{m-2} + 6y_{m-1} - 4y_m + y_{m+1} - h^4 f\left(x_{m-1}, y_{m-1}, \frac{y_{m-2} - 2y_{m-1} + y_m}{h^2}\right) = \tag{8.13d}$$

$$y_{m-2} - 4y_{m-1} + 6y_m - 4y_{m+1} + y_{m+2} - h^4 f\left(x_m, y_m, \frac{y_{m-1} - 2y_m + y_{m+1}}{h^2}\right) = 0 \tag{8.13e}$$

이 식에는 해석 영역 밖에 있는 4개의 미지수 $-y_{-2}, y_{-1}, y_{m+1}, y_{m+2}-$가 있으며 이것들은 경계 조건을 사용하여 제거해야 한다. 표 8.1을 참조하면 해석 영역 밖의 미지수를 제거하기가 용이하다.

표 8.1 Finite difference approximations for boundary conditions.

경계 조건	해당 유한차분 표현
$y(a)=\alpha$	$y_0=\alpha$
$y'(a)=\alpha$	$y_{-1}=y_1-2h\alpha$
$y''(a)=\alpha$	$y_{-1}=2y_0-y_1+h^2\alpha$
$y'''(a)=\alpha$	$y_{-2}=2y_{-1}-2y_1+y_2-2h^3\alpha$
$y(b)=\beta$	$y_m=\beta$
$y'(b)=\beta$	$y_{m+1}=y_{m-1}+2h\beta$
$y''(b)=\beta$	$y_{m+1}=2y_m-y_{m-1}+h^2\beta$
$y'''(b)=\beta$	$y_{m+2}=2y_{m+1}-2y_{m-1}+y_{m-2}+2h^3\beta$

날카로운 관찰자는 경계 조건의 일부 조합이 해석 영역 밖의 미지수를 제거하는 데 효과가 없다는 것을 알 수 있을 것이다. 그러한 조합 중 하나는 $y(a)=\alpha_1$과 $y'''(a)=\alpha_2$이다. 또 다른 경우는 $y'(a)=\alpha_1$과 $y''(a)=\alpha_2$이다. 보 이론의 맥락에서 이것은 의미가 있다. 한 지점에서 변위 y 또는 전단력 EIy'''를 부과할 수 있지만 두 가지를 동시에 가하는 것은 불가능하다. 마찬가지로 동일한 지점에서 기울기 y'과 굽힘 모멘트 EIy''를 동시에 규정하는 것은 물리적 의미가 없다.

예제 8.8

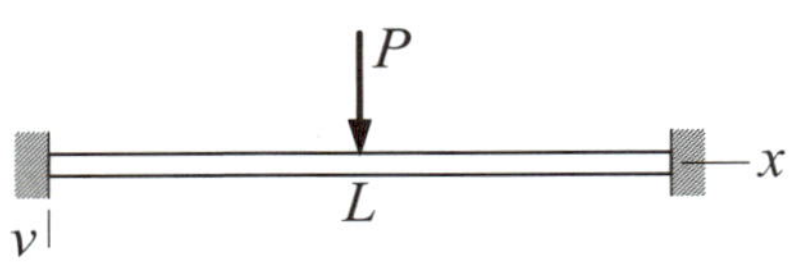

길이가 L이고 굽힘강성이 EI인 균일한 보가 양 끝단에 고정지지(fixed support) 되어 있다. 보는 중간점에서 집중 하중 P를 받고 있다. 보의 대칭성을 사용하고 빔의 왼쪽 절반 만 모델링하면 다음의 경계값문제를 해결하여 변위 v를 얻을 수 있다.

$$EI\frac{d^4v}{dx^4}=0$$

$$v|_{x=0}=0 \qquad \left.\frac{dv}{dx}\right|_{x=0}=0 \qquad \left.\frac{dv}{dx}\right|_{x=L/2}=0 \qquad EI\left.\frac{d^3v}{dx^3}\right|_{x=L/2}=-P/2$$

유한차분법을 사용하여 스팬 중간점에서 변위 v 및 굽힘모멘트 $M=-EI\ d^2v/dx^2$을 구하시오. (정확한 해석값은 $v=PL^3/(192EI)$이고 $M=PL/8$이다).

풀이

다음과 같은 무차원수를 도입한다.

$$\xi = \frac{x}{L} \qquad y = \frac{EI}{PL^3}v$$

그러면 미분방정식과 경계 조건은 다음과 같이 변환된다.

$$\frac{d^4y}{d\xi^4} = 0$$

$$y|_{\xi=0} = 0 \qquad \left.\frac{dy}{d\xi}\right|_{\xi=0} = 0 \qquad \left.\frac{dy}{d\xi}\right|_{\xi=1/2} = 0 \qquad \left.\frac{d^3y}{d\xi^3}\right|_{\xi=1/2} = -\frac{1}{2}$$

변환된 미분방정식에 대하여 경계 조건을 고려하여 식 (8.13)을 작성한다. 표 8.1을 참조하면, 왼쪽 끝에서의 경계 조건의 유한차분 표현은 $y_0 = 0$과 $y_{-1} = y_1$이다. 따라서 식 (8.13a), (8.13b), (8.13c)는 다음과 같이 된다.

$$y_0 = 0 \tag{a}$$

$$-4y_0 + 7y_1 - 4y_2 + y_3 = 0 \tag{b}$$

$$y_0 - 4y_1 + 6y_2 - 4y_3 + y_4 = 0 \tag{c}$$

오른쪽 끝에서 경계 조건은 $y_{m+1} = y_{m-1}$이므로 다음 식이 성립한다.

$$y_{m+2} = 2y_{m+1} + y_{m-2} - 2y_{m-1} + 2h^3(-1/2) = y_{m-2} - h^3$$

식 (8.13d)와 (8.13e)에 대입하면 다음과 같다.

$$y_{m-3} - 4y_{m-2} + 7y_{m-1} - 4y_m = 0 \tag{d}$$

$$2y_{m-2} - 8y_{m-1} + 6y_m = h^3 \tag{e}$$

식 (a)−(e)의 계수 행렬은 식 (e)를 2로 나누어 대칭적으로 만들 수 있으며 그 결과는 다음과 같다.

$$\begin{bmatrix} 1 & 0 & 0 & & & & \\ 0 & 7 & -4 & 1 & & & \\ 0 & -4 & 6 & -4 & 1 & & \\ & \ddots & \ddots & \ddots & \ddots & \ddots & \\ & & 1 & -4 & 6 & -4 & 1 \\ & & & 1 & -4 & 7 & -4 \\ & & & & 1 & -4 & 3 \end{bmatrix} \begin{bmatrix} y_0 \\ y_1 \\ y_2 \\ \vdots \\ y_{m-2} \\ y_{m-1} \\ y_m \end{bmatrix} = \begin{bmatrix} 0 \\ 0 \\ 0 \\ \vdots \\ 0 \\ 0 \\ 0.5h^3 \end{bmatrix}$$

이 연립방정식은 모듈 LUdecomp5를 사용한 분해 및 후진대입법으로 해를 구할 수 있다(2.4절 참조). LUdecomp5는 행렬의 위쪽 절반의 대각선을 형성하는 벡터 **d**, **e** 및 **f**로 작동한다. 우변 상수 벡터는 **b**로 표시된다. 방정식을 푸는 프로그램은 다음과 같다.

```
#!/usr/bin/python
## example8_8
import numpy as np
from LUdecomp5 import *

def equations(x,h,m):      # Set up finite difference eqs.
    h4 = h**4
    d = np.ones(m + 1)*6.0
    e = np.ones(m)*(-4.0)
    f = np.ones(m-1)
    b = np.zeros(m+1)
    d[0] = 1.0
    d[1] = 7.0
    e[0] = 0.0
    f[0] = 0.0
    d[m-1] = 7.0
    d[m] = 3.0
    b[m] = 0.5*h**3
    return d,e,f,b

xStart = 0.0      # x at left end
xStop = 0.5       # x at right end
m = 20            # Number of mesh spaces
h = (xStop - xStart)/m
x = np.arange(xStart,xStop + h,h)
d,e,f,b = equations(x,h,m)
d,e,f = LUdecomp5(d,e,f)
y = LUsolve5(d,e,f,b)
print('\n        x              y' )
print('{:14.5e} {:14.5e}'.format(x[m-1],y[m-1]))
print('{:14.5e} {:14.5e}'.format(x[m],y[m]))
input("\nPress return to exit")
```

프로그램을 $m = 20$으로 실행하여 결과의 마지막 두 줄만 출력했다.

```
     x              y
4.75000e-01    5.19531e-03
5.00000e-01    5.23438e-03
```

보의 스팬 중간점에서의 값은 다음과 같다.

$$v|_{x=0.5L} = \frac{PL^3}{EI}y|_{\xi=0.5} = 5.234\,38 \times 10^{-3}\frac{PL^3}{EI}$$

$$\left.\frac{d^2v}{dx^2}\right|_{x=0.5L} = \frac{PL^3}{EI}\left(\frac{1}{L^2}\left.\frac{d^2y}{d\xi^2}\right|_{\xi=0.5}\right) \approx \frac{PL}{EI}\frac{y_{m-1}-2y_m+y_{m+1}}{h^2}$$

$$= \frac{PL}{EI}\frac{(5.19531-2(5.23438)+5.19531)\times 10^{-3}}{0.025^2}$$

$$= -0.125\,024\frac{PL}{EI}$$

$$M|_{x=0.5L} = -EI\left.\frac{d^2v}{dx^2}\right|_{\xi=0.5} = 0.125\,024\,PL$$

비교를 위해 정확한 해석해를 나타내면 다음과 같다.

$$v|_{x=0.5L} = 5.208\,33\times 10^{-3}\frac{PL^3}{EI}$$
$$M|_{x=0.5L} = = 0.125\,000\,PL$$

연습 문제 8.2

1−5 중심차분법을 사용하여 다음의 경계값 문제를 연립방정식 $\mathbf{Ay} = \mathbf{b}$ 형태로 변환하시오.

6−10 $m = 20$을 사용하여 유한차분법으로 주어진 경계값 문제의 해를 구하시오.

1. $y'' = (2+x)y$, $y(0) = 0$, $y'(1) = 5$.
2. $y'' = y + x^2$, $y(0) = 0$, $y(1) = 1$.
3. $y'' = e^{-x}y'$, $y(0) = 1$, $y(1) = 0$.
4. $y(4) = y'' - y$, $y(0) = 0$, $y'(0) = 1$, $y(1) = 0$, $y'(1) = -1$.
5. $y(4) = -9y + x$, $y(0) = y''(0) = 0$, $y'(1) = y'''(1) = 0$.
6. $y'' = xy$, $y(1) = 1.5$, $y(2) = 3$.
7. ■ $y'' + 2y' + y = 0$, $y(0) = 0$, $y(1) = 1$. 해석해는 $y = xe^{1-x}$.
8. ■ $x2y'' + xy' + y = 0$, $y(1) = 0$, $y(2) = 0.638961$. 해석해는 $y = \sin(\ln x)$.
9. ■ $y'' = y^2\sin y$, $y'(0) = 0$, $y(\pi) = 1$.

10. ■ $y'' + 2y(2xy' + y) = 0$, $y(0) = 1/2$, $y'(1) = -2/9$. 해석해는 $y = (2 + x^2)^{-1}$.

11. ■

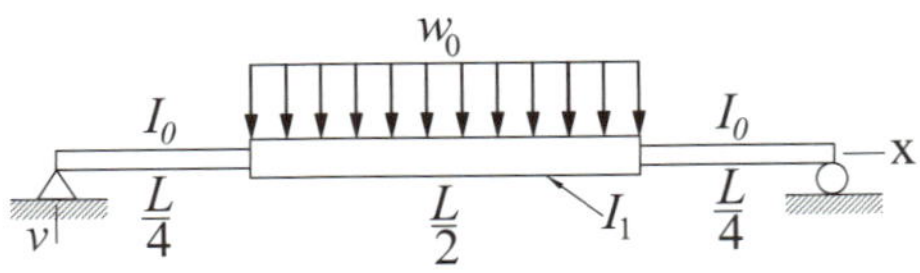

그림과 같은 단순지지보가 단면적의 관성모멘트가 I_0와 I_1인 세 부분으로 구성되어 있다. 균일분포 하중 w_0가 보의 중간 부분에 작용한다. 보의 왼쪽 절반 만 모델링하면 변위 v에 대한 미분방정식

$$\frac{d^2v}{dx^2} = -\frac{M}{EI}$$

는 다음과 같다.

$$\frac{d^2v}{dx^2} = -\frac{w_0L^2}{4EI_0} \times \begin{cases} \dfrac{x}{L} & \text{in } 0 < x < \dfrac{L}{4} \\ \dfrac{I_0}{I_1}\left[\dfrac{x}{L} - 2\left(\dfrac{x}{L} - \dfrac{1}{4}\right)^2\right] & \text{in } \dfrac{L}{4} < x < \dfrac{L}{2} \end{cases}$$

다음과 같은 무차원수를 도입한다.

$$\xi = \frac{x}{L} \qquad y = \frac{EI_0}{w_0L^4}v \qquad \gamma = \frac{I_1}{I_0}$$

그러면 미분방정식과 경계 조건은 다음과 같이 변환된다.

$$\frac{d^2y}{d\xi^2} = \begin{cases} -\dfrac{1}{4}\xi & \text{in } 0 < \xi < \dfrac{1}{4} \\ -\dfrac{1}{4\gamma}\left[\xi - 2\left(\xi - \dfrac{1}{4}\right)^2\right] & \text{in } \dfrac{1}{4} < \xi < \dfrac{1}{2} \end{cases}$$

$$y|_{\xi=0} = \left.\frac{d^2y}{d\xi^2}\right|_{\xi=0} = \left.\frac{dy}{d\xi}\right|_{\xi=1/2} = \left.\frac{d^3y}{d\xi^3}\right|_{\xi=1/2} = 0$$

$m = 20$, $\gamma = 1.5$를 사용하여 유한차분법으로 보의 최대 변위를 결정하고 다음의 해석해와 비교하시오.

$$v_{\max} = \frac{61}{9216}\frac{w_0L^4}{EI_0}$$

12. ■

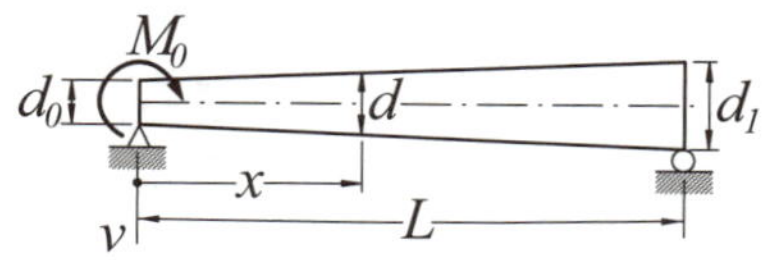

그림에서 보인 테이퍼진 단순지지보의 단면은 원형이다. 보의 왼쪽 끝에 모멘트 M_0가 작용한다. 변위 v에 대한 미분방정식은 다음과 같다.

$$\frac{d^2v}{dx^2} = -\frac{M}{EI} = -\frac{M_0(1-x/L)}{EI_0(d/d_0)^4}$$

임의의 위치 x에서 보의 직경 d와 원형 단면에 대한 단면적의 관성모멘트(Area moment of inertia)는 다음과 같다.

$$d = d_0\left[1 + \left(\frac{d_1}{d_0} - 1\right)\frac{x}{L}\right] \qquad I_0 = \frac{\pi d_0^4}{64}$$

다음과 같은 표기법을 도입한다.

$$\xi = \frac{x}{L} \qquad y = \frac{EI_0}{M_0L^2}v \qquad \delta = \frac{d_1}{d_0}$$

그러면 미분방정식과 경계 조건은 다음과 같이 변환된다.

$$\frac{d^2y}{d\xi^2} = -\frac{1-\xi}{[1+(\delta-1)\xi]^4}$$

$$y|_{\xi=0} = \left.\frac{d^2y}{dx^2}\right|_{\xi=0} = y|_{\xi=1} = \left.\frac{d^2y}{dx^2}\right|_{\xi=1} = 0$$

$\delta = 1.5$, $m = 20$을 사용하여 유한차분법으로 해를 구하고 ξ에 대한 y를 그림으로 나타내시오. 이 문제의 해석해는 다음과 같다.

$$y = -\frac{(3 + 2\delta\xi - 3\xi)\xi^2}{6(1 + \delta\xi - \xi^2)} + \frac{1}{3\delta}$$

13. ■ 예제 8.4를 $m = 20$을 사용하여 유한차분법으로 해를 구하시오. 힌트 : 표 5.3의 중심차분이 아닌 방법으로 끝에서의 경사를 계산하시오.

14. ■ 연습 문제 8.1의 문제 20의 해를 $m = 20$을 사용하여 유한차분법으로 구하시오.

15. ■

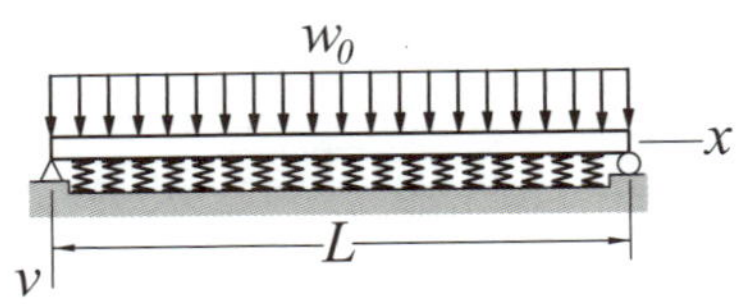

길이 L의 단순지지보가 강성 탄성 계수가 k N/m^2 기초 위에 놓여 있다. 균일 분포 하중 w_0 N/m으로 인한 빔의 변위 v는 다음의 경계값 문제의 해이다.

$$EI\frac{d^4v}{dx^4}+kv=w_0,\quad v|_{x=0}=\left.\frac{d^2y}{dx^2}\right|_{x=0}=v|_{x=L}=\left.\frac{d^2v}{dx^2}\right|_{x=L}=0$$

무차원 수를 사용하여 표현하면 다음과 같다.

$$\frac{d^2y}{d\xi^4}+\gamma y=1,\quad y|_{\xi=0}=\left.\frac{d^2y}{dx^2}\right|_{\xi-0}=y|_{\xi=1}=\left.\frac{d^2y}{dx^2}\right|_{\xi=1}=0$$

이 식에 사용된 무차우너 수는 다음과 같다.

$$\xi=\frac{x}{L}\qquad y=\frac{EI}{w_0L^4}v\qquad \gamma=\frac{kL^4}{EI}$$

$\gamma=10^5$을 사용하여 유한차분법으로 해를 구하고 ξ에 대한 y를 그림으로 나타내시오.

16. ■ 문제 15에서 보의 끝이 자유롭고 하중이 빔의 중간 절반에만 작용하는 경우의 해를 구하시오. 보의 왼쪽 절반만 고려하면 이 문제의 무차원수에 대한 형태는 다음과 같다.

$$\frac{d^4y}{d\xi^4}+\gamma y=\begin{cases}0 & \text{in } 0<\xi<1/4\\ 1 & \text{in } 1/4<\xi<1/2\end{cases}$$

$$\left.\frac{d^2y}{d\xi^2}\right|_{\xi=0}=\left.\frac{d^3y}{d\xi^3}\right|_{\xi=0}=\left.\frac{dy}{d\xi}\right|_{\xi=1/2}=\left.\frac{d^3y}{d\xi^3}\right|_{\xi=1/2}=0$$

17. ■ 선형 2차 경계값 문제의 일반적인 형태는 다음과 같다.

$$y''=r(x)+s(x)y+t(x)y'$$

$$y(a)=\alpha \text{ 또는 } y'(a)=\alpha$$

$$y(b)=\beta \text{ 또는 } y'(b)=\beta$$

사용자 지정하는 임의의 $r(x)$, $s(x)$, $t(x)$에 대해서 유한차분법으로 이 문제의 해를 구할 수 있는 프로그램을 작성하시오. 문제 8을 풀어서 프로그램의 적절성을 확인하시오.

18. ■

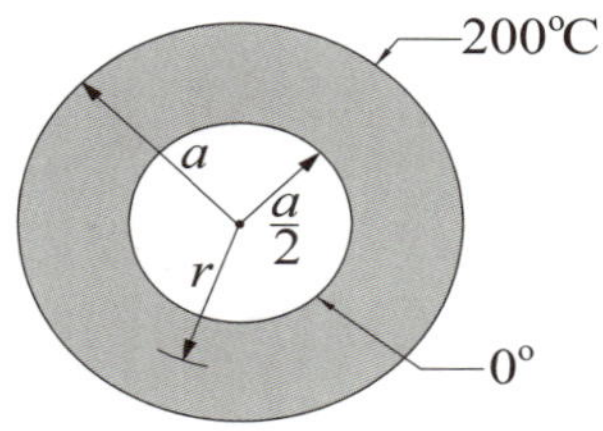

두꺼운 실린더가 온도 0℃인 유체를 전달한다. 동시에 실린더를 200℃로 유지된 욕조에 담근다. 실린더에서 정상 상태의 열전도를 지배하는 미분방정식과 경계 조건은 다음과 같다.

$$\frac{d^2T}{dr^2} = -\frac{1}{r}\frac{dT}{dr} \qquad T|_{r=a/2} = 0 \qquad T|_{r=a} = 200^\circ \text{ C}$$

이 식에서 T는 온도이다. 유한차분법으로 실린더 두께를에 대한 온도 분포를 구하고 다음의 해석해와 비교하시오.

$$T = 200\left(1 - \frac{\ln r/a}{\ln 0.5}\right)$$

9 대칭 행렬의 고유값 문제

$\mathbf{Ax} = \lambda\mathbf{x}$의 0이 아닌 해에 대한 λ 찾기

9.1 서론

행렬 고유값 문제의 **표준 형식**은 다음과 같다.

$$\mathbf{Ax} = \lambda\mathbf{x} \tag{9.1}$$

여기서 $\mathbf{A}$는 $n \times n$ 행렬이다. 문제는 스칼라 λ와 벡터 $\mathbf{x}$를 결정하는 것이다. 식 (9.1)을 다시 쓰면 다음과 같다.

$$(\mathbf{A} - \lambda\mathbf{I})\,\mathbf{x} = \mathbf{0} \tag{9.2}$$

우리는 n개의 동차방정식(homogeneous equations)을 다루는 것이 된다. 자명해(trivial solution)는 $\mathbf{x} = 0$이며, 다음과 같이 행렬식이 0인 경우 비자명해(nontrivial solution)가 존재한다.

$$|\mathbf{A} - \lambda\mathbf{I}| = \mathbf{0} \tag{9.3}$$

행렬식을 다항식으로 전개하면 특성방정식을 얻을 수 있다.

$$a_0 + a_1\lambda + a_2\lambda^2 + \cdots + a_n\lambda^n = 0$$

방정식의 해는 λ_i, $i = 1, 2, ..., n$로 행렬 $\mathbf{A}$의 고유값이라고 한다. $(\mathbf{A} - \lambda_i\mathbf{I})\mathbf{x} = 0$의 해인 $\mathbf{x}_i$를 고유벡터라고 한다. 예를 들어 다음과 같은 행렬을 고려하자.

$$\mathbf{A} = \begin{bmatrix} 1 & -1 & 0 \\ -1 & 2 & -1 \\ 0 & -1 & 1 \end{bmatrix} \tag{a}$$

특성방정식은 다음과 같다.

$$|\mathbf{A}-\lambda\mathbf{I}| = \begin{vmatrix} 1-\lambda & -1 & 0 \\ -1 & 2-\lambda & -1 \\ 0 & -1 & 1-\lambda \end{vmatrix} = -3\lambda + 4\lambda^2 - \lambda^3 = 0 \tag{b}$$

방정식의 해는 $\lambda_1 = 0$, $\lambda_2 = 1$, $\lambda_3 = 3$이다. λ_3에 대응하는 고유벡터를 계산하면 다음과 같다.

$$\begin{bmatrix} -2 & -1 & 0 \\ -1 & -1 & -1 \\ 0 & -1 & -2 \end{bmatrix} \begin{bmatrix} x_1 \\ x_2 \\ x_3 \end{bmatrix} = \begin{bmatrix} 0 \\ 0 \\ 0 \end{bmatrix} \tag{c}$$

계수로 이루어진 행렬식의 값이 0이므로 방정식은 선형적으로 독립이지 않다. 따라서 $\mathbf{x}$ 요소 하나에 임의의 값을 할당하고 나머지 2개 요소에 대해 계산한다. $x_1 = 1$로 하고 식 (c)의 첫번째 식을 풀면 $x_2 = -2$가 되며, 세번째 식에서 $x_3 = 1$이 된다. 따라서 λ_3에 대한 고유벡터는 다음과 같다.

$$\mathbf{x}_3 = \begin{bmatrix} 1 \\ -2 \\ 1 \end{bmatrix}$$

다른 두 고유벡터도 비슷하게 다음과 같이 계산된다.

$$\mathbf{x}_2 = \begin{bmatrix} 1 \\ 0 \\ -1 \end{bmatrix} \qquad \mathbf{x}_1 = \begin{bmatrix} 1 \\ 1 \\ 1 \end{bmatrix}$$

때로는 고유벡터를 하나의 행렬 $\mathbf{X}$의 열로 합쳐서 표기하는데, 이러한 행렬은 다음과 같다.

$$\mathbf{X} = \begin{bmatrix} \mathbf{x}_1 & \mathbf{x}_2 & \mathbf{x}_3 \end{bmatrix} = \begin{bmatrix} 1 & 1 & 1 \\ 1 & 0 & -2 \\ 1 & -1 & 1 \end{bmatrix}$$

이 문제에서 고유 벡터의 크기는 중요하지 않다는 것이 명확한데, 단지 식 (9.2)에서 계산된 방향만을 나타낸다. 각 벡터의 크기를 1로 만들어서 고유벡터를 정규화 하는 것이 일반적인데, 이 예제에서 정규화된 고유벡터는 다음과 같다.

$$\mathbf{X} = \begin{bmatrix} 1/\sqrt{3} & 1/\sqrt{2} & 1/\sqrt{6} \\ 1/\sqrt{3} & 0 & -2/\sqrt{6} \\ 1/\sqrt{3} & -1/\sqrt{2} & 1/\sqrt{6} \end{bmatrix}$$

이 장에서 고유벡터는 정규화된 것으로 가정한다.

여기에서 증명 없이, 고유값과 고유 벡터에 대한 유용한 성질을 소개한다.

- 대칭 행렬의 고유값은 실수이다.
- 대칭이고 양정인 행렬의 고유값은 양의 실수이다.
- 대칭 행렬의 고유 벡터는 직교한다. $\mathbf{X}^T\mathbf{X} = \mathbf{I}$
- **A**의 고유값이 λ_i 이면, $\mathbf{A}^{-1}$의 고유값은 λ_i^{-1}이다.

통상 물리문제의 고유값 문제는 대칭행렬 **A**를 다루게 된다. 다행히 대칭행렬의 고유값 문제가 그렇지 않은 경우보다 풀기가 쉽다. (복소수의 고유값이 없기 때문에) 이 장에서는 대칭 행렬의 고유값과 고유벡터만을 다루는 것으로 하겠다.

고유값 문제가 발생하는 문제는 진동해석과 안정성 해석 문제로서 다음과 같은 특징을 가진다.

- 행렬이 크고 희소행렬이다. (또한 밴드 구조를 가진다.)
- 보통 고유값만이 필요하다. 고유벡터가 필요한 경우에도, 몇 개의 고유벡터만 필요하다.

고유값 계산 알고리즘은 계산량을 최소화하기 위해 이러한 특성을 사용할 수 있어야 하며, 필요한 값만을 계산할 수 있도록 유연해야 한다.

예제 9.1

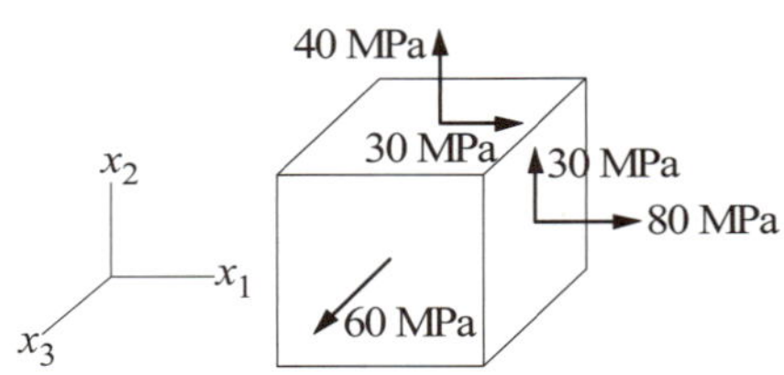

위와 같이 주어진 응력상태에서 응력 텐서는 다음과 같다.

$$\mathbf{S} = \begin{bmatrix} 80 & 30 & 0 \\ 30 & 40 & 0 \\ 0 & 0 & 60 \end{bmatrix} \text{MPa}$$

(각 행에 작용면에서의 응력 성분을 대입하였다.) **S**의 고유값은 주응력이 되며 고유 벡터는 주응력면에 수직인 벡터이다. 주응력과 고유벡터를 계산하시오.

풀이

$|\mathbf{S}-\lambda\mathbf{I}|=0$의 특성방정식은 다음과 같다.

$$\begin{vmatrix} 80-\lambda & 30 & 0 \\ 30 & 40-\lambda & 0 \\ 0 & 0 & 60-\lambda \end{vmatrix} = 0$$

행렬식을 전개하면 다음과 같다.

$$(60-\lambda)\,[(80-\lambda)(40-\lambda)-900]=0$$

$$(60-\lambda)\,(\lambda^2-120\lambda+2300)=0$$

주응력은 다음과 같이 계산된다.

$$\lambda_1 = 23.944\text{ MPa} \qquad \lambda_2 = 60\text{ MPa} \qquad \lambda_3 = 96.056\text{ MPa}$$

$(\mathbf{S}-\lambda_1\mathbf{I})\mathbf{x}=0$의 해로부터 첫번째 고유벡터는

$$\begin{bmatrix} 56.056 & 30.0 & 0 \\ 30.0 & 16.056 & 0 \\ 0 & 0 & 36.056 \end{bmatrix}\begin{bmatrix} x_1 \\ x_2 \\ x_3 \end{bmatrix} = \begin{bmatrix} 0 \\ 0 \\ 0 \end{bmatrix}$$

$x_1=1$로 정하면 $x_2=-56.056/30=-1.8685$, $x_3=0$이 된다. 이 고유벡터를 정규화하면 다음과 같다.

$$\mathbf{x}_1 = \begin{bmatrix} 0.4719 & -0.8817 & 0 \end{bmatrix}^T$$

두번째 고유벡터는 $(\mathbf{S}-\lambda_2\mathbf{I})\mathbf{x}=0$에서 얻을 수 있다.

$$\begin{bmatrix} 20 & 30 & 0 \\ 30 & -20 & 0 \\ 0 & 0 & 0 \end{bmatrix}\begin{bmatrix} x_1 \\ x_2 \\ x_3 \end{bmatrix} = \begin{bmatrix} 0 \\ 0 \\ 0 \end{bmatrix}$$

이 방정식의 해는 임의의 x_3에 대해서 $x_1=x_2=0$이다. $x_3=1$로 정하면 고유벡터는 다음과 같다.

$$\mathbf{x}_2 = \begin{bmatrix} 0 & 0 & 1 \end{bmatrix}^T$$

세번째 고유벡터는 $(\mathbf{S}-\lambda_3\mathbf{I})\mathbf{x}=0$를 풀어서 얻을 수 있다.

$$\begin{bmatrix} -16.056 & 30 & 0 \\ 30 & -56.056 & 0 \\ 0 & 0 & -36.056 \end{bmatrix} \begin{bmatrix} x_1 \\ x_2 \\ x_3 \end{bmatrix} = \begin{bmatrix} 0 \\ 0 \\ 0 \end{bmatrix}$$

$x_1 = 1$로 정하면 $x_2 = 16.056/30 = 0.5352$, $x_3 = 0$이 된다. 정규화하면 다음과 같다.

$$\mathbf{x}_3 = \begin{bmatrix} 0.8817 & 0.4719 & 0 \end{bmatrix}^T$$

9.2 Jacobi 방법

Jacobi 방법은 고유값과 고유벡터를 계산하는 상대적으로 간단한 반복법이다. 이 방법은 크기가 작은 행렬(50×50 이하)에만 적용이 가능한데, 행렬의 크기가 커질 경우 계산량은 급격하게 증가하기 때문이다. 이 방법의 장점은 강건함에 있는데, 실패하는 경우가 거의 없다.

유사 변환과 대각화

다음과 같은 표준 고유값 문제를 고려하자.

$$\mathbf{Ax} = \lambda\mathbf{x} \tag{9.4}$$

여기서 행렬 $\mathbf{A}$는 대칭이다. 다음과 같은 변환을 적용해 보자.

$$\mathbf{x} = \mathbf{Px}^* \tag{9.5}$$

여기서 $\mathbf{P}$는 역행렬이 존재하는 정칙행렬이다. 식 (9.5)를 (9.4)에 대입하고 양변에 $\mathbf{P}^{-1}$을 곱해주면 다음과 같다.

$$\mathbf{P}^{-1}\mathbf{APx}^* = \lambda\mathbf{P}^{-1}\mathbf{Px}^*$$

또는

$$\mathbf{A}^*\mathbf{x}^* = \lambda\mathbf{x}^* \tag{9.6}$$

여기서 $\mathbf{A}^* = \mathbf{P}^{-1}\mathbf{AP}$이다. 변환 과정에서 λ가 이용되지 않았으므로, $\mathbf{A}$의 고유값은 마찬가지로 $\mathbf{A}^*$ 고유값이 된다. 같은 고유값을 가지는 행렬을 유사하다고 표현하며, 두 행렬 사이의 변환을 유사 변환이라고 말한다.

유사변환은 고유값 문제를 좀 더 풀기 쉬운 형태로 바꿀 때 자주 사용되는데, 행렬 $\mathbf{A}^*$를 대각화하는 행렬 **P**을 알고 있다고 가정해보자. 식 (9.6)은 다음과 같이 된다.

$$\begin{bmatrix} A^*_{11}-\lambda & 0 & \cdots & 0 \\ 0 & A^*_{22}-\lambda & \cdots & 0 \\ \vdots & \vdots & \ddots & \vdots \\ 0 & 0 & \cdots & A^*_{nn}-\lambda \end{bmatrix} \begin{bmatrix} x^*_1 \\ x^*_2 \\ \vdots \\ x^*_n \end{bmatrix} = \begin{bmatrix} 0 \\ 0 \\ \vdots \\ 0 \end{bmatrix}$$

이 때 해는 다음과 같다.

$$\lambda_1 = A^*_{11} \qquad \lambda_2 = A^*_{22} \quad \cdots \quad \lambda_n = A^*_{nn} \tag{9.7}$$

$$\mathbf{x}^*_1 = \begin{bmatrix} 1 \\ 0 \\ \vdots \\ 0 \end{bmatrix} \qquad \mathbf{x}^*_2 = \begin{bmatrix} 0 \\ 1 \\ \vdots \\ 0 \end{bmatrix} \quad \cdots \quad \mathbf{x}^*_n = \begin{bmatrix} 0 \\ 0 \\ \vdots \\ 1 \end{bmatrix}$$

그리고

$$\mathbf{X}^* = \begin{bmatrix} \mathbf{x}^*_1 & \mathbf{x}^*_2 & \cdots & \mathbf{x}^*_n \end{bmatrix} = \mathbf{I}$$

식 (9.5)에 의해서 **A**의 고유벡터는 다음과 같다.

$$\mathbf{X} = \mathbf{P}\mathbf{X}^* = \mathbf{P}\mathbf{I} = \mathbf{P} \tag{9.8}$$

따라서 변환 행렬 **P**은 **A**의 고유벡터를 포함하게 되고, **A**의 고유값은 **A***의 대각항이 된다.

Jacobi 회전

특별한 유사 변환 중 하나는 평면에서의 회전이다.

$$\mathbf{x} = \mathbf{R}\mathbf{x}^* \tag{9.9}$$

$$\mathbf{R} = \begin{array}{c} \begin{array}{cccccccc} & & k & & & \ell & & \end{array} \\ \begin{bmatrix} 1 & 0 & 0 & 0 & 0 & 0 & 0 & 0 \\ 0 & 1 & 0 & 0 & 0 & 0 & 0 & 0 \\ 0 & 0 & c & 0 & 0 & s & 0 & 0 \\ 0 & 0 & 0 & 1 & 0 & 0 & 0 & 0 \\ 0 & 0 & 0 & 0 & 1 & 0 & 0 & 0 \\ 0 & 0 & -s & 0 & 0 & c & 0 & 0 \\ 0 & 0 & 0 & 0 & 0 & 0 & 1 & 0 \\ 0 & 0 & 0 & 0 & 0 & 0 & 0 & 1 \end{bmatrix} \begin{array}{c} \\ \\ k \\ \\ \\ \ell \\ \\ \\ \end{array} \end{array} \tag{9.10}$$

은 Jacobi 회전 변환행렬이다. **R**은 단위 행렬을 회전각 θ에 대해 $c = \cos\theta$와 $s = \sin\theta$로 k, ℓ번째 대각항을 수정한 것이다. 회전 행렬은 다음과 같은 직교성을 가진다.

$$\mathbf{R}^{-1} = \mathbf{R}^T \tag{9.11}$$

직교성의 결과는 식 (9.5)의 변환이 벡터의 크기를 보존하는 회전 특성을 가진다는 것이다. 즉 $|\mathbf{x}| = |\mathbf{x}^*|$이 된다.

식 (9.9)의 회전에 의한 유사 변환은 다음과 같다.

$$\mathbf{A}^* = \mathbf{R}^{-1}\mathbf{A}\mathbf{R} = \mathbf{R}^T\mathbf{A}\mathbf{R} \tag{9.12}$$

행렬 $\mathbf{A}^*$는 **R**의 직교성과 대칭인 성질 때문에 원래의 행렬 **A**와 같은 고유값을 가진다. 식 (9.12)의 변환은 행렬 **A**의 k, ℓ번째 행과 열을 바꾸게 된다. 이 변화에 대한 식을 다음과 같다.

$$\begin{aligned}
A^*_{kk} &= c^2 A_{kk} + s^2 A_{\ell\ell} - 2csA_{k\ell} \\
A^*_{\ell\ell} &= c^2 A_{\ell\ell} + s^2 A_{kk} + 2csA_{k\ell} \\
A^*_{k\ell} &= A^*_{\ell k} = (c^2 - s^2)A_{k\ell} + cs(A_{kk} - A_{\ell\ell}) \\
A^*_{ki} &= A^*_{ik} = cA_{ki} - sA_{\ell i}, \quad i \neq k, \quad i \neq \ell \\
A^*_{\ell i} &= A^*_{i\ell} = cA_{\ell i} + sA_{ki}, \quad i \neq k, \quad i \neq \ell
\end{aligned} \tag{9.13}$$

Jacobi 대각화

Jacobi 회전 행렬에서 회전각 θ를 $A^*_{k\ell} = A^*_{\ell k} = 0$가 되도록 선택할 수 있다. 이것은 다음과 같은 아이디어를 제안하는데, 행렬 **A**의 대각항이 아닌 성분을 하나씩 제거함으로서 행렬 행렬 **A**를 대각화 할 수 있지 않을까 하는 것이다. 이것은 Jacobi 방법이 하는 것과 동일하다. 하지만 문제가 있는데, 비대각항을 제거하는 변환이 0인 성분을 다시 바꾸는 것이다. 다행하게도 다시 발생하는 비대각항은 전보다 수가 작다. 즉 Jacobi 방법은 Jacobi 변환을 반복적으로 적용하여 비대각항을 제거하는 방법이 된다. 최종 변환 행렬 **P**은 개별적 회전 $\mathbf{R}_i$을 계속 적용한 행렬이 된다.

$$\mathbf{P} = \mathbf{R}_1 \cdot \mathbf{R}_2 \cdot \mathbf{R}_3 \cdots \tag{9.14}$$

행렬 **P**의 열은 **A**의 고유벡터가 되고 $\mathbf{A}^* = \mathbf{P}^T\mathbf{A}\mathbf{P}$의 대각항은 고유값이 된다.

이제 Jacobi 회전의 상세한 내용을 살펴보자. 식 (9.13)에서 다음이 식이 만족할 때 $A^*_{k\ell} = 0$이다.

$$(c^2 - s^2)A_{k\ell} + cs(A_{kk} - A_{\ell\ell}) = 0 \tag{a}$$

삼각함수 공식 $c^2 - s^2 = \cos^2\theta - \sin^2\theta = \cos 2\theta$과 $cs = \cos\theta\sin\theta = (1/2)\sin 2\theta$인 것을 이용하면, 식 (a)는 다음과 같이 된다.

$$\tan 2\theta = -\frac{2A_{k\ell}}{A_{kk} - A_{\ell\ell}} \tag{b}$$

이 식은 θ에 대해 풀 수 있는데, 다음과 같은 방법을 적용하면 더 나은 알고리즘이 된다.

다음과 같이 정의하고

$$\phi = \cot 2\theta = -\frac{A_{kk} - A_{\ell\ell}}{2A_{k\ell}} \tag{9.15}$$

다음의 삼각함수 공식을 적용한다.

$$\tan 2\theta = \frac{2t}{(1 - t^2)}$$

여기서 $t = \tan\theta$이다. 그러면 식 (b)는 다음과 같이 쓸 수 있고,

$$t^2 + 2\phi t - 1 = 0$$

해는 다음과 같다.

$$t = -\phi \pm \sqrt{\phi^2 + 1}$$

해는 $|t| \le 1$이며, 따라서 $|\theta| \le 45°$가 되는데 이 경우 좀 더 안정적인 변환이 된다. $\phi > 0$일 때 양수, $\phi \le 0$일 때 음수로 하면 다음과 같이 정리된다.

$$t = \mathrm{sgn}(\phi)\left(-|\phi| + \sqrt{\phi^2 + 1}\right)$$

ϕ가 값이 클 때 반올림 오차를 줄이기 위해서 양 변을 $|\phi| + \sqrt{\phi^2 + 1}$로 곱하면 다음과 같다.

$$t = \frac{\mathrm{sgn}(\phi)}{|\phi| + \sqrt{\phi^2 + 1}} \tag{9.16a}$$

ϕ가 값이 매우 클 때는 ϕ^2 값이 너무 커지는 것을 방지하기 위해, 식 (9.16a)를 다음과 같은 근사로 교체하여야 한다.

$$t = \frac{1}{2\phi} \tag{9.16b}$$

계산된 t와 삼각함수 공식 $\tan\theta = \sin\theta/\cos\theta = \sqrt{1 - \cos^2\theta}/\cos\theta$을 적용하여 다음의 식

을 얻게 된다.

$$c = \frac{1}{\sqrt{1+t^2}} \qquad s = tc \tag{9.17}$$

이제 식 (9.13) 변환 식을 개선할 수 있다. $A_{\ell\ell}$에 대해서 식 (a)를 풀면 다음과 같다.

$$A_{\ell\ell} = A_{kk} + A_{k\ell}\frac{c^2 - s^2}{cs} \tag{c}$$

식 (c)를 $A_{\ell\ell}$에 대입하고 간단히 하면, 식 (9.13)의 변환식은 다음과 같이 정리된다.

$$\begin{aligned}
A^*_{kk} &= A_{kk} - tA_{k\ell} \\
A^*_{\ell\ell} &= A_{\ell\ell} + tA_{k\ell} \\
A^*_{k\ell} &= A^*_{\ell k} = 0 \\
A^*_{ki} &= A^*_{ik} = A_{ki} - s(A_{\ell i} + \tau A_{ki}), \quad i \neq k, \quad i \neq \ell \\
A^*_{\ell i} &= A^*_{i\ell} = A_{\ell i} + s(A_{ki} - \tau A_{\ell i}), \quad i \neq k, \quad i \neq \ell
\end{aligned} \tag{9.18}$$

여기서

$$\tau = \frac{s}{1+c} \tag{9.19}$$

τ를 정의하여 식을 (기존값) + (차이)로 나타내고 반올림 오차를 감소시키기에 용이하다.

Jacobi 대각화 과정을 수행할 때, 변환 행렬 **P**는 단위 행렬로 초기화된다. 각각의 Jacobi 회전을 통해 이 행렬을 **P**에서 **P*** = **PR**로 변경한다. 영향을 받는 k, ℓ 열의 **P** 행렬 요소는 다음과 같다.

$$\begin{aligned}
P^*_{ik} &= P_{ik} - s(P_{i\ell} + \tau P_{ik}) \\
P^*_{i\ell} &= P_{i\ell} + s(P_{ik} - \tau P_{i\ell})
\end{aligned} \tag{9.20}$$

행렬 **A**의 비대각 요소를 소거하는 순서를 정해야 하는데, Jacobi의 초기 아이디어는 가장 큰 요소를 소거하여 최소한의 회전을 수행하는 것이었다. 이 방법의 문제는 행렬 **A**의 최대값을 항상 찾아야 하는 것으로, 추가적 계산 시간이 필요하다. 행렬이 클 경우 행과 열에 대해서 특정 값 이상의 요소만 검색할 경우 빠르게 검색할 수 있고, 다음 검색에서는 임계값을 낮추어서 과정을 반복한다.

이러한 임계값을 선택하는 몇 가지 방법이 있는데, 다음과 같이 행렬 **A**의 주 대각항의 위에 위치하는 요소를 더하는 것으로부터 시작해 보자.

$$S = \sum_{i=1}^{n-1} \sum_{j=i+1}^{n} |A_{ij}| \tag{a}$$

이러한 요소의 수는 $n(n-1)/2$이 되고 비대각 요소의 평균은 다음과 같다.

$$\frac{2S}{n(n-1)}$$

임계값으로 다음 값을 사용할 수 있다.

$$\mu = \frac{0.5S}{n(n-1)} \tag{b}$$

이것은 비대각 요소의 평균에 0.25배를 한 값이 된다.

정리하면, 보통 위삼각 요소에 대해 수행되는 Jacobi 대각화 과정은 다음과 같다.

> 식 (a)와 (b)를 사용하여 임계값 μ를 계산한다.
> 행렬 **A**의 비대각 요소에 대해 다음을 수행한다.
> $|A_{ij}| \geq \mu$이면
> 식 (9.15)−(9.17)에서 ϕ, t, c, s를 계산한다.
> 식 (9.19)에서 τ를 계산한다.
> 식 (9.18)에 따라 행렬 **A**의 요소를 수정한다.
> 식 (9.20)에 따라 변환 행렬 **P**를 업데이트 한다.

이 과정은 오차 한계인 ε에 대해서 $\mu \leq \varepsilon$가 될 때 까지 반복한다. 보통 6번에서 10번의 반복을 통해 수렴하게 된다.

■ jacobi

이 함수는 대칭행렬 **A**에 대해 고유값 λ_i와 고유벡터 $\mathbf{x}_i$를 계산한다. 알고리즘은 행렬 **A**의 위삼각 부분에만 작용하게 된다. **A**의 주대각 항은 고유벡터로 대체 되며, 변환 행렬 **P**가 정규화된 고유벡터로 바뀌게 된다.

```
## module jacobi
''' lam,x = jacobi(a,tol = 1.0e-8).
    Solution of std. eigenvalue problem [a]{x} = lam{x}
    by Jacobi's method. Returns eigenvalues in vector {lam}
    and the eigenvectors as columns of matrix [x].
'''
import numpy as np
```

```
import math

def jacobi(a,tol = 1.0e-8): # Jacobi method

    def threshold(a):
        sum = 0.0
        for i in range(n-1):
        for j in range (i+1,n):
            sum = sum + abs(a[i,j])
    return 0.5*sum/n/(n-1)

def rotate(a,p,k,l): # Rotate to make a[k,l] = 0
    aDiff = a[l,l] - a[k,k]
    if abs(a[k,l]) < abs(aDiff)*1.0e-36: t = a[k,l]/aDiff
    else:
        phi = aDiff/(2.0*a[k,l])
        t = 1.0/(abs(phi) + math.sqrt(phi**2 + 1.0))
        if phi < 0.0: t = -t
    c = 1.0/math.sqrt(t**2 + 1.0); s = t*c
    tau = s/(1.0 + c)
    temp = a[k,l]
    a[k,l] = 0.0
    a[k,k] = a[k,k] - t*temp
    a[l,l] = a[l,l] + t*temp
    for i in range(k): # Case of i < k
        temp = a[i,k]
        a[i,k] = temp - s*(a[i,l] + tau*temp)
        a[i,l] = a[i,l] + s*(temp - tau*a[i,l])
    for i in range(k+1,l): # Case of k < i < l
        temp = a[k,i]
        a[k,i] = temp - s*(a[i,l] + tau*a[k,i])
        a[i,l] = a[i,l] + s*(temp - tau*a[i,l])
    for i in range(l+1,n): # Case of i > l
        temp = a[k,i]
        a[k,i] = temp - s*(a[l,i] + tau*temp)
        a[l,i] = a[l,i] + s*(temp - tau*a[l,i])
    for i in range(n): # Update transformation matrix
        temp = p[i,k]
        p[i,k] = temp - s*(p[i,l] + tau*p[i,k])
        p[i,l] = p[i,l] + s*(temp - tau*p[i,l])

n = len(a)
p = np.identity(n,float)
for k in range(20):
    mu = threshold(a) # Compute new threshold
    for i in range(n-1): # Sweep through matrix
        for j in range(i+1,n):
```

```
            if abs(a[i,j]) >= mu:
                rotate(a,p,i,j)
    if mu <= tol: return np.diagonal(a),p
print('Jacobi method did not converge')
```

sortJacobi

jacobi 함수에 의해 계산된 고유값과 고유벡터는 정렬되지 않은 상태인데, 다음 함수는 고유값의 오름차순으로 고유값과 고유벡터를 정렬한다.

```
## module sortJacobi
''' sortJacobi(lam,x).
    Sorts the eigenvalues {lam} and eigenvectors [x]
    in order of ascending eigenvalues.
'''
import swap

def sortJacobi(lam,x):
    n = len(lam)
    for i in range(n-1):
        index = i
        val = lam[i]
        for j in range(i+1,n):
            if lam[j] < val:
                index = j
                val = lam[j]
        if index != i:
            swap.swapRows(lam,i,index)
            swap.swapCols(x,i,index)
```

표준형으로 변환

물리 문제에서 다음과 같은 형태의 고유값 문제를 접하게 된다.

$$\mathbf{Ax} = \lambda \mathbf{Bx} \tag{9.21}$$

여기서 $\mathbf{A}$와 $\mathbf{B}$는 $n \times n$ 대칭행렬 이다. 행렬 $\mathbf{B}$가 양정이라고 가정한다. 이 문제는 Jacobi 대각화를 적용하기 전에 표준형으로 바꾸어야 한다.

행렬 $\mathbf{B}$가 대칭이고 양정이므로 3.3절의 하삼각 행렬 $\mathbf{L}$을 이용하여 $\mathbf{B} = \mathbf{LL}^T$의 Choleski 분해를 적용할 수 있다. 다음과 같은 변환을 적용해 보자.

$$\mathbf{x} = (\mathbf{L}^{-1})^T \mathbf{z} \tag{9.22}$$

식 (9.21)에 대입하면 다음과 같다.

$$\mathbf{A}(\mathbf{L}^{-1})^T\mathbf{z} = \lambda\mathbf{L}\mathbf{L}^T(\mathbf{L}^{-1})^T\mathbf{z}$$

양변을 $\mathbf{L}^{-1}$로 곱하면 다음과 같다.

$$\mathbf{L}^{-1}\mathbf{A}(\mathbf{L}^{-1})^T\mathbf{z} = \lambda\mathbf{L}^{-1}\mathbf{L}\mathbf{L}^T(\mathbf{L}^{-1})^T\mathbf{z}$$

$\mathbf{L}^{-1}\mathbf{L} = \mathbf{L}^T(\mathbf{L}^{-1})^T = \mathbf{I}$이므로 마지막 식은 다음 표준형으로 정리된다.

$$\mathbf{H}\mathbf{z} = \lambda\mathbf{z} \tag{9.23}$$

여기서

$$\mathbf{H} = \mathbf{L}^{-1}\mathbf{A}(\mathbf{L}^{-1})^T \tag{9.24}$$

이 변환의 중요한 성질은 행렬의 대칭성이 유지된다는 것이다. 즉 행렬 $\mathbf{A}$가 대칭이면 행렬 $\mathbf{H}$도 대칭이다.

$\mathbf{Ax} = \lambda\mathbf{Bx}$형태의 고유값 문제를 푸는 일반적인 절차는 다음과 같다.

Choleski 분해, $\mathbf{B} = \mathbf{L}\mathbf{L}^T$를 적용하여 $\mathbf{L}$을 계산한다.
$\mathbf{L}^{-1}$을 계산한다. (삼각 행렬은 역행렬을 구하기가 용이한다.)
$\mathbf{H} = \mathbf{L}^{-1}\mathbf{A}(\mathbf{L}^{-1})^T$를 계산한다.
$\mathbf{Hz} = \lambda\mathbf{z}$의 표준 고유값 문제를 푼다.
$\mathbf{X} = (\mathbf{L}^{-1})^T\mathbf{Z}$의 관계에서 원래 문제의 고유 벡터를 얻는다.

고유값은 변환에 의해 영향을 받지 않는 것을 기억하자.

특별히 중요한 경우는 $\mathbf{B}$가 대각행렬인 경우이다.

$$\mathbf{B} = \begin{bmatrix} \beta_1 & 0 & \cdots & 0 \\ 0 & \beta_2 & \cdots & 0 \\ \vdots & \vdots & \ddots & \vdots \\ 0 & 0 & \cdots & \beta_n \end{bmatrix} \tag{9.25}$$

여기서

$$\mathbf{L} = \begin{bmatrix} \beta_1^{1/2} & 0 & \cdots & 0 \\ 0 & \beta_2^{1/2} & \cdots & 0 \\ \vdots & \vdots & \ddots & \vdots \\ 0 & 0 & \cdots & \beta_n^{1/2} \end{bmatrix} \qquad \mathbf{L}^{-1} = \begin{bmatrix} \beta_1^{-1/2} & 0 & \cdots & 0 \\ 0 & \beta_2^{-1/2} & \cdots & 0 \\ \vdots & \vdots & \ddots & \vdots \\ 0 & 0 & \cdots & \beta_n^{-1/2} \end{bmatrix} \tag{9.26a}$$

그리고

$$H_{ij} = \frac{A_{ij}}{\sqrt{\beta_i \beta_j}} \tag{9.26b}$$

■ stdForm

행렬 **A**와 **B**가 주어졌을 때 함수 stdForm은 행렬 **H**와 변환 행렬 $\mathbf{T} = (\mathbf{L}^{-1})^T$을 돌려준다. 행렬 **L**의 역행렬은 invert 함수에 의해 얻어지는데, 후방 대입법에 계산 의해 가능하다. 원래 행렬 **A**, **B**와 **L**은 저장되지 않는다.

```
## module stdForm
''' h,t = stdForm(a,b).
    Transforms the eigenvalue problem [a]{x} = lam*[b]{x}
    to the standard form [h]{z} = lam*{z}. The eigenvectors
    are related by {x} = [t]{z}.
'''
import numpy as np
from choleski import *

def stdForm(a,b):

    def invert(L): # Inverts lower triangular matrix L
        n = len(L)
        for j in range(n-1):
            L[j,j] = 1.0/L[j,j]
            for i in range(j+1,n):
                L[i,j] = -np.dot(L[i,j:i],L[j:i,j])/L[i,i]
        L[n-1,n-1] = 1.0/L[n-1,n-1]

        n = len(a)
        L = choleski(b)
        invert(L)
        h = np.dot(b,np.inner(a,L))
        return h,np.transpose(L)
```

예제 9.2

예제 9.1에서 응력 텐서는 다음과 같다.

$$\mathbf{S} = \begin{bmatrix} 80 & 30 & 0 \\ 30 & 40 & 0 \\ 0 & 0 & 60 \end{bmatrix} \text{MPa}$$

(1) 한번의 Jacobi 회전을 통해 S를 대각화하여 주응력 성분을 구하시오.

(2) 고유벡터를 계산하시오.

문제 (1)에 대한 풀이

S12 성분을 소거하기 위해서 1−2 평면에서 회전 변환을 수행한다. $k=1$, $\ell=2$로 하여 식 (9.15)는 다음과 같다.

$$\phi = -\frac{S_{11} - S_{22}}{2S_{12}} = -\frac{80 - 40}{2(30)} = -\frac{2}{3}$$

식 (9.16a)는 다음과 같다.

$$t = \frac{\text{sgn}(\phi)}{|\phi| + \sqrt{\phi^2 + 1}} = \frac{-1}{2/3 + \sqrt{(2/3)^2 + 1}} = -0.535\,18$$

(9.18)에 따라서 회전 변환에 의한 **S**의 변화는 다음과 같다.

$$S^*_{11} = S_{11} - tS_{12} = 80 - (-0.535\,18)\,(30) = 96.055 \text{ MPa}$$

$$S^*_{22} = S_{22} + tS_{12} = 40 + (-0.535\,18)\,(30) = 23.945 \text{ MPa}$$

$$S^*_{12} = S^*_{21} = 0$$

따라서 대각화된 응력 텐서는 다음과 같다.

$$\mathbf{S}^* = \begin{bmatrix} 96.055 & 0 & 0 \\ 0 & 23.945 & 0 \\ 0 & 0 & 60 \end{bmatrix}$$

여기서 대각항이 주응력 성분이 된다.

문제 (2)에 대한 풀이

고유벡터를 계산하기 위해서 식 (9.17)과 (9.19에서 시작한다.

$$c = \frac{1}{\sqrt{1+t^2}} = \frac{1}{\sqrt{1 + (-0.535\,18)^2}} = 0.88168$$

$$s = tc = (-0.535\,18)\,(0.881\,68) = -0.471\,86$$

$$\tau = \frac{s}{1+c} = \frac{-0.47186}{1 + 0.881\,68} = -0.250\,77$$

식 (9.20)에서 변환 행렬 **P**의 변화는 계산할 수 있는데, 행렬 **P**의 초기값이 단위행렬인 것을 이용하면 다음과 같다.

$$P_{11}^* = P_{11} - s(P_{12} + \tau P_{11})$$
$$= 1 - (-0.471\,86)\,(0 + (-0.250\,77)\,(1)) = 0.881\,67$$

$$P_{21}^* = P_{21} - s(P_{22} + \tau P_{21})$$
$$= 0 - (-0.471\,86)\,[1 + (-0.250\,77)\,(0)] = 0.471\,86$$

비슷하게 (9.20)의 두번째 식은 다음과 같다.

$$P_{12}^* = -0.471\,86 \qquad P_{22}^* = 0.881\,67$$

행렬 **P**의 세번째 행과 열은 변환의 영향을 받지 않고 다음과 같다.

$$\mathbf{P}^* = \begin{bmatrix} 0.88167 & -0.47186 & 0 \\ 0.47186 & 0.88167 & 0 \\ 0 & 0 & 1 \end{bmatrix}$$

행렬 **P***의 열이 **S**의 고유벡터가 된다.

예제 9.3

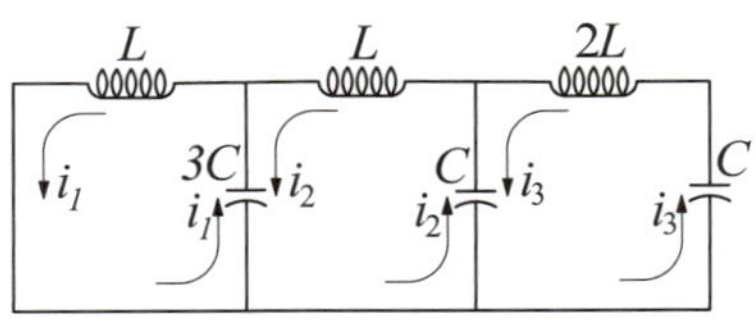

(1) 전기회로 해석이 행렬의 고유값 문제가 되는 것을 보이시오. (2) 전류의 각주파수와 상대적 크기를 결정하시오.

문제 (1)에 대한 풀이

세 루프에 대해서 Kirchoff 법칙을 적용하면 다음과 같다.

$$L\frac{di_1}{dt} + \frac{q_1 - q_2}{3C} = 0$$
$$L\frac{di_2}{dt} + \frac{q_2 - q_1}{3C} + \frac{q_2 - q_3}{C} = 0$$
$$2L\frac{di_3}{dt} + \frac{q_3 - q_2}{C} + \frac{q_3}{C} = 0$$

미분한 다음 $dq_k/dt = i_k$을 대입하면 다음과 같다.

$$\frac{1}{3}i_1 - \frac{1}{3}i_2 = -LC\frac{d^2 i_1}{dt^2}$$
$$-\frac{1}{3}i_1 + \frac{4}{3}i_2 - i_3 = -LC\frac{d^2 i_2}{dt^2}$$
$$-i_2 + 2i_3 = -2LC\frac{d^2 i_3}{dt^2}$$

이 미분방정식은 다음과 같은 형태의 해를 가진다.

$$i_k(t) = u_k \sin \omega t$$

여기서 ω는 진동의 각주파수(rad/s)이고, u_k는 전류의 상대적 크기이다. Kirchoff 식에 이 식을 대입하면 다음과 같은 $\mathbf{Au} = \lambda\mathbf{Bu}$ 형태가 된다. (ω는 소거하였다.) 여기서

$$\mathbf{A} = \begin{bmatrix} 1/3 & -1/3 & 0 \\ -1/3 & 4/3 & -1 \\ 0 & -1 & 2 \end{bmatrix} \qquad \mathbf{B} = \begin{bmatrix} 1 & 0 & 0 \\ 0 & 1 & 0 \\ 0 & 0 & 2 \end{bmatrix} \qquad \lambda = LC\omega^2$$

이 문제는 비표준 형태의 고유값 문제가 된다.

문제 (2)에 대한 풀이

B가 대각행렬이기 때문에, 어렵지 않게 식 (9.26)을 이용하여 표준형인 $\mathbf{Hz} = \lambda\mathbf{z}$로 바꿀 수 있다. 하지만 컴퓨터를 이용하여 작업을 하도록 하자.

```
#!/usr/bin/python
## example9_3
import numpy
from jacobi import *
import math
from sortJacobi import *
from stdForm import *

A = np.array([[ 1/3, -1/3,  0.0], \
              [-1/3,  4/3, -1.0], \
              [ 0.0, -1.0,  2.0]])
B = np.array([[1.0, 0.0, 0.0],    \
              [0.0, 1.0, 0.0],    \
              [0.0, 0.0, 2.0]])
H,T = stdForm(A,B)     # Transform into std. form
lam,Z = jacobi(H)      # Z = eigenvecs. of H
X = np.dot(T,Z)        # Eigenvecs. of original problem
sortJacobi(lam,X)      # Arrange in ascending order of eigenvecs.
for i in range(3):     # Normalize eigenvecs.
```

```
    X[:,i] = X[:,i]/math.sqrt(np.dot(X[:,i],X[:,i]))

print('Eigenvalues:\n',lam)
print('Eigenvectors:\n',X)
input ("Press return to exit")

Eigenvalues:
 [ 0.1477883 0.58235144 1.93652692]
Eigenvectors:
 [[ 0.84021782 -0.65122529 -0.18040571]
 [ 0.46769473 0.48650067 0.86767582]
 [ 0.27440056 0.58242829 -0.46324126]]
```

회전주파수는 $\omega_i = \sqrt{\lambda_i / LC}$로 주어진다.

$$\omega_1 = \frac{0.3844}{\sqrt{LC}} \qquad \omega_2 = \frac{0.7631}{\sqrt{LC}} \qquad \omega_3 = \frac{1.3916}{\sqrt{LC}}$$

9.3 Power 방법과 Inverse Power 방법

Inverse Power 방법

Inverse Power 방법 다음의 표준 고유값 문제에서 최소의 고유값과 λ_1과 그에 대응하는 고유벡터 $\mathbf{x}_1$을 구하는 간단하고 효율적인 방법이다.

$$\mathbf{Ax} = \lambda \mathbf{x} \tag{9.27}$$

방법은 다음과 같다.

> $\mathbf{v}$를 단위 벡터라고 하자. (임의의 벡터도 괜찮다.)
> $\mathbf{v}$가 더 이상 바뀌지 않을 때 까지 다음 연산을 반복한다.
> 　$\mathbf{Az} = \mathbf{v}$를 벡터 $\mathbf{z}$에 대해서 푼다.
> 　$|\mathbf{z}|$를 계산한다.
> 　$\mathbf{v} = \mathbf{z}/|\mathbf{z}|$를 계산한다.

반복 계산의 마지막에서 $|\mathbf{z}| = \pm 1/\lambda_1$와 $\mathbf{v} = \mathbf{x}_1$을 얻게 된다. λ_1의 부호는 다음과 같이 결정된다. $\mathbf{z}$가 반복 계산에서 부호가 계속하여 바뀌는 경우, λ_1의 부호는 음수이며 그렇지 않은 경우 양수이다.

이제 이 방법이 어떻게 작동하는지 살펴보자. 행렬 **A**의 고유벡터 $\mathbf{x}_i$가 직교하기 때문에, 고유벡터는 임의의 n 차원 벡터의 기저로 사용할 수 있다. 벡터 **v**와 **z**를 다음과 같이 유일하게 표현해 보자.

$$\mathbf{v} = \sum_{i=1}^{n} v_i \mathbf{x}_i \qquad \mathbf{z} = \sum_{i=1}^{n} z_i \mathbf{x}_i \tag{9.28}$$

여기서 v_i, z_i는 고유벡터에 대한 벡터 **v**와 **z**의 성분이 된다.

$\mathbf{Az} = \mathbf{v}$에 대입하면,

$$\mathbf{A}\sum_{i=1}^{n} z_i \mathbf{x}_i - \sum_{i=1}^{n} v_i \mathbf{x}_i = \mathbf{0}$$

하지만 $\mathbf{Ax}_i = \lambda_i \mathbf{x}_i$이기 때문에, 다음과 같이 정리된다.

$$\sum_{i=1}^{n} (z_i \lambda_i - v_i)\, \mathbf{x}_i = \mathbf{0}$$

따라서

$$z_i = \frac{v_i}{\lambda_i}$$

식 (9.28)에서 다음과 같이 정리된다.

$$\begin{aligned}\mathbf{z} &= \sum_{i=1}^{n} \frac{v_i}{\lambda_i}\mathbf{x}_i = \frac{1}{\lambda_1}\sum_{i=1}^{n} v_i \frac{\lambda_1}{\lambda_i}\mathbf{x}_i \\ &= \frac{1}{\lambda_1}\left(v_1\mathbf{x}_1 + v_2\frac{\lambda_1}{\lambda_2}\mathbf{x}_2 + v_3\frac{\lambda_1}{\lambda_3}\mathbf{x}_3 + \cdots\right)\end{aligned} \tag{9.29}$$

$\lambda_1/\lambda_i < 1 (i \neq 1)$,이기 때문에 $\mathbf{x}_1$의 계수가 **z**에서 더 지배적이게 되고 따라서 **z**가 $\mathbf{x}_1$을 더 정확하게 근사하게 된다. 이러한 과정으로 첫번째 반복 절차를 마친다.

다음의 사이클에서 $\mathbf{v} = \mathbf{z}/|\mathbf{z}|$로 하여 과정을 반복한다. 매번 반복하는 과정에서 식 (9.29)의 첫번째 항의 영향은 커지게 되고, 다음과 같이 수렴하게 된다.

$$\mathbf{z} = \frac{1}{\lambda_1} v_1 \mathbf{x}_1 = \frac{1}{\lambda_1}\mathbf{x}_1$$

(이 스텝에서 $\mathbf{v} = \mathbf{x}_1$이기 때문에 $v_1 = 1$이 된다. 따라서 $v_1 = 1$, $v_2 = v_3 = \cdots = 0$)

Inverser Power 방법은 다음의 비표준 고유값 문제에도 잘 작동한다.

$$\mathbf{Ax} = \lambda\mathbf{Bx} \tag{9.30}$$

만약 $\mathbf{Az} = \mathbf{v}$이면 문제는 다음과 같이 변경된다.

$$\mathbf{Az} = \mathbf{Bv} \tag{9.31}$$

물론 문제를 Power 방법을 적용하기 전에 표준 문제로 변환할 수도 있다.

고유값 이동

식 (9.29)를 살펴보면 수렴속도가 식의 두번째 항인 부등식 $|\lambda_1/\lambda_2| < 1$의 강도에 따라 결정되는 것을 알 수 있다. 만약 λ_1가 λ_2과 차이가 많이 나면, 부등식의 강도는 세며, 빠르게 수렴한다. 반대의 경우, 두 고유값의 크기가 비슷하다면 아주 느리게 수렴하게 된다.

수렴 속도는 고유값 이동이라는 방법을 사용하여 향상될 수 있다.

$$\lambda = \lambda^* + s \tag{9.32}$$

다음과 같이 정의하자. 여기서 s는 미리 정한 이동값이다. 식 (9.27)의 고유값 문제는 다음과 같이 변환된다.

$$\mathbf{Ax} = (\lambda^* + s)\mathbf{x}$$

또는

$$\mathbf{A}^*\mathbf{x} = \lambda^*\mathbf{x} \tag{9.33}$$

여기서

$$\mathbf{A}^* = \mathbf{A} - s\mathbf{I} \tag{9.34}$$

Inverse Power 방법에 의해 식 (9.33)의 변환된 문제를 풀게되면 λ_1^*과 $\mathbf{x}_1$을 얻게 된다. 여기서 λ_1^*은 $\mathbf{A}^*$의 최소 고유값이다. 원래 문제의 고유값 $\lambda = \lambda_1^* + s$은 s에 가장 근접한 고유값이 된다.

고유값 이동은 두가지로 응용될 수 있다. 첫번째는 어떤 값 s에 가장 가까운 고유값을 결정하는 것이다. 예를 들어 축의 회전속도가 s rpm 인 경우, 그 회전속도에 근접한 고유 주파수 즉 고유값이 없도록 하는 것이 필수적이다.

고유값 이동은 수렴을 빠르게 하는데도 사용 가능하다. $\mathbf{A}$의 최소 고유값 λ_1를 계산한다고 하자. 고유값 이동 s를 도입하여 λ_1^*/λ_2^*가 가능한 작은 값이 되도록 한다. $\lambda_1^* = \lambda - s$이므로 $s \approx \lambda_1$로 선택한다. (은 0으로 나누어 지게 되어 바람직하지 않다.) 물론 이러한 방법은 λ_1을 적당하게 가정할 수 있을 경우 잘 작동한다.

Inverse Power 방법과 고유값 이동은 고유값이 알려진 경우 고유값을 계산하는 효과적인 방법이 된다. 고유값으로 근접하게 이동한 다음, 대응하는 고유벡터를 한 두번의 연산을 통해 계산할 수 있다.

Power 방법

Power 방법은 0에서 가장 멀리 있는 고유값과 고유벡터로 수렴한다. 이것은 Inverse Power 방법과 매우 유사한데, 유일한 차이는 식 (9.28)에서 **v**와 **z**의 위치를 교체하는 것이다.

이 방법은 다음과 같이 정리된다.

> **v**를 단위 벡터라고 하자. (임의의 벡터도 괜찮다.)
> **v**가 더 이상 바뀌지 않을 때까지 다음 연산을 반복한다.
> $\mathbf{z} = \mathbf{A}\mathbf{v}$를 계산한다.
> $|\mathbf{z}|$를 계산한다.
> $\mathbf{v} = \mathbf{z}/|\mathbf{z}|$를 계산한다.

반복 계산의 마지막에서 $|\mathbf{z}| = \pm\lambda_n$와 $\mathbf{v} = \mathbf{x}_n$을 얻게 된다. λ_n의 부호는 Inverse Power 방법과 동일하게 결정된다.

■ inversePower

행렬 **A**와 이동 s가 주어진 경우 inversePower는 s에 가장 가까운 고유값과 대응하는 고유벡터를 출력한다. $\mathbf{A}^* = \mathbf{A} - s\mathbf{I}$은 쉽게 분해 가능한데, 전방 치환 또는 후방 치환 만이 반복 과정에서 필요하다. 만약 **A**가 띠행렬인 경우 예제 9.6과 같이 LUdecomp와 LUsolve 함수를 띠행렬에 대한 함수(LUdecomp5와 LUsolve5)로 대체하여 효율을 증가시킬 수 있다. $\mathbf{A}^*$에 대한 프로그램은 **A**에 대한 저장 방법과 호환 가능하도록 수정될 필요가 있다.

```
## module inversePower
''' lam,x = inversePower(a,s,tol=1.0e-6).
    Inverse power method for solving the eigenvalue problem
    [a]{x} = lam{x}. Returns 'lam' closest to 's' and the
    corresponding eigenvector {x}.
'''
import numpy as np
from LUdecomp import *
import math
from random import random
```

```
def inversePower(a,s,tol=1.0e-6):
    n = len(a)
    aStar = a - np.identity(n)*s  # Form [a*] = [a] - s[I]
    aStar = LUdecomp(aStar)       # Decompose [a*]
    x = np.zeros(n)
    for i in range(n):            # Seed [x] with random numbers
        x[i] = random()
    xMag = math.sqrt(np.dot(x,x)) # Normalize [x]
    x =x/xMag
    for i in range(50):           # Begin iterations
        xOld = x.copy()           # Save current [x]
    x = LUsolve(aStar,x)          # Solve [a*][x] = [xOld]
    xMag = math.sqrt(np.dot(x,x))  # Normalize [x]
    x = x/xMag
    if np.dot(xOld,x) < 0.0:      # Detect change in sign of [x]
        sign = -1.0
        x = -x
    else: sign = 1.0
    if math.sqrt(np.dot(xOld - x,xOld - x)) < tol:
        return s + sign/xMag,x
print('Inverse power method did not converge')
```

예제 9.4

한 점에서 응력 상태를 나타내는 응력 행렬이 다음과 같다.

$$\mathbf{S} = \begin{bmatrix} -30 & 10 & 20 \\ 10 & 40 & -50 \\ 20 & -50 & -10 \end{bmatrix} \text{MPa}$$

Power 방법을 이용하여 0에서부터 가장 멀리 떨어진 가장 큰 주응력 값을 구하시오.

풀이

첫번째 연산

$v = [\ 1\ \ 0\ \ 0\ ]^T$라고 고유벡터를 가정하자.

$$\mathbf{z} = \mathbf{S}\mathbf{v} = \begin{bmatrix} -30 & 10 & 20 \\ 10 & 40 & -50 \\ 20 & -50 & -10 \end{bmatrix} \begin{bmatrix} 1 \\ 0 \\ 0 \end{bmatrix} = \begin{bmatrix} -30.0 \\ 10.0 \\ 20.0 \end{bmatrix}$$

$$|\mathbf{z}| = \sqrt{30^2 + 10^2 + 20^2} = 37.417$$

$$\mathbf{v} = \frac{\mathbf{z}}{|\mathbf{z}|} = \begin{bmatrix} -30.0 \\ 10.0 \\ 20.0 \end{bmatrix} \frac{1}{37.417} = \begin{bmatrix} -0.801\,77 \\ 0.267\,26 \\ 0.534\,52 \end{bmatrix}$$

두번째 연산

$$\mathbf{z} = \mathbf{S}\mathbf{v} = \begin{bmatrix} -30 & 10 & 20 \\ 10 & 40 & -50 \\ 20 & -50 & -10 \end{bmatrix} \begin{bmatrix} -0.801\,77 \\ 0.267\,26 \\ 0.534\,52 \end{bmatrix} = \begin{bmatrix} 37.416 \\ -24.053 \\ -34.744 \end{bmatrix}$$

$$|\mathbf{z}| = \sqrt{37.416^2 + 24.053^2 + 34.744^2} = 56.442$$

$$\mathbf{v} = \frac{\mathbf{z}}{|\mathbf{z}|} = \begin{bmatrix} 37.416 \\ -24.053 \\ -34.744 \end{bmatrix} \frac{1}{56.442} = \begin{bmatrix} 0.66291 \\ -0.42615 \\ -0.61557 \end{bmatrix}$$

세번째 연산

$$\mathbf{z} = \mathbf{S}\mathbf{v} = \begin{bmatrix} -30 & 10 & 20 \\ 10 & 40 & -50 \\ 20 & -50 & -10 \end{bmatrix} \begin{bmatrix} 0.66291 \\ -0.42615 \\ -0.61557 \end{bmatrix} = \begin{bmatrix} -36.460 \\ 20.362 \\ 40.721 \end{bmatrix}$$

$$|\mathbf{z}| = \sqrt{36.460^2 + 20.362^2 + 40.721^2} = 58.328$$

$$\mathbf{v} = \frac{\mathbf{z}}{|\mathbf{z}|} = \begin{bmatrix} -36.460 \\ 20.362 \\ 40.721 \end{bmatrix} \frac{1}{58.328} = \begin{bmatrix} -0.62509 \\ 0.34909 \\ 0.69814 \end{bmatrix}$$

이제 고유값은 $\lambda = -58.328$ MPa으로 근사된다. (음의 부호는 반복연산에서 $\mathbf{z}$의 부호가 변경되는 관계에서 결정되었다.) 실제로 이 값은 두번째로 큰 고유값 $\lambda_2 = -58.39$ MPa과 유사하다. 계산을 반복하면 가장 큰 고유값인 $\lambda_3 = 70.94$ MPa에 도달하게 된다. 하지만 가가 꽤 근접하기 때문에 이 점에서 수렴속도는 느려지게 된다. 이러한 계산을 수행하는 프로그램은 다음과 같다.

```
#!/usr/bin/python
## example9_4
import numpy as np
import math

s = np.array([[-30.0,  10.0,  20.0], \
              [ 10.0,  40.0, -50.0], \
```

```
              [ 20.0, -50.0, -10.0]])
v = np.array([1.0, 0.0, 0.0])
for i in range(100):
    vOld = v.copy()
    z = np.dot(s,v)
    zMag = math.sqrt(np.dot(z,z))
    v = z/zMag
    if np.dot(vOld,v) < 0.0:
        sign = -1.0
        v = -v
    else: sign = 1.0
    if math.sqrt(np.dot(vOld - v,vOld - v)) < 1.0e-6: break
lam = sign*zMag
print("Number of iterations =",i)
print("Eigenvalue =",lam)
input("Press return to exit")
```

프로그램은 출력은 다음과 같다.

```
Number of iterations = 92
Eigenvalue = 70.94348330679053
```

예제 9.5

가장 작은 고유값 λ_1과 대응하는 고유벡터를 결정하시오.

$$\mathbf{A} = \begin{bmatrix} 11 & 2 & 3 & 1 & 4 \\ 2 & 9 & 3 & 5 & 2 \\ 3 & 3 & 15 & 4 & 3 \\ 1 & 5 & 4 & 12 & 4 \\ 4 & 2 & 3 & 4 & 17 \end{bmatrix}$$

Inverse Power 방법을 사용하고 고유값 이동은 $\lambda_1 \approx 5$로 하시오.

풀이

```
#!/usr/bin/python
## example9_5
import numpy as np
from inversePower import *

s = 5.0
```

```
a = np.array([[ 11.0, 2.0,  3.0,  1.0,  4.0], \
              [  2.0, 9.0,  3.0,  5.0,  2.0], \
              [  3.0, 3.0, 15.0,  4.0,  3.0], \
              [  1.0, 5.0,  4.0, 12.0,  4.0], \
              [  4.0, 2.0,  3.0,  4.0, 17.0]])
lam,x = inversePower(a,s)
print("Eigenvalue =",lam)
print("\nEigenvector:\n",x)
input("\nPrint press return to exit")
```

출력은 다음과 같다.

```
Eigenvalue = 4.873946378649195

Eigenvector:
 [ 0.26726604 -0.74142853 -0.05017272 0.59491453 -0.14970634]
```

4번의 연산 후에 수렴되었다. 고유값 이동 없이는 26번의 연산이 필요하다.

예제 9.6

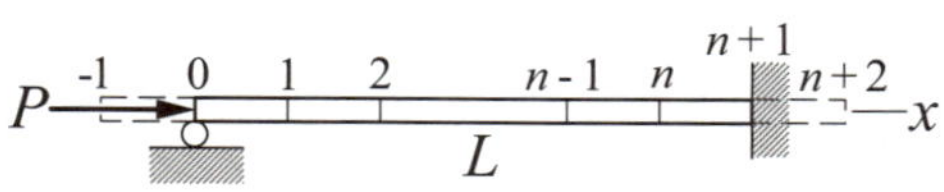

캔티레버 빔이 P의 축방향 압축 하중을 받고 있다. 빔의 횡방향 변위 $u(x)$는 다음식에 식을 만족한다.

$$u^{(4)} + \frac{P}{EI}u'' = 0$$

여기서 EI는 굽힘 강성이며, 경계 조건은 다음과 같다.

$$u(0) = u''(0) = 0 \qquad u(L) = u'(L) = 0 \tag{b}$$

(1) 미분 연산을 유한 차분으로 대체하여 빔의 좌굴 해석 문제가 행렬의 고유값 문제가 되는 것을 보이시오. (2) 띠행렬을 이용하여 빔의 최소 좌굴 하중을 계산하는 프로그램을 작성하시오. 100개의 내부 절점을 가지는 빔에 대해 프로그램을 실행하시오. ($n = 100$)

문제 (1)에 대한 풀이

길이 $L/(n+1)$ 길이로 빔을 $n+1$개로 나눈다. 식 (a)에서 u의 미분을 $\mathcal{O}(h^2)$인 내부 절점의 중앙차분으로 표현하면 다음의 식을 얻게 된다.

$$\frac{u_{i-2} - 4u_{i-1} + 6u_i - 4u_{i+1} + u_{i+2}}{h^4}$$
$$= \frac{P}{EI}\frac{-u_{i-1} + 2u_i - u_{i-1}}{h^2}, i = 1, 2, \ldots, n$$

h^4을 곱하면, 식은 다음과 같이 된다.

$$\begin{aligned}
u_{-1} - 4u_0 + 6u_1 - 4u_2 + u_3 &= \lambda(-u_0 + 2u_1 - u_2) \\
u_0 - 4u_1 + 6u_2 - 4u_3 + u_4 &= \lambda(-u_1 + 2u_2 - u_3) \\
&\vdots \\
u_{n-3} - 4u_{n-2} + 6u_{n-1} - 4u_n + u_{n+1} &= \lambda(-u_{n-2} + 2u_{n-1} - u_n) \\
u_{n-2} - 4u_{n-1} + 6u_n - 4u_{n+1} + u_{n+2} &= \lambda(-u_{n-1} + 2u_n - u_{n+1})
\end{aligned} \tag{c}$$

여기서

$$\lambda = \frac{Ph^2}{EI} = \frac{PL^2}{(n+1)^2 EI}$$

변위 u_{-1}, u_0, u_{n+1} 그리고 u_{n+2}는 경계조건을 부가하여 소거할 수 있다. 표 8.1을 참조하면 경계조건에 대한 유한차분 근사는 다음과 같다.

$$u_0 = 0 \qquad u_{-1} = -u_1 \qquad u_{n+1} = 0 \qquad u_{n+2} = u_n$$

식 (c)에 대입하면 $\mathbf{A}\mathbf{x} = \lambda\mathbf{B}\mathbf{x}$의 고유값 문제가 되게 된다.

$$\mathbf{A} = \begin{bmatrix}
5 & -4 & 1 & 0 & 0 & \cdots & 0 \\
-4 & 6 & -4 & 1 & 0 & \cdots & 0 \\
1 & -4 & 6 & -4 & 1 & \cdots & 0 \\
\vdots & \ddots & \ddots & \ddots & \ddots & \ddots & \vdots \\
0 & \cdots & 1 & -4 & 6 & -4 & 1 \\
0 & \cdots & 0 & 1 & -4 & 6 & -4 \\
0 & \cdots & 0 & 0 & 1 & -4 & 7
\end{bmatrix}$$

$$\mathbf{B} = \begin{bmatrix} 2 & -1 & 0 & 0 & 0 & \cdots & 0 \\ -1 & 2 & -1 & 0 & 0 & \cdots & 0 \\ 0 & -1 & 2 & -1 & 0 & \cdots & 0 \\ \vdots & \ddots\vdots & \ddots & \ddots & \ddots & \ddots & \vdots \\ 0 & \cdots & 0 & -1 & 2 & -1 & 0 \\ 0 & \cdots & 0 & 0 & -1 & 2 & -1 \\ 0 & \cdots & 0 & 0 & 0 & -1 & 2 \end{bmatrix}$$

문제 (2)에 대한 풀이

함수 inversePower5는 $\mathbf{Ax} = \lambda\mathbf{Bx}$의 최소 고유값과 대응하는 고유벡터를 출력한다. 여기서 $\mathbf{A}$는 5중 대각행렬이며, $\mathbf{B}$는 희소행렬이다. 행렬 $\mathbf{A}$를 입력하기 위해서 2.4절에서와 같이 LU 분해와 대각항 $\mathbf{d}$, $\mathbf{e}$, $\mathbf{f}$를 입력한다. 알고리즘은 $\mathbf{B}$를 직접 사용하지는 않고 $\mathbf{Bv}$를 출력하는 함수 Bv(v)를 호출한다. 고유값 이동은 사용되지 않았다.

```
## module inversePower5
''' lam,x = inversePower5(Bv,d,e,f,tol=1.0e-6).
    Inverse power method for solving the eigenvalue problem
    [A]{x} = lam[B]{x}, where [A] is pentadiagonal and [B]
    is sparse. User must supply the function Bv(v) that
    returns the vector [B]{v}.
'''
import numpy as np
from LUdecomp5 import *
import math
from numpy.random import rand

def inversePower5(Bv,d,e,f,tol=1.0e-6):
    n = len(d)
    d,e,f = LUdecomp5(d,e,f)
    x = rand(n)                   # Seed x with random numbers
    xMag = math.sqrt(np.dot(x,x)) # Normalize {x}
    x = x/xMag
    for i in range(30):           # Begin iterations
        xOld = x.copy()            # Save current {x}
        x = Bv(xOld)               # Compute [B]{x}
        x = LUsolve5(d,e,f,x)      # Solve [A]{z} = [B]{x}
        xMag = math.sqrt(np.dot(x,x)) # Normalize {z}
        x = x/xMag
        if np.dot(xOld,x) < 0.0:   # Detect change in sign of {x}
            sign = -1.0
            x = -x
        else: sign = 1.0
```

```
        if math.sqrt(np.dot(xOld - x,xOld - x)) < tol:
            return sign/xMag,x
print('Inverse power method did not converge')
```

inversePower5를 이용하는 프로그램은 다음과 같다.

```
#!/usr/bin/python
## example9_6
import numpy as np
from inversePower5 import *

def Bv(v):                  # Compute {z} = [B]{v}
    n = len(v)
    z = np.zeros(n)
    z[0] = 2.0*v[0] - v[1]
    for i in range(1,n-1):
        z[i] = -v[i-1] + 2.0*v[i] - v[i+1]
    z[n-1] = -v[n-2] + 2.0*v[n-1]
    return z

n = 100                     # Number of interior nodes
d = np.ones(n)*6.0          # Specify diagonals of [A] = [f\e\d\e\f]
d[0] = 5.0
d[n-1] = 7.0
e = np.ones(n-1)*(-4.0)
f = np.ones(n-2)*1.0
lam,x = inversePower5(Bv,d,e,f)
print("PL^2/EI =",lam*(n+1)**2)
input("\nPress return to exit")
```

출력은 해석적 엄밀해와 동일하다.

```
PL^2/EI = 20.1867306935764
```

연습 문제 9.1

1. 다음의 주어진 행렬에 대해서

$$\mathbf{A}=\begin{bmatrix}7&3&1\\3&9&6\\1&6&8\end{bmatrix}\qquad \mathbf{B}=\begin{bmatrix}4&0&0\\0&9&0\\0&0&4\end{bmatrix}$$

$\mathbf{Ax} = \lambda\mathbf{Bx}$의 고유값 문제를 표준형인 $\mathbf{Hz} = \lambda\mathbf{z}$로 바꾸시오. $\mathbf{x}$와 $\mathbf{z}$의 관계는 어떻게 되는가?

2. $\mathbf{Ax} = \lambda\mathbf{Bx}$의 고유값 문제를 표준형으로 바꾸시오.

$$\mathbf{A} = \begin{bmatrix} 4 & -1 & 0 \\ -1 & 4 & -1 \\ 0 & -1 & 4 \end{bmatrix} \qquad \mathbf{B} = \begin{bmatrix} 2 & -1 & 0 \\ -1 & 2 & -1 \\ 0 & -1 & 1 \end{bmatrix}$$

3. 문제 2의 고유값은 약 2.5이다. 고유값 이동과 inverse power 방법을 이용하여 고유값을 소수 네자리까지 계산하시오. $x = [\,1 \;\; 0 \;\; 0\,]^T$에서 시작하고, 2번의 반복 연산이면 충분하다.

4. 한 점의 응력행렬은 다음과 같다.

$$\mathbf{S} = \begin{bmatrix} 150 & -60 & 0 \\ -60 & 120 & 0 \\ 0 & 0 & 80 \end{bmatrix} \text{MPa}$$

주응력을 계산하시오. ($\mathbf{S}$의 고유값)

5. 두개의 수직 진자가 변형이 없는 스프링으로 연결되어 있다. 계의 운동방정식은 다음과 같다.

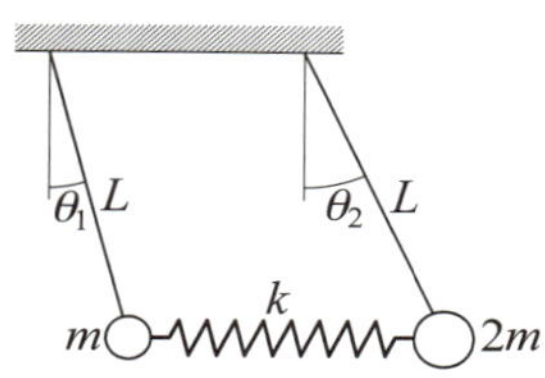

여기서 θ_1, θ_2는 각 변위이며 k는 스프링 강성이다. 진동의 각 주파수와 상대적 각변위의 크기를 결정하시오. $m = 0.25$ kg, $k = 20$ N/m. $L = 0.75$ m, $g = 9.806\ 65\text{m/s}^2$이다.

$$kL(\theta_2 - \theta_1) - mg\theta_1 = mL\ddot{\theta}_1$$
$$-kL(\theta_2 - \theta_1) - 2mg\theta_2 = 2mL\ddot{\theta}_2$$

6. 전기 회로에 대한 Kirchoff 법칙은 다음과 같다.

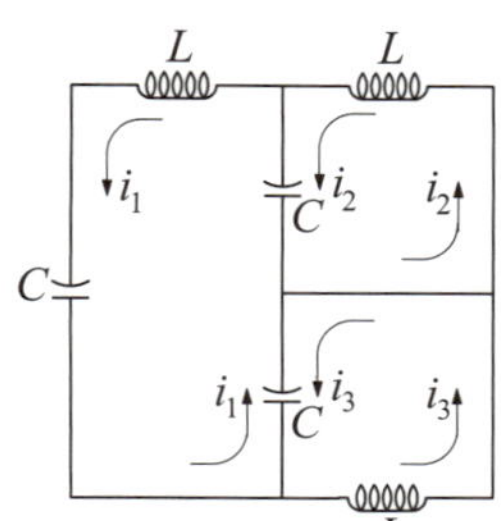

$$3i_1 - i_2 - i_3 = -LC\frac{d^2 i_1}{dt^2}$$

$$-i_1 + i_2 = -LC\frac{d^2 i_2}{dt^2}$$

$$-i_1 + i_3 = -LC\frac{d^2 i_3}{dt^2}$$

전류의 회전 주파수와 루프 전류의 상대적 크기를 계산하시오.

7. 다음 행렬에서 Jacobi 회전을 통해 A_{14}와 A_{41}을 소거하여 행렬 $\mathbf{A}^*$을 얻으시오.

$$\mathbf{A} = \begin{bmatrix} 4 & -1 & 0 & 1 \\ -1 & 6 & -2 & 0 \\ 0 & -2 & 3 & 2 \\ 1 & 0 & 2 & 4 \end{bmatrix}$$

8. ■ Jacobi 방법을 이용하여 다음 행렬의 고유값과 고유벡터를 계산하시오.

$$\mathbf{A} = \begin{bmatrix} 4 & -1 & 2 \\ -1 & 3 & 3 \\ -2 & 3 & 1 \end{bmatrix}$$

9. ■ Jacobi 방법을 이용하여 다음 행렬의 고유값과 고유벡터를 계산하시오.

$$\mathbf{A} = \begin{bmatrix} 4 & -2 & 1 & -1 \\ -2 & 4 & -2 & 1 \\ 1 & -2 & 4 & -2 \\ -1 & 1 & -2 & 4 \end{bmatrix}$$

10. ■ power 방법을 이용하여 문제 9의 행렬에 대해 최대 고유값과 대응하는 고유벡터를 계산하시오.

11. ■ inverse power 방법을 이용하여 문제 9의 행렬에 대해 최소 고유값과 대응하는 고유벡터를 계산하시오.

12. ■ 주어진 행렬에 대해서 Jacobi 방법을 이용하여 $\mathbf{Ax} = \lambda\mathbf{Bx}$의 고유값과 고유벡터를 계산하시오.

$$\mathbf{A} = \begin{bmatrix} 1.4 & 0.8 & 0.4 \\ 0.8 & 6.6 & 0.8 \\ 0.4 & 0.8 & 5.0 \end{bmatrix} \qquad \mathbf{B} = \begin{bmatrix} 0.4 & -0.1 & 0.0 \\ -0.1 & 0.4 & -0.1 \\ 0.0 & -0.1 & 0.4 \end{bmatrix}$$

13. ■ inverse power 방법을 이용하여 문제 12의 행렬에 대해 최소 고유값을 계산하시오.

14. ■ Jacobi 방법을 이용하여 다음 행렬의 고유값과 고유벡터를 계산하시오.

$$\mathbf{A} = \begin{bmatrix} 11 & 2 & 3 & 1 & 4 & 2 \\ 2 & 9 & 3 & 5 & 2 & 1 \\ 3 & 3 & 15 & 4 & 3 & 2 \\ 1 & 5 & 4 & 12 & 4 & 3 \\ 4 & 2 & 3 & 4 & 17 & 5 \\ 2 & 1 & 2 & 3 & 5 & 8 \end{bmatrix}$$

15. ■ Jacobi 방법을 이용하여 $\mathbf{Ax} = \lambda\mathbf{Bx}$의 고유값과 고유벡터를 계산하시오.

$$\mathbf{A} = \begin{bmatrix} 6 & -4 & 1 & 0 \\ -4 & 6 & -4 & 1 \\ 1 & -4 & 6 & -4 \\ 0 & 1 & -4 & 7 \end{bmatrix} \qquad \mathbf{B} = \begin{bmatrix} 1 & -2 & 3 & -1 \\ -2 & 6 & -2 & 3 \\ 3 & -2 & 6 & -2 \\ -1 & 3 & -2 & 9 \end{bmatrix}$$

주의 : **B**는 양정이 아니다. 힌트 : $\mathbf{Bx} = (1/\lambda)\mathbf{Ax}$를 푸시오.

16. ■ 그림은 유한 차분 격자가 표시된 캔티레버 빔을 나타낸다. $u(x,t)$가 빔의 횡변위를 나타낸다고 하면 굽힘 진동에 대한 미분방정식은 다음과 같다.

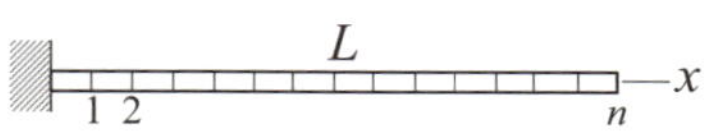

$$u^{(4)} = -\frac{\gamma}{EI}\ddot{u}$$

여기서 γ는 단위 길이당 질량, 그리고 EI는 굽힘 강성을 나타낸다. 경계조건은 $u(0, t) = u'(0, t) = u''(L, t) = u'''(L, t) = 0$이다. $u(x, t) = \sin \omega t$로 가정하면 문제는 다음과 같이 된다.

$$y^{(4)} = \frac{\omega^2\gamma}{EI}y \qquad y(0) = y'(0) = y''(L) = y'''(L) = 0$$

대응하는 유한차분식은 아래와 같다.

$$\mathbf{A} = \begin{bmatrix} 7 & -4 & 1 & 0 & 0 & \cdots & 0 \\ -4 & 6 & -4 & 1 & 0 & \cdots & 0 \\ 1 & -4 & 6 & -4 & 1 & \cdots & 0 \\ \vdots & \ddots & \ddots & \ddots & \ddots & \ddots & \vdots \\ 0 & \cdots & 1 & -4 & 6 & -4 & 1 \\ 0 & \cdots & 0 & 1 & -4 & 5 & -2 \\ 0 & \cdots & 0 & 0 & 1 & -2 & 1 \end{bmatrix} \begin{bmatrix} y_1 \\ y_2 \\ y_3 \\ \vdots \\ y_{n-2} \\ y_{n-1} \\ y_n \end{bmatrix} = \lambda \begin{bmatrix} y_1 \\ y_2 \\ y_3 \\ \vdots \\ y_{n-2} \\ y_{n-1} \\ y_n/2 \end{bmatrix}$$

여기서

$$\lambda = \frac{\omega^2 \gamma}{EI}\left(\frac{L}{n}\right)^4$$

(a) 표준형 $\mathbf{Hz} = \lambda\mathbf{z}$의 $\mathbf{H}$와 $\mathbf{y} = \mathbf{Pz}$의 변환행렬 $\mathbf{P}$를 쓰시오. (b) Jacobi 방법을 이용하여 빔의 첫번째와 두번째 고유진동수와 대응하는 모드 형상(고유 벡터)을 결정하는 프로그램을 작성하시오. $n = 10$으로 프로그램을 작성한다. 참고 : 최소주파수에 대한 엄밀해는 $\omega_1 = (3.515/L^2)\sqrt{EI/\gamma}$이다.

17. ■ 그림 (a)의 단순지지 보가 3개의 단면으로 구성되어 있다. 1차 좌굴 모드를 구하고 싶을 때 그림 (b)와 같이 절반의 모델만을 고려해도 충분하다. 횡변위 $u(x)$에 대한 미분방정식은 다음과 같다.

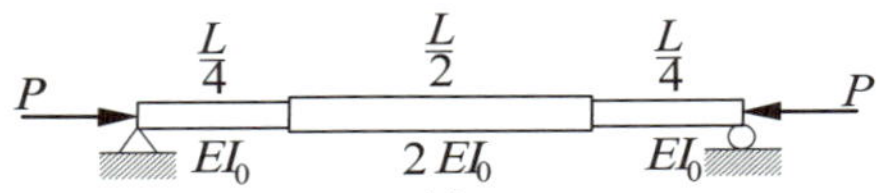

(a)

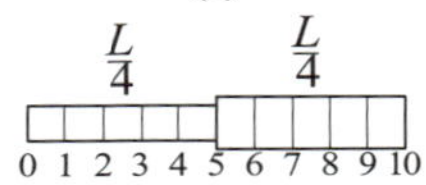

(b)

$$u'' = -\frac{P}{EI}u$$

경계조건은 $u(0) = u'(0) = 0$이며 다음의 유한 차분식을 얻을 수 있다.

$$\begin{bmatrix} 2 & -1 & 0 & 0 & 0 & 0 & 0 & \cdots & 0 \\ -1 & 2 & -1 & 0 & 0 & 0 & 0 & \cdots & 0 \\ 0 & -1 & 2 & -1 & 0 & 0 & 0 & \cdots & 0 \\ 0 & 0 & -1 & 2 & -1 & 0 & 0 & \cdots & 0 \\ 0 & 0 & 0 & -1 & 2 & -1 & 0 & \cdots & 0 \\ 0 & 0 & 0 & 0 & -1 & 2 & -1 & \cdots & 0 \\ \vdots & \vdots & \vdots & \vdots & \vdots & \ddots & \ddots & \ddots & \vdots \\ 0 & \cdots & 0 & 0 & 0 & 0 & -1 & 2 & -1 \\ 0 & \cdots & 0 & 0 & 0 & 0 & 0 & -1 & 1 \end{bmatrix} \begin{bmatrix} u_1 \\ u_2 \\ u_3 \\ u_4 \\ u_5 \\ u_6 \\ \vdots \\ u_9 \\ u_{10} \end{bmatrix} = \lambda \begin{bmatrix} u_1 \\ u_2 \\ u_3 \\ u_4 \\ u_5/1.5 \\ u_6/2 \\ \vdots \\ u_9/2 \\ u_{10}/4 \end{bmatrix}$$

여기서

$$\lambda = \frac{P}{EI_0}\left(\frac{L}{20}\right)^2$$

Inverser power 방법을 이용하여 최소 좌굴하중 P를 계산하는 프로그램을 작성하시오. 띠행렬의 성질을 활용한다.

18. ■ 스프링 지지된 3개의 링크 구조가 수평으로 놓여져서 변형되지 않은 상태로 있다. 수평 하중 P가 있을 때 평형 방정식은 다음과 같다.

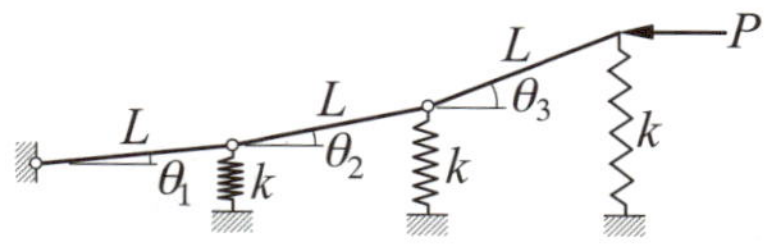

$$\begin{bmatrix} 6 & 5 & 3 \\ 3 & 3 & 2 \\ 1 & 1 & 1 \end{bmatrix} \begin{bmatrix} \theta_1 \\ \theta_2 \\ \theta_3 \end{bmatrix} = \frac{P}{kL} \begin{bmatrix} 1 & 1 & 1 \\ 0 & 1 & 1 \\ 0 & 0 & 1 \end{bmatrix} \begin{bmatrix} \theta_1 \\ \theta_2 \\ \theta_3 \end{bmatrix}$$

여기서 k는 스프링 상수이다. 최소 좌굴 하중 P를 결정하고 대응하는 모드 형상을 계산하시오. 힌트 : 방정식은 A가 대칭일 때 표준형인 $\mathbf{A}\theta = \lambda\theta$로 다시 표현할 수 있다.

19. ■ 질량-스프링 시스템의 운동방정식은 다음과 같다.

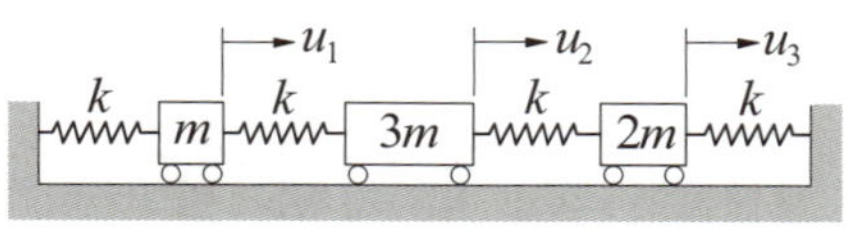

$$k(-2u_1 + u_2) = m\ddot{u}_1$$

$$k(u_1 - 2u_2 + u_3) = 3m\ddot{u}_2$$

$$k(u_2 - 2u_3) = 2m\ddot{u}_3$$

여기서 $u_i(t)$는 평행상태로부터 질량 i의 변위이며 k는 스프링 상수이다. 진동 각주파수와 대응하는 고유벡터를 계산하시오.

20. ■ 회로에 대한 Kirchoff 방정식은 다음과 같다.

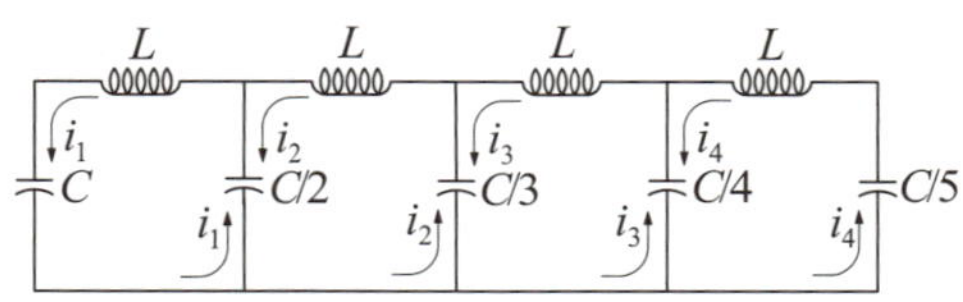

$$L\frac{d^2 i_1}{dt^2} + \frac{1}{C}i_1 + \frac{2}{C}(i_1 - i_2) = 0$$

$$L\frac{d^2 i_2}{dt^2} + \frac{2}{C}(i_2 - i_1) + \frac{3}{C}(i_2 - i_3) = 0$$

$$L\frac{d^2 i_3}{dt^2} + \frac{3}{C}(i_3 - i_2) + \frac{4}{C}(i_3 - i_4) = 0$$

$$L\frac{d^2i_4}{dt^2} + \frac{4}{C}(i_4 - i_3) + \frac{5}{C}i_4 = 0$$

전류의 각주파수를 결정하시오.

21. ■ 주어진 Kirchoff 방정식을 가지고 회로에서 진동하는 각주파수를 계산하시오.

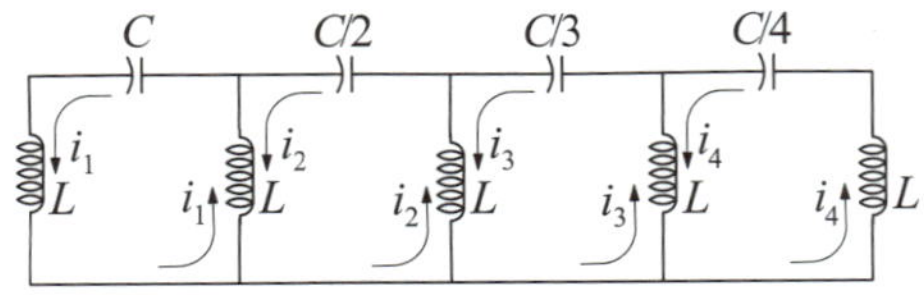

$$L\frac{d^2i_1}{dt^2} + L\left(\frac{d^2i_1}{dt^2} - \frac{d^2i_2}{dt^2}\right) + \frac{1}{C}i_1 = 0$$

$$L\left(\frac{d^2i_2}{dt^2} - \frac{d^2i_1}{dt^2}\right) + L\left(\frac{d^2i_2}{dt^2} - \frac{d^2i_3}{dt^2}\right) + \frac{2}{C} = 0$$

$$L\left(\frac{d^2i_3}{dt^2} - \frac{d^2i_2}{dt^2}\right) + L\left(\frac{d^2i_3}{dt^2} - \frac{d^2i_4}{dt^2}\right) + \frac{3}{C}i_3 = 0$$

$$L\left(\frac{d^2i_4}{dt^2} - \frac{d^2i_3}{dt^2}\right) + L\frac{d^2i_4}{dt^2} + \frac{4}{C}i_4 = 0$$

22. ■ 행렬 **A**의 고유값을 계산하기 위한 몇가지 반복법이 존재한다. 방법 중 하나는 *LR* 방법으로 행렬이 대칭이고 양정일 때 적용 가능하다. 알고리즘은 다음과 같이 간단하다.

> 행렬 **A**에 변화가 없을 때 까지 다음을 반복하시오.
> Choleski 분해를 이용하여 $\mathbf{A} = \mathbf{L}\mathbf{L}^T$인 **L**을 찾으시오.
> $\mathbf{A} = \mathbf{L}^T\mathbf{L}$을 계산하시오.

행렬 **A**의 대각항은 고유값이 되는 것을 보일수 있다. LR 방법을 수행하는 프로그램을 작성하고 다음 행렬에 대해 LR 방법을 적용해 보시오.

9.4 Householder 변환을 이용한 3중 대각행렬 생성

유사변환을 통해서 고유값 문제를 좀더 풀기 쉬운 형태로 바꾸는 것이 가능하다. 물론 “쉬운” 형태의 가장 바람직한 형태는 Jacobi 방법으로 부터의 대각행렬이다. 그러나 Jacobi 방법은 약 $10n^3$에서 $20n^3$의 연산을 필요로 하며, 연산량은 n과 함께 급속하게 증가하게 된다. 행렬을 3중 대각행렬 형태로 바꾸는 것이 바람직한데 이 것은 $n-2$번의 Householder 변환을 통해 가능하다. 3중 대각행렬을 얻은 다음 고유값과 고유벡터를 계산하여야 하는데 다음 절에서 설명하는 방법을 사용하여 효율적으로 얻을 수 있다.

Householder 행렬

Householder 변환은 Householder 행렬을 이용한다.

$$\mathbf{Q} = \mathbf{I} - \frac{\mathbf{u}\mathbf{u}^T}{H} \tag{9.36}$$

여기서 $\mathbf{u}$는 벡터이다.

$$H = \frac{1}{2}\mathbf{u}^T\mathbf{u} = \frac{1}{2}|\mathbf{u}|^2 \tag{9.37}$$

식 (9.36)에서 $\mathbf{u}\mathbf{u}^T$은 외적으로, 요소가 $(\mathbf{u}\mathbf{u}^T)_{ij} = u_i u_j$인 행렬이 된다. $\mathbf{Q}$가 명백하게 대칭이기 때문에 ($\mathbf{Q}^T = \mathbf{Q}$) 다음과 같이 쓸 수 있다.

$$\begin{aligned}\mathbf{Q}^T\mathbf{Q} = \mathbf{Q}\mathbf{Q} &= \left(\mathbf{I} - \frac{\mathbf{u}\mathbf{u}^T}{H}\right)\left(\mathbf{I} - \frac{\mathbf{u}\mathbf{u}^T}{H}\right) = \mathbf{I} - 2\frac{\mathbf{u}\mathbf{u}^T}{H} + \frac{\mathbf{u}\left(\mathbf{u}^T\mathbf{u}\right)\mathbf{u}^T}{H^2} \\ &= \mathbf{I} - 2\frac{\mathbf{u}\mathbf{u}^T}{H} + \frac{\mathbf{u}\,(2H)\,\mathbf{u}^T}{H^2} = \mathbf{I}\end{aligned}$$

위의 식은 $\mathbf{Q}$가 직교한다는 것을 의미한다.

임의의 벡터 $\mathbf{x}$에 대해 변화 $\mathbf{Q}\mathbf{x}$를 고려해 보자. 다음과 같이 정하고,

$$\mathbf{u} = \mathbf{x} + k\mathbf{e}_1 \tag{9.38}$$

여기서

$$k = \pm|\mathbf{x}| \qquad \mathbf{e}_1 = \begin{bmatrix} 1 & 0 & 0 & \cdots & 0 \end{bmatrix}^T$$

다음 식을 얻게 된다.

$$\begin{aligned}\mathbf{Q}\mathbf{x} &= \left(\mathbf{I} - \frac{\mathbf{u}\mathbf{u}^T}{H}\right)\mathbf{x} = \left[\mathbf{I} - \frac{\mathbf{u}\left(\mathbf{x} + k\mathbf{e}_1\right)^T}{H}\right]\mathbf{x} \\ &= \mathbf{x} - \frac{\mathbf{u}\left(\mathbf{x}^T\mathbf{x} + k\mathbf{e}_1^T\mathbf{x}\right)}{H} = \mathbf{x} - \frac{\mathbf{u}\left(k^2 + kx_1\right)}{H}\end{aligned}$$

그러나

$$\begin{aligned}2H &= \left(\mathbf{x} + k\mathbf{e}_1\right)^T\left(\mathbf{x} + k\mathbf{e}_1\right) = |\mathbf{x}|^2 + k\left(\mathbf{x}^T\mathbf{e}_1 + \mathbf{e}_1^T\mathbf{x}\right) + k^2\mathbf{e}_1^T\mathbf{e}_1 \\ &= k^2 + 2kx_1 + k^2 = 2\left(k^2 + kx_1\right)\end{aligned}$$

따라서

$$\mathbf{Qx} = \mathbf{x} - \mathbf{u} = -k\mathbf{e}_1 = \begin{bmatrix} -k & 0 & 0 & \cdots & 0 \end{bmatrix}^T \tag{9.39}$$

그러므로 변환은 $\mathbf{x}$의 첫번째 요소 외의 모든 요소들에 제거하게 된다.

Householder 변환을 이용한 대칭행렬

이제 다음과 같은 변환을 적용하여 $n \times n$의 대칭행렬 $\mathbf{A}$를 만들어보자.

$$\mathbf{P}_1\mathbf{A} = \begin{bmatrix} 1 & \mathbf{0}^T \\ \mathbf{0} & \mathbf{Q} \end{bmatrix} \begin{bmatrix} A_{11} & \mathbf{x}^T \\ \mathbf{x} & \mathbf{A}' \end{bmatrix} = \begin{bmatrix} A_{11} & \mathbf{x}^T \\ \mathbf{Qx} & \mathbf{QA}' \end{bmatrix} \tag{9.40}$$

여기서 $\mathbf{x}$는 행렬 $\mathbf{A}$의 첫번째 열에서 첫번째 요소를 제외한 행렬이며, $\mathbf{A}'$는 $\mathbf{A}$에서 첫번째 행과 열이 소거된 행렬이다. $(n-1) \times (n-1)$ 행렬 $\mathbf{Q}$는 식 (9.36)–(9.38)을 이용하여 만들어진다. 식 (9.39)를 참조하면 행렬 $\mathbf{A}$의 첫번째 열은 다음과 같이 된다.

$$\begin{bmatrix} A_{11} \\ \mathbf{Qx} \end{bmatrix} = \begin{bmatrix} A_{11} \\ -k \\ 0 \\ \vdots \\ 0 \end{bmatrix}$$

다음 변환은

$$\mathbf{A} \leftarrow \mathbf{P}_1\mathbf{A}\mathbf{P}_1 = \begin{bmatrix} A_{11} & (\mathbf{Qx})^T \\ \mathbf{Qx} & \mathbf{QA}'\mathbf{Q} \end{bmatrix} \tag{9.41}$$

$\mathbf{A}$의 첫번째 열과 행을 삼중 대각화한다. 여기에 4×4 행렬의 변환을 도시적으로 나타내었다.

$$\left[\begin{array}{c|ccc} 1 & 0 & 0 & 0 \\ \hline 0 & & & \\ 0 & & \mathbf{Q} & \\ 0 & & & \end{array}\right] \cdot \left[\begin{array}{c|ccc} A_{11} & A_{12} & A_{13} & A_{14} \\ \hline A_{21} & & & \\ A_{31} & & \mathbf{A}' & \\ A_{41} & & & \end{array}\right] \cdot \left[\begin{array}{c|ccc} 1 & 0 & 0 & 0 \\ \hline 0 & & & \\ 0 & & \mathbf{Q} & \\ 0 & & & \end{array}\right]$$

$$= \left[\begin{array}{c|ccc} A_{11} & -k & 0 & 0 \\ \hline -k & & & \\ 0 & & \mathbf{QA}'\mathbf{Q} & \\ 0 & & & \end{array}\right]$$

$\mathbf{A}$의 두번째 행과 열은 행렬의 3×3 아래쪽 부분으로 축소된다. 이 변환은 $\mathbf{A} \leftarrow \mathbf{P}_2\mathbf{A}\mathbf{P}_2$로 표현될 수 있고, $\mathbf{P}_2$는 다음과 같다.

$$\mathbf{P}_2 = \begin{bmatrix} \mathbf{I}_2 & \mathbf{0}^T \\ \mathbf{0} & \mathbf{Q} \end{bmatrix} \tag{9.42}$$

식 (9.42)에서 $\mathbf{I}_2$는 2×2 단위행렬이고 $\mathbf{Q}$는 $\mathbf{A}$의 두번째 열에서 아래쪽 $n-2$ 요소를 가지고 만들어진 $(n-2)\times(n-2)$ 행렬이 된다. 총 $n-2$번의 변환을 적용하면

$$\mathbf{P}_i = \begin{bmatrix} \mathbf{I}_i & \mathbf{0}^T \\ \mathbf{0} & \mathbf{Q} \end{bmatrix}, \quad i = 1, 2, \ldots, n-2$$

삼중대각화가 된 형태를 얻을 수 있다.

$\mathbf{P}_i$를 형성하고 다시 $\mathbf{P}_i\mathbf{A}\mathbf{P}_i$를 하는 할 필요는 없다. 다음의 식이 성립하고,

$$\mathbf{A}'\mathbf{Q} = \mathbf{A}'\left(\mathbf{I} - \frac{\mathbf{u}\mathbf{u}^T}{H}\right) = \mathbf{A}' - \frac{\mathbf{A}'\mathbf{u}}{H}\mathbf{u}^T = \mathbf{A}' - \mathbf{v}\mathbf{u}^T$$

여기서

$$\mathbf{v} = \frac{\mathbf{A}'\mathbf{u}}{H} \tag{9.43}$$

따라서

$$\begin{aligned} \mathbf{Q}\mathbf{A}'\mathbf{Q} &= \left(\mathbf{I} - \frac{\mathbf{u}\mathbf{u}^T}{H}\right)(\mathbf{A}' - \mathbf{v}\mathbf{u}^T) = \mathbf{A}' - \mathbf{v}\mathbf{u}^T - \frac{\mathbf{u}\mathbf{u}^T}{H}(\mathbf{A}' - \mathbf{v}\mathbf{u}^T) \\ &= \mathbf{A}' - \mathbf{v}\mathbf{u}^T - \frac{\mathbf{u}(\mathbf{u}^T\mathbf{A}')}{H} + \frac{\mathbf{u}(\mathbf{u}^T\mathbf{v})\mathbf{u}^T}{H} \\ &= \mathbf{A}' - \mathbf{v}\mathbf{u}^T - \mathbf{u}\mathbf{v}^T + 2g\mathbf{u}\mathbf{u}^T \end{aligned}$$

다음과 같이 두면,

$$g = \frac{\mathbf{u}^T\mathbf{v}}{2H} \tag{9.44}$$

$$\mathbf{w} = \mathbf{v} - g\mathbf{u} \tag{9.45}$$

변환은 다음과 같이 정리하여 쓸 수 있다.

$$\mathbf{Q}\mathbf{A}'\mathbf{Q} = \mathbf{A}' - \mathbf{w}\mathbf{u}^T - \mathbf{u}\mathbf{w}^T \tag{9.46}$$

이 식은 $i = 1, 2, ..., n-2$에 대한 다음과 같은 컴퓨터 계산과정으로 정리된다.

> $i = 1, 2, ..., n-2$에 대해 다음을 반복한다.
> $\mathbf{A}'$를 $\mathbf{A}$의 $(n-i)\times(n-i)$ 부분이라고 하자.
> $\mathbf{x} = [A_{i+1,i}\ \ A_{i+2,i}\ \cdots\ A_{n,i}]^T$라고 하자. ($\mathbf{A}'$의 $n-i$ 열 부분)
> $|\mathbf{x}|$를 계산한다. $x_1 > 0$이면 $k = |\mathbf{x}|$, $x_1 < 0$이면 $k = -|\mathbf{x}|$로 정한다.
> (부호의 선택은 반올림 오차를 최소화한다.)
> $\mathbf{u} = [k+x_1\ \ x_2\ \ x_3\ \cdots\ x_{n-i}]^T$로 정의한다.
> $H = |\mathbf{u}|/2$를 계산한다.
> $\mathbf{v} = \mathbf{A}'\mathbf{u}/\mathbf{H}$를 계산한다.
> $g = \mathbf{u}^T\mathbf{v}/(2H)$를 계산한다.
> $\mathbf{w} = \mathbf{v} - g\mathbf{u}$를 계산한다.
> $\mathbf{A}' \leftarrow \mathbf{A}' - \mathbf{w}^T\mathbf{u} - \mathbf{u}^T\mathbf{w}$의 변환을 계산한다.
> $A_{i,i+1} = A_{i+1,i} = -k$으로 둔다.

누적된 변환 행렬

유사변환을 사용하기 때문에 삼중대각행렬의 고유값은 원래 행렬의 고유값과 동일한다. 하지만 원래 행렬 $\mathbf{A}$의 고유벡터 $\mathbf{X}$를 결정하기 위해서 다음의 변환을 사용해야 한다.

$$\mathbf{X} = \mathbf{P}\mathbf{X}_{\text{tridiag}}$$

여기서 $\mathbf{P}$는 각 변환의 누적 행렬을 말한다.

$$\mathbf{P} = \mathbf{P}_1\mathbf{P}_2\cdots\mathbf{P}_{n-2}$$

$\mathbf{P}$를 $n\times n$의 단위행렬로 초기화하고 다음 변환을 $i = 1, 2, ..., n-2$에 적용하여 누적된 변환 행렬을 만들 수 있다. 각각의 연산은 $\mathbf{P}$의 오른쪽 $n-i$ 열에만 영향을 주게 된다.($\mathbf{P}_{12}$의 첫번째 행이 0만을 포함하기 때문에 곱셈에서 사라지게 된다.) 다음의 표기를 이용하면

$$\mathbf{P} \leftarrow \mathbf{P}\mathbf{P}_i = \begin{bmatrix} \mathbf{P}_{11} & \mathbf{P}_{12} \\ \mathbf{P}_{21} & \mathbf{P}_{22} \end{bmatrix}\begin{bmatrix} \mathbf{I}_i & \mathbf{0}^T \\ \mathbf{0} & \mathbf{Q} \end{bmatrix} = \begin{bmatrix} \mathbf{P}_{11} & \mathbf{P}_{21}\mathbf{Q} \\ \mathbf{P}_{12} & \mathbf{P}_{22}\mathbf{Q} \end{bmatrix} \tag{b}$$

$$\mathbf{P}' = \begin{bmatrix} \mathbf{P}_{12} \\ \mathbf{P}_{22} \end{bmatrix}$$

아래와 같이 정리된다.

$$\begin{bmatrix} \mathbf{P}_{12}\mathbf{Q} \\ \mathbf{P}_{22}\mathbf{Q} \end{bmatrix} = \mathbf{P}'\mathbf{Q} = \mathbf{P}'\left(\mathbf{I} - \frac{\mathbf{u}\mathbf{u}^T}{H}\right) = \mathbf{P}' - \frac{\mathbf{P}'\mathbf{u}}{H}\mathbf{u}^T = \mathbf{P}' - \mathbf{y}\mathbf{u}^T \tag{9.47}$$

여기서

$$\mathbf{y} = \frac{\mathbf{P}'\mathbf{u}}{H} \tag{9.48}$$

식 (b)의 행렬 연산 절차는 다음과 같이 정리할 수 있다.

> 행렬 $\mathbf{u}$를 가져온다.($\mathbf{u}$는 행렬 $\mathbf{A}$의 주 대각요소 아래 열에 저장된다.)
> $H = |\mathbf{u}|/2$를 계산한다.
> $\mathbf{y} = \mathbf{P}'\mathbf{u}/H$를 계산한다.
> $\mathbf{P}' \leftarrow \mathbf{P}' - \mathbf{y}\mathbf{u}^T$의 변환을 계산한다.

householder

이 모듈의 함수 householder는 삼중대각 형태로 행렬을 변환시킨다. 함수는 (**d**, **c**)를 출력하는데 **d**와 **c**는 주대각 요소와 그 옆의 요소들을 포함한 행렬이다. 단지 위삼각 부분이 삼각형 형태로 줄어들어 있고, 주 대각항 아래의 요소는 벡터 **u**를 저장하는데 사용된다. 이것은 문장 u = a[k+1:n, k]을 통해 자동으로 수행되며, 새롭게 u를 만들지 않고 단순히 a[k+1:n, k]를 참조하게 된다. 따라서 u의 어떠한 변화도 a[k+1:n, k]에 반영된다.

함수 computeP는 누적된 변환 행렬 **P**를 출력한다. 단지 고유값의 계산이 필요하다면 이 함수를 호출할 필요는 없다.

```
## module householder
''' d,c = householder(a).
    Householder similarity transformation of matrix [a] to
    tridiagonal form.

    p = computeP(a).
    Computes the acccumulated transformation matrix [p]
    after calling householder(a).
'''
import numpy as np
import math

def householder(a):
    n = len(a)
```

```
    for k in range(n-2):
        u = a[k+1:n,k]
        uMag = math.sqrt(np.dot(u,u))
        if u[0] < 0.0: uMag = -uMag
        u[0] = u[0] + uMag
        h = np.dot(u,u)/2.0
        v = np.dot(a[k+1:n,k+1:n],u)/h
        g = np.dot(u,v)/(2.0*h)
        v = v - g*u
        a[k+1:n,k+1:n] = a[k+1:n,k+1:n] - np.outer(v,u) \
                         -np.outer(u,v)
        a[k,k+1] = -uMag
    return np.diagonal(a),np.diagonal(a,1)

def computeP(a):
    n = len(a)
    p = np.identity(n)*1.0
    for k in range(n-2):
        u = a[k+1:n,k]
        h = np.dot(u,u)/2.0
        v = np.dot(p[1:n,k+1:n],u)/h
        p[1:n,k+1:n] = p[1:n,k+1:n] - np.outer(v,u)
    return p
```

예제 9.7

다음 행렬을 삼중대각 형태로 변환하시오.

$$\mathbf{A} = \begin{bmatrix} 7 & 2 & 3 & -1 \\ 2 & 8 & 5 & 1 \\ 3 & 5 & 12 & 9 \\ -1 & 1 & 9 & 7 \end{bmatrix}$$

풀이

첫번째 열과 행을 축소한다.

$$\mathbf{A}' = \begin{bmatrix} 8 & 5 & 1 \\ 5 & 12 & 9 \\ 1 & 9 & 7 \end{bmatrix} \qquad x = \begin{bmatrix} 2 \\ 3 \\ -1 \end{bmatrix} \qquad k = |\mathbf{x}| = 3.7417$$

$$\mathbf{u} = \begin{bmatrix} k + x_1 \\ x_2 \\ x_3 \end{bmatrix} = \begin{bmatrix} 5.7417 \\ 3 \\ -1 \end{bmatrix} \qquad H = \frac{1}{2}|\mathbf{u}|^2 = 21.484$$

$$\mathbf{uu}^T = \begin{bmatrix} 32.967 & 17\,225 & -5.7417 \\ 17.225 & 9 & -3 \\ -5.7417 & -3 & 1 \end{bmatrix}$$

$$\mathbf{Q} = \mathbf{I} - \frac{\mathbf{uu}^T}{H} = \begin{bmatrix} -0.53450 & -0.80176 & 0.26725 \\ -0.80176 & 0.58108 & 0.13964 \\ 0.26725 & 0.13964 & 0.95345 \end{bmatrix}$$

$$\mathbf{QA'Q} = \begin{bmatrix} 10.642 & -0.1388 & -9.1294 \\ -0.1388 & 5.9087 & 4.8429 \\ -9.1294 & 4.8429 & 10.4480 \end{bmatrix}$$

$$\mathbf{A} \leftarrow \begin{bmatrix} A_{11} & (\mathbf{Qx})^T \\ \mathbf{Qx} & \mathbf{QA'Q} \end{bmatrix} = \begin{bmatrix} 7 & -3.7417 & 0 & 0 \\ -3.7417 & 10.642 & -0.\,1388 & -9.1294 \\ 0 & -0.1388 & 5.9087 & 4.8429 \\ 0 & -9.1294 & 4.8429 & 10.4480 \end{bmatrix}$$

마지막 스텝에서 $\mathbf{Qx} = [\ -k \ \ 0 \ \ \cdots \ \ 0\ ]^T$을 사용하였다.

두번째 행과 열을 감소시켜 보자.

$$\mathbf{A}' = \begin{bmatrix} 5.9087 & 4.8429 \\ 4.8429 & 10.4480 \end{bmatrix} \qquad \mathbf{x} = \begin{bmatrix} -0.1388 \\ -9.1294 \end{bmatrix} \qquad k = -\,|\mathbf{x}| = -9.1305$$

여기서 k의 음의 부호는 x_1의 부호에 의해 결정된다.

$$\mathbf{u} = \begin{bmatrix} k + x_1 \\ -9.1294 \end{bmatrix} = \begin{bmatrix} -9.\,2693 \\ -9.1294 \end{bmatrix} \qquad H = \frac{1}{2}\,|\mathbf{u}|^2 = 84.633$$

$$\mathbf{uu}^T = \begin{bmatrix} 85.920 & 84.623 \\ 84.623 & 83.346 \end{bmatrix}$$

$$\mathbf{Q} = \mathbf{I} - \frac{\mathbf{uu}^T}{H} = \begin{bmatrix} 0.01521 & -0.99988 \\ -0.99988 & 0.01521 \end{bmatrix}$$

$$\mathbf{QA'Q} = \begin{bmatrix} 10.594 & 4.772 \\ 4.772 & 5.762 \end{bmatrix}$$

$$\mathbf{A} \leftarrow \begin{bmatrix} A_{11} & A_{12} & \mathbf{0}^T \\ A_{21} & A_{22} & (\mathbf{Qx})^T \\ \mathbf{0} & \mathbf{Qx} & \mathbf{QA}'\mathbf{Q} \end{bmatrix} \begin{bmatrix} 7 & -3.742 & 0 & 0 \\ -3.742 & 10.642 & 9.131 & 0 \\ 0 & 9.131 & 10.594 & 4.772 \\ 0 & 0 & 4.772 & 5.762 \end{bmatrix}$$

예제 9.8

함수 householder를 이용하여 예제 9.7의 행렬을 삼중대각화 하시오. 변환행렬 **P**를 결정하시오.

풀이

```
#!/usr/bin/python
## example9_8
import numpy as np
from householder import *

a = np.array([[ 7.0, 2.0,  3.0, -1.0], \
              [ 2.0, 8.0,  5.0,  1.0], \
              [ 3.0, 5.0, 12.0,  9.0], \
              [-1.0, 1.0,  9.0, 7.0]])
d,c = householder(a)
print("Principal diagonal {d}:\n", d)
print("\nSubdiagonal {c}:\n",c)
print("\nTransformation matrix [P]:")
print(computeP(a))
input("\nPress return to exit")
```

프로그램 결과는 다음과 같다.

```
Principal diagonal {d}:
[ 7.          10.64285714  10.59421525   5.76292761]

Subdiagonal {c}:
[-3.74165739  9.13085149   4.77158058]

Transformation matrix [P]:
[[ 1.          0.          0.          0. ]
 [ 0.         -0.53452248 -0.25506831  0.80574554]
 [ 0.         -0.80178373 -0.14844139 -0.57888514]
 [ 0.          0.26726124 -0.95546079 -0.12516436]]
```

9.5 대칭 삼중대각 행렬의 고유값

Sturm 순서쌍

행렬 **A**의 고유값은 특성방정식 $|\mathbf{A}-\lambda\mathbf{I}|=0$의 해를 찾음으로서 결정된다. 이 방법은 크기가 큰 행렬에 대해서는 실용적이 않은데 행렬식의 계산이 $n^3/3$번의 연산이 필요하기 때문이다. 하지만 행렬이 대칭이고 삼중대각행렬인 경우 특성방정식은 다음과 같다.

$$P_n(\lambda) = |\mathbf{A}-\lambda\mathbf{I}| = \begin{vmatrix} d_1-\lambda & c_1 & 0 & 0 & \cdots & 0 \\ c_1 & d_2-\lambda & c_2 & 0 & \cdots & 0 \\ 0 & c_2 & d_3-\lambda & c_3 & \cdots & 0 \\ 0 & 0 & c_3 & d_4-\lambda & \cdots & 0 \\ \vdots & \vdots & \vdots & \vdots & \ddots & \vdots \\ 0 & 0 & \ldots & 0 & c_{n-1} & d_n-\lambda \end{vmatrix}$$

위의 식은 다음과 같은 연산을 사용하여 $3(n-1)$번의 연산을 통해 결정 가능하다.

$$\begin{aligned} P_0(\lambda) &= 1 \\ P_1(\lambda) &= d_1-\lambda \\ P_i(\lambda) &= (d_i-\lambda)P_{i-1}(\lambda) - c_{i-1}^2 P_{i-2}(\lambda), \quad i=2,3,\ldots,n \end{aligned} \tag{9.49}$$

다항식 $P_0(\lambda)$, $P_1(\lambda)$, ..., $P_n(\lambda)$은 Sturm 순서쌍을 형성하며 다음과 같은 특성을 가지고 있다. $P_0(a)$, $P_1(a)$, ..., $P_n(a)$의 부호 변화 수는 a보다 작은 $P_n(\lambda)$의 해의 수와 같다. 순서쌍에서 $P_i(a)$가 0이면 부호는 $P_{i-1}(a)$의 반대로 취해진다.

나중에 다시 보겠지만, Sturm 순서쌍은 삼중대각 행렬의 고유값의 범위를 알게 한다.

■ sturmSeq

주어진 **d**, **c**, λ에 대해서 sturmSeq함수는 Sturm 순서쌍을 출력한다.

$$P_0(\lambda),\ P_1(\lambda),\ \ldots\ P_n(\lambda)$$

함수 numLambdas는 순서쌍의 부호 변화를 돌려준다. 앞서 설명하였듯이 이것은 λ보다 작은 고유값의 수와 같다.

```
## module sturmSeq
''' p = sturmSeq(c,d,lam).
    Returns the Sturm sequence {p[0],p[1],...,p[n]}
    associated with the characteristic polynomial
```

```
    |[A] - lam[I]| = 0, where [A] is a n x n
    tridiagonal matrix.

    numLam = numLambdas(p).
    Returns the number of eigenvalues of a tridiagonal
    matrix that are smaller than 'lam'.
    Uses the Sturm sequence {p} obtained from 'sturmSeq'.
'''
import numpy as np

def sturmSeq(d,c,lam):
    n = len(d) + 1
    p = np.ones(n)
    p[1] = d[0] - lam
    for i in range(2,n):
        p[i] = (d[i-1] - lam)*p[i-1] - (c[i-2]**2)*p[i-2]
    return p

def numLambdas(p):
    n = len(p)
    signOld = 1
    numLam = 0
    for i in range(1,n):
        if p[i] > 0.0: sign = 1
        elif p[i] < 0.0: sign = -1
        else: sign = -signOld
        if sign*signOld < 0: numLam = numLam + 1
        signOld = sign
    return numLam
```

예제 9.9

Sturm 순서쌍의 성질을 이용하여 행렬 **A**의 가장 작은 고유값이 구간 (0.25, 0.5)에 있는 것을 확인하시오.

$$\mathbf{A} = \begin{bmatrix} 2 & -1 & 0 & 0 \\ -1 & 2 & -1 & 0 \\ 0 & -1 & 2 & -1 \\ 0 & 0 & -1 & 2 \end{bmatrix}$$

풀이

$\lambda = 0.5$로 하면, $d_i - \lambda = 1.5$가 되고 $c_{i-1}^2 = 1$이 된다. 식 (9.49)의 Sturm 순서쌍은 다음과 같다.

$$P_0(0.5) = 1$$
$$P_1(0.5) = 1.5$$
$$P_2(0.5) = 1.5(1.5) - 1 = 1.25$$
$$P_3(0.5) = 1.5(1.25) - 1.5 = 0.375$$
$$P_4(0.5) = 1.5(0.375) - 1.25 = -0.6875$$

순서쌍에 한번의 부호 변화가 있기 때문에, 0.5 보다 작은 하나의 고유값이 존재한다.

$\lambda = 0.25$로 하여 과정을 반복하면 $d_i - \lambda = 1.75$가 되고 $c_{i-1}^2 = 1$이다. Sturm 순서쌍은 다음과 같다.

$$P_0(0.25) = 1$$
$$P_1(0.25) = 1.75$$
$$P_2(0.25) = 1.75(1.75) - 1 = 2.0625$$
$$P_3(0.25) = 1.75(2.0625) - 1.75 = 1.8594$$
$$P_4(0.25) = 1.75(1.8594) - 2.0625 = 1.1915$$

순서쌍에서 부호 변화가 없고 0.25보다 작은 고유값은 존재하지 않는다. 따라서 $0.25 < \lambda_1 < 0.5$이 된다.

Gerschgorin 정리

Gerschgorin 정리는 $n \times n$ 행렬 $\mathbf{A}$의 고유값에 대한 전역적 경계를 정하는데 유용하다. "전역적"이라는 단어는 모든 고유값의 경계를 의미한다. 여기에서는 대칭행렬에 대한 단순화된 내용을 다룬다.

행렬 $\mathbf{A}$의 고유값이 λ이면

$$a_i - r_i \le \lambda \le a_i + r_i, \quad i = 1, 2, \ldots, n$$

여기서

$$a_i = A_{ii} \qquad r_i = \sum_{\substack{j=1 \\ j \ne i}}^{n} |A_{ij}| \tag{9.50}$$

최소와 최대 고유값의 한계는 다음과 같이 주어진다.

$$\lambda_{\min} \geq \min_i(a_i - r_i) \qquad \lambda_{\max} \leq \max_i(a_i + r_i) \tag{9.51}$$

gerschgorin

함수 gerschgorin는 대칭 삼중대각 행렬 고유값의 전역적 상한과 하한을 돌려준다.

```
## module gerschgorin
''' lamMin,lamMax = gerschgorin(d,c).
    Applies Gerschgorin's theorem to find the global bounds on
    the eigenvalues of a symmetric tridiagonal matrix.
'''
def gerschgorin(d,c):
    n = len(d)
    lamMin = d[0] - abs(c[0])
    lamMax = d[0] + abs(c[0])
    for i in range(1,n-1):
        lam = d[i] - abs(c[i]) - abs(c[i-1])
        if lam < lamMin: lamMin = lam
        lam = d[i] + abs(c[i]) + abs(c[i-1])
        if lam > lamMax: lamMax = lam
    lam = d[n-1] - abs(c[n-2])
    if lam < lamMin: lamMin = lam
    lam = d[n-1] + abs(c[n-2])
    if lam > lamMax: lamMax = lam
    return lamMin,lamMax
```

예제 9.10

Gerschgorin 정리를 이용하여 행렬의 고유값에 대한 경계를 결정하시오.

$$\mathbf{A} = \begin{bmatrix} 4 & -2 & 0 \\ -2 & 4 & -2 \\ 0 & -2 & 5 \end{bmatrix}$$

풀이

식 (9.50)을 참조하면,

$$a_1 = 4 \qquad a_2 = 4 \qquad a_3 = 5$$

$$r_1 = 2 \qquad r_2 = 4 \qquad r_3 = 2$$

여기서

$$\lambda_{\min} \geq \min(a_i - r_i) = 4 - 4 = 0$$

$$\lambda_{\max} \leq \max(a_i + r_i) = 4 + 4 = 8$$

고유값의 경계 정하기

Gerschgorin 정리와 Sturm 순서쌍의 성질을 이용하면 대칭 삼중대각 행렬의 각 고유값의 경계를 결정할 수 있다.

lamRange

함수 lamRange는 대칭 삼중대각 행렬 $\mathbf{A} = [\mathbf{c}\backslash\mathbf{d}\backslash\mathbf{c}]$의 N개의 최소 고유값의 경계를 결정한다. 함수는 각 구간 (r_{i-1}, r_i)이 하나의 고유값을 포함하는 순서쌍 $r_0, r_1, ..., r_N$을 출력한다. 알고리즘은 먼저 Gerschgorin 정리를 이용하여 모든 고유값의 경계를 찾는다. 다음 Sturm 순서쌍의 성질과 이분법을 이용하여 $r_N, r_{N-1}, ..., r_0$를 결정한다.

```
## module lamRange
''' r = lamRange(d,c,N).
    Returns the sequence {r[0],r[1],...,r[N]} that
    separates the N lowest eigenvalues of the tridiagonal
    matrix; that is, r[i] < lam[i] < r[i+1].
'''
import numpy as np
from sturmSeq import *
from gerschgorin import *

def lamRange(d,c,N):
    lamMin,lamMax = gerschgorin(d,c)
    r = np.ones(N+1)
    r[0] = lamMin
  # Search for eigenvalues in descending order
    for k in range(N,0,-1):
      # First bisection of interval(lamMin,lamMax)
        lam = (lamMax + lamMin)/2.0
        h = (lamMax - lamMin)/2.0
        for i in range(1000):
          # Find number of eigenvalues less than lam
            p = sturmSeq(d,c,lam)
            numLam = numLambdas(p)
          # Bisect again & find the half containing lam
```

```
            h = h/2.0
            if numLam < k: lam = lam + h
            elif numLam > k: lam = lam - h
            else: break
        # If eigenvalue located, change the upper limit
        # of search and record it in [r]
          lamMax = lam
          r[k] = lam
    return r
```

예제 9.11

예제 9.10에서 행렬 **A** 고유값의 경계를 결정하시오.

풀이

예제 9.10에서 모든 고유값이 (0, 8)에 있는 것을 확인하였다. 이 구간을 반으로 나누고 Sturm 순서쌍을 이용하여 (0, 4)에 존재하는 고유값의 수를 결정한다. $\lambda = 4$이면 순서쌍은 다음(식 (9.49))와 같다.

$$\begin{aligned}
P_0(4) &= 1 \\
P_1(4) &= 4 - 4 = 0 \\
P_2(4) &= (4 - 4)(0) - 2^2(1) = -4 \\
P_3(4) &= (5 - 4)(-4) - 2^2(0) = -4
\end{aligned}$$

0의 값은 지난 순서쌍 값의 반대 부호로 할당되기 때문에, 순서쌍의 부호는 (+, −, −. −)가 된다. 한번의 부호 변화는 (0, 4) 구간에서 하나의 고유값이 있는 것을 보여준다.

다음 구간 (4, 8)은 반으로 나누어 $\lambda = 4$으로 하고 Sturm 순서쌍을 적용한다.

$$\begin{aligned}
P_0(6) &= 1 \\
P_1(6) &= 4 - 6 = -2 \\
P_2(6) &= (4 - 6)(-2) - 2^2(1) = 0 \\
P_3(6) &= (5 - 6)(0) - 2^2(-2) = 8
\end{aligned}$$

순서쌍에서 부호는 (+, −, +, +)이다. 따라서 (0, 6)에 두개의 고유값이 존재한다.

따라서 다음와 같다.

$$0 \le \lambda_1 \le 4 \qquad 4 \le \lambda_2 \le 6 \qquad 6 \le \lambda_3 \le 8$$

고유값의 계산

고유값의 경계를 찾으면, 이분법 또는 Ridder 방법을 사용하여 $P_n(\lambda) = 0$의 해를 찾을 수 있다.

eigenvals3

함수 eigenvals3은 Ridder 방법을 사용하여 대칭 삼중대각 행렬에 대한 최소 N개의 고유값을 계산한다.

```
## module eigenvals3
''' lam = eigenvals3(d,c,N).
    Returns the N smallest eigenvalues of a symmetric
    tridiagonal matrix defined by its diagonals d and c.
'''
from lamRange import *
from ridder import *
from sturmSeq import sturmSeq
from numpy import zeros

def eigenvals3(d,c,N):
    def f(x):             # f(x) = |[A] - x[I]|
        p = sturmSeq(d,c,x)
        return p[len(p)-1]

    lam = zeros(N)
    r = lamRange(d,c,N)   # Bracket eigenvalues
    for i in range(N):    # Solve by Ridder's method
        lam[i] = ridder(f,r[i],r[i+1])
    return lam
```

예제 9.12

eigenvals3을 이용하여 100×100 행렬에 대한 작은순서로 3개 고유값을 결정하시오.

$$\mathbf{A} = \begin{bmatrix} 2 & -1 & 0 & \cdots & 0 \\ -1 & 2 & -1 & \cdots & 0 \\ 0 & -1 & 2 & \cdots & 0 \\ \vdots & \vdots & \ddots & \ddots & \vdots \\ 0 & 0 & \cdots & -1 & 2 \end{bmatrix}$$

풀이

```
#!/usr/bin/python
## example9_12
import numpy as np
from eigenvals3 import *

N = 3
n = 100
d = np.ones(n)*2.0
c = np.ones(n-1)*(-1.0)
lambdas = eigenvals3(d,c,N)
print lambdas
raw_input("\nPress return to exit")
```

고유값은 다음과 같다.

```
[ 0.00096744 0.00386881 0.0087013 ]
```

고유 벡터의 계산

고유값이 알려지면 (근사값도 충분하다.) 대응하는 고유벡터를 계산하는 최적의 방법은 고유값 이동을 이용한 inverse power 방법을 사용하는 것이다. 앞서 언급된 이방법은 띠행렬의 장점을 이용하지는 못하였다. 여기에서 삼중대각 행렬에 대한 프로그램을 제시한다.

inversePower3

이 함수는 9.3절의 inversePower 함수와 매우 유사한데, 삼중대각 행렬 구조를 이용하여 훨씬 빠르게 작동한다.

```
## module inversePower3
''' lam,x = inversePower3(d,c,s,tol=1.0e-6).
    Inverse power method applied to a symmetric tridiagonal
    matrix. Returns the eigenvalue closest to 's'
    and the corresponding eigenvector.
'''
from LUdecomp3 import *
import math
import numpy as np
from numpy.random import rand
```

```
def inversePower3(d,c,s,tol=1.0e-6):
    n = len(d)
    e = c.copy()
    dStar = d - s                  # Form [A*] = [A] - s[I]
    LUdecomp3(c,dStar,e)           # Decompose [A*]
    x = rand(n)                    # Seed x with random numbers
    xMag = math.sqrt(np.dot(x,x)) # Normalize [x]
    x =x/xMag
    flag = 0
    for i in range(30):               # Begin iterations
        xOld = x.copy()               # Save current [x]
        LUsolve3(c,dStar,e,x)         # Solve [A*][x] = [xOld]
        xMag = math.sqrt(np.dot(x,x)) # Normalize [x]
        x = x/xMag
        if np.dot(xOld,x) < 0.0: # Detect change in sign of [x]
            sign = -1.0
            x = -x
        else: sign = 1.0
        if math.sqrt(np.dot(xOld - x,xOld - x)) < tol:
            return s + sign/xMag,x
    print('Inverse power method did not converge')
```

예제 9.13

예제 9.12의 행렬 **A**에 대한 10번째 작은 고유값을 계산하시오.

풀이

다음 프로그램은 고유값 이동과 inverse power 방법을 이용하여 행렬 **A**의 N번째 고유값을 계산한다.

```
#!/usr/bin/python
## example9_13
import numpy as np
from lamRange import *
from inversePower3 import *

N = 10
n = 100
d = np.ones(n)*2.0
c = np.ones(n-1)*(-1.0)
r = lamRange(d,c,N)             # Bracket N smallest eigenvalues
s = (r[N-1] + r[N])/2.0         # Shift to midpoint of Nth bracket
lam,x = inversePower3(d,c,s)    # Inverse power method
```

```
print("Eigenvalue No.",N," =",lam)
input("\nPress return to exit")
```

결과는 다음과 같다.

```
Eigenvalue No. 10 = 0.0959737849345
```

예제 9.14

예제 9.5의 행렬 **A**에 대해서 작은 순서로 3개의 고유값과 고유벡터를 계산하시오.

풀이

```
#!/usr/bin/python
## example9_14
from householder import *
from eigenvals3 import *
from inversePower3 import *
import numpy as np

N = 3 # Number of eigenvalues requested
a = np.array([[ 11.0, 2.0,  3.0,  1.0,  4.0], \
              [  2.0, 9.0,  3.0,  5.0,  2.0], \
              [  3.0, 3.0, 15.0,  4.0,  3.0], \
              [  1.0, 5.0,  4.0, 12.0,  4.0], \
              [  4.0, 2.0,  3.0,  4.0, 17.0]])
xx = np.zeros((len(a),N))
d,c = householder(a)             # Tridiagonalize [A]
p = computeP(a)                  # Compute transformation matrix
lambdas = eigenvals3(d,c,N)      # Compute eigenvalues
for i in range(N):
    s = lambdas[i]*1.0000001     # Shift very close to eigenvalue
    lam,x = inversePower3(d,c,s) # Compute eigenvector [x]
    xx[:,i] = x                  # Place [x] in array [xx]
xx = np.dot(p,xx)                # Recover eigenvectors of [A]
print("Eigenvalues:\n",lambdas)
print("\nEigenvectors:\n",xx)
input("Press return to exit")

Eigenvalues:
[ 4.87394638 8.66356791 10.93677451]

Eigenvectors:
```

```
[[ 0.26726603  0.72910002  0.50579164]
 [-0.74142854  0.41391448 -0.31882387]
 [-0.05017271 -0.4298639   0.52077788]
 [ 0.59491453  0.06955611 -0.60290543]
 [-0.14970633 -0.32782151 -0.08843985]]
```

연습 문제 9.2

1. Gerschgorin 정리를 이용하여 다음 행렬의 고유값 경계를 결정하시오.

$$\text{(a)}\quad \mathbf{A} = \begin{bmatrix} 10 & 4 & -1 \\ 4 & 2 & 3 \\ -1 & 3 & 6 \end{bmatrix} \qquad \text{(b)}\quad \mathbf{B} = \begin{bmatrix} 4 & 2 & -2 \\ 2 & 5 & 3 \\ -2 & 3 & 4 \end{bmatrix}$$

2. Sturm 순서쌍을 이용하여 다음 행렬의 고유값이 (2, 4)에 있는 것을 보이시오.

$$\mathbf{A} = \begin{bmatrix} 5 & -2 & 0 & 0 \\ -2 & 4 & -1 & 0 \\ 0 & -1 & 4 & -2 \\ 0 & 0 & -2 & 5 \end{bmatrix}$$

3. 다음 행렬에서 고유값의 경계를 결정하시오.

$$\mathbf{A} = \begin{bmatrix} 4 & -1 & 0 \\ -1 & 4 & -1 \\ 0 & -1 & 4 \end{bmatrix}$$

4. 다음 행렬에서 고유값의 경계를 결정하시오.

$$\mathbf{A} = \begin{bmatrix} 6 & 1 & 0 \\ 1 & 8 & 2 \\ 0 & 2 & 9 \end{bmatrix}$$

5. 다음 행렬에서 고유값의 전역적 경계를 결정하시오.

$$\mathbf{A} = \begin{bmatrix} 2 & -1 & 0 & 0 \\ -1 & 2 & -1 & 0 \\ 0 & -1 & 2 & -1 \\ 0 & 0 & -1 & 1 \end{bmatrix}$$

6. Householder 변환을 이용하여 다음 행렬을 삼중대각화 하시오.

$$\mathbf{A} = \begin{bmatrix} 12 & 4 & 3 \\ 4 & 9 & 3 \\ 3 & 3 & 15 \end{bmatrix}$$

7. Householder 변환을 이용하여 다음 행렬을 삼중대각화 하시오.

$$\mathbf{A} = \begin{bmatrix} 4 & -2 & 1 & -1 \\ -2 & 4 & -2 & 1 \\ 1 & -2 & 4 & -2 \\ -1 & 1 & -2 & 4 \end{bmatrix}$$

8. ■ 다음 행렬의 모든 고유값을 계산하시오.

$$\mathbf{A} = \begin{bmatrix} 6 & 2 & 0 & 0 & 0 \\ 2 & 5 & 2 & 0 & 0 \\ 0 & 2 & 7 & 4 & 0 \\ 0 & 0 & 4 & 6 & 1 \\ 0 & 0 & 0 & 1 & 3 \end{bmatrix}$$

9. ■ 작은 순서로 2개의 고유값을 계산하시오.

$$\mathbf{A} = \begin{bmatrix} 4 & -1 & 0 & 1 \\ -1 & 6 & -2 & 0 \\ 0 & -2 & 3 & 2 \\ 1 & 0 & 2 & 4 \end{bmatrix}$$

10. ■ 작은 순서로 3개의 고유값을 계산하고, 대응하는 고유벡터를 계산하시오.

$$\mathbf{A} = \begin{bmatrix} 7 & -4 & 3 & -2 & 1 & 0 \\ -4 & 8 & -4 & 3 & -2 & 1 \\ 3 & -4 & 9 & -4 & 3 & -2 \\ -2 & 3 & -4 & 10 & -4 & 3 \\ 1 & -2 & 3 & -4 & 11 & -4 \\ 0 & 1 & -2 & 3 & -4 & 12 \end{bmatrix}$$

11. ■ 6×6 힐버트 행렬에 대한 가장 작은 2개의 고유값을 계산하시오.

$$\mathbf{A} = \begin{bmatrix} 1 & 1/2 & 1/3 & \cdots & 1/6 \\ 1/2 & 1/3 & 1/4 & \cdots & 1/7 \\ 1/3 & 1/4 & 1/5 & \cdots & 1/7 \\ \vdots & \vdots & \vdots & \ddots & \vdots \\ 1/8 & 1/9 & 1/10 & \cdots & 1/11 \end{bmatrix}$$

이 행렬이 조건이 나쁜 것을 기억하라.

12. ■ 함수 `lamRange(d, c, N)`을 수정하여 삼중대각행렬에서 큰 순서로 N개의 고유값의 경계를 구할수 있도록 하시오. 이 함수를 이용하여 예제 9.11의 힐버트 행렬에 대해 큰 2개의 고유값을 계산하시오.

13. ■ 질량-스프링 계의 자유진동에 대한 미분방정식은 다음과 같이 주어진다.

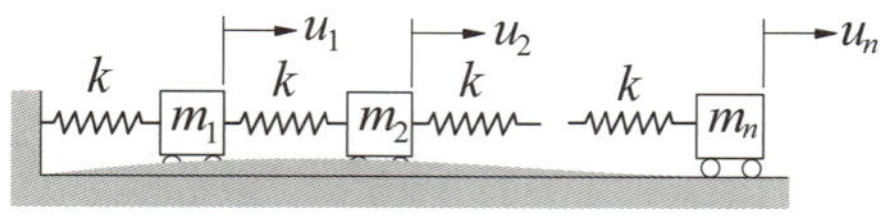

$$k(-2u_1 + u_2) = m_1\ddot{u}_1$$
$$k(u_{i-1} - 2u_i + u_{i+1}) = m_i\ddot{u}_i \quad (i = 2, 3, \ldots, n-1)$$
$$k(u_{n-1} - u_n) = m_n\ddot{u}_n$$

여기서 $u_i(t)$는 질량 i의 평형 위치에서 변위이며, k는 스프링 계수이다. 주어진 k와 $m = [\, m_1 \;\; m_2 \;\; m_n \,]^T$에 대해서 N개의 아래로부터 각주파수와 각 질량의 상대 변위를 결정하는 프로그램을 작성하시오. $N = 2$, $k = 500$ kN/m, 그리고 질량이 다음과 같을 때 프로그램을 실행하시오.

$$\mathbf{m} = \begin{bmatrix} 1.0 & 1.0 & 1.0 & 8.0 & 1.0 & 1.0 & 8.0 \end{bmatrix}^T \text{ kg}$$

14. ■ 그림은 동일한 n개의 질량이 서로 다른 강성을 가지는 스프링으로 연결된 시스템을 보여준다. 시스템의 자유 진동에 대한 지배 방정식은 다음과 같다.

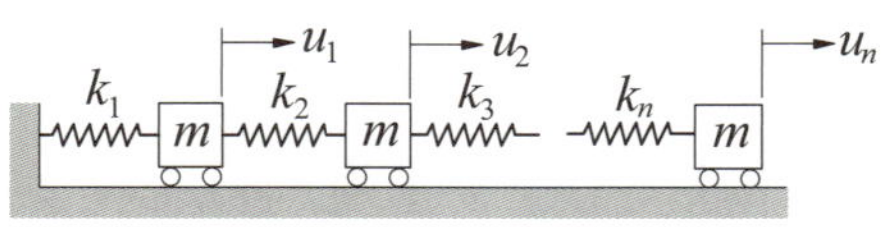

$$-(k_1 + k_2)\,u_1 + k_2u_2 = m\ddot{u}_1$$
$$k_iu_{i-1} - (k_i + k_{i+1})u_i + k_{i+1}u_{i+1} = m\ddot{u}_i \quad (i = 2, 3, \ldots, n-1)$$
$$k_nu_{n-1} - k_nu_n = m\ddot{u}_n$$

여기서 u_i는 질량 i의 평형 위치에서 변위이다. 주어진 m과 스프링 계수 $\mathbf{k} = [\, k_1 \;\; k_2 \;\; k_n \,]^T$에 대해서 N개의 아래로부터 각주파수와 질량의 상대 변위를 결정하는 프로그램을 작성하시오. $N = 2$, $m = 2$ kg, 그리고

$$\mathbf{k} = \begin{bmatrix} 400 & 400 & 400 & 0.2 & 400 & 400 & 200 \end{bmatrix}^T \text{ kN/m}$$

이다. 시스템에서 k_4가 값이 작아서 약하게 커플되는 시스템이다. 결과는 타당한가?

15. ■ 축방향으로 진동하는 바의 운동에 대한 미분방정식은 다음과 같다.

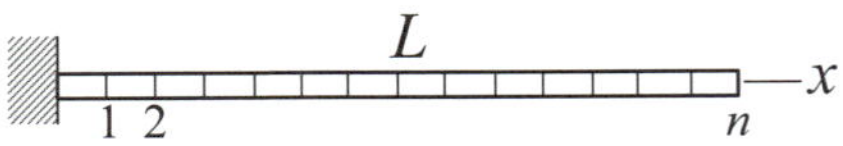

$$u'' = \frac{\rho}{E}\ddot{u}$$

여기서 $u(x, t)$는 축방향 변위이며, ρ는 밀도, E는 탄성 계수를 나타낸다. 경계조건은 $u(0, t) = u'(L, t) = 0$이다. $u(x, t) = y(x)\sin\omega t$로 하면 다음 식을 얻는다.

$$y'' = -\omega^2 \frac{\rho}{E} y \qquad y(0) = y'(L) = 0$$

대응되는 유한 차분식은 다음과 같다.

$$\begin{bmatrix} 2 & -1 & 0 & 0 & \cdots & 0 \\ -1 & 2 & -1 & 0 & \cdots & 0 \\ 0 & -1 & 2 & -1 & \cdots & 0 \\ \vdots & \vdots & \ddots & \ddots & \ddots & \vdots \\ 0 & 0 & \cdots & -1 & 2 & -1 \\ 0 & 0 & \cdots & 0 & -1 & 1 \end{bmatrix} \begin{bmatrix} y_1 \\ y_2 \\ y_3 \\ \vdots \\ y_{n-1} \\ y_n \end{bmatrix} = \left(\frac{\omega L}{n}\right)^2 \frac{\rho}{E} \begin{bmatrix} y_1 \\ y_2 \\ y_3 \\ \vdots \\ y_{n-1} \\ y_n/2 \end{bmatrix}$$

(a) 이 식의 표준 형태가 $\mathbf{Hz} = \lambda\mathbf{z}$일 때, $\mathbf{H}$와 변환행렬 $\mathbf{P}$를 $\mathbf{y} = \mathbf{Pz}$ 형태로 쓰시오. (b) $n = 10$, 100, 1000에 대해서 바의 최소 각주파수를 `inverserPower3` 모듈이 이용하여 계산하시오. 노트 : 엄밀해는 $\omega_1 = \pi\sqrt{E/\rho}/\ (2L)$이다. (이 빔 문제는 문제 16, 연습 문제 9.1에 나타난 것이다)

16. ■ 단순 지지된 빔이 탄성계수 k(단위 길이 당 N/m)의 탄성구조로 지지되어 있다. 축하중 P가 빔에 작용하고 있다. 횡변위 u에 대한 미분방정식과 경계조건은 다음과 같다.

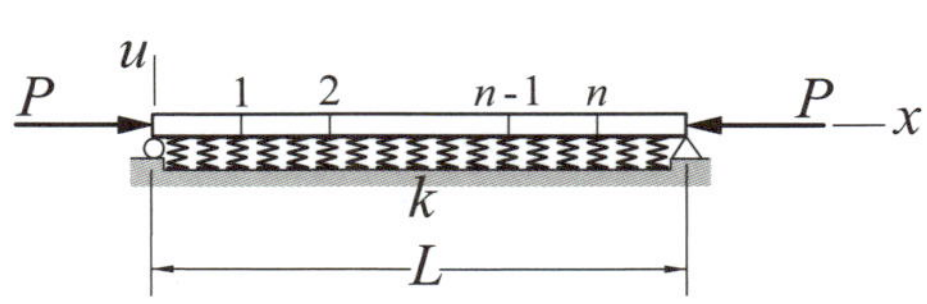

$$u^{(4)} + \frac{P}{EI}u'' + \frac{k}{EI}u = 0$$

$$u(0) = u''(0) = u(L) = u''(L) = 0$$

그림에 보여진 격자를 사용하면 이 식들의 유한차분 근사는 다음과 같다.

$$
\begin{aligned}
(5+\alpha)u_1 - 4u_2 + u_3 &= \lambda(2u_1 - u_2)\\
-4u_1 + (6+\alpha)u_2 - 4u_3 + u_4 &= \lambda(-u_1 + 2u_2 + u_3)\\
u_1 - 4u_2 + (6+\alpha)u_3 - 4u_4 + u_5 &= \lambda(-u_2 + 2u_3 - u_4)\\
&\vdots\\
u_{n-3} - 4u_{n-2} + (6+\alpha)u_{n-1} - 4u_n &= \lambda(-u_{n-2} + 4u_{n-1} - u_n)\\
u_{n-2} - 4u_{n-1} + (5+\alpha)u_n &= \lambda(-u_{n-1} + 2u_n)
\end{aligned}
$$

여기서

$$
\alpha = \frac{kh^4}{EI} = \frac{1}{(n+1)^4}\frac{kL^4}{EI} \qquad \lambda = \frac{Ph^2}{EI} = \frac{1}{(n+1)^2}\frac{PL^2}{EI}
$$

낮은 3개의 버클링 하중 P와 대응하는 모드 형상을 계산하는 프로그램을 작성하시오. $kL^4/(EI) = 1{,}000$이고 $n = 25$로 하여 계산하시오.

17. ■ 20×20 행렬의 작은 순서로 5개의 고유값을 찾으시오.

$$
\mathbf{A} = \begin{bmatrix}
2 & 1 & 0 & 0 & \cdots & 0 & 1\\
1 & 2 & 1 & 0 & \cdots & 0 & 0\\
0 & 1 & 2 & 1 & \cdots & 0 & 0\\
\vdots & \vdots & \ddots & \ddots & \ddots & \vdots & \vdots\\
0 & 0 & \cdots & 1 & 2 & 1 & 0\\
0 & 0 & \cdots & 0 & 1 & 2 & 1\\
1 & 0 & \cdots & 0 & 0 & 1 & 2
\end{bmatrix}
$$

노트 : 이 문제는 이중 고유값이 많은 까다로운 행렬을 다룬다.

18. ■ 빔의 깊이/폭 비가 클 때, 횡방향 좌굴이 발생할 수 있다. 캔티레버 빔의 횡방향 좌굴에 대한 미분방정식은 다음과 같다.

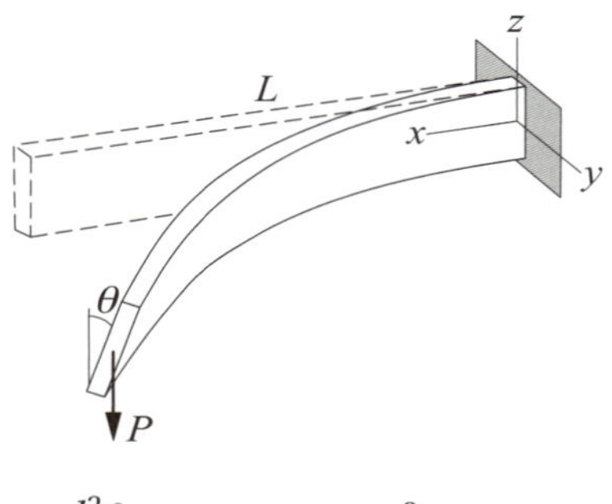

$$
\frac{d^2\theta}{dx^2} + \gamma^2\left(1 - \frac{x}{L}\right)^2\theta = 0
$$

여기서 θ는 단면의 회전 각도이며 그리고,

$$\gamma^2 = \frac{P^2 L^2}{(GJ)(EI_z)}$$
$$GJ = \text{비틀림 강성}$$
$$EI_z = z \text{ 축에 대한 굽힘 강성}$$

경계조건은 $\theta|_{x=0} = 0$과 $d\theta/dx|_{x=L} = 0$이다. 미분방정식의 유한차분 근사를 이용하여 좌굴하중 P_{cr}를 계산하시오. 엄밀해는 다음과 같다.

$$P_{cr} = 4.013\frac{\sqrt{(GJ)(EI_z)}}{L^2}$$

19. ■ 다음 행렬에서 행렬의 최소 고유값이 1.0이 되도록 z의 값을 결정하시오. 힌트 : 이 문제를 해를 찾는 문제이다.

$$\begin{bmatrix} z & 4 & 3 & 5 & 2 & 1 \\ 4 & z & 2 & 4 & 3 & 4 \\ 3 & 2 & z & 4 & 1 & 8 \\ 5 & 4 & 4 & z & 2 & 5 \\ 2 & 3 & 1 & 2 & z & 3 \\ 1 & 4 & 8 & 5 & 3 & z \end{bmatrix}$$

9.6 다른 방법들

행렬의 모든 고유값과 고유벡터가 필요한 경우 QR 알고리즘을 고려할 수 있다. 이 것은 $\mathbf{A} = \mathbf{QR}$ 분해에 기반한 것으로서, 여기서 $\mathbf{Q}$와 $\mathbf{R}$은 직교하는 위삼각행렬이다. 이 분해는 Houserholder 변환과 함께 수행할 수 있다. 유사하게 QL 알고리즘이라고 하는 $\mathbf{A} = \mathbf{QL}$의 변환도 있다. 여기서 $\mathbf{L}$은 하삼각행렬이다.

Schur 팩토리제이션은 A의 고유값을 결정하는 방법이다. 여기서 $\mathbf{A}$는 $\mathbf{A} = \mathbf{Q}^T\mathbf{U}\mathbf{Q}$로 분해되는데 $\mathbf{Q}$는 직교행렬 $\mathbf{U}$는 위삼각행렬이다. $\mathbf{U}$의 대각항은 $\mathbf{A}$의 고유값이 된다.

LR 알고리즘은 고유값을 계산하는 아마도 가장 빠른 수단이다. 알고리즘을 구현하는 것은 간단한데, 연습 문제 9.1의 문제 22를 살펴보라. 하지만 안정성은 다른 방법에 비해 떨어진다.

10
최적화 개론

$g(\mathbf{x})=0$, $h(\mathbf{x})\geq 0$의 조건하에서 함수 $F(\mathbf{x})$를 최소화 하는 $\mathbf{x}$ 찾기

10.1 서론

최적화는 함수를 최소화하거나 최대화하는 것을 말한다. 보통은 최소화하는 문제만을 다루게 되는데 함수 $F(\mathbf{x})$를 최대화 하는 문제는 단순히 $-F(\mathbf{x})$를 최소화 하는 문제와 동일하기 때문이다. 공학 문제에서 최적화는 설계와 밀접하게 관련이 있다. 어떤 함수 $F(\mathbf{x})$를 가치 함수 또는 목적함수로 정의하고 비용 또는 중량과 같이 문제에서 가능한 최소화하여야 하는 양으로 정의한다. $\mathbf{x}$는 설계에서 변경 가능한 설계변수로 정의하며, 치수(길이, 면적, 각도 등)는 이러한 설계변수의 통상적인 예가 된다.

최적화는 많은 교재들이 다루고 있는 넓은 주제로서, 이 책에서는 상대적으로 잘 정의된 문제나 설계변수의 수가 너무 많지 않은 경우에 적용 가능한 기본적 방법에 대해 소개한다. 좀 더 복잡한 방법에 대해 다루지 않아도 실제로 그렇게 많은 부분을 생략하지는 않는 것이 된다. 모든 최적화 알고리즘은 완전히 믿을 수 없는 것이 사실이다. 어떤 알고리즘은 특정 문제에 대해서는 적합해도 다른 문제에서는 실패할 수도 있다. 대략적인 규칙으로 복잡한 알고리즘을 사용할수록 계산의 효율성은 증가하지만 반드시 신뢰성을 가지는 것은 아니다.

최소화 알고리즘은 설계변수 $\mathbf{x}$의 시작값이 필요한 반복적인 과정이다. $F(\mathbf{x})$가 몇 개의 국소적 최소점을 가지는 경우 $\mathbf{x}$의 초기값이 최적화에서 얻어지는 국소점 최적값을 결정한다. 전역적 최소값을 보장하는 방법은 없으며, 가능한 방법은 최대한 많은 시작점을 이용하여 최적화를 수행하고 최적을 값을 선택하는 것이다.

종종 설계변수는 등호 또는 부등호 제약조건을 가지게 된다. 예를 들어 지붕 구조물의 어떤 하중을 지지할 수 있는 최소의 중량 설계를 생각해 보자. 부재의 배치가 주어진 경우 설계 변수는 부재의 단면 면적이 되게 된다. 여기서 설계는 응력과 변위에 의한 주어진 부등호 제한조건으로 결정된다.

대부분의 최적화 방법은 설계변수에 제약조건이 없는 비제약 최적화 알고리즘이다. 이 문제에서 최소값은 $F(\mathbf{x})$의 기울기 벡터가 0이 되는 정지점이 되게 된다. 제약 최적화 문제에서는 보통 $F(\mathbf{x})$가 제약조건과 교차하는 점에서 최소점이 위치한다. 제약 최적화 문제의 알고리즘은 복잡성과 특별함을 가지고 있어 쉽게 접근하기 어렵다. 제약조건이 있는 문제를 다루는 한가지 방법은 비제약 최적화 알고리즘을 사용하되, 가치함수 또는 목적함수를 사용함으로써 제약조건이 위배되는 모든 경우에 대해 페널티를 부가하는 것이다.

설계 변수에 다음과 같은 제약조건이 있는 $F(\mathbf{x})$의 최소화 문제를 고려하자.

$$g_i(\mathbf{x}) = 0, \quad i = 1, 2, \ldots, M$$
$$h_j(\mathbf{x}) \le 0, \quad j = 1, 2, \ldots, N$$

새로운 가치 함수를 다음과 같이 정의한다.

$$F^*(\mathbf{x}) = F(\mathbf{x}) + \lambda P(\mathbf{x}) \tag{10.1a}$$

여기서

$$P(\mathbf{x}) = \sum_{i=1}^{M} [g_i(x)]^2 + \sum_{j=1}^{N} \{\max[0, h_j(\mathbf{x})]\}^2 \tag{10.1b}$$

는 페널티 함수이며 λ는 비례 상수가 된다. 함수 $\max(a, b)$는 a, b 값 중 큰 값을 돌려준다. 제약조건이 위배되지 않은 경우 $P(\mathbf{x}) = 0$인 것은 명백하다. 제약조건을 위배하면 제약조건의 제곱에 비례하는 페널티가 추가적으로 더해지며, 따라서 최소화 알고리즘은 제약조건을 위배하는 것을 피하게 되는데, 그 정도는 비례 상수 λ에 비례하게 된다. λ가 작은 경우 최적화는 알고리즘이 작동할 수 있는 여유가 많아 빠르게 수행되며, λ가 큰 값이면 성능이 나빠지게 되다. 그러나 이 경우 제약조건은 좀 더 엄격하게 부가된다. 우선 작은 값의 λ를 가지고 최적화 프로그램을 실행하는 것이 바람직하고, 만약 그 결과가 제약조건을 위배하는 것이 관찰될 경우 이전 실행의 결과로부터 λ를 증가시켜 다시 최적화를 수행하는 것이 좋다.

최적화 문제는 너무 큰 값의 비례 상수가 적용될 경우 조건이 나쁜 문제가 되는 경향이 있으며 이러한 문제는 제약 조건을 변경함으로서 완화될 수 있다. 즉 적절한 상수를 제약 조건식에 곱한다.

때로는 반복적인 최소화 알고리즘을 사용하는 것이 필요하지 않다. $F(\mathbf{x})$의 미분값이 직접 계산되고 부등식 제약조건이 존재하지 않는 경우, 최적점은 미분에 의해 항상 찾아진다. 예를 들어 제약조건이 없으면, $\nabla F(\mathbf{x}) = \mathbf{0}$인 점에서 항상 $F(\mathbf{x})$가 최소화된다. 등식 제약조건 $g_i(\mathbf{x}) = 0,\ i = 1, 2, \ldots m$이 주어질 때 $F(\mathbf{x})$의 최소값을 찾는 방법은 다음과 같다.

$$F^*(\mathbf{x}, \lambda) = F(\mathbf{x}) + \sum_{i=1}^{m} \lambda_i g_i(\mathbf{x}) \tag{10.2a}$$

그리고 주어진 $\mathbf{x}$와 λ_i에 대해서 식을 풀면

$$\nabla F^*(\mathbf{x}) = \mathbf{0} \qquad g_i(\mathbf{x}) = 0, \quad i = 1, 2, \ldots, m \tag{10.2b}$$

여기서 λ_i는 **라그랑지 승수**로 알려져 있다. 이러한 직접 해법은 비제약 조건을 가지는 문제로 확장될 수 있지만, 결과로 얻어지는 식의 해는 유일하지 않다.

여기서의 논의는 가치 함수와 제약조건이 선형인 함수는 다루지 않는데, 이러한 문제는 **선형계획법**이라고 불리며 Simplex 방법과 같은 해법을 이용하여 어렵지 않게 풀 수 있다. 선형 계획법은 경영과학과 비용 분석에 널리 사용되지만, 공학적 문제에는 거의 사용되지 않는다. 선형 계획법이 비선형 최적화와 상관없다고 말할 수는 없으며, Simplex 방법에 의존한 몇 가지 효과적인 최적화 방법이 개발되었다. 예를 들어 비선형 제약조건을 가지는 문제는 선형 계획법을 적용하여 풀수 있고, Simplex 방법은 유용방향법에서 방향을 검색하는데 사용이 된다.

10.2 1차원 최소화

변수 x 하나에 대해서 구간 $c \le x \le d$에서 함수 $f(x)$를 최소화하는 문제를 생각해보자. 함수에 대한 가상의 그림을 그림 10.1에 그려보았다. 두 개의 정점 즉 $f'(x) = 0$인 국소 최소점과 경계에서의 전역 최소점이다. 전역적 최소점을 찾는 것은 간단한데, $df/dx = 0$의 해를 구하거나 경계에서의 값인 $f(c)$와 $f(d)$를 확인하여 값을 확인할 수 있다. 그러면 우리는 왜 최적화 알고리즘이 필요한가? 만약 함수 $f(x)$가 컴퓨터 프로그램의 결과로 나오는 형태와 같이 미분하기 어렵거나 불가능한 경우가 그러하다.

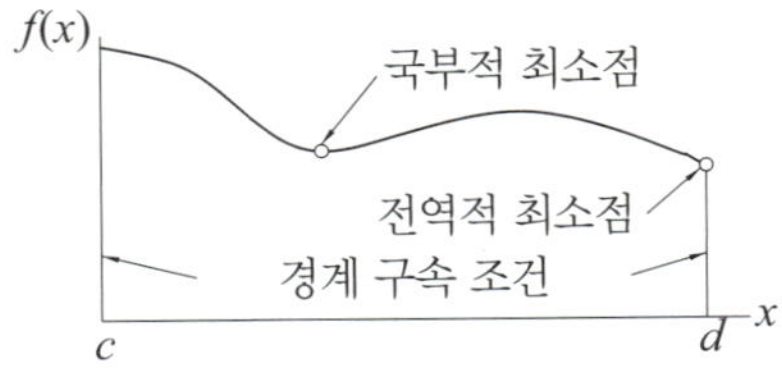

그림 10.1 Example of local and global minima.

구간 정하기(Bracketing)

최적화 알고리즘을 적용하기 전에 최저점이 위치한 구간을 정하는 절차가 있어야 한다. 구간을 정하는 것은 간단한데, x_0의 초기점에서 시작하여 $x_1, x_2, x_3, \ldots$에 대해 함수값을 계산하고 함수값 $f(x)$가 처음으로 증가하는 점 x_n에서 멈춘다. 그러면 최소점은 (x_{n-2}, x_n) 구간 내에 있게 된다. 이 때 간격의 크기 $h_i = x_{i+1} - x_i$를, 정해진 상수 h로 구간을 정하는 것은 바람직하지 않은데 통상 많은 계산 스텝을 요구하게 된다. 좀 더 효과적인 방법은 스텝마다 구간의 크기를 증가시키는 것인데, 마지막 구간의 크기는 크지만 최소점에 좀 더 빠르게 도달하게 된다. 알고리즘에서 간격의 크기에 1보다 큰 상수를 곱하여 즉 $h_{i+1} = ch_i$로 하여 구간을 정한다.

황금분할법(Golden Section Search method)

황금분할법은 방정식의 근을 찾는데 사용된 이분법의 대체 방법이다. 함수 $f(x)$의 최소값이 길이 h를 가지는 구간 (a, b)에 있다고 하자. 그림 10.2(a)와 같이 $x_1 = b - Rh$, $x_2 = a + Rh$에서 함수값을 계산해 보자. 상수 R은 잠시 후 계산된다. 그림과 같이 $f_1 > f_2$이면 최소값은 (x_1, b) 구간에 있게 되고, 반대의 경우 최소값은 (a, x_2)에 존재한다.

$f_1 > f_2$으로 가정하고 그림 10.2(b) 에서와 같이 새로운 구간 (a, b)에 대해 $a \leftarrow x_1$, $x_1 \leftarrow x_2$으로 정한다. 다시 구간의 최소점을 평가하기 위해 $x_2 = a + Rh'$를 계산하고 앞의 과정을 반복한다.

그림 10.2(a)와 10.2(b)가 유사할 경우 즉 상수 R이 두 그림에서 x_1과 x_2 같은 점에 위치시킬 경우 알고리즘이 잘 작동하게 된다. 그림 10.2(b)에서 $x_1 - a = h' - Rh'$가 되며, 이 식을 계산하면 다음과 같다.

$$2Rh - h = h' - Rh'$$

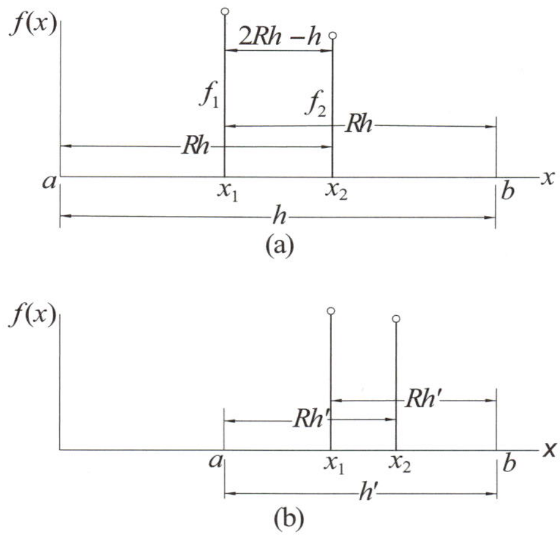

그림 10.2 Golden section telescoping.

$h' = Rh$로 대입하고 h를 소거하면 다음과 같다.

$$2R - 1 = R(1 - R)$$

식의 해는 황금비가 된다.

$$R = \frac{-1 + \sqrt{5}}{2} = 0.618\,033\,989\ldots \tag{10.3}$$

각각의 스텝에서 최소값을 포함하는 구간은 R 값의 비율로 줄어드는데, 이분법의 0.5보다는 크다. 그러나 황금분할법의 경우 두번의 계산이 필요한 이분법과 달리 한번의 함수 계산만 수행한다.

처음 구간 $|a - b|$에서 오차 ε으로 구간을 줄이는데 필요한 스텝의 수는 다음과 같다.

$$|b - a|\ R^n = \varepsilon$$

$$n = \frac{\ln(\varepsilon / |b - a|)}{\ln R} = -2.078\,087 \ln \frac{\varepsilon}{|b - a|} \tag{10.4}$$

goldSearch

이 모듈은 구간 정하기와 황금분할법 알고리즘을 포함하고 있다. 구간을 정하는 알고리즘의 상수로 $c = 1 + R$을 사용하고 있다.

```
## module goldSearch
''' a,b = bracket(f,xStart,h)
```

```
    Finds the brackets (a,b) of a minimum point of the
    user-supplied scalar function f(x).
    The search starts downhill from xStart with a step
    length h.

    x,fMin = search(f,a,b,tol=1.0e-6)
    Golden section method for determining x that minimizes
    the user-supplied scalar function f(x).
    The minimum must be bracketed in (a,b).
'''
import math
def bracket(f,x1,h):
    c = 1.618033989
    f1 = f(x1)
    x2 = x1 + h; f2 = f(x2)
  # Determine downhill direction and change sign of h if needed
    if f2 > f1:
        h = -h
        x2 = x1 + h; f2 = f(x2)
      # Check if minimum between x1 - h and x1 + h
        if f2 > f1: return x2,x1 - h
  # Search loop
    for i in range (100):
        h = c*h
        x3 = x2 + h; f3 = f(x3)
        if f3 > f2: return x1,x3
        x1 = x2; x2 = x3
        f1 = f2; f2 = f3
    print("Bracket did not find a minimum")

def search(f,a,b,tol=1.0e-9):
    nIter = int(math.ceil(-2.078087*math.log(tol/abs(b-a))))
    R = 0.618033989
    C = 1.0 - R
  # First telescoping
    x1 = R*a + C*b; x2 = C*a + R*b
    f1 = f(x1); f2 = f(x2)
  # Main loop
    for i in range(nIter):
        if f1 > f2:
        a = x1
        x1 = x2; f1 = f2
        x2 = C*a + R*b; f2 = f(x2)
    else:
        b = x2
        x2 = x1; f2 = f1
        x1 = R*a + C*b; f1 = f(x1)
```

```
    if f1 < f2: return x1,f1
    else: return x2,f2
```

예제 10.1

goldSearch 프로그램을 이용하여 다음 함수가 $x \geq 0$ 구간에서 최소가 되는 x를 찾으시오. 이 값을 직접미분한 정해와 비교하시오.

$$f(x) = 1.6x^3 + 3x^2 - 2x$$

풀이

이 문제는 제약 최소화 문제이다. 함수 $f(x)$의 최소값은 $x \geq 0$에서 정지점거나 경계인 $x = 0$에 위치한다. $f(x) + \lambda[\min(0, x)]^2$의 페널티 함수를 사용하여 제약조건을 부가한다.

임의로 $x = 1$에서 시작하고, 첫 스텝의 크기를 $h = 0.01$로 하여 다음 프로그램을 이용한다.

```
#!/usr/bin/python
## example10_1
from goldSearch import *

def f(x):
    lam = 1.0         # Constraint multiplier
    c = min(0.0, x)  # Constraint function
    return 1.6*x**3 + 3.0*x**2 - 2.0*x + lam*c**2

xStart = 1.0
h = 0.01
x1,x2 = bracket(f,xStart,h)
x,fMin = search(f,x1,x2)
print("x =",x)
print("f(x) =",fMin)
input ("\nPress return to exit")
```

결과는 다음과 같다.

```
x = 0.2734941131714084
f(x) = -0.28985978554959224
```

최소점은 정지점이기 때문에 제약조건은 활성화되지 않는다. 따라서 페널티 함수는 불필요하지만, 처음에 그 사실을 알지는 못하였다.

정지점은 다음과 같이 미분값을 확인하여 정해를 알 수 있는데,

$$f'(x) = 4.8x^2 + 6x - 2 = 0$$

식에서 양의 해는 $x = 0.273494$이다. 이 값이 유일한 양의 해이기 때문에 $x \geq 0$일 때 다른 정지점은 존재하지 않는다. 가능성이 있는 유일한 다른 점은 경계인 $x = 0$일 때 인데, 하지만 $f(0) = 0$으로 정지점에서의 함수값보다 크며, 따라서 $x = 0.273494$에서 전역적 최소점이라는 결론에 도달한다.

예제 10.2

밑면 $B = 48$ mm 높이 $H = 60$ mm 인 삼각형의 윗부분을 잘라 만들어진 다음의 사각형이 빔의 단면이다. 이 때 단면 계수를 최대화하는 사각형의 높이 y를 구하시오.

$$S = I_{\bar{x}}/c$$

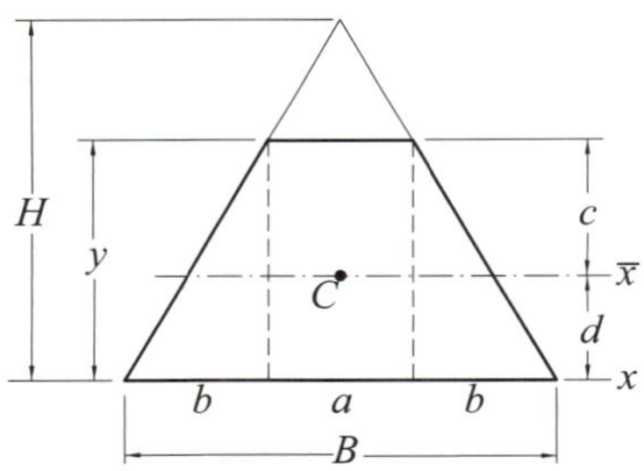

여기서 $I_{\bar{x}}$는 단면의 도심을 지나는 축을 기준으로 한 2차 모멘트이다. 단면 계수를 최적화 함으로서 굽힘응력 M이 주어졌을 때 빔의 최대 수직응력인 $\sigma_{max} = M/S$를 최소로 줄일 수 있다.

풀이

사각형의 면적을 직사각형과 두개의 삼각형으로 구성되었다고 하면 단면 계수는 다음과 같이 계산된다.

사각형의 밑변	$a = B(H - y)/H$
삼각형의 밑변	$b = (B - a)/2$
면적	$A = (B + a)y/2$
x축에 대한 면적 1차모멘트	$Q_x = (ay)y/2 + 2(by/2)y/3$
도심 위치	$d = Q_x/A$

S에 관계된 거리	$c = y - d$
x축에 대한 면적 2차모멘트	$I_x = ay^3/3 + 2(by^3/12)$
평행축정리	$I\bar{x} = I_x - Ad^2$
단면계수	$S = I\bar{x}/c$

S를 높이 y의 함수로 유도하기 위해서 위 표의 식을 이용할 있지만, 계산 실수나 복잡한 식을 포함한 결론에 도달하게 된다. 가능하면 컴퓨터를 이용하여 작업하는 것이 바람직하다.

사용하는 프로그램은 다음과 같다. 최소화 알고리즘을 사용하여 S를 최대화하려고 하며 따라서 가지(←가치) 함수는 $-S$이다. 문제에서 특별한 제약조건은 없다.

```
#!/usr/bin/python
## example10_2
from goldSearch import *

def f(y):
    B = 48.0
    H = 60.0
    a = B*(H - y)/H
    b = (B - a)/2.0
    A = (B + a)*y/2.0
    Q = (a*y**2)/2.0 + (b*y**2)/3.0
    d = Q/A
    c = y - d
    I = (a*y**3)/3.0 + (b*y**3)/6.0
    Ibar = I - A*d**2
    return -Ibar/c

yStart = 60.0  # Starting value of y
h = 1.0        # Size of first step used in bracketing
a,b = bracket(f,yStart,h)
yOpt,fOpt = search(f,a,b)
print("Optimal y =",yOpt)
print("Optimal S =",-fOpt)
print("S of triangle =",-f(60.0))
input("Press return to exit")

Optimal y = 52.17627387056691
Optimal S = 7864.430941364856
S of triangle = 7200.0
```

결과는 처음 삼각형의 단면계수를 포함하고 있는데, 최적 단면은 삼각형에 비해 9.2% 향상된 값을 가지게 된다.

10.3 Powell 방법

서론

이제 n 차원의 최적화에 대해 다루어 보자. $F(\mathbf{x})$를 최소화하는 것이 목적이 되며, $\mathbf{x}$는 n개의 독립 설계변수로 구성되어 있다. 최적화의 한 방법은 반복적으로 1차원 최소화 방법을 적용하여 최적점에 도달하는 것이다.

> Choose a point $\mathbf{x}_0$ in the design space.
> Loop over $i = 1, 2, 3, \ldots$:
>   Choose a vector $\mathbf{v}_i$.
>   Minimize $F(\mathbf{x})$ along the line through x_{i-1} in the direction of $\mathbf{v}_i$.
>   Let the minimum point be $\mathbf{x}_i$.
>   If $|\mathbf{x}_i - \mathbf{x}_{i-1}| < \varepsilon$ exit loop.

선을 따라 최소화하는 작업은 황금비 검색과 같은 1차원 최적화 알고리즘을 적용하여 수행할 수 있는데, 벡터 $\mathbf{v}_i$를 어떻게 선택하는 지에 대한 질문이 남아 있다.

Conjugate 방향

다음과 같은 2차 형식의 함수를 고려하자.

$$\begin{aligned} F(\mathbf{x}) &= c - \sum_i b_i x_i + \frac{1}{2}\sum_i \sum_j A_{ij} x_i x_j \\ &= c - \mathbf{b}^T\mathbf{x} + \frac{1}{2}\mathbf{x}^T\mathbf{A}\mathbf{x} \end{aligned} \tag{10.5}$$

x_i에 대해 미분하면 다음과 같다.

$$\frac{\partial F}{\partial x_i} = -b_i + \sum_j A_{ij} x_j$$

벡터 형태로 표현하면 다음과 같은데

$$\nabla F = -\mathbf{b} + \mathbf{A}\mathbf{x} \tag{10.6}$$

여기서 ∇F는 F 의 경사도라고 불린다.

이제 시작점 $\mathbf{x}_0$에서 벡터 $\mathbf{u}$ 방향으로 이동할 때 경사도의 변화를 고려해보자. 이동은 다

음 선을 따라서 나타나게 되는데

$$\mathbf{x} = \mathbf{x}_0 + s\mathbf{u}$$

여기서 s는 이동한 거리이다. 식 (10.6)을 $\mathbf{x}$의 기울기에 대한 표현에 대입하면 다음과 같다.

$$\nabla F|_{\mathbf{x}_0+s\mathbf{u}} = -\mathbf{b} + \mathbf{A}(\mathbf{x}_0 + s\mathbf{u}) = \nabla F|_{\mathbf{x}_0} + s\,\mathbf{A}\mathbf{u}$$

여기서 기울기 방향의 변화는 $s\mathbf{AU}$가 된다. 이 변화가 벡터 $\mathbf{v}$에 수직인 경우, 즉 다음 식이 만족할 경우

$$\mathbf{v}^T\mathbf{A}\mathbf{u} = 0, \tag{10.7}$$

$\mathbf{u}$와 $\mathbf{v}$의 방향은 서로 conjugate(공액)이라고 불린다. 이 것은 만약 $\mathbf{v}$방향으로 $F(\mathbf{x})$를 최소화 한다면 이전 스텝의 최소화 방향과는 관련이 없는 $\mathbf{u}$ 방향으로 이동할 수 있다.

n개의 독립 변수에 대한 2차 형식에서 n개의 서로 공액인 방향을 결정할 수 있다. 따라서 최소점에 도달하기 위해 n개의 1차원 최소화를 수행하면 된다. 만약 $F(\mathbf{x})$가 2차 형식이 아닌 경우, 식 (10.5)는 가치 함수 $F(\mathbf{x})$를 $\mathbf{x}_0$에서 테일러 급수로 전개한 국부적 근사로 생각할 수 있다.

$$F(\mathbf{x}) \approx F(\mathbf{x}_0) + \nabla F(\mathbf{x}_0)(\mathbf{x} - \mathbf{x}_0) + \frac{1}{2}(\mathbf{x} - \mathbf{x}_0)^T\mathbf{H}(\mathbf{x}_0)(\mathbf{x} - \mathbf{x}_0)$$

이제 2차 형식에서 나온 공액 방향은 $\mathbf{x}_0$ 주위에서만 유효한 근사값이 된다. 결론적으로 최적점에 도달하기 위해 몇 사이클의 1차원 최소화를 수행하여야 한다.

공액 경사법은 공액 방향을 결정하기 위해서 다양한 테크닉을 사용하는데, 0차 방법은 $F(\mathbf{x})$만을 이용하며 1차 방법은 $F(\mathbf{x})$와 ∇F를 이용한다. 물론 1차 방법이 수치적으로 더 효율적이지만 ∇F의 계산은 까다로울 수도 있다.

Powell 알고리즘

Powell 알고리즘은 0차 방법으로 ∇F의 계산만이 필요하다. 기본적인 알고리즘은 다음과 같다.

Choose a point $\mathbf{x}_0$ in the design space.
Choose the starting vectors $\mathbf{v}_i$, 1, 2, ..., n(the usual choice is $\mathbf{v}_i = \mathbf{e}_i$,
where ei is the unit vector in the x_i-coordinate direction).
Cycle:

Loop over i = 1, 2, . . . , n:

Minimize $F(\mathbf{x})$ along the line through xi−1 in the direction of $\mathbf{v}_i$.

Let the minimum point be x_i.

End loop.

$\mathbf{v}_{n+1} \leftarrow \mathbf{x}_0 - \mathbf{x}_n$.

Minimize $F(\mathbf{x})$ along the line through $\mathbf{x}_0$ in the direction of $\mathbf{v}_{n+1}$.

Let the minimum point be $\mathbf{x}_{n+1}$.

if $|\mathbf{x}_{n+1} - \mathbf{x}_0| < \varepsilon$ exit loop.

Loop over $i = 1, 2, ..., n$:

$\mathbf{v}_i \leftarrow \mathbf{v}_{i+1}$($\mathbf{v}_1$ is discarded; the other vectors are reused).

End loop.

$\mathbf{x}_0 \leftarrow \mathbf{x}_{n+1}$

End cycle.

Powell은 연속적인 사이클에 의해 만들어진 벡터 $\mathbf{v}_{n+1}$이 서로 공액 방향인 것을 증명하였는데, 정확하게 n번의 사이클 후에 2차 곡면의 최소점에 도달한다. 실제로는 가지 함수가 2차인 경우는 드물지만 식 (10.5)를 이용하여 국부적으로 근사할 수 있다. 물론 2차 형식이 아닌 경우 n번 이상의 사이클이 필요하게 된다. 여기서 n개의 1차원 최소화 선은 각각의 공액 방향을 나타내는 것을 유의하자.

그림 10.3(a)는 2차원에서 방법의 전형적인 한 사이클을 나타낸다. $\mathbf{x}_0$에서 벡터 $\mathbf{v}_1$와 $\mathbf{v}_2$ 방향으로 알고리즘을 시작해 보자. $F(\mathbf{x}_0 + s\mathbf{v}_1)$이 최소화 되는 거리 s_1을 찾고 $\mathbf{x}_1 = \mathbf{x}_0 + s_1\mathbf{v}_1$에 도달한다. 다음 $F(\mathbf{x}_1 + s\mathbf{v}_2)$을 최소화 하는 s_2를 찾고 $\mathbf{x}_2 = \mathbf{x}_1 + s_2\mathbf{v}_2$에 도달하게 된다. 마지막 검색 방향은 $\mathbf{v}_3 = \mathbf{x}_2 - \mathbf{x}_0$인데 $F(\mathbf{x}_0 + s\mathbf{v}_3)$를 최소화 하는 s_3를 찾아서 $\mathbf{x}_3 = \mathbf{x}_0 + s_3\mathbf{v}_3$에 도달하여 사이클을 마친다.

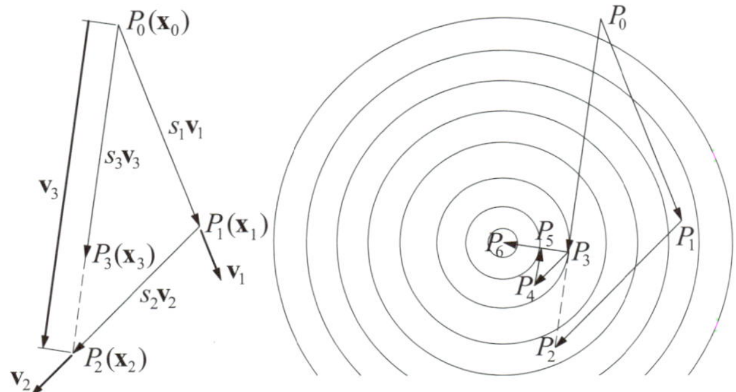

그림 10.3 Themethod of Powell.

그림 10.3(b)는 2차 곡면에서 두 사이클을 수행한 결과를 나타낸다. 앞서 설명하였듯이 첫번째 사이클은 P_0에서 시작하여 P_3에서 끝나고 두번 째 사이클 후에 최적점인 P_6에 도달한다. 방향 P_0P_3와 P_3P_6은 서로 공액이다.

Powell 알고리즘의 주요한 단점 하나는 다음과 같다. 만약 $F(\mathbf{x})$가 2차 형식이 아니라면 서로 종속인 방향을 검색하게 되며, 최소점으로의 진전을 늦추게 된다. 문제의 이유는 매 사이클에서 $\mathbf{v}_1$을 제외하는 것이다. 통상 $F(\mathbf{x})$가 가장 크게 감소하는 방향으로 향하는 것이 바람직하다. 최적의 방향을 제외하는 것이 직관적이지 않아 보이고, 다음 스텝에서 추가되는 방향과 비슷하여 선형적으로 종속이게 된다. 따라서 검색 방향은 서로 공액이 되지 않고 2차 형식은 n 사이클에서 최소화 되지 않게 된다. 실제로는 $F(\mathbf{x})$가 2차 형식이 아니므로 특별히 문제가 되지는 않는다.

Powell은 수렴 속도를 향상시키기 위해 몇 가지 수정 방법을 제안했는데, 복잡하여 여기에서 깊게 다루지는 않는다.

powell

Powell 방법을 적용한 알고리즘을 다음에 나타내었다. 2개의 행렬, 즉 행렬 df는 사이클에서 첫번째 n번 이동에 대한 가치 함수의 감소를 저장하고, 행렬 $\mathbf{u}$는 $\mathbf{v}_i$ 방향을 열에 하나씩 저장한다.

```
## module powell
''' xMin,nCyc = powell(F,x,h=0.1,tol=1.0e-6)
    Powell's method of minimizing user-supplied function F(x).
    x = starting point
    h = initial search increment used in 'bracket'
    xMin = mimimum point
    nCyc = number of cycles
'''
import numpy as np
from goldSearch import *
import math

def powell(F,x,h=0.1,tol=1.0e-6):

    def f(s): return F(x + s*v) # F in direction of v

    n = len(x)                  # Number of design variables
    df = np.zeros(n)            # Decreases of F stored here
    u = np. identity(n)         # Vectors v stored here by rows
    for j in range(30):         # Allow for 30 cycles:
        xOld = x.copy()         # Save starting point
```

```
        fOld = F(xOld)
    # First n line searches record decreases of F
        for i in range(n):
            v = u[i]
            a,b = bracket(f,0.0,h)
            s,fMin = search(f,a,b)
            df[i] = fOld - fMin
            fOld = fMin
            x = x + s*v
    # Last line search in the cycle
        v = x - xOld
        a,b = bracket(f,0.0,h)
        s,fLast = search(f,a,b)
        x = x + s*v
    # Check for convergence
        if math.sqrt(np.dot(x-xOld,x-xOld)/n) < tol: return x,j+1
    # Identify biggest decrease & update search directions
        iMax = np.argmax(df)
        for i in range(iMax,n-1):
            u[i] = u[i+1]
        u[n-1] = v
    print("Powell did not converge")
```

예제 10.3

다음 함수의 최소값을 찾으시오.

$$F = 100(y - x^2)^2 + (1 - x)^2$$

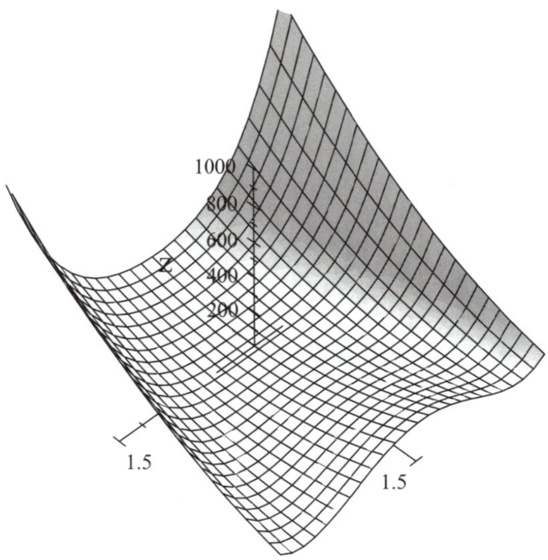

Powell 방법을 이용하고 점 (−1, 1)에서 시작한다. 함수는 흥미로운 형태를 가지고 있는데, 최고값은 (1, 1)에서 발생한다. 하지만 시작점과 최소점 사이에는 알고리즘이 해결해야 하는 큰 굴곡이 존재한다.

풀이

프로그램은 이러한 비제약 최적화 문제를 다음과 같이 해결한다.

```
#!/usr/bin/python
## example10_3
from powell import *
from numpy import array

def F(x): return 100.0*(x[1] - x[0]**2)**2 + (1 - x[0])**2

xStart = array([-1.0, 1.0])
xMin,nIter = powell(F,xStart)
print("x =",xMin)
print("F(x) =",F(xMin))
print("Number of cycles =",nIter)
input ("Press return to exit")
```

최소점이 12 사이클 후에 찾아졌다.

```
x = [ 1. 1.]
F(x) = 3.71750701585e-029
Number of cycles = 12
```

예제 10.4

Powell 을 이용하여 점 (5, 8)에서 곡선 $xy = 5$ 까지의 최소 거리를 계산하시오.

풀이

이 문제는 제약 최적화 문제로서, $F(x, y) = (x - 5)^2 + (y - 8)^2$을 등호 제약조건 $xy - 5 = 0$에서 최소화 하는 것이다. 다음 프로그램은 페널티 함수와 Powell 방법을 이용한다.

```
## example10_4
from powell import *
from numpy import array
from math import sqrt
```

```
def F(x):
    lam = 1.0                      # Penalty multiplier
    c = x[0]*x[1] - 5.0            # Constraint equation
    return distSq(x) + lam*c**2  # Penalized merit function

def distSq(x): return (x[0] - 5)**2 + (x[1] - 8)**2

xStart = array([ 1.0,5.0])
x,numIter = powell(F,xStart,0.1)
print("Intersection point =",x)
print("Minimum distance =", sqrt(distSq(x)))
print("xy =", x[0]*x[1])
print("Number of cycles =",numIter)
input ("Press return to exit")
```

앞에서 언급한 것 처럼 페널티 함수의 승수 λ(프로그램에서 lam)은 결과에 많은 영향을 미친다. $\lambda = 1$인 경우 다음의 결과를 가진다.

```
Intersection point = [ 0.73306761 7.58776385]
Minimum distance = 4.28679958767
xy = 5.56234387462
Number of cycles = 5
```

λ가 작아지면 수렴 속도가 빨라지게 된다. $xy = 5$의 제약조건이 위배되는 것은 바람직하지 않기 때문에 $\lambda = 10000$과 지난 사이클의 결과를 시작점 (0.73306761, 7.58776385)로 하여 프로그램을 다시 실행시킨다. 아래 결과는 적절해 보인다.

```
Intersection point = [ 0.65561311 7.62653592]
Minimum distance = 4.36040970945
xy = 5.00005696357
Number of cycles = 5
```

만약 처음부터 $\lambda = 10000$로 하였으면 어떻게 되었을까? 이 경우에는 다행히 17 사이클만에 최소점에 도달한다. 따라서 2번의 실행에 대한 7번의 사이클을 저장한다. 하지만 보통 λ 값이 커지면 알고리즘이 정지하기 쉽고, 가능한 작은 값의 λ로 시작하는 것이 바람직하다.

확인

등호 제약조건을 가지고 있기 때문데, 미적분의 관계로부터 직접 최적점을 구할 수 있다. 식 (10.2a)의 함수는 다음과 같다. (여기서 λ는 라그랑지 승수이다.)

$$F^*(x, y, \lambda) = (x-5)^2 + (y-8)^2 + \lambda(xy-5)$$

식 (10.2b)는 다음과 같다.

$$\frac{\partial F^*}{\partial x} = 2(x-5) + \lambda y = 0$$
$$\frac{\partial F^*}{\partial y} = 2(y-8) + \lambda x = 0$$
$$g(x) = xy - 5 = 0$$

위의 식은 Newton-Raphson 법으로 해를 구할수 있다. (4.6절의 newton-Raphson2 함수) 다음 프로그램에서 $\mathbf{x} = [\,x \;\; y \;\; \lambda\,]^T$으로 표현하였다.

```
#!/usr/bin/python
## example10_4_check
import numpy as np
from newtonRaphson2 import *

def F(x):
    return np.array([2.0*(x[0] - 5.0) + x[2]*x[1], \
                     2.0*(x[1] - 8.0) + x[2]*x[0], \
                     x[0]*x[1] - 5.0])
xStart = np.array([1.0, 5.0, 1.0])
print("x = ", newtonRaphson2(F,xStart))
input("Press return to exit")
```

결과는

```
x = [ 0.6556053 7.62653992 1.13928328]
```

예제 10.5

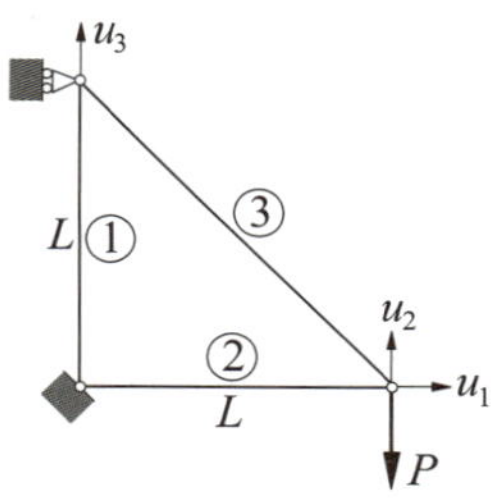

트러스의 변위는 다음과 같이 절점의 변위 **u**에 대한 식으로 나타내어 진다.

$$\frac{E}{2\sqrt{2}L}\begin{bmatrix} 2\sqrt{2}A_2+A_3 & -A_3 & A_3 \\ -A_3 & A_3 & -A_3 \\ A_3 & -A_3 & 2\sqrt{2}A_1+A_3 \end{bmatrix}\begin{bmatrix} u_1 \\ u_2 \\ u_3 \end{bmatrix}=\begin{bmatrix} 0 \\ -P \\ 0 \end{bmatrix}$$

여기서 E는 재료의 탄성 계수이며 A_i는 멤버 i의 단면적이다. Powell 방법을 사용하여 변위 u_2를 주어진 값 δ 이하로 하여 구조의 부피(즉 무게)를 최소화하시오.

풀이

다음의 무차원 변수를 정의하자.

$$v_i=\frac{u_i}{\delta} \qquad x_i=\frac{E\delta}{PL}A_i,$$

식은 다음과 같이 정리된다.

$$\frac{1}{2\sqrt{2}}\begin{bmatrix} 2\sqrt{2}x_2+x_3 & -x_3 & x_3 \\ -x_3 & x_3 & -x_3 \\ x_3 & -x_3 & 2\sqrt{2}x_1+x_3 \end{bmatrix}\begin{bmatrix} v_1 \\ v_2 \\ v_3 \end{bmatrix}=\begin{bmatrix} 0 \\ -1 \\ 0 \end{bmatrix} \tag{a}$$

구조의 부피는 다음과 같다.

$$V=L(A_1+A_2+\sqrt{2}A_3)=\frac{PL^2}{E\delta}(x_1+x_2+\sqrt{2}x_3)$$

$|u_2|\le\delta$인 변위 제약조건 외에도, $A_i\ge 0$인 제약조건을 부가하여 단면적이 음의 값이 되는 것을 방지해야 한다. 따라서 최적화 문제의 정의는 다음과 같다.

다음 함수를 최소화 한다.

$$F=x_1+x_2+\sqrt{2}x_3$$

이 때 부등호 제약조건은 다음과 같다.

$$|v_2|\le 1 \qquad x_i\ge 0 \ \ (i=1,2,3)$$

v_2를 얻기 위해서는 식 (a)를 풀어야 한다.

프로그램은 다음과 같다.

```
#!/usr/bin/python
## example10_5
```

```
from powell import *
from numpy import array
from math import sqrt
from gaussElimin import *

def F(x):
    global v, weight
    lam = 100.0
    c = 2.0*sqrt(2.0)
    A = array([[c*x[1] + x[2], -x[2],  x[2]], \
               [-x[2],          x[2], -x[2]], \
               [ x[2],         -x[2], c*x[0] + x[2]]])/c
    b = array([0.0, -1.0, 0.0])
    v = gaussElimin(A,b)
    weight = x[0] + x[1] + sqrt(2.0)*x[2]
    penalty = max(0.0,abs(v[1]) - 1.0)**2 \
            + max(0.0,-x[0])**2           \
            + max(0.0,-x[1])**2           \
            + max(0.0,-x[2])**2
    return weight + penalty*lam

xStart = array([1.0, 1.0, 1.0])
x,numIter = powell(F,xStart)
print("x = ",x)
print("v = ",v)
print("Relative weight F = ",weight)
print("Number of cycles = ",numIter)
input("Press return to exit")
```

내부함수 F는 페널티가 적용된 가치 함수를 출력하는데 식 (a)를 정의하고 푸는 코드를 포함하고 있다. 프로그램에서 변위 벡터 **v**는 **u**로 정의되어 있다. 초기값 $\mathbf{x} = [\,1 \quad 1 \quad 1]^T$으로 프로그램을 시작하였고 페널티 승수로 $\lambda = 100$ 을 사용하였다. 결과는 다음과 같다.

```
x = [ 3.73870376 3.73870366 5.28732564]
v = [-0.26747239 -1.06988953 -0.26747238]
Relative weight F = 14.9548150471
Number of cycles = 10
```

v_2의 값이 너무 크기 때문에 페널티 승수를 10000으로 바꾸고 마지막으로 얻어진 결과 **x**에서 프로그램을 다시 실행하였다. 결과를 보면 이제 v_2는 제약 조건의 값에 훨씬 더 근접해 있다.

```
x = [ 3.99680758 3.9968077 5.65233961]
v = [-0.25019968 -1.00079872 -0.25019969]
Relative weight F = 15.9872306185
Number of cycles = 11
```

이 프로그램에서 처음부터 $\lambda = 10000$를 사용하면 작동할지 않을 수도 있다. 한번 시도해 보기 바란다.

10.4 다운힐 심플렉스법

다운힐 심플렉스법은 Nelder-Mead 법으로도 알려져 있다. 아이디어는 최적점 근처에서 설계 공간에 이동하는 심플렉스를 도입하는 것이다. 그리고 오차의 한계에 도달할 때까지 심플렉스를 축소시킨다. n 차원 공간에서 심플렉스는 직선으로 연결된 $n+1$개의 꼭지점과 다각형의 면으로 구성된다. $n=2$ 경우 심플렉스는 삼각형이 되고 $n=3$인 경우 심플렉스는 사면체가 된다. 이차원에서 가능한 이동을 그림 10.4에 나타내었다. 이런한(←이러한) 이동을 적절한 순서로 적용함으로써 심플렉스는 최적 점을 찾아가서 그것을 둘러싸게 된다. 이동의 방향은 꼭지점에서 최소화하려는 함수값 $F(\mathbf{x})$로 결정된다. F가 최대값인 꼭지점은 Hi로 최소값인 꼭지점은 Lo로 표기된다. 이동의 크기는 Hi 꼭지점에서 다른쪽 면의 도심으로 거리에 따라 결정된다. (삼각형의 경우 반대변의 중앙)

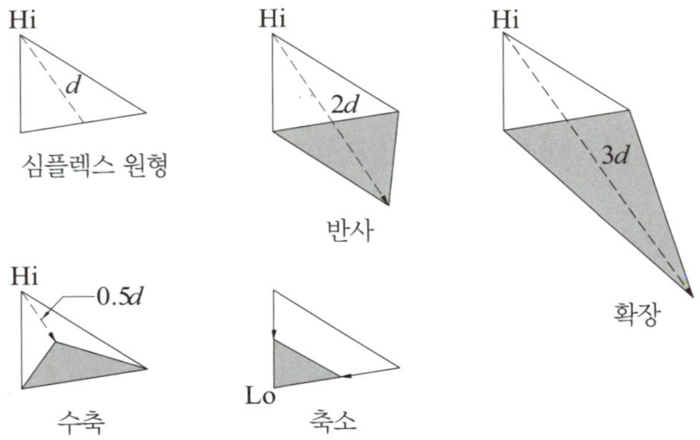

그림 10.4 Allowedmoves of a simplex.

알고리즘을 정리하면 다음과 같다.

```
Choose a starting simplex.
Cycle until d≤ε(ε being the error tolerance):
  Try reflection.
  if new vertex≤old Lo: accept reflection
    Try expansion.
    if new vertex≤old Lo: accept expansion.
  else:
    if new vertex>old Hi:
      Try contraction.
      if new vertex≤old Hi: accept contraction.
    else: use shrinkage.
End cycle.
```

다운힐 심플렉스 알고리즘은 Powell 방법보다 대부분의 경우 훨씬 느리지만, 견고하게 최적점을 찾는다. 보통 Powell 방법이 실패하는 문제에서 잘 작동한다.

downhill

다운힐 심플렉스법이 다음과 같이 프로그램 되어 있다. 시작하는 심플렉스는 $\mathbf{x}_0$와 $\mathbf{x}_0 + \mathbf{e}_i b$ $(i = 1, 2, ..., n)$,의 꼭지점으로 구성된다. 여기서 $\mathbf{e}_i$는 x_i 좌표 방향으로 단위 벡터이다. 사용자는 $\mathbf{x}_0$(프로그램에서 xStart)와 심플렉스의 모서리 길이 b를 입력한다.

```
## module downhill
''' x = downhill(F,xStart,side,tol=1.0e-6)
    Downhill simplex method for minimizing the user-supplied
    scalar function F(x) with respect to the vector x.
    xStart = starting vector x.
    side = side length of the starting simplex (default is 0.1)
'''
import numpy as np
import math

def downhill(F,xStart,side=0.1,tol=1.0e-6):
    n = len(xStart)                  # Number of variables
    x = np.zeros((n+1,n))
    f = np.zeros(n+1)

  # Generate starting simplex
    x[0] = xStart
    for i in range(1,n+1):
```

```
        x[i] = xStart
        x[i,i-1] = xStart[i-1] + side
# Compute values of F at the vertices of the simplex
    for i in range(n+1): f[i] = F(x[i])

# Main loop
    for k in range(500):
      # Find highest and lowest vertices
        iLo = np.argmin(f)
        iHi = np.argmax(f)
# Compute the move vector d
    d = (-(n+1)*x[iHi] + np.sum(x,axis=0))/n
# Check for convergence
    if math.sqrt(np.dot(d,d)/n) < tol: return x[iLo]

# Try reflection
    xNew = x[iHi] + 2.0*d
    fNew = F(xNew)
    if fNew <= f[iLo]:        # Accept reflection
        x[iHi] = xNew
        f[iHi] = fNew
      # Try expanding the reflection
        xNew = x[iHi] + d
        fNew = F(xNew)
        if fNew <= f[iLo]:     # Accept expansion
            x[iHi] = xNew
            f[iHi] = fNew
        else:
          # Try reflection again
            if fNew <= f[iHi]: # Accept reflection
                x[iHi] = xNew
                f[iHi] = fNew
            else:
              # Try contraction
                xNew = x[iHi] + 0.5*d
                fNew = F(xNew)
                if fNew <= f[iHi]: # Accept contraction
                    x[iHi] = xNew
                    f[iHi] = fNew
                else:
                  # Use shrinkage
                    for i in range(len(x)):
                        if i != iLo:
                            x[i] = (x[i] - x[iLo])*0.5
                            f[i] = F(x[i])
    print("Too many iterations in downhill")
    return x[iLo]
```

예제 10.6

다운힐 심플렉스법을 이용하여 다음을 최소화하시오.

$$F = 10x_1^2 + 3x_2^2 - 10x_1x_2 + 2x_1$$

시작 심플렉스에서 꼭지점의 좌표는 (0, 0), (0, −0.2), (0.2, 0)이다. 이 심플렉스에 대해 처음 4번의 이동을 그림으로 나타내려고 한다.

풀이

다음 그림은 $x_1 - x^2$ 평면의 설계 공간을 보여 준다. 그림에서 보여진 숫자는 꼭지점에서의 함수값이고, 이동의 숫자가 원숫자로 표시되어 있다. 시작점에서 이동(이동 1)은 반사이며, 이동 2의 확장 이동을 수행한다. 이 단계에서 심플렉스는 계속하여 아래로 이동하는데, 심플렉스가 (−0.6, −1.0)의 최적점을 포함하게 되는 이동 8까지는 축소 이동이 발행하지 않는다.

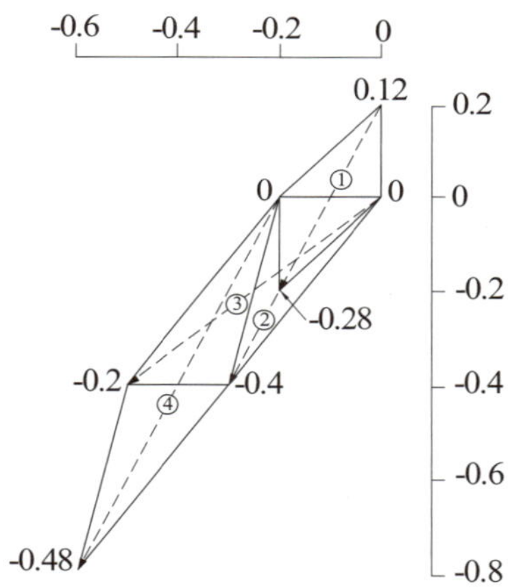

예제 10.7

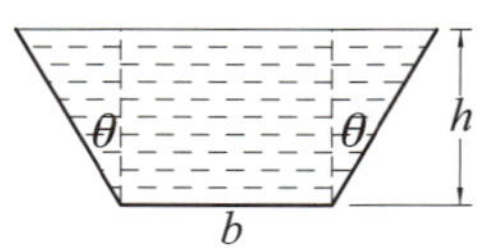

그림은 물이 흐르는 운하의 단면을 나타낸다. 다운힐 심플렉스법을 이용하여 단면이 8 으로 고정되어 있을 때 물이 젖게 되는 둘레의 길이가 최소로 되도록 h, b, θ를 결정하시오. (젖은 부분의 둘레 길이가 최소로 하게 되면 흐름의 저항이 최소화 된다.) 미적분을 이용하

여 답을 확인하시오.

풀이

운하의 단면적은 다음과 같이 주어진다.

$$F = 10x_1^2 + 3x_2^2 - 10x_1x_2 + 2x_1$$

젖은 둘레 길이는 다음과 같다.

$$A = \frac{1}{2}\left[b + (b + 2h\tan\theta)\right]h = (b + h\tan\theta)h$$

최적화 문제는 제약조건 $A - 8 = 0$일 때 S를 최소화하는 것이다. 등호 제약조건을 고려하기 위해서 패널티 함수를 고려하면, 최소화 하려는 함수는 다음과 같다.

$$S = b + 2(h\sec\theta)$$

$\mathbf{x} = [\, b \;\; h \;\; \theta \,]^T$로 정하고 $\mathbf{x}_0 = [\, 4 \;\; 2 \;\; 0 \,]^T$로 하여 시작하면 다음의 프로그램을 얻게 된다.

```
#!/usr/bin/python
## example10_7
import numpy as np
import math
from downhill import *

def S(x):
    global perimeter,area
    lam = 10000.0
    perimeter = x[0] + 2.0*x[1]/math.cos(x[2])
    area = (x[0] + x[1]*math.tan(x[2]))*x[1]
    return perimeter + lam*(area - 8.0)**2

xStart = np.array([4.0, 2.0, 0.0])
x = downhill(S,xStart)
area = (x[0] + x[1]*math.tan(x[2]))*x[1]
print("b = ",x[0])
print("h = ",x[1])
print("theta (deg) = ",x[2]*180.0/math.pi)
print("area = ",area)
print("perimeter = ",perimeter)
input("Finished. Press return to exit")
```

출력은 다음과 같다.

```
b = 2.4816069148
h = 2.14913738694
theta (deg) = 30.0000185796
area = 7.99997671775
perimeter = 7.44482803952
```

확인

등호 제약조건을 사용하고 있기 때문에, 라그랑지 승수를 이용한 미적분을 이용하여 정해를 구할 수 있다. 식 (10.2a)에서 $F = S$, $g = A - 8$이며

$$\begin{aligned} F^* &= S + \lambda(A - 8) \\ &= b + 2(h\sec\theta) + \lambda\left[(b + h\tan\theta)h - 8\right] \end{aligned}$$

따라서 식 (10.2b)는 다음과 같이 된다.

$$\begin{aligned} \frac{\partial F^*}{\partial b} &= 1 + \lambda h = 0 \\ \frac{\partial F^*}{\partial h} &= 2\sec\theta + \lambda(b + 2h\tan\theta) = 0 \\ \frac{\partial F^*}{\partial \theta} &= 2h\sec\theta\tan\theta + \lambda h^2\sec^2\theta = 0 \\ g &= (b + h\tan\theta)h - 8 = 0 \end{aligned}$$

위의 식은 다음 프로그램 newtonRaphson2를 이용하여 풀수 있다.

```
#!/usr/bin/python
## example10_7_check
import numpy as np
import math
from newtonRaphson2 import *

def f(x):
    f = np.zeros(4)
    f[0] = 1.0 + x[3]*x[1]
    f[1] = 2.0/math.cos(x[2]) + x[3]*(x[0] \
        + 2.0*x[1]*math.tan(x[2]))
    f[2] = 2.0*x[1]*math.tan(x[2])/math.cos(x[2]) \
        + x[3]*(x[1]/math.cos(x[2]))**2
    f[3] = (x[0] + x[1]*math.tan(x[2]))*x[1] - 8.0
    return f

xStart = np.array([3.0, 2.0, 0.0, 1.0])
```

```
print("x =",newtonRaphson2(f,xStart))
input("Press return to exit")
```

해 $\mathbf{x}=[\,b\;\;h\;\;\theta\;\;\lambda\,]^T$는 다음과 같다.

```
x = [ 2.48161296 2.14913986 0.52359878 -0.46530243]
```

예제 10.8

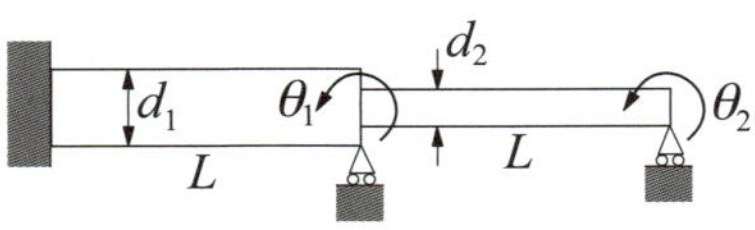

단이 있는 축계의 회전 주파수는 주어진 값 ω_0 이상으로 요구된다. 다운힐 심플렉스법을 이용하여 주파수의 제약조건을 위배하지 않으면서 부피를 최소화하는 지름 d_1과 d_2를 결정하시오. 고유주파수에 대한 근사값은 유한 요소 근사를 통한 고유값 문제를 풀어서 계산할 수 있다.

$$\begin{bmatrix} 4(d_1^4+d_2^4) & 2d_2^4 \\ 2d_2^4 & 4d_2^4 \end{bmatrix}\begin{bmatrix}\theta_1\\ \theta_2\end{bmatrix} = \frac{4\gamma L^4\omega^2}{105E}\begin{bmatrix} 4(d_1^2+d_2^2) & -3d_2^2 \\ -3d_2^2 & 4d_2^2 \end{bmatrix}\begin{bmatrix}\theta_1\\ \theta_2\end{bmatrix}$$

여기서

$$\gamma = \text{재료 밀도}$$
$$\omega = \text{각 주파수}$$
$$E = \text{탄성 계수}$$
$$\theta_1,\ \theta_2 = \text{단순 지지부의 회전각}$$

풀이

임의의 지름 d_0에 대한 무차원 변수 $x_i = d_i/d_0$를 도입한다. 결과적으로 고유값 문제는 다음과 같다.

$$\begin{bmatrix} 4(x_1^4+x_2^4) & 2x_2^4 \\ 2x_2^4 & 4x_2^4 \end{bmatrix}\begin{bmatrix}\theta_1\\ \theta_2\end{bmatrix} = \lambda\begin{bmatrix} 4(x_1^2+x_2^2) & -3x_2^2 \\ -3x_2^2 & 4x_2^2 \end{bmatrix}\begin{bmatrix}\theta_1\\ \theta_2\end{bmatrix} \tag{a}$$

여기서

$$\lambda = \frac{4\gamma L^4 \omega^2}{105 E d_0^2}$$

다음 프로그램에서 고유주파수 ω에 대해 $\lambda \geq 0.4$인 제약조건이 부가된 것으로 가정하자.

```
#!/usr/bin/python
## example10_8
import numpy as np
from stdForm import *
from inversePower import *
from downhill import *

def F(x):
    global eVal
    lam = 1.0e6
    eVal_min = 0.4
    A = np.array([[4.0*(x[0]**4 + x[1]**4), 2.0*x[1]**4], \
                  [2.0*x[1]**4, 4.0*x[1]**4]])
    B = np.array([[4.0*(x[0]**2 + x[1]**2), -3.0*x[1]**2], \
                  [-3*x[1]**2, 4.0*x[1]**2]])
    H,t = stdForm(A,B)
    eVal,eVec = inversePower(H,0.0)
    return x[0]**2 + x[1]**2 + lam*(max(0.0,eVal_min - eVal))**2
xStart = np.array([1.0,1.0])
x = downhill(F,xStart,0.1)
print("x = ", x)
print("eigenvalue = ",eVal)
input ("Press return to exit")
```

2×2의 고유값 문제는 쉽게 풀 수 있지만, 이미 준비된 함수를 사용하는 것으로 하고, 고유값 문제를 표준 형식으로 바꾸기 위해 `stdForm` 함수와 0에 가까운 고유값을 계산하는 `inversePower` 함수를 사용하도록 하자.

다음에 보여지는 결과는 $x_1 = x_2 = 1$로 하고 페널티 승수로 10^6으로 하여 얻은 결과이다. 다운힐 심플렉스법은 안정적이어서 큰 값의 페널티 승수를 사용하여 여러 번 최적화를 수행할 필요가 없다.

```
x = [ 1.07512696 0.79924677]
eigenvalue = 0.399997757238
```

연습 문제 10.1

1. ■ 두 분자 사이의 Lennard-Jones 포텐셜이 다음과 같이 주어진다.

$$V = 4\varepsilon\left[\left(\frac{\sigma}{r}\right)^{12} - \left(\frac{\sigma}{r}\right)^{6}\right]$$

여기서 ε과 σ는 상수이고 r은 분자 사이의 거리이다. `goldSearch` 모듈을 이용하여 포텐셜을 최소화하는 σ/r을 계산하고 미적분을 이용해 얻은 엄밀해와 비교하여 검증하시오.

2. ■ 수소 원자의 파동 함수는 다음과 같다.

$$\psi = C(27 - 18\sigma + 2\sigma^2)e^{-\sigma/3}$$

$$\sigma = zr/a_0$$

$$C = \frac{1}{81\sqrt{3\pi}}\left(\frac{z}{a_0}\right)^{2/3}$$

$z =$ 핵 전하(nuclear charge)

$a_0 =$ 보어 반지름(Bohr radius)

$r =$ 반경 거리(radial distance)

가 최소화되는 ψ를 결정하고, 미적분을 이용해 얻은 엄밀해와 비교하여 검증하시오.

3. ■ 다음 적분을 최소화하는 파라메터 p를 결정하시오.

$$\int_0^{\pi} \sin x \cos px\, dx$$

힌트 : 적분값을 계산하기 위해 가우스 구적법을 이용하시오.

4. ■ 2개의 루프로 이루어진 전기 회로에서 키르히호프 법칙은 다음과 같다.

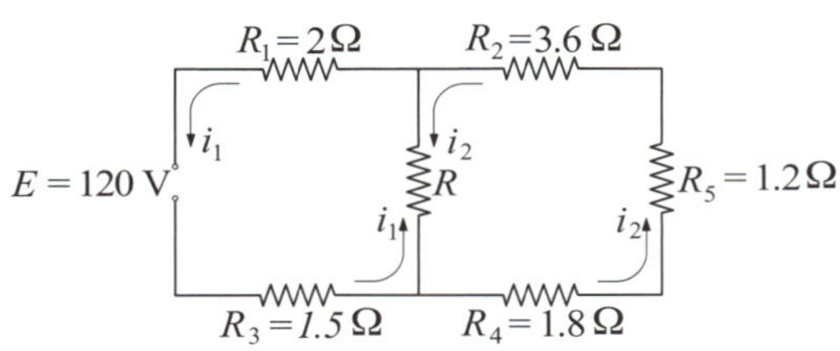

$$R_1 i_1 + R_3 i_1 + R(i_1 - i_2) = E$$

$$R_2 i_2 + R_4 i_2 + R_5 i_2 + R(i_2 - i_1) = 0$$

저항 R에 의해 소모되는 전력을 최대화하는 저항 R을 결정하시오. 힌트 : 2장의 함수 중 하나를 이용하여 키르히호프 식을 수치적으로 푸시오.

5. ■ 전류가 흐르는 전선이 외부 반경 r인 고무 절연체로 쌓인다. 전선의 저항이 열을 발생시키는데 절연체를 통해 외부 공기로 전도된다. 전선의 온도는 다음과 같이 주어진다.

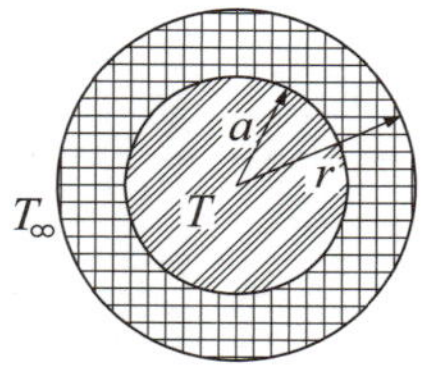

$$T = \frac{q}{2\pi}\left(\frac{\ln(r/a)}{k} + \frac{1}{hr}\right) + T_\infty$$

여기서

q = 전선에서의 열 생성률 = 50 W/m

a = 전선 반지름 = 5 mm

k = 고무의 열 전도율 = 0.16 W/m·K

h = 대류 열전달 계수 = 20 W/m^2·K

T_∞ = 대기 온도 = 280 K

T를 최소화하는 r을 결정하시오.

6. ■ 다음 함수를 최소화하시오.

$$F(x, y) = (x-1)^2 + (y-1)^2$$

제약조건은 $x + y \geq 1$ 그리고 $x \geq 0.6$이다.

7. ■ 다음 함수를 최소화하시오.

$$F(x, y) = 6x^2 + y^3 + xy$$

$y \geq 0$이다. 결과를 해석적으로 검증하시오.

8. ■ 7번 문제를 제약조건 $y \geq -2$로 변경하여 푸시오.

9. ■ 점 (1, 2)와 곡선 $y = x^2$과의 최소거리를 구하시오.

10. ■ 그림의 아래와 도심 C와의 거리 d를 최소화 하는 x를 결정하시오.

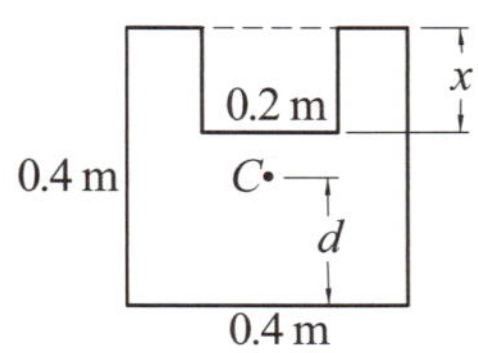

11. ■ 질량 M인 실린터(←실린더)컵이 C에서 무게 중심을 가진다. 컵에서 물의 깊이는 x이다. 컵과 물의 무게 중심이 가능한 낮도록 x를 결정하시오. $M = 115$ kg, $H = 0.8$ m 그리고 $r = 0.25$ m이다.

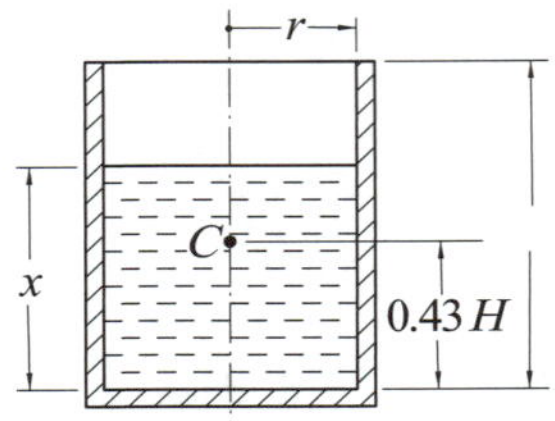

12. ■ 종이접기 종이를 점선을 따라 접어서 윗면이 뚫린 상자 모양을 만든다. 상자의 부피가 1.0 m^3일 때 최소 면적의 종이 접기지를 사용하는 치수 a, b를 결정하시오. 해석적으로 결과를 검증하시오.

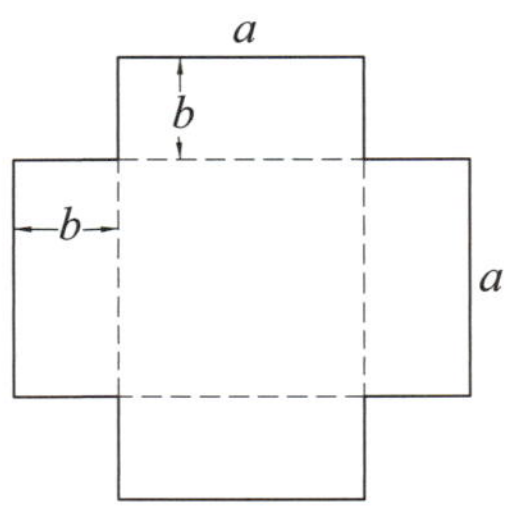

13. ■ 탄성을 가진 줄 ABC가 강성 k를 가지고 있다. 수직 하중 P가 B에 가해질 때 줄은 $AB'C$의 모양이 된다. 변형 상태에서 줄의 포텐셜 에너지는 다음과 같다.

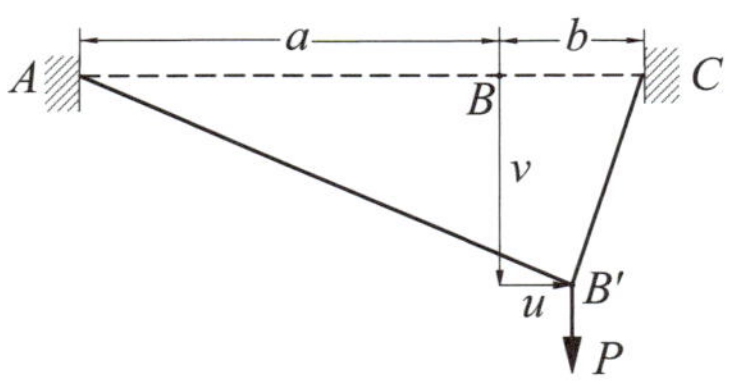

$$V = -Pv + \frac{k(a+b)}{2a}\delta_{AB} + \frac{k(a+b)}{2b}\delta_{BC}$$

여기서

$$\delta_{AB} = \sqrt{(a+u)^2 + v^2} - a$$
$$\delta_{BC} = \sqrt{(b-u)^2 + v^2} - b$$

는 각각 AB, BC의 늘어난 길이이다. 포텐셜이 최소일 때 시스템이 안정하다는 최소포텐셜 원리를 이용하기 위해 포텐셜 V를 최소화하는 변위 u, v를 결정하시오. $a = 150$ mm, $b = 50$ mm, $k = 0.6$ N/mm, $P = 5$ N이다.

14. ■ 각 트러스 멤버가 단면적 A를 가지고 있다. 부피를 최소화하는 A와 각도 θ를 결정하시오.

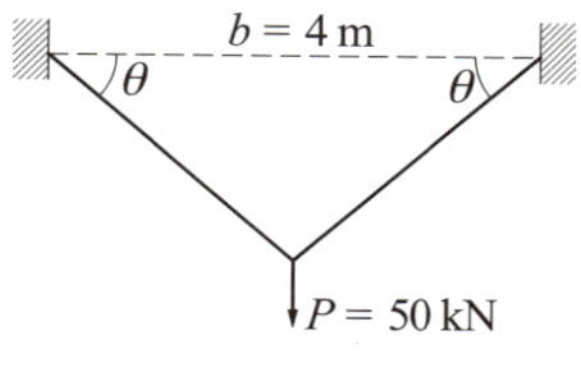

$$V = \frac{bA}{\cos\theta}$$

재료와 변위에 대한 제약조건은 다음과 같다.

$$\sigma \le 150 \text{ MPa} \qquad \delta \le 5 \text{ mm}$$

여기서

$$\sigma = \frac{P}{2A\sin\theta} = \text{각 멤버에 작용하는 응력}$$

$$\delta = \frac{Pb}{2EA\sin 2\theta \sin\theta} = \text{하중 } P\text{가 작용하는 점에서의 변위}$$

그리고 $E = 200 \times 10^9$이다.

15. ■ 허용가능 변위를 2.5 mm 로 변경하여 14번 문제를 푸시오.

16. ■ 캔티레버 빔의 단면이 최소의 부피를 가지도록 하시오. 제약조건은 다음과 같다.

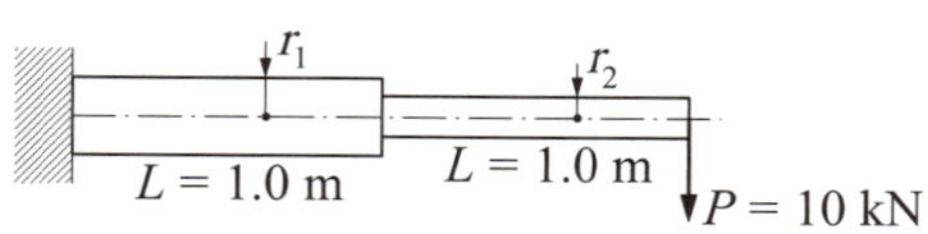

$$\sigma_1 \le 180 \text{ MPa} \qquad \sigma_2 \le 180 \text{ MPa} \qquad \delta \le 25 \text{ mm}$$

여기서

$$\sigma_1 = \frac{8PL}{\pi r_1^3} = \text{왼쪽 절반의 최대 응력}$$

$$\sigma_2 = \frac{4PL}{\pi r_2^3} = \text{오른쪽 절반의 최대 응력}$$

$$\delta = \frac{PL^3}{3\pi E}\left(\frac{7}{r_1^4} + \frac{1}{r_2^4}\right) = \text{자유단 끝에서의 변위}$$

$E = 900\text{GPa}$일 때 r_1와 r_2를 결정하시오.

17. ■ 다음 함수의 최소값을 결정하시오.

$$F(x, y, z) = 2x^2 + 3y^2 + z^2 + xy + xz - 2y$$

해석적으로 결과를 계산하여 검증하시오.

18. ■ 실린더 병이 원뿔 형태의 아래 부분과 열린 윗면을 가지고 있다. 부피 V가 1.0m^3 일 때 단면적 S를 최소화하는 r, h, b를 찾으시오.

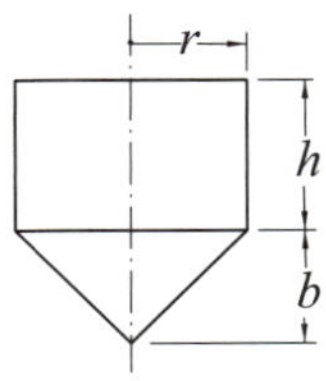

$$V = \pi r^2\left(\frac{b}{3} + h\right)$$

$$S = \pi r\left(2h + \sqrt{b^2 + r^2}\right)$$

19. ■ 트러스에서 평형식은 다음과 같다.

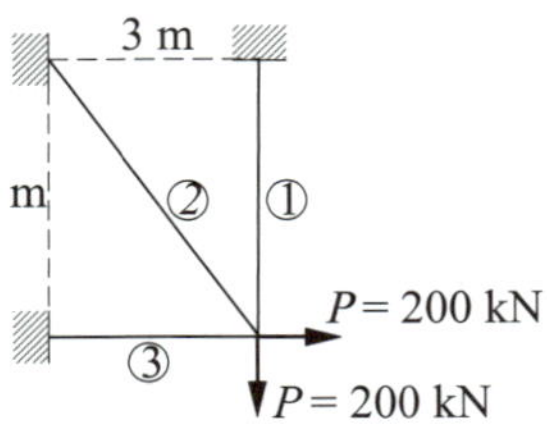

$$\sigma_1 A_1 + \frac{4}{5}\sigma_2 A_2 = P \qquad \frac{3}{5}\sigma_2 A_2 + \sigma_3 A_3 = P$$

σ_i는 i번째 부재의 축방향 응력이고 A_i는 단면적이다. 적합성을 고려한 세번째 식은 아래와 같다.

$$\frac{16}{5}\sigma_1 - 5\sigma_2 + \frac{9}{5}\sigma_3 = 0$$

응력이 150MPa을 초과하지 않도록 하고, 트러스의 중량을 최소로 하는 부재의 단면적을 결정하시오.

20. ■ 끝에서 고정된 케이블에 무게 W_1, W_2를 부가하였다. 시스템의 포텐셜 에너지는 다음과 같다.

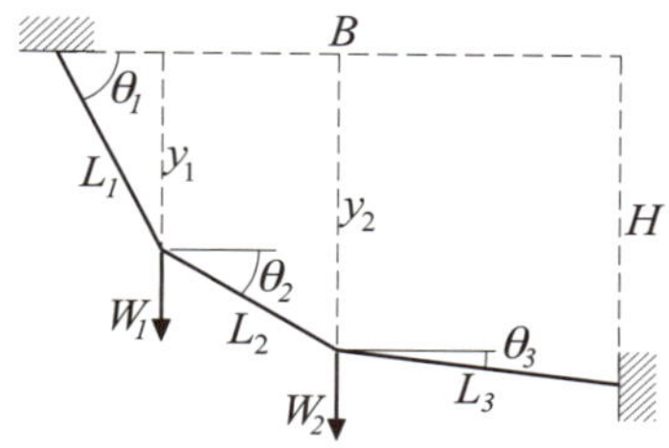

$$\begin{aligned} V &= -W_1 y_1 - W_2 y_2 \\ &= -W_1 L_1 \sin\theta_1 - W_2(L_1 \sin\theta_1 + L_2 \sin\theta_2) \end{aligned}$$

기하적 제약조건은 다음과 같다.

$$L_1 \cos\theta_1 + L_2 \cos\theta_2 + L_3 \cos\theta_3 = B$$
$$L_1 \sin\theta_1 + L_2 \sin\theta_2 + L_3 \sin\theta_3 = H$$

최소포텐셜의 원리는 시스템의 평형상태는 제약조건이 만족하는 상태에서 포텔셜 에너지가 최소가 되는 상태에서 결정된다는 것이다. $L_1 = 1.2$ m, $L_2 = 1.5$ m, $L_3 = 1.0$ m, $B = 3.5$ m, $H = 0$, $W_1 = 20$ kN, $W_2 = 30$ kN일 때 θ_1, θ_2, θ_3의 값을 결정하시오.

21. ■ 트러스의 변위는 다음의 식에 의해 결정된다.

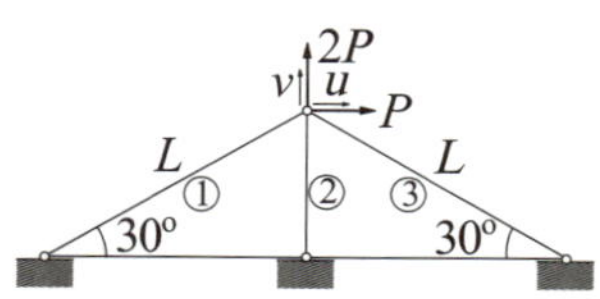

$$\frac{E}{4L}\begin{bmatrix} 3A_1 + 3A_3 & \sqrt{3}A_1 + \sqrt{3}A_3 \\ \sqrt{3}A_1 + \sqrt{3}A_3 & A_1 + 8A_2 + A_3 \end{bmatrix}\begin{bmatrix} u \\ v \end{bmatrix} = \begin{bmatrix} P \\ 2P \end{bmatrix}$$

여기서 E는 탄성계수 A_i는 i번째 부재의 단면적, u, v는 하중 부가 조인트의 변위이다. $A_1 = A_3$라고 하고 구조의 부피를 최소화하는 부재 단면적을 결정하시오. 제약조건은 $u \le \delta$, $v \le \delta$이다.

힌트 : 예제 10.5와 같이 무차원 변수를 적용하시오.

22. ■ 3개 부재의 단면적이 독립적이라고 가정하고 문제 21을 풀어보시오.

23. ■ 사각형 빔 단면을 지름 d의 실린더를 잘라서 만들었다. 단면 모멘트 $I = bh^3/12$를 최대화하는 단면의 높이 h, 폭 b를 계산하시오. 해석적 결과와 비교해 보시오.

부록

A1 Taylor 급수

일변수 함수

함수 $f(x)$에 대한 점 $x = a$에서의 Taylor 급수는 다음과 같은 무한 급수이다.

$$f(x) = f(a) + f'(a)(x-a) + f''(a)\frac{(x-a)^2}{2!} + f'''(a)\frac{(x-a)^3}{3!} + \cdots \tag{A1}$$

$a = 0$인 특별한 경우 taylor 급수는 MacLaurin 급수라고도 한다. 어떤 다른 2개의 함수도 동일한 Taylor 급수를 갖을 수 없다는 것을 보일 수 있으며 따라서 함수에 대한 Taylor 급수는 유일하다.

Taylor 급수는 $x = a$에서 $f(x)$의 모든 도함수가 존재하고 급수가 수렴하는 경우에만 의미가 있다. 일반적으로 수렴은 x가 a에 충분히 가까운 경우에 발생한다, 즉 $|x - a| \le \varepsilon$. 여기서 ε는 수렴 반경이라고 한다. 많은 경우에 ε은 무한대이다.

임의의 점 x에 대한 Taylor 급수의 또다른 유용한 형식은 다음과 같다.

$$f(x+h) = f(x) + f'(x)h + f''(x)\frac{h^2}{2!} + f'''(x)\frac{h^3}{3!} + \cdots \tag{A2}$$

무한 급수의 모든 항을 평가할 수 없기 때문에 급수를 실질적으로 이용할 때 식 (A2)를 절단하는 영향이 중요하다. 처음 $n + 1$ 항을 유지하면 다음의 식이 된다.

$$f(x+h) = f(x) + f'(x)h + f''(x)\frac{h^2}{2!} + \cdots + f^{(n)}(x)\frac{h^n}{n!} + E_n \tag{A3}$$

여기서 E_n은 절단오차(절단 오차의 합계)이다. 절단 오차의 한계는 Taylor 정리에 의해 다음과 같이 주어진다.

$$E_n = f^{(n+1)}(\xi)\frac{h^{n+1}}{(n+1)!} \tag{A4}$$

이 식에서 ξ는 구간 $(x, x+h)$ 사이의 임의의 점이다. E_n에 대한 식은 급수의 첫 번째 버린 항과 동일하지만 x가 ξ로 바뀌어 있음에 주의한다. ξ의 값은 결정되지 않았기 때문에 (한도만 알려져 있음) 식 (A4)로 알 수 있는 것은 절단 오차의 상한과 하한이다.

만약 $f^{(n+1)}(\xi)$에 대한 식을 사용할 수 없으면 식 (A4)는 다음의 식으로 표현된다.

$$E_n = \mathcal{O}(h^{n+1}) \tag{A5}$$

이 식은 절단 오차가 h^{n+1} 정도이거나 h^{n+1}처럼 행동한다는 것을 의미한다. h가 수렴 반경 내에 있으면 다음과 같이 된다.

$$\mathcal{O}(h^n) > \mathcal{O}(h^{n+1})$$

이 식은 급수의 항이 절단된 급수에 추가되면 오차가 항상 줄어든다는 것을 의미한다 (처음 몇 개의 항에는 해당되지 않을 수 있음).

$n=1$인 특별한 경우 Taylor 정리는 다음과 같은 식과 같으며 평균값 정리로 알려져 있다.

$$f(x+h) = f(x) + f'(\xi)h, \quad x \le \xi \le x+h \tag{A6}$$

다변수 함수

함수 f가 m개의 변수 $x_1, x_2, ..., x_m$의 함수인 경우 $\mathbf{x} = [x_1, x_2, ..., x_m]^T$에서의 Taylor 급수는 다음과 같다.

$$f(\mathbf{x}+\mathbf{h}) = f(\mathbf{x}) + \sum_{i=1}^{m} \left.\frac{\partial f}{\partial x_i}\right|_{\mathbf{x}} h_i + \frac{1}{2!}\sum_{i=1}^{m}\sum_{j=1}^{m} \left.\frac{\partial^2 f}{\partial x_i \partial x_j}\right|_{\mathbf{x}} h_i h_j + \cdots \tag{A7}$$

이 식은 다음과 같이 표현되기도 한다.

$$f(\mathbf{x}+\mathbf{h}) = f(\mathbf{x}) + \nabla f(\mathbf{x}) \cdot \mathbf{h} + \frac{1}{2}\mathbf{h}^T \mathbf{H}(\mathbf{x})\mathbf{h} + \ldots \tag{A8}$$

벡터 ∇f는 f의 기울기(gradient)로 알려져 있으며, 행렬 H는 f의 Hessian 행렬이라고 한다.

예제 A1

함수 $f(x) = \ln(x)$에 대하여 $x = 1$에서의 Taylor 급수를 구하시오.

풀이

함수 f에 대한 도함수는 다음과 같다.

$$f'(x) = \frac{1}{x} \qquad f''(x) = -\frac{1}{x^2} \qquad f'''(x) = \frac{2!}{x^3} \qquad f^{(4)} = -\frac{3!}{x^4} \text{ etc.}$$

$x = 1$에서 도함수 값을 구하면 다음과 같다.

$$f'(1) = 1 \qquad f''(1) = -1 \qquad f'''(1) = 2! \qquad f^{(4)}(1) = -3! \text{ etc.}$$

이 값들을 식 (A1)에 대입하고 $a = 1$로 하면 다음의 식을 구할 수 있다.

$$\begin{aligned}\ln(x) &= 0 + (x-1) - \frac{(x-1)^2}{2!} + 2!\frac{(x-1)^3}{3!} - 3!\frac{(x-1)^4}{4!} + \cdots \\ &= (x-1) - \frac{1}{2}(x-1)^2 + \frac{1}{3}(x-1)^3 - \frac{1}{4}(x-1)^4 + \cdots\end{aligned}$$

예제 A2

Taylor 급수의 처음 5개 항을 사용하여 함수 $f(x) = e^x$에 대하여 $x = 0$에서의 근사식을 구하시오. 이 식으로 e에 대한 오차의 한계를 추정하시오.

$$e^x = 1 + x + \frac{x^2}{2!} + \frac{x^3}{3!} + \frac{x^4}{4!} + \cdots$$

풀이

$$e = 1 + 1 + \frac{1}{2} + \frac{1}{6} + \frac{1}{24} + E_4 = \frac{65}{24} + E_4$$

$$E_4 = f^{(4)}(\xi)\frac{h^5}{5!} = \frac{e^\xi}{5!}, \quad 0 \le \xi \le 1$$

절단 오차의 한계는 다음과 같다.

$$(E_4)_{\min} = \frac{e^0}{5!} = \frac{1}{120} \qquad (E_4)_{\max} = \frac{e^1}{5!} = \frac{e}{120}$$

e에 대한 오차의 하한은 다음과 같다.

$$e_{\min} = \frac{65}{24} + \frac{1}{120} = \frac{163}{60}$$

e에 대한 오차의 상한은 다음과 같다.

$$e_{\max} = \frac{65}{24} + \frac{e_{\max}}{120}$$

이 값은 다음과 같다.

$$\frac{119}{120}e_{\max} = \frac{65}{24} \qquad e_{\max} = \frac{325}{119}$$

따라서 절단 오차의 한계는 다음과 같다

$$\frac{163}{60} \le e \le \frac{325}{119}$$

예제 A3

다음 함수에 대한 기울기와 Hessian 행렬을 $x = -2$, $y = 1$에 대하여 구하시오.

$$f(x, y) = \ln\sqrt{x^2 + y^2}$$

풀이

$$\frac{\partial f}{\partial x} = \frac{1}{\sqrt{x^2+y^2}}\left(\frac{1}{2}\frac{2x}{\sqrt{x^2+y^2}}\right) = \frac{x}{x^2+y^2} \qquad \frac{\partial f}{\partial y} = \frac{y}{x^2+y^2}$$

$$\nabla f(x, y) = \begin{bmatrix} x/(x^2+y^2) & y/(x^2+y^2) \end{bmatrix}^T$$

$$\nabla f(-2, 1) = \begin{bmatrix} -0.4 & 0.2 \end{bmatrix}^T$$

$$\frac{\partial^2 f}{\partial x^2} = \frac{(x^2+y^2) - x(2x)}{(x^2+y^2)^2} = \frac{-x^2+y^2}{(x^2+y^2)^2}$$

$$\frac{\partial^2 f}{\partial y^2} = \frac{x^2-y^2}{(x^2+y^2)^2}$$

$$\frac{\partial^2 f}{\partial x \partial y} = \frac{\partial^2 f}{\partial y \partial x} = \frac{-2xy}{(x^2 + y^2)^2}$$

$$\mathbf{H}(x, y) = \begin{bmatrix} -x^2 + y^2 & -2xy \\ -2xy & x^2 - y^2 \end{bmatrix} \frac{1}{(x^2 + y^2)^2}$$

$$\mathbf{H}(-2, 1) = \begin{bmatrix} -0.12 & 0.16 \\ 0.16 & 0.12 \end{bmatrix}$$

A2 행렬 대수

행렬은 숫자의 직사각형 배열이다. 행렬의 크기는 행렬의 차원이라고도 하는 행과 열의 수에 의해 결정된다. 따라서 m개의 행과 n개의 열의 행렬은 크기가 $m \times n$이라고 한다(행 수는 항상 먼저 나열 됨). 특히 중요한 행렬은 행과 열의 수가 동일한 정방행렬이다.

단일 열에 배열된 숫자 배열을 열벡터 또는 간단히 벡터라고 한다. 숫자가 행으로 설정되면 행벡터라는 용어가 사용된다. 따라서 열벡터는 차원 $n \times 1$의 행렬이며 행벡터는 차원 $1 \times n$의 행렬로 볼 수 있다.

행렬은 굵은 대문자를 사용하고, 벡터는 굵은 소문자를 사용하여 나타낸다. 표기법의 예는 다음과 같다.

$$\mathbf{A} = \begin{bmatrix} A_{11} & A_{12} & A_{13} \\ A_{21} & A_{22} & A_{23} \\ A_{31} & A_{32} & A_{33} \end{bmatrix} \qquad \mathbf{b} = \begin{bmatrix} b_1 \\ b_2 \\ b_3 \end{bmatrix} \tag{A9}$$

행렬 요소의 색인은 차원과 같은 순서로 표시된다. 행 번호를 먼저 표시하고 다음 열 번호를 표시한다. 벡터 요소에는 하나의 색인 만 필요하다.

행렬의 전치

행렬 A의 전치는 A^T로 표시되며 다음과 같이 정의된다.

$$A_{ij}^T = A_{ji}$$

전치 연산은 행렬의 행과 열을 교환하는 것이다. 벡터에 적용되면 열벡터를 행벡터로 바꾸고 행벡터를 열벡터로 바꾼다.

예를 들어 식 (A9)에서 A와 b를 전치하면 다음을 얻는다.

$$\mathbf{A}^T = \begin{bmatrix} A_{11} & A_{21} & A_{31} \\ A_{12} & A_{22} & A_{32} \\ A_{13} & A_{23} & A_{33} \end{bmatrix} \qquad \mathbf{b}^T = \begin{bmatrix} b_1 & b_2 & b_3 \end{bmatrix}$$

$n \times n$ 행렬은 $\mathbf{A}^T = \mathbf{A}$인 경우 대칭이라고 한다. 이것은 대칭 행렬의 상부 삼각 부분(A_{11}과 A_{nn}을 연결하는 대각선의 윗부분)의 요소가 하부 삼각 부분에 대칭으로 되어있음을 의미한다.

행렬의 덧셈

2개의 $n \times n$ 행렬 $\mathbf{A}$와 $\mathbf{B}$의 합 $\mathbf{C} = \mathbf{A} + \mathbf{B}$는 다음과 같이 정의된다.

$$C_{ij} = A_{ij} + B_{ij}, \quad i = 1, 2, \ldots, m; \quad j = 1, 2, \ldots, n \tag{A10}$$

따라서 $\mathbf{C}$의 요소는 $\mathbf{A}$의 요소를 $\mathbf{B}$의 요소에 더하여 얻어진다. 행렬의 덧셈은 동일한 차원을 가진 행렬에만 정의된다.

벡터의 곱셈

각각의 크기가 m인 벡터 $\mathbf{a}$와 $\mathbf{b}$의 내적(dot 또는 inner product) $c = \mathbf{a} \cdot \mathbf{b}$는 다음과 같은 스칼라로 정의된다.

$$c = \sum_{k=1}^{m} a_k b_k \tag{A11}$$

이 식은 $c = \mathbf{a}^T\mathbf{b}$로도 표현된다. NumPy에서 내적의 함수는 `dot(a,b)` 또는 `inner(a,b)`이다.

외적(outer product) $\mathbf{C} = \mathbf{a} \otimes \mathbf{b}$는 다음의 행렬로 정의된다.

$$C_{ij} = a_i b_j$$

외적의 다른 표기법은 $\mathbf{C} = \mathbf{a}\mathbf{b}^T$이다. NumPy에서 외적의 함수는 `outer(a,b)`이다.

행렬의 곱셈

$l \times m$ 행렬 $\mathbf{A}$와 $m \times n$ 행렬 $\mathbf{B}$의 행렬 곱 $\mathbf{C} = \mathbf{AB}$는 다음과 같이 정의된다.

$$C_{ij} = \sum_{k=1}^{m} A_{ik} B_{kj}, \quad i = 1, 2, \ldots, l; \quad j = 1, 2, \ldots, n \tag{A12}$$

이 정의는 행렬 $\mathbf{A}$의 열 수(차원 m)가 행렬 $\mathbf{B}$의 행 수와 같아야 함을 전제로 한다. 행렬의 곱은 또한 내적으로 정의될 수 있다. $\mathbf{A}$의 i 번째 행을 벡터 $\mathbf{a}_i$로 나타내고 $\mathbf{B}$의 j 번째 열을 벡터 $\mathbf{b}_j$로 나타내면 다음의 식으로 나타낼 수 있다.

$$\mathbf{AB} = \begin{bmatrix} \mathbf{a}_1 \cdot \mathbf{b}_1 & \mathbf{a}_1 \cdot \mathbf{b}_2 & \cdots & \mathbf{a}_1 \cdot \mathbf{b}_n \\ \mathbf{a}_2 \cdot \mathbf{b}_1 & \mathbf{a}_2 \cdot \mathbf{b}_2 & \cdots & \mathbf{a}_2 \cdot \mathbf{b}_n \\ \vdots & \vdots & \ddots & \vdots \\ \mathbf{a}_\ell \cdot \mathbf{b}_1 & \mathbf{a}_\ell \cdot \mathbf{b}_2 & \cdots & \mathbf{a}_\ell \cdot \mathbf{b}_n \end{bmatrix} \tag{A13}$$

NumPy는 행렬의 곱을 행렬의 내적으로 취급하며, `dot (A,B)` 함수는 $\mathbf{A}$와 $\mathbf{B}$ 행렬의 곱을 반환한다.

NumPy는 행렬 $\mathbf{A}$와 $\mathbf{B}$의 내적을 $\mathbf{C} = \mathbf{AB}^T$로 정의한다. 식 (A13)은 여전히 적용되지만 이제 $\mathbf{b}$는 B의 j 번째 행을 나타낸다.

행렬 $\mathbf{A}(k \times \ell)$ 및 $\mathbf{B}(m \times n)$의 외적에 대한 NumPy의 정의는 다음과 같다. $\mathbf{a}_i$를 $\mathbf{A}$의 i 번째 행으로, $\mathbf{b}_j$가 $\mathbf{B}$의 j 번째 행을 나타내도록 하면 $\mathbf{A}$와 $\mathbf{B}$의 외적은 다음과 같다.

$$\mathbf{A} \otimes \mathbf{B} = \begin{bmatrix} \mathbf{a}_1 \otimes \mathbf{b}_1 & \mathbf{a}_1 \otimes \mathbf{b}_2 & \cdots & \mathbf{a}_1 \otimes \mathbf{b}_m \\ \mathbf{a}_2 \otimes \mathbf{b}_1 & \mathbf{a}_2 \otimes \mathbf{b}_2 & \cdots & \mathbf{a}_2 \otimes \mathbf{b}_m \\ \vdots & \vdots & \ddots & \vdots \\ \mathbf{a}_k \otimes \mathbf{b}_1 & \mathbf{a}_k \otimes \mathbf{b}_2 & \cdots & \mathbf{a}_k \otimes \mathbf{b}_m \end{bmatrix} \tag{A14}$$

하위 행렬 $\mathbf{a}_i \otimes \mathbf{b}_j$의 크기는 $\ell \times n$이다. 보다시피 외적의 크기는 $\mathbf{A}$ 또는 $\mathbf{B}$의 크기보다 훨씬 크다.

단위행렬

정방행렬 중에서 특히 중요한 행렬은 다음과 같은 모양의 **단위행렬**(Identy 또는 Unity Matrix)이다.

$$\mathbf{I} = \begin{bmatrix} 1 & 0 & 0 & \cdots & 0 \\ 0 & 1 & 0 & \cdots & 0 \\ 0 & 0 & 1 & \cdots & 0 \\ \vdots & \vdots & \vdots & \ddots & \vdots \\ 0 & 0 & 0 & 0 & 1 \end{bmatrix} \tag{A15}$$

단위행렬은 $\mathbf{AI} = \mathbf{IA} = \mathbf{A}$의 속성을 가지고 있다.

역행렬

$\mathbf{A}^{-1}$로 표시되는 $n \times n$ 행렬 $\mathbf{A}$의 역행렬은 다음의 속성을 갖는 $n \times n$ 행렬로 정의된다.

$$\mathbf{A}^{-1}\mathbf{A} = \mathbf{A}\mathbf{A}^{-1} = \mathbf{I} \tag{A16}$$

행렬식

정방행렬 $\mathbf{A}$의 행렬식은 $|\mathbf{A}|$ 또는 $\det(\mathbf{A})$로 표기되는 스칼라이다. 임의의 크기의 행렬에 대한 행렬식의 간결한 정의가 존재하지 않는다. 여기에서는 다음과 같이 정의되는 2×2 행렬의 행렬식에 대한 검토를 시작한다.

$$\begin{vmatrix} A_{11} & A_{12} \\ A_{21} & A_{22} \end{vmatrix} = A_{11}A_{22} - A_{12}A_{21} \tag{A17}$$

3×3 행렬의 행렬식은 다음과 같이 정의된다.

$$\begin{vmatrix} A_{11} & A_{12} & A_{13} \\ A_{21} & A_{22} & A_{23} \\ A_{31} & A_{32} & A_{33} \end{vmatrix} = A_{11}\begin{vmatrix} A_{22} & A_{23} \\ A_{32} & A_{33} \end{vmatrix} - A_{12}\begin{vmatrix} A_{21} & A_{23} \\ A_{31} & A_{33} \end{vmatrix} + A_{13}\begin{vmatrix} A_{21} & A_{22} \\ A_{31} & A_{32} \end{vmatrix}$$

패턴을 설정했으므로 이제 $(n-1) \times (n-1)$ 행렬의 행렬식으로부터 $n \times n$ 행렬의 행렬식을 정의할 수 있다.

$$|\mathbf{A}| = \sum_{k=1}^{n}(-1)^{k+1}A_{1k}M_{1k} \tag{A18}$$

이 식에서 M_{ik}는 의 번째 행과 번째 열을 삭제하여 얻은 $(n-1) \times (n-1)$ 행렬의 행렬식이다. 이 식의 $(-1)^{k+i}M_{ik}$는 A_{ik}의 여인수(cofactor)라고 한다.

식 (A18)은 의 첫 번째 행을 고정하고 각 항과 그의 여인수를 곱하여 행렬식을 구하는 것이며 이 방법을 Laplace 전개(Laplace's development)라고 부른다.

$\mathbf{A}$의 i 번째 행을 고정하면 다음 식을 얻는다.

$$|\mathbf{A}| = \sum_{k=1}^{n}(-1)^{k+i}A_{ik}M_{ik} \tag{A19}$$

$|\mathbf{A}| = 0$인 경우 행렬 $\mathbf{A}$는 특이행렬(singular matrix)라고 한다.

양정행렬

$n \times n$ 행렬 A가 모든 0이 아닌 $\mathbf{x}$에 대하여 다음 조건을 만족할 때 $\mathbf{A}$를 양정행렬이라 한다.

$$\mathbf{x}^T\mathbf{A}\mathbf{x} > 0 \tag{A20}$$

모든 선도 주행렬(leading minor)의 행렬식이 양이면 그 행렬은 양정행렬임을 보일 수 있다. $\mathbf{A}$의 선도 주행렬은 다음과 같은 n개의 정방행렬이다.

$$\begin{bmatrix} A_{11} & A_{12} & \cdots & A_{1k} \\ A_{12} & A_{22} & \cdots & A_{2k} \\ \vdots & \vdots & \ddots & \vdots \\ A_{k1} & A_{k2} & \cdots & A_{kk} \end{bmatrix}, \quad k = 1, 2, \ldots, n$$

따라서 양정행렬이기 위해서는 다음 식들을 만족해야 한다.

$$A_{11} > 0, \quad \begin{vmatrix} A_{11} & A_{12} \\ A_{21} & A_{22} \end{vmatrix} > 0, \quad \begin{vmatrix} A_{11} & A_{12} & A_{13} \\ A_{21} & A_{22} & A_{23} \\ A_{31} & A_{32} & A_{33} \end{vmatrix} > 0, \ldots, |A| > 0 \tag{A21}$$

유용한 정리

이 책의 본문에 사용되는 몇 가지 정리들을 증명없이 나열한다. 대부분의 증명은 쉽고 행렬 대수학에 대한 연습 문제로서 시도해 볼 수 있을 것이다.

$$(\mathbf{AB})^T = \mathbf{B}^T\mathbf{A}^T \tag{A22a}$$

$$(\mathbf{AB})^{-1} = \mathbf{B}^{-1}\mathbf{A}^{-1} \tag{A22b}$$

$$|\mathbf{A}^T| = |\mathbf{A}| \tag{A22c}$$

$$|\mathbf{AB}| = |\mathbf{A}|\,|\mathbf{B}| \tag{A22d}$$

$$\text{if } \mathbf{C} = \mathbf{A}^T\mathbf{B}\mathbf{A} \text{ where } \mathbf{B} = \mathbf{B}^T, \text{ then } \mathbf{C} = \mathbf{C}^T \tag{A22e}$$

예제 A4

$\mathbf{A}$, $\mathbf{u}$, $\mathbf{v}$가 다음과 같을 때 $\mathbf{u} + \mathbf{v}$, $\mathbf{u} \cdot \mathbf{v}$, $\mathbf{Av}$, $\mathbf{u}^T\mathbf{Av}$를 구하시오.

$$\mathbf{A} = \begin{bmatrix} 1 & 2 & 3 \\ 1 & 2 & 1 \\ 0 & 1 & 2 \end{bmatrix} \qquad \mathbf{u} = \begin{bmatrix} 1 \\ 6 \\ -2 \end{bmatrix} \qquad \mathbf{v} = \begin{bmatrix} 8 \\ 0 \\ -3 \end{bmatrix}$$

풀이

$$\mathbf{u}+\mathbf{v}=\begin{bmatrix} 1+8 \\ 6+0 \\ -2-3 \end{bmatrix}=\begin{bmatrix} 9 \\ 6 \\ -5 \end{bmatrix}$$

$$\mathbf{u}\cdot\mathbf{v}=1(8))+6(0)+(-2)(-3)=14$$

$$\mathbf{Av}=\begin{bmatrix} \mathbf{a}_1\cdot\mathbf{v} \\ \mathbf{a}_2\cdot\mathbf{v} \\ \mathbf{a}_3\cdot\mathbf{v} \end{bmatrix}=\begin{bmatrix} 1(8)+2(0)+3(-3) \\ 1(8)+2(0)+1(-3) \\ 0(8)+1(0)+2(-3) \end{bmatrix}=\begin{bmatrix} -1 \\ 5 \\ -6 \end{bmatrix}$$

$$\mathbf{u}^T\mathbf{Av}=\mathbf{u}\cdot(\mathbf{Av})=1(-1)+6(5)+(-2)(-6)=41$$

예제 A5

예제 A4에 주어진 행렬 **A**의 |**A**|를 계산하시오. **A**가 양정행렬인지 확인하시오.

풀이

A의 첫 번째 행을 고정하고 Laplace 전개(Laplace's development)를 하면 다음과 같다.

$$\begin{aligned} |\mathbf{A}| &= 1\begin{vmatrix} 2 & 1 \\ 1 & 2 \end{vmatrix}-2\begin{vmatrix} 1 & 1 \\ 0 & 2 \end{vmatrix}+3\begin{vmatrix} 1 & 2 \\ 0 & 1 \end{vmatrix} \\ &= 1(3)-2(2)+3(1)=2 \end{aligned}$$

A의 세 번째 행을 고정하고 Laplace 전개(Laplace's development)를 하면 다음과 같으며 0(zero)이 존재하므로 계산이 좀 더 용이하다.

$$\begin{aligned} |\mathbf{A}| &= 0\begin{vmatrix} 2 & 3 \\ 2 & 1 \end{vmatrix}-1\begin{vmatrix} 1 & 3 \\ 1 & 1 \end{vmatrix}+2\begin{vmatrix} 1 & 2 \\ 1 & 2 \end{vmatrix} \\ &= 0(-4)-1(-2)+2(0)=2 \end{aligned}$$

양정행렬 여부를 확인하기 위해 선도 주행렬을 계산하면 다음과 같다.

$$A_{11}=1>0 \quad \text{O.K.}$$

$$\begin{vmatrix} A_{11} & A_{12} \\ A_{21} & A_{22} \end{vmatrix}=\begin{vmatrix} 1 & 2 \\ 1 & 2 \end{vmatrix}=0 \quad \text{Not O.K.}$$

따라서 **A**가 양정행렬이 아니다.

예제 A6

예제 A4에 주어진 행렬 **A**와 다음에 주어진 행렬 **B**로 행렬의 곱 **AB**를 구하시오.

$$\mathbf{B} = \begin{bmatrix} -4 & 1 \\ 1 & -4 \\ 2 & -2 \end{bmatrix}$$

풀이

$$\mathbf{AB} = \begin{bmatrix} \mathbf{a}_1 \cdot \mathbf{b}_1 & \mathbf{a}_1 \cdot \mathbf{b}_2 \\ \mathbf{a}_2 \cdot \mathbf{b}_1 & \mathbf{a}_2 \cdot \mathbf{b}_2 \\ \mathbf{a}_3 \cdot \mathbf{b}_1 & \mathbf{a}_3 \cdot \mathbf{b}_2 \end{bmatrix}$$

$$= \begin{bmatrix} 1(-4)+2(1)+3(2) & 1(1)+2(-4)+3(-2) \\ 1(-4)+2(1)+1(2) & 1(1)+2(-4)+1(-2) \\ 0(-4)+1(1)+2(2) & 0(1)+1(-4)+2(-2) \end{bmatrix} = \begin{bmatrix} 4 & -13 \\ 0 & -9 \\ 5 & -8 \end{bmatrix}$$

예제 A7

다음에 주어진 행렬 **A**와 벡터 **b**로 **A**⊗**b**를 구하시오.

$$\mathbf{A} = \begin{bmatrix} 5 & -2 \\ -3 & 4 \end{bmatrix} \qquad \mathbf{b} = \begin{bmatrix} 1 \\ 3 \end{bmatrix}$$

풀이

$$\mathbf{A} \otimes \mathbf{b} = \begin{bmatrix} \mathbf{a}_1 \otimes \mathbf{b} \\ \mathbf{a}_2 \otimes \mathbf{b} \end{bmatrix}$$

$$\mathbf{a}_1 \otimes \mathbf{b} = \begin{bmatrix} 5 \\ -2 \end{bmatrix} \begin{bmatrix} 1 & 3 \end{bmatrix} = \begin{bmatrix} 5 & 15 \\ -2 & -6 \end{bmatrix}$$

$$\mathbf{a}_2 \otimes \mathbf{b} = \begin{bmatrix} -3 \\ 4 \end{bmatrix} \begin{bmatrix} 1 & 3 \end{bmatrix} = \begin{bmatrix} -3 & -9 \\ 4 & 12 \end{bmatrix}$$

$$\therefore \mathbf{A} \otimes \mathbf{b} = \begin{bmatrix} 5 & 15 \\ -2 & -6 \\ -3 & -9 \\ 4 & 12 \end{bmatrix}$$

찾아보기

■ 번 역 진

구본용 군산대학교 기계융합시스템공학부 부교수
김상철 국민대학교 소프트웨어융합대학 소프트웨어전공 교수
박찬우 경상대학교 항공우주 및 소프트웨어 공학과 교수
이병옥 아주대학교 기계공학과 교수

Python을 이용한 공학수치해석(수정판)

발행일 | 2020년 2월 28일, 2021년 9월 15일(수정판)
저 자 | Jaan Kiusalaas
역 자 | 구본용 · 김상철 · 박찬우 · 이병옥 공역
발행인 | 문정임
발행처 | 학산미디어
기 획 | 이덕선
표 지 | 장진희
편 집 | 장진희
주 소 | 서울특별시 노원구 동일로245가길 41
전 화 | 02-935-0670 / 010-3223-7340
팩 스 | 02-932-0670
이메일 | sorgento2000@hanmail.net
등록번호 | 제 25100-2011-000001호
ISBN | 979-11-85294-34-6 (93410)
정 가 | 32,000원